# GEOGRAFIA EM PERSPECTIVA

# GEOGRAFIA EM PERSPECTIVA: ENSINO E PESQUISA

Nídia Nacib Pontuschka
Ariovaldo Umbelino de Oliveira (orgs.)

Amélia Luisa Damiani • André Roberto Martin • Rachel Soihet • Regina Festa • Herbe Xavier • Sonia Morandi • Arlete Moysés Rodrigues • Jailson de Souza e Silva • Ivan da Silva Queiroz • Dirce Maria Antunes Suertegaray • Lylian Coltrinari • Maria das Graças de Lima • Amélia Regina Batista Nogueira • Ângela Massumi Katuta • Sueli de Castro Gomes • Tomoko Iyda Paganelli • Luciano Castro Lima • Maurício Compiani • Nídia Nacib Pontuschka • Clézio Santos • Elza Yasuko Passini • Lívia de Oliveira • Nestor André Kaercher • José Willian Vesentini • Manoel Fernandes • Cesar Alvarez Campos de Oliveira • Helena Copetti Callai • Rita de Cássia Martins de Souza Anselmo • Álvaro José de Souza • Rosângela Doin de Almeida • Maria do Socorro Diniz • Maria Encarnação Sposito • Jorge Luiz Barcellos da Silva • Marcos Antonio Campos Couto • Maria Lucia de Amorim Soares • Maria Adailza Martins de Albuquerque • Wenceslao Machado de Oliveira Jr • Sandra Maria Zákia Elian de Sousa • Ivaldo Gonçalves Lima

Copyright© 2002 dos Autores
Todos os direitos desta edição reservados à
Editora Contexto (Editora Pinsky Ltda.)

*Coordenação editorial*
Antonio Carlos Lima Durán Junior

*Diagramação*
Fábrica de Comunicação
Texto & Arte Serviços Editoriais

*Preparação de textos*
Isabel Xavier da Silveira

*Revisão*
Vera Quintanilha
Sandra Regina de Souza
Texto & Arte Serviços Editoriais

*Capa*
Antonio Kehl

---

Dados Internacionais de Catalogação na Publicação (CIP)
(Câmara Brasileira do Livro, SP, Brasil)

Geografia em perspectiva: ensino e pesquisa / organizadores
Nídia Nacib Pontuschka, Ariovaldo Umbelino de Oliveira. –
4. ed., 2ª reimpressão. – São Paulo : Contexto, 2021.

ISBN 978-85-7244-203-9

1. Geografia – Estudo e ensino. 2. Pesquisa geográfica.
3. Professores de geografia – Formação profissional.
I. Pontuschka, Nídia Nacib. II. Oliveira, Ariovaldo Umbelino de.

02-2934                                         CDD-910.07

Índice para catálogo sistemático:
1. Geografia: Ensino   910.07

---

2021

---

EDITORA CONTEXTO
Diretor editorial: *Jaime Pinsky*

Rua Dr. José Elias, 520 – Alto da Lapa
05083-030 – São Paulo – SP
PABX: (11) 3832 5838
contexto@editoracontexto.com.br
www.editoracontexto.com.br

Proibida a reprodução total ou parcial.
Os infratores serão processados na forma da lei.

# SUMÁRIO

Apresentação   11
  • Nídia Nacib Pontuschka   11
  • Ariovaldo Umbelino de Oliveira   11

## Parte I – Temas emergentes no ensino da Geografia   15

Geografia Política e novas territorialidades
  • Amélia Luisa Damiani   17

A politização da geografia como alternativa à "crise dos territórios"
  • André Roberto Martin   27

História das mulheres/história de gênero – um balanço
  • Rachel Soihet   35

Notas para um novo milênio: questões de gênero e sistemas de comunicação e informação
  • Regina Festa   45

A incorporação da dimensão do turismo do ensino da geografia
  • Herbe Xavier   59

Espaço e turismo: uma proposta de geografia para o pós-médio
  • Sonia Morandi   69

Geografia e violência urbana
  • Arlete Moysés Rodrigues   77

Redes sociopedagógicas: uma resposta às violências urbanas
  • Jailson de Souza e Silva   87

A cidade sitiada: da violência consentida ao medo com sentido
  • Ivan da Silva Queiroz   97

**Parte II – Pesquisa e prática de ensino de geografia**     107

Pesquisa e educação de professores
- Dirce Maria Antunes Suertegaray     109

A pesquisa acadêmica, a pesquisa didática e a formação do professor de geografia
- Lylian Coltrinari     115

A pesquisa acadêmica e sua contribuição para a formação do professor de geografia
- Maria das Graças de Lima     119

Mapa mental: recurso didático para o estudo do lugar
- Amélia Regina Batista Nogueira     125

A linguagem cartográfica no ensino superior e básico
- Ângela Massumi Katuta     133

Estudando os movimentos sociais: uma experiência de estudo do meio no MST
- Sueli de Castro Gomes     141

Reflexões sobre categorias, conceitos e conteúdos geográficos: seleção e organização
- Tomoko Iyda Paganelli     149

**Parte III – O ensino da geografia e a interdisciplinaridade** 159

O SENTIDO É O MEIO – SER OU NÃO SER
  • Luciano Castro Lima 161

ENSAIOS DE INTERDISCIPLINARIDADE NO ENSINO FUNDAMENTAL COM GEOLOGIA/GEOCIÊNCIAS
  • Maurício Compiani 175

FUNDAMENTOS PARA UM PROJETO INTERDISCIPLINAR: SUPLETIVO PROFISSIONALIZANTE
  • Nídia Nacib Pontuschka 187

O USO DOS DESENHOS NO ENSINO FUNDAMENTAL: IMAGENS E CONCEITOS
  • Clézio Santos 195

GRÁFICOS: FAZER E ENTENDER
  • Elza Yasuko Passini 209

O ENSINO/APRENDIZAGEM DE GEOGRAFIA NOS DIFERENTES NÍVEIS DE ENSINO
  • Lívia de Oliveira 217

O GATO COMEU A GEOGRAFIA CRÍTICA? ALGUNS OBSTÁCULOS A SUPERAR NO ENSINO-APRENDIZAGEM DE GEOGRAFIA
  • Nestor André Kaercher 221

## Parte IV – Formação do professor de geografia ... 233

A FORMAÇÃO DO PROFESSOR DE GEOGRAFIA – ALGUMAS REFLEXÕES
- José Willian Vesentini ... 235

REFLEXÕES SOBRE A INVESTIGAÇÃO EM HISTÓRIA DA FORMAÇÃO DE PROFESSORES DE GEOGRAFIA
- Manoel Fernandes ... 241

A FORMAÇÃO DO PROFESSOR DE GEOGRAFIA E O CONTEXTO DA FORMAÇÃO NACIONAL BRASILEIRA
- Rita de Cássia Martins de Souza Anselmo ... 247

PROJETOS INTERDISCIPLINARES E A FORMAÇÃO DO PROFESSOR EM SERVIÇO
- Helena Copetti Callai ... 255

A FORMAÇÃO DO PROFESSOR DE GEOGRAFIA
- Álvaro José de Souza ... 261

IMAGENS DE UMA ESCOLA: A PRODUÇÃO DE VÍDEO NO ESTÁGIO DE PRÁTICA DE ENSINO
- Rosângela Doin de Almeida ... 267

A PRÁTICA DE ENSINO DE GEOGRAFIA NA UERJ: UMA PROPOSTA ALTERNATIVA DE FORMAÇÃO DE PROFESSORES?
- Cesar Alvarez Campos de Oliveira ... 275

OUVINDO NARRATIVAS, CRIANDO SABERES... UM NOVO PROCESSO DE FORMAÇÃO
- Maria do Socorro Diniz ... 287

### Parte V – Metodologia do ensino e aprendizagem de geografia    295

As diferentes propostas curriculares e o livro didático
- Maria Encarnação Sposito    297

O que está acontecendo com o ensino da geografia? Primeiras impressões
- Jorge Luiz Barcellos da Silva    313

O conceito de espaço geográfico nas obras didáticas: o espaço viúvo do homem
- Marcos Antônio Campos Couto    323

Reinventando o ensino da geografia
- Maria Lúcia de Amorim Soares    331

Escola e televisão
- Maria Adailza Martins de Albuquerque    343

Perguntas à televisão e às aulas de geografia: crítica e credibilidade nas narrativas da realidade atual
- Wenceslao Machado de Oliveira Jr    353

A avaliação escolar em uma perspectiva participativa
- Sandra Maria Zákia Lian Sousa    367

Avaliação e geografia: o sistema nacional de avaliação da educação básica, sob um prisma
- Ivaldo Gonçalves Lima    373

Os autores    381

# APRESENTAÇÃO

*Nídia Nacib Pontuschka*
*Ariovaldo Umbelino de Oliveira*

O livro *Geografia em perspectiva: ensino e pesquisa*, escrito por muitas mãos, apresenta e discute os resultados de pesquisas de geógrafos, mestrandos e doutorandos sobre problemas e temáticas colocados por todos os que labutam nos meios educacionais e na formação de professores dos vários níveis de ensino. Oferece, assim, uma contribuição aos professores de Geografia do ensino fundamental, médio e superior, que vivenciam um momento atribulado da Educação formal.

A Lei de Diretrizes da Educação nº 9394/96 e os inúmeros regulamentos e as diretrizes curriculares conduzem a complexas mudanças na Educação que, ao mesmo tempo, são de difícil compreensão e de rumos imprevisíveis sobre os destinos da Educação pública do país. Para os professores da rede pública, o problema torna-se maior pela dificuldade de encontrar espaços de discussão conjunta, quase impossibilitada pelas condições de trabalho e pela excessiva carga horária, pois os professores atuam em mais de uma escola, para compor um salário de sobrevivência.

As reuniões para análise dos diferentes documentos seriam necessárias para que, a partir da compreensão de seus pressupostos teóricos-metodológicos e da crítica, os professores pudessem traçar o projeto político-pedagógico de escolas específicas, tendo como meta a colaboração efetiva para a construção da cidadania do povo brasileiro, por meio da população jovem. E, certamente, indo muito além dos documentos oficiais de referência. Nesse contexto, a disciplina escolar Geografia e a ciência geográfica precisam repensar e reavaliar os papéis que até agora desempenharam e os que devem desempenhar daqui para a frente.

As mudanças desencadeadas pelos órgãos centrais, principalmente pelo Ministério da Educação e Cultura – MEC, proporcionam sentimentos contraditórios entre os grupos envolvidos. Se, de um lado, há o desejo de mudança porque nem professores, nem alunos ou pais estão satisfeitos com o ensino e a educação dos jovens, de outro, não se pode esquecer que eles são os principais sujeitos da Educação e merecem ser ouvidos e participar das discussões relativas às transformações que ocorrem no país e, no caso específico, na educação de seus filhos e estudantes.

O mundo mudou, a dinâmica da sociedade foi acelerada. Na última década, novos países emergiram a partir de guerras sangrentas; um novo fenômeno despontou e se instalou sob o nome de globalização. A violência globalizou-se como afirma Frei Beto e a escola, como sempre, sofreu e sofre a influência desse movimento que mexe com a vida pessoal dos indivíduos, das sociedades e das instituições, quer estas últimas estejam nas grandes metrópoles, nos pequenos municípios ou nas áreas rurais.

A ciência que estuda o espaço geográfico, também, vem mudando: os temas de pesquisas e as metodologias se ampliam e se transformam; os temas tradicionais são agora revisitados pela ótica de nosso tempo e novos temas emergem diante das exigências da chamada modernidade. O ensino e a aprendizagem da Geografia estão envoltos no emaranhado desse movimento. O que fazer diante de tudo isso?

Há várias contribuições de entidades culturais e científicas, como a Associação dos Geógrafos Brasileiros – AGB, das universidades públicas e de pesquisadores isolados; no entanto, essa colaboração, muitas vezes pontual, não chega às escolas de ensino básico e não se constata um movimento maior para enfrentar as mudanças, de maneira crítica, no sentido de conduzir a ações pedagógicas dirigidas à melhor formação de nossos estudantes.

Hoje, os jovens têm acesso a muitas informações fragmentárias, por meio da mídia, as quais passam pelo crivo das grandes empresas de telecomunicação. Constitui tarefa da escola trabalhar com um currículo que possibilite uma reflexão sólida, visando a produção de saberes, que somente é possível pelas relações estabelecidas entre a vida em sociedade e as informações obtidas em diferentes fontes.

Com essa perspectiva, faz-se necessário criar uma relação mais sólida entre a academia e a educação básica, porque é na universidade que estão se realizando pesquisas de ponta – teóricas e aplicadas – em dissertações, teses, projetos de pesquisas grupais e individuais a serem disponibilizados para os vários setores da sociedade, constituindo uma ponte de mão dupla entre esse dois universos.

Os artigos reunidos nesta obra têm como objetivo principal contribuir para a reflexão de questões e desafios defrontados por pesquisadores, geógrafos-educadores: os formadores de profissionais para diferentes ações no mundo do espaço geográfico.

Os autores dos textos são pós-graduandos e geógrafos de universidades públicas do país, desde a Amazônia até o Rio Grande do Sul, com a maior participação de pesquisadores dos Estados do Sudeste, onde, quantitativamente, se concentra a maioria das universidades federais, estaduais e municipais.

Essa pluralidade de pesquisadores-autores oferece um bom panorama a respeito do ensino e da aprendizagem da Geografia, das tecnologias de ensino, atualmente utilizadas, e da produção da Geografia em diferentes espaços.

O livro está dividido em cinco grandes partes, procurando em cada uma delas apresentar um conjunto variado de análises sobre problemáticas e temas afins, reveladores das pesquisas e representações atuais daqueles que produzem e ensinam Geografia.

Na primeira parte, aparecem textos considerados emergentes no ensino da Geografia, porque ainda constituem pesquisas que pouco chegaram ao grande público de professores e alunos, mas presentes no cotidiano das sociedades como novas territorialidades; Geografia Política e a crise dos territórios; questões de gênero no novo milênio; o turismo no ensino; a violência urbana; a constituição de redes sociopedagógicas como resposta à violência.

Na segunda parte, há a discussão sobre a pesquisa e a prática de ensino de Geografia com colocações teóricas a respeito da educação ou formação de professores. Há diferenciados enfoques, divulgando pesquisas relativas à linguagem cartográfica, aos gráficos e aos mapas mentais – estes de significativa importância como instrumental para o ensino e a aprendizagem – até os estudos do meio realizados por escolas públicas nos assentamentos do MST, com o objetivo de os estudantes compreenderem melhor esse movimento social, de importância vital para os trabalhadores rurais, sem-terra e sem-teto.

Na terceira parte, a ênfase é dada aos artigos que se preocupam, sobretudo, com a interdisciplinaridade, ou seja, o modo pelo qual a Geografia, como disciplina escolar, mantém relações ou se aproxima de outros componentes curriculares, no trabalho pedagógico ou em pesquisas conjuntas entre a universidade e as escolas de ensino básico, buscando a formação do professor. Preocupa-se, também, com a Geografia, junto às demais disciplinas, na busca de um pensar e um fazer interdisciplinares. Com esse intuito, foram convidados a escrever geógrafos de diferentes linhas de pensamento e pesquisadores de outras áreas do conhecimento (geólogo e matemático) que produzem trabalhos em direção à interdisciplinaridade.

A quarta parte trata da formação do professor de Geografia, temática que se constitui em grande preocupação, por parte das universidades envolvidas com os cursos de licenciaturas. Os artigos discutem a formação inicial de professores em face das novas diretrizes curriculares e a formação em serviço, estabelecidas pelo MEC, e oferece exemplos de práticas de ensino alternativas para a formação, a exemplo das histórias de vida dos professores, como meio de desencadear a reflexão sobre formação associada à produção de conhecimento.

A quinta parte trata do debate da metodologia do ensino e aprendizagem, na perspectiva do resgate do processo de ensinar e aprender, mediado pela presença dos currículos oficiais e teóricos e os realmente efetivados em sala de aula. Apresenta análises sobre recursos convencionais e a relação, existente ou não, entre livro didático, currículo e recursos ditos "inovadores" que lentamente penetram na escola e nas aulas de Geografia, como o uso da mídia, interferindo na formação de conceitos, nas representações sociais e na visão crítica ou reprodutora do mundo atual. O processo de avaliação também está presente em artigos que analisam as inovações atinentes à avaliação, hoje bastante polemizadas nos vários níveis de ensino.

Convidamos todos aqueles que ensinam e produzem a Geografia a realizarem uma leitura reflexiva deste livro, em cotejo com o cotidiano de suas atividades pedagógicas e de pesquisa, para, em um processo de análise e de avaliação, ter neste livro um referencial para a continuidade da produção do conhecimento geográfico e para o seu fazer pedagógico.

Nesta apresentação, agradecemos a todos que contribuíram para a realização desta obra: o apoio financeiro da Capes, a colaboração existente entre professores do Departamento de Geografia da Faculdade de Filosofia, Letras e Ciências Humanas – USP e da Faculdade de Educação – USP, bem como aos autores dos artigos que, na corrida dos afazeres de seu cotidiano, conseguiram escrever.

# PARTE I

# TEMAS EMERGENTES
# NO ENSINO DA GEOGRAFIA

PARTE I

TEMAS EMERGENTES NO ENSINO DA GEOGRAFIA

# GEOGRAFIA POLÍTICA
# E NOVAS TERRITORIALIDADES

*Amélia Luisa Damiani*

No interior de um tratamento clássico do objeto da Geografia Política figura o Estado, especificamente o Estado-Nação, configurando o território. Uma política expansionista pode estar no horizonte de uma extensão territorial necessária, justificando-a. Nos escritos de Ratzel e de Vidal de La Blache, lê-se a possibilidade de uma Geografia colonial.[1]

O caminho da Geografia também foi o de reconhecer outros instrumentos de territorialização: outras organizações e instituições, do que adveio uma interpretação que supunha as relações de poder, determinando o território e não exclusivamente o Estado. Assim, o termo territorialidade ganha expressão no corpo da ampliação do conceito. Haveria numerosas territorialidades que definiriam usos do território, marcados pelas relações de poder.

Eis o eixo analítico: o espaço, tratado independentemente das relações de poderio, espaço em si; o território abarcando essas relações; e as territorialidades, definindo numerosas formas de poder e de uso.[2]

Parece que esse último tratamento corrige a versão clássica, dando-lhe maior abrangência. Em um momento em que o Estado Nacional aparece frágil, diante de políticas mundiais e interesses privados globalizados, essa versão é ainda mais enaltecida.

Primeiro devemos esclarecê-la. Depois, demonstrar seus limites. Não é errôneo afirmar que, no plano das grandes empresas, dos partidos, dos homens políticos, financeira e comercialmente, existem estratégias. Cada qual tem sua estratégia para sobreviver neste universo complexo de relações e interesses. "O mundial se apresenta às análises como interação e interferências entre essas múltiplas estratégias."[3] A generalização das relações de poder e sua complexidade justificam a ampliação da concepção de Geografia Política. Uma concepção lógico-formal passa a dominar a estruturação do território, separando, segmentando, dividindo, mas produzindo nós e núcleos centralizadores, a partir dos quais, mas não somente, as malhas de relações são constituídas. Foucault está entre os introdutores da discussão de uma razão, a da separação e, ao mesmo tempo, do controle, impondo-se no terreno. Mas o risco está na diluição da definição do político e das estratégias que comporta.

Antes, ainda, é necessário destacar que o território está no plano do real, do concreto, e as territorialidades no plano do misto entre o real e o representado. O universo das representações, por meio das territorialidades, entra no cômputo da Geografia Política.

O que se deixa para trás com essa alteração do objeto de análise?

De um lado, temos de enfrentar a crise do Estado Nacional. Mas, de outro, a versão alternativa é mais de cunho fenomenológico do que analítico, uma vez que deixa sem tratamento claro a relação entre o político e o econômico. Coloquemos de lado a concepção marxista de base e superestrutura, mas esbocemos a noção, também marxista, de relação entre o político, o econômico e o social. O político e o econômico submetendo o social, as relações sociais de modo geral.

É da ordem do político um papel fundamental na sociedade moderna: a gestão do sobreproduto social, que significa a potência de parte da riqueza social produzida. A distribuição dessa sua utilização em uma ou outra direção tem consequências fundamentais na constituição e repartição territoriais. Não se pode falar jamais, na sociedade capitalista, em uma separação radical entre o político e o econômico. É comum argumentar-se que o Estado está atrelado às exigências da base econômica. Então, o que há de novo? O novo é que esse consórcio entre o político e o econômico se estreitou. O Estado cola na economia, expressão de Fernando Iannetti, e se caracteriza como Estado de Emergência,[4] isto é: do sobreproduto social gestado, um porcentual bem menor é transferido ao que é do âmbito do social, ou ainda, em vez de recursos sociais constantes, trata-se de investimentos de emergência e mais conjunturais. No sentido estrito, boa parte do orçamento alimenta a reprodução do capital. Mais ainda: no final dos anos 1980 e início dos 1990 houve um rebaixamento dos impostos sobre altos rendimentos; uma diminuição relativa dos encargos fiscais sobre os rendimentos financeiros, reduzindo, assim, as receitas estatais.[5] Assim, seriam campos de análise essenciais:

1. Sobre o político há tal ordem de degradação, que ele pode parecer reduzir-se a discursos demagógicos, promessas vãs e rivalidades irrisórias entre pessoas e grupos. Mas é preciso retornar a ele para examinar a capacidade de decisão separada da sociedade civil, para a constituição de um pensamento democrático em que "os poderes de decisão estatistas se atenuem, se resolvam na sociedade civil".[6]
2. A mundialização dos Estados ou o Sistema de Estados, que organiza o sobreproduto social global, administrando as dissimetrias entre Estados

Nacionais, por meio de endividamentos, comprometimento de políticas nacionais etc. A capacidade de planificação dos orçamentos financeiros, da gestão e do controle do espaço não podem ser subestimadas. As grandes estratégias mundiais passam por essa planificação total, o que não significa que não seja crítica e contraditória.
3. O atrelamento estrito entre o político e o econômico.
4. A falência, nesse contexto, dos grandes projetos nacionais, em prol, no âmbito nacional, de uma relação mais localizada entre o político e o econômico, que dá lugar a uma extensão de clientelismos e negociatas.
5. Se o Estado Nacional está em questão, pela globalidade dos processos econômicos e políticos, há uma organização estatista do sobreproduto social. Isto é, existe, por parte das organizações estatistas, a concentração do sobreproduto, sua gestão e distribuição. A generalização da ideia de poder, para pensar o território, pode não enxergar, na cena, esse controle e distribuição essenciais. Em outros termos, para pensar os fenômenos do território é fundamental pensar a ação estatista, aquela dos organismos que controlam parte da riqueza produzida e a manipulam.

Referindo-se à produção do espaço, tivemos, em mais de um trabalho, a possibilidade de decifrar a relação estreita entre o político e o econômico, determinando a direção, o perfil e o projeto envolvendo os recursos disponíveis.

O Estado prepara o terreno, por exemplo, para numerosos investimentos urbanos, consolidando legislações de uso, indicando projetos de urbanização ou habitação. Atualmente, nos grandes centros, fala-se do significado das grandes operações urbanas, redefinindo centralidades e a direção dos investimentos, a partir de legislações pertinentes e investimentos programados. Dividir o significado do poder pode significar diluí-lo. Sabemos da importância de toda e qualquer vontade de poder; sabemos da existência de uma multiplicidade de poderes – econômicos, políticos, sociais, que definem territorialidades. Mas a essência do processo, que demarca todas as demais circunstâncias, é o atrelamento entre o político e o econômico, no marco de organizações estatistas, que viabilizam a realização da acumulação do capital ou da produção política da sociedade.[7]

Convidamos todos a pensar em como é produzida e distribuída a riqueza na sociedade moderna. Esclarecemos que se trata da produção da mais-valia global, em seguida distribuída socialmente. Além dos setores produtivos e da distribuição da riqueza, é preciso avaliar o destino do sobreproduto social.

Georges Bataille deu estatuto antropológico ao sobreproduto. Ao longo da história, nas diversas sociedades, numa interpretação dos princípios de uma economia geral, há o dispêndio de um sobreproduto. As relações sociais são configuradas e as relações de poder garantidas por meio desse gasto. Mesmo antes da indústria e do capitalismo, pelo tributo ou pela pilhagem, esse excedente estava garantido, e diversos são os seus empregos: "festas, palácios, monumentos... cidades soberbas, fortalezas, castelos, catedrais, exércitos, obras de arte"[8] etc.

A história do dispêndio tem um percurso complexo. Nas sociedades antigas, havia a prática do *potlatch*[9] e do sacrifício. Sacrificavam-se, além das riquezas materiais, no sentido estrito, animais e escravos ou estrangeiros aprisionados (também definidos como parte dessas riquezas), numa prova de poder e desafio. O desafiado teria de sacrificar ainda mais para aparentar maior poderio. Ao longo do tempo, metamorfoseada, essa prática passa pelas tradições e costumes sociais. Mesmo na penúria, há festas, pois é a festa que garante uma boa colheita, um bom augúrio; em certos momentos, não se pode economizar, mas, ao contrário, gastar, despender. Bataille avaliava que uma economia geral tinha como princípio motor a usura e não as trocas de equivalentes. Era preciso sempre oferecer mais, para manter a comunidade coesa em torno de determinado poder. O gasto determinaria a sociabilidade reinante e a territorialidade conquistada.[10]

Com as instituições religiosas no poder, essa noção, tão antiga, transformou-se em esmola ou doação, controladas pela Igreja.

Hoje, convivemos com as temporalidades diversas dessas práticas: aparece como festa, no âmbito dos costumes populares; como doação, administrada pelas igrejas; como sobreproduto social, controlado pelo Estado.

O argumento fundamental, tendo como aporte a Geografia Política mais clássica, é o que define as territorialidades marcadas pela ação estatista, controladora, por sua vez, do excedente social. Com isso, para chegar à importância das práticas estatistas na configuração territorial, estabelecemos uma concepção que não remete a uma determinação geral dos processos, isto é, relações de poder, sejam elas quais forem, definindo territorialidades, mas nos baseamos em uma determinação historicamente definida, aquela de sobreproduto social e sua distribuição.

Um âmbito de análise das territorialidades seria, portanto, aquele da relação estreita e estrita entre o político e o econômico, produzindo e reproduzindo modos de vida, incluindo, entre eles, novos modos de vida, como os relativos aos condomínios fechados, aos conjuntos habitacionais, às novas centralidades urbanas etc., todos dependentes da gestão do sobreproduto social. No que se refere às novas territorialidades, seria importante mencionar, quanto à produção do espaço urbano, o processo de centralização-descentralização que comporta a produção de novas tecnologias e conhecimentos de produção que, a partir dos grandes centros, são introduzidos nos demais territórios. Toda ordem de legislação urbana, conhecimento urbanístico, formas de gestão territorial partem dos grandes centros em direção ao restante do território, como se pode ver nos modelos de conjuntos habitacionais.

Mas, retomando o plano global, o que a Organização Mundial do Comércio (OMC), o Banco Mundial, o Fundo Monetário Internacional (FMI), o Fórum Econômico Mundial e outros organismos nos contam?

Contam-nos que o Sistema dos Estados, com a globalização, é um grande mentor e administrador do sobreproduto social mundial, pois reparte e legitima investimentos, administra e regulamenta compromissos de endividamento etc. e tem uma hegemonia, que é a do "império americano".

Trata-se de uma territorialidade mundial, com características de rigidez, controle e poder, movida pelos interesses de mercados dominantes, que submetem os territórios e as políticas nacionais. No bojo da relação estrita, entre o econômico e o político, em outras palavras, do político colado na economia, está uma alteração de prioridades de investimentos estatistas, no âmbito nacional, básica para a realização dessas políticas mundiais.

Temos, então, numerosas territorialidades fixas, construídas por estruturas de poder, cujo desvendamento exige a leitura do Estado e da ação estatista, e podem constituir unidades estaduais, municipais etc., ou ser lidas, a partir do Estado Nacional, num consórcio de Estados, como o Mercosul, a União Europeia (UE) – isto é, territorialidades regionais e mundiais, regidas por interesses econômicos, mas cujo fundamento é o Sistema de Estados. Há sujeição e dominação, não apenas coerência e composição nessas estruturas hierarquizadas; portanto, contradição, desnível e conflito.

Os blocos regionais, como a UE e outros, não significam, exatamente, melhoras mútuas de condições econômicas e comerciais. São formas de reunião dos Estados, em face dos imperativos da globalização e ajustes necessários a ela. Os critérios de convergência e a adaptação a eles, de cada país congregado, podem levar a uma guerra comercial de uns em relação aos outros, marcada pela concorrência, sem a preservação dos direitos anteriores à proteção de seus mercados internos. O que equivale, em muitos países, à conquista de maior competitividade, à austeridade salarial e à flexibilização do trabalho; à desqualificação profissional, a contratos temporários de trabalho e à redução dos direitos sociais e trabalhistas. Então, o conserto dos países dirige uma adaptação que envolve desemprego e crise social, segundo Alain Lipietz, em *La Société en Sablier*. Insistindo na leitura do autor, haveria oposições à UE que vão na direção da reconstituição de políticas econômicas e sociais nacionais ou de um aprofundamento dos laços europeus, nos termos de uma Europa ecológica, social, solidária ao Sul e aberta a Oeste. Neste último caso, há quem vislumbre, já, aquisições da Europa social: a livre circulação de trabalhadores e a coordenação dos sistemas de segurança social dos trabalhadores migrantes; a proteção da saúde e da segurança no local de trabalho; o Fundo Social Europeu etc. "Este *corpus* legislativo culminou na Carta dos direitos sociais fundamentais (1989), que não é irrisória para os países mais pobres (Portugal)", mas, de modo geral, a Europa social legislativa, para a maioria dos europeus, não significa senão "a menor das coisas".[10]

Dessa estruturação territorial surgem, como contraponto, as territorialidades móveis, mais flexíveis, constituindo os contrapoderes dessa organização global: são as ações anticapitalistas e negadoras da globalização, movidas por entidades diversas como ONGs, organizações partidárias, movimentos sociais, militantes ativos reunidos numa situação. Situação, termo definido pelos situacionistas como "organização coletiva de um ambiente unitário e de um jogo de acontecimentos",[11] marcado por sua temporalidade. Essa situação é de confronto e de embate, mas tem traços de festa, podendo constituir uma festa trágica. Aqui, trabalhamos também com a noção de momento para Henri Lefebvre, como conjuntura que mexe com as estruturas estabelecidas. "O descontínuo valorizado no terreno do vivido, na trama da continuidade." Lembremos que há uma história substanciosa desses momentos, como a Comuna de Paris, o Movimento de 1968 etc. No plano do acontecimento, há um liame entre essas contestações. Essa descontinuidade criadora tem um começo, uma realização e um fim, criando um tempo e um espaço, com certa duração. O momento constitui uma forma que persiste como memória e, nesse sentido, tem uma permanência, uma história. Ele congrega a festa que atravessa e resiste à prosa do mundo e do cotidiano e pode ser uma festa violenta.[12] Em si mesmas, essas organizações podem constituir territorialidades mais fixas, mas sua força política vem, principalmente, da construção das situações ou momentos, como territorialidades móveis. O Fórum Social Mundial, realizado em Porto Alegre, em janeiro de 2001, representou essa contraposição. Contudo, nos termos de Paulo Arantes, "Falta a transformação dessa força social em força política". A direção que se apresenta é a da politização.[13]

O outro momento da globalização, numa relação dialética com ela, seria, para muitos pesquisadores, definido como o acirramento das diferenças sociais; a violência e a barbárie; mas, também, a proliferação de organizações alternativas, como as ONGs e uma ação pulverizada e internacional negadora das políticas econômicas globais.[14] Nesse novo contexto, as contestações, localizadas territorialmente e em face dos seus objetivos, podem constituir-se, como momentos, em organizações de transparência internacional, como o Movimento dos Trabalhadores Sem-Terra (MST), redefinindo, inclusive, sua pauta de reivindicações; um exemplo, nesse caso, é o da inclusão da luta do MST contra os transgênicos.

Nesse espectro das novas organizações, há uma gama enorme de ações que vão de alternativas reais às políticas vigentes até sua estrita representação, isto é, seu simulacro, reinstituindo, sob novo aparato, decantadas formas mercantis, como, por exemplo, ONGs de tipo empresarial, envolvidas em negócios turísticos.

Mas, nesse bojo, insistamos sobre as territorialidades móveis, que os momentos de ação subversiva constituem. Elas podem significar uma negação substantiva da ordem vigente, como também apenas uma representação espetacular efêmera, que alimenta a indústria do espetáculo.

Há sempre esse leque e essa ambiguidade entre o que é real e possível e o que é uma representação, substituindo ou "telescopando"[15] as possibilidades, isto é, reduzindo ou extrapolando sua substância original. Essa variedade não retira o significado político da resistência que pode estar em constituição, que aparece no plano das territorialidades móveis e como festa violenta de negação.

As territorialidades móveis são múltiplas, heterogêneas, incluem as territorialidades locais que constituem uma forma de sua realização. O que é do âmbito do local não é estritamente local, ou só local; e o que é mundial, para se realizar, necessita de formas territorialmente situadas.

Colocando o acento nas territorialidades cotidianas, vai-se também em direção ao espaço vivido.

Nesse sentido, pode-se compreender esse tema em um universo de apropriação possível dos espaços, como estão configurados, reconhecidos os limites à apropriação do/no mundo atual. Apropriação possível que define territorialidades, isto é, espaços apropriados, preenchidos de sentidos e significados sociais e individuais para determinados sujeitos, sujeitos esses que, assim, denotam as territorialidades.

As territorialidades definiriam os localismos, isto é, diante das restrições à apropriação social e espacial, resta a volta aos particularismos. Carregam-se de sentidos os espaços imediatos de vivência, pois os demais são incontroláveis. Devotam-se a eles todas as necessidades de sociabilidade e realização, quando eles não são suficientes para satisfazê-las. Portanto, a relação é patológica, derivada da vivência num mundo que não dominamos. Ela implica a possibilidade de violência, pois os espaços locais não conseguem substituir os espaços mais abrangentes, não apropriados. Seus limites aparecem por diversas formas de violência.

Como é possível sustentar o equilíbrio diante de tamanhas crises? As representações mediatizadoras cumprem o papel de constituição das territorialidades reduzidas e redutoras da vida. Instrumento de mediação e substituição, criam a ilusão do global no particular: sua "telescopage"[15], a "oscilação de um para o outro ou substituição", a redução-extrapolação.[16] O aparato de *mass media*, da televisão e do rádio, é imprescindível para seu sucesso. Os espaços urbanos se representam por meio das territorialidades. No nível real, não são apropriados; no nível da representação, eles o são, definindo dessa forma as territorialidades como objeto espacial privilegiado. As territorialidades cotidianas, portanto, são apropriações também ilusórias. O que revelam é um mundo não apropriado, substituído por espaços de vivência restritos que simulam a apropriação. As territorialidades constituem uma apropriação crítica.

É possível vislumbrar as territorialidades como nós, ou núcleos de controle de aparatos de poder, alternativos àqueles da economia e política vigentes, resultado, em última instância, da exclusão econômica e social. São áreas de controle e legitimação do tráfico de drogas, marginais, gays, michês, travestis e outras organizações; áreas cuja gênese é a exclusão. A exclusão define, contraditoriamente, a configuração de territorialidades cotidianas, as quais não realizam exatamente a apropriação espacial; elas, acima de tudo, revelam toda forma de exclusão como contraditória, crítica. As territorialidades, assim definidas, substituem a compreensão dos espaços urbanos somente a partir dos bairros, porque não estamos diante de uma cidade, mas de uma metrópole: a cidade explodida, cuja forma definidora é aquela do centro-periferia.

Os cortiços, as favelas, as ocupações, os bairros periféricos, os conjuntos habitacionais podem constituir territorialidades, mediante formas de organização da população próprias desses locais. Contudo, a interferência do Estado e das instituições nessas formas de sociabilidade deve ser decifrada. Não somente por meio de tais interferências, muitas reivindicações são conquistadas, porém, é necessário avaliar as mediações políticas que elas próprias constituem e aquelas que, por seu intermédio, ganham transparência e legitimidade, como partidos políticos, movimentos sociais e instituições religiosas que mantêm seus territórios na cidade.

Atente-se, porém, para o fato de que essa avaliação deve ser completada pela noção de representação, como *substituição*. Nesse sentido, uma associação pode representar um movimento, sendo seu simulacro, preservando o que o define como significante para se legitimar.[17] Há, em São Paulo, associações que se autodefinem, pelo Movimento dos Trabalhadores Sem-Terra; por exemplo, a Associação dos Trabalhadores Sem-Terra de São Paulo, envolvida na compra de terrenos no Jardim Canaã, próximo à Rodovia Anhanguera.[18]

A comercialização de terras urbanas populares em São Paulo, de forma alternativa àquelas próprias da ação estatista, deu lugar aos mutirões e aos movimentos, mas também à simulação das lideranças contestatórias e à compra e venda irregulares da terra urbana.

Durante um movimento de reivindicação, constituem-se territorialidades, espaços que representam a relação entre sujeitos congregados ou associados. Para conquistar espaços de moradia, por exemplo, é comum o estabelecimento de relações de solidariedade e sua projeção concreta num espaço. Aquelas se definem a partir deste, e este espaço, por sua vez, as reproduz, no momento da ação coletiva de conquista. No momento seguinte, o do estabelecimento da vida cotidiana, os laços se esboroam. A representação da territorialidade estabelecida se preserva; a solidariedade real se esvai. Aqui, estamos diante de uma questão complexa: o cotidiano recria territorialidades ou as dilui?

O cotidiano expressa a ordem distante – a do Estado e a da economia misturando-se na vida diária; ele pode expressar a territorialidade somente como representação, substituindo o controle real da vida diária pelo sujeito. As territorialidades, cujos nexos envolvem ações estatistas, são mediáticas.

# Notas

1 Cf. Moraes, Antonio Carlos Robert (org.). Ratzel. São Paulo: Ática, 1990; Soubeyran, Olivier. *Imaginaire, Science et Discipline*. Paris: Harmattan, 1997.

2 Cf. Raffestin, Claude. *Por uma geografia do poder*. São Paulo: Ática, 1993.

3 Cf. Lefebvre, Henri. *Le Retour de la Dialectique*. Paris: Messidor/Éditions Sociales, 1986, p. 92.

4 Cf. Groupe de Navarrenx. *Du Contrat de Citoyenneté*. Paris: Syllepse/Périscope, 1990, pp. 254-291.

5 Cf. Gorz, André. *Misères du Présent. Richesse du Possible*. Paris: Galilée, 1997, pp. 33-34.

6 Cf. Lefebvre, Henri, op. cit. 1986, p. 89.

7 "Assim, a produção política da sociedade significa, de um lado, o ato de estabelecer a equivalência do desigual, a homogeneização, o identitário e, de outro, desvela o conflito que está presente, de forma imanente, na relação de

troca – seu caráter de constrição, de equalização forçada e legitimada que torna necessária a mediação de um *tertius* em nossa sociedade: o Estado... [O Estado não estaria acima e exterior à sociedade, mas é preciso considerá-lo], como forma que já penetrou e atravessou as relações sociais e as instituições, na produção política do laço social... [O neoliberalismo] pode retirar o aparelho estatal da prestação dos serviços públicos, mas certamente não elimina o seu lugar na reprodução das relações de dominação." (Sposito, Marília Pontes. A produção política da sociedade. *In:* Martins, José de Souza (org.). *Henri Lefebvre e o retorno à dialética.* São Paulo, Hucitec, 1996, p. 39-49.

8 Cf. LEFEBVRE, Henri, 1986, p. 32.

9 Mauss decifrou essa forma arcaica de troca, identificada como *potlatch.* (*Essai sur te don, forme archaïque de l'échange,* em *Année Sociologique, 1925*). Georges Bataille em sua obra, especialmente em *La notion de dépense* (estudo publicado na revista *La critique sociale,* n. 7, jan. 1933 –, e *La part maudite* (1952), leva adiante essa interpretação das trocas nas sociedades arcaicas, mantendo a teoria, inclusive, na análise da vida econômica moderna. A *Internacional Letrista,* organização definida em torno da criação de uma vanguarda cultural, de crítica aos avanços da indústria cultural, e de crítica revolucionária da sociedade, nomeou seu boletim de *Potlatch.* Ele era oferecido gratuitamente, nos anos 1950. Seus integrantes nunca esclareceram, definitivamente, o sentido do nome dado à revista. Mas, de forma humorada, entre as hipóteses proclamadas estava a da prática de presente suntuoso, sugerindo outros presentes em retorno, tendo como fundamento a troca em economias arcaicas. O princípio do *potlatch* é o do dispêndio improdutivo. É o oposto do princípio da equivalência, que alimenta uma sociedade definida pela produção de mercadorias como troca de valores igualizados, oposto, também, de uma concepção de uso do mínimo necessário para a conservação e reprodução da vida. Trata-se de dispêndios improdutivos como o luxo, as guerras, os cultos, as construções de monumentos suntuosos, os jogos, as artes etc. Refere-se, originalmente, a formas de troca arcaicas, cujos princípios são o dom, a dádiva, a necessidade de destruição e perda, como modos de manutenção do poder. Um dom considerável de riquezas oferecidas ostensivamente, com o objetivo de humilhar, desafiar, obrigar o rival a apagar a humilhação, superando o oferecimento original. Remete, também, ao sacrifício, ao gasto sanguinário e excessivo de homens, animais, bens, desafiando os rivais pela destruição esplendorosa de riqueza.

10 Cf. LIPIETZ, Alain. *La Société en Sablier.* Paris, La Découverte, 1997, p. 311-318.

11 Cf. Internationale Situationniste. Paris, Arthème Fayard, 1997, p. 13.

12 Cf. LEFEBVRE, Henri. Critique de la Vie Quotidienne II. Paris, Arche, 1961, pp. 340-357.

13 Cf. Jornal *Folha de S.Paulo,* 29 de janeiro de 2001, A13.

14 RIFKIN, Jeremy. *La Fin du Travail.* Paris, La Découverte, 1997.

15 O termo foi configurado por Henri Lefebvre. A *télescopage* está no plano da produção de uma ilusão, de uma confusão, de um misto de realidade e representação, potencializado, por transferência e redefinição de conteúdos, terrivelmente ativas.
Observe-se o argumento de Henri Lefebvre, em *La production de l'espace* (Paris, Anthropos: 1974, p. 344):
"Se é assim levado a sublinhar a importância da ilusão espacial que não provém nem do espaço geométrico como tal, nem do espaço visual (aquele das imagens e fotos, mas também dos planos e desenhos) como tal, nem do espaço social como tal (prático e vivido), mas de sua 'telescopagem': oscilação de um para o outro ou substituição. De maneira que a visualidade passa pelo geométrico e que a transparência ótica (legibilidade) do visual se confunde com a inteligibilidade lógico-matemática. E reciprocamente".

16 LEFEBVRE, Henri. *La Production de l'Espace.* Paris. Anthropos, 1974, p. 344.

17 Henri Lefebvre fala de uma enorme massa de significantes (palavras, frases, imagens, signos diversos) perdidos ou mal-unidos a seus significados (seus conteúdos, originais e históricos), separados deles. Esses significantes flutuam disponíveis para a publicidade e a propaganda: "o sorriso se converte em símbolo da felicidade cotidiana, a do consumidor radiante; a pureza vem unida à brancura, obtida pelos detergentes... Quanto aos significados abandonados, eles se compõem como podem." *La vida cotidiana en el mundo moderno,* Madri: Alianza Editorial, 1984, p. 75).

18 Trabalho de pesquisa realizado por Andréa de Paula Bassoto, como monografia de final de curso, no Departamento de Geografia, da USP, em 1998. A autora analisa a associação sem esta interpretação que faço neste texto.

# A POLITIZAÇÃO DA GEOGRAFIA COMO ALTERNATIVA À "CRISE DOS TERRITÓRIOS"

*André Roberto Martin*

A última década tem sido apresentada, pelo discurso dominante, tendo experimentado mudanças tão extraordinárias que a maioria das categorias que estávamos acostumados a utilizar, simplesmente, teria perdido sua eficácia. Conclui-se assim, de modo solene, que vivemos não uma crise da realidade, mas sim do pensamento, subitamente tornado obsoleto diante de transformações tão espetaculares. Colocada a questão nesses termos, não restaria outra alternativa a não ser a construção de novos "paradigmas" e a revisão completa dos fundamentos epistemológicos de todas as ciências. Ao fim e ao cabo, o próprio desaparecimento de muitas disciplinas científicas, finalmente descobertas ou tornadas "inúteis", não nos deveria surpreender, muito menos chocar. Afinal, se queremos sobreviver e vencer no duro mundo competitivo que se descortina, não há razão para a compaixão ou a nostalgia, ainda mais quando estas podem ser facilmente confundidas com uma inaceitável e obsoleta resistência de natureza corporativa e, portanto, anticientífica.

Para o caso que nos interessa mais de perto, ou seja, o da Geografia Política, a ideia-chave que acompanha o *stato dell'arte* dessa disciplina, coetânea ao espírito do tempo descrito anteriormente, é a de que o fenômeno da "globalização" teria, definitivamente, feito ruir o conjunto do edifício teórico e metodológico construído desde seus fundadores, uma vez que as categorias "território" e "fronteira" estariam não apenas sendo reestruturadas ou refuncionalizadas, mas, sim, pura e simplesmente, sendo diluídas diante do redemoinho dos fluxos cada vez mais acelerados e intensificados, graças à revolução telemática. Assim, desprovido de duas das suas categorias geográficas fundamentais, o próprio Estado estaria prestes a desaparecer, uma vez que a sua essência específica, qual seja, a capacidade de manter coeso um poder soberano, também estaria sendo minada pelos impulsos irrefreáveis da mundialização.

O que chama a atenção e, em grande parte, ajuda a explicar a quase unanimidade dessa postulação, é a curiosa convergência ideológica que se produziu para amplificá-la, pois ao lado do "realismo de direita", que proclama, aos quatro ventos, a inexorabilidade do processo de globalização, veio juntar-se a "utopia de esquerda", que sempre sonhou com um mundo desprovido de toda a opressão, no qual não haveria a necessidade nem de passaportes nem de polícia. Se aqui e ali ainda persistem algumas resistências tolas à homogeneização do mundo e se a livre circulação dos indivíduos não é, por sua vez, o que se passa exatamente no dia a dia das pessoas, isso não tem, a rigor, a menor importância, pois aí está, para quem quiser ver, a internet, ferramenta todo-poderosa que, mais cedo ou mais tarde, promoverá, pelas suas qualidades intrínsecas, a comunhão de todos os indivíduos com a humanidade, a despeito e à revelia, da ranzinzice dos burocratas.

Não obstante, algumas evidências empíricas insistem em empanar tão brilhante argumentação teórica. Veja-se, inicialmente, o exemplo do Estado. Se é verdade que ele está com seus dias contados, como se pode explicar o aumento do número de entidades soberanas, que não para de crescer desde o final da Segunda Guerra Mundial? Ao contrário do que se tem dito, a atração da soberania é uma força contemporânea extremamente poderosa, capaz de multiplicar por quatro o número de Estados existentes no mundo, desde a fundação da ONU, há cerca de cinquenta anos. E o que se pode prever, ao menos num futuro próximo, é a continuidade dos conflitos em favor da cissiparidade territorial; vide os exemplos dos movimentos separatistas no Cáucaso, nos Bálcãs, no Oriente Médio, na África, na Indonésia etc. Como apontou, acertadamente, Rubens Ricúpero em artigo recente[1], só houve ressoldagem, nos últimos anos, no caso de algumas divisões, artificialmente produzidas pela "Guerra Fria", como são os exemplos da Alemanha, Iêmem e Vietnã. Além desses, pode-se lembrar também a situação bastante especial da China, que reincorporou, recentemente, Hong Kong e Macau e vislumbra, para o futuro, a reunificação com Taiwan. Fora dessas exceções, a regra parece ser a atração pelo *status* de país soberano, ainda que isso signifique apenas o poder de emitir selos valiosos, criar paraísos fiscais ou alugar o nome na internet. Finalmente, as guerras do Golfo e da Iugoslávia provaram, de forma contundente, que a velha fórmula da ocupação militar de um território pela infantaria segue sendo a única garantia efetiva de controle eficaz sobre a população que nele habita.

Assim, se a forma Estado ainda constitui a base da organização política da sociedade e, se desde a construção da União Soviética na década de 1920, as forças desintegradoras parecem sobrepor-se às integradoras, é lógico supor que, concomitantemente, vem proliferando o número de fronteiras. E, nesse caso, deve-se aduzir que não se trata apenas da multiplicação dos lindes referidos ao fenômeno jurídico-político da soberania. Acima e abaixo deles, a autonomia político-administrativa e a coordenação regional vêm produzindo, respectivamente, as suas próprias fronteiras e, frise-se, sem colocar em risco a existência das primeiras. Sendo assim, observa-se que a malha de fronteiras, com múltiplas funções e significados, só vem se adensando sobre a superfície da Terra nos últimos tempos, o que parece constituir por si só motivação suficiente para a produção de muitos ensaios e monografias em Geografia Política.

Para completar essa breve apresentação do problema, lembremos que outra ideia correlata à do desaparecimento do Estado é aquela que identifica uma "crise das identidades", representando um fator propício ao desenvolvimento do individualismo. Se a diferenciação das áreas teria perdido significado, prenunciando, assim, o "fim da Geografia", do mesmo modo com o futuro que deverá ser apenas a reprodução, sem descontinuidade, do presente, justificando-se assim o "fim da História"; também, a complexidade dos grupos sociais teria deixado de ser importante, acarretando, por consequência, o desaparecimento da "Sociologia" e da "Antropologia". Se tamanha carnificina acadêmica conduzirá, dialeticamente, à vitória da perspectiva totalizadora do marxismo, ou ao contrário, apenas servirá para aplainar o caminho de retorno à barbárie, é algo que se encontra hoje inteiramente em aberto. Mas não se pode deixar de anotar, aqui, a contradição representada pelo fato de que, cada vez mais, um mesmo indivíduo tende a agregar numerosas identidades grupais ao mesmo tempo. E é exatamente o problema acerca de qual dessas identidades deve prevalecer em um determinado momento, em um determinado lugar, isto é, em quais circunstâncias deve-se explicitar esta ou aquela faceta da própria identidade individual; o que recoloca o problema da política, entendida como esfera na qual se explicitam os conflitos de interesse e se opera um conjunto de concessões recíprocas, visando à determinada ação concertada.

Entre essas ações, a que possui maior repercussão territorial é, sem dúvida alguma, a "integração". Em sentido amplo, "integrar" significa apenas superar divisões e rupturas. Pode ocorrer, como se vem verificando ultimamente, na formação dos "blocos comerciais", que a integração econômica e mesmo jurídica seja bastante superior à integração política. Mas quando é a política que comanda o processo, cedo se reivindicará, em contrapartida, maior coordenação jurídica e econômica para complementá-lo. Não se deve, todavia, confundir "integração" com "unificação". Até os Estados unitários podem apresentar um baixo grau de integração, desde que as decisões emanadas do centro não tenham muita acolhida na periferia. Seja como for, ao lado do objetivo político de criação de uma autoridade central reconhecida, a integração territorial, historicamente, tem visado à formação de um mercado único, à instauração de um código jurídico uniforme que inclua um sistema único de tributos, assim como a instalação de um sistema de transportes articulado.[2] A "conquista", a "fusão" e a "irradiação" aparecem por sua vez como os três modelos que se podem distinguir no interior do processo mais amplo de "integração". Na "conquista", é o centro mais forte que se impõe às várias periferias e, quando se trata de grupos linguísticos diferentes, é fácil prever os conflitos e as resistências que daí advirão. Um exemplo clássico a respeito é a relação tensa entre Castela e Catalunha, que se estende por séculos. A "fusão", por outro lado, é em geral encontrada onde ocorre também a unidade linguística ou, ao menos, existe a percepção de interesses comuns, compartilhados por comunidades que habitam espaços contíguos. Itália e Suíça cobrem, exemplarmente, as duas situações. Finalmente, a "irradiação" supõe a aceitação de um forte símbolo central de referência, como o representado, por exemplo, pela Coroa inglesa na unificação da Grã-Bretanha; ou, então, um alto grau de homogeneidade étnica, como aconteceu no caso do Japão.

As integrações "nacional" e "social" requerem, por sua vez, a construção das já mencionadas "identidades", para que o papel de uma "elite" ou "vanguarda" se torne essencial. Não iremos, aqui, desenvolver esse ponto, pois o que nos interessa mais de perto, neste momento, é considerar a relação entre "grupo humano" e "espaço determinado", antes do que os laços intersubjetivos que transformam um conjunto de pessoas em um grupo social qualquer. Apenas como advertência, lembraríamos, com Norbert Elias, que também as noções de "indivíduo" e "sociedade" representam, por sua vez, construções mentais historicamente determinadas e que, em particular, o conceito de "sociedade de indivíduos" é ainda muito recente. Esse prestigiado autor, após cinco décadas de estudos em torno do assunto, concluiu, de modo aparentemente simples, como aliás só acontece com as grandes descobertas, que não devemos, enfim, "conceber as pessoas e, portanto, a nós mesmos, como um eu destituído de um nós".[3] Essa ideia crucial nos parece bastante oportuna, a fim de contrabalançarmos a tendência hoje predominante em Geografia Política, que é a de limitar a crítica a uma espécie de *mea culpa*, em torno da tradição discursiva de "reificação do espaço", a qual, por sua vez, encontrou, de fato, sobretudo no movimento nacionalista do último século pela "sacralização do território", uma expressiva manifestação.

Segundo nos parece, um dos grandes equívocos dessa formulação que vê na "desterritorialização" apenas positividade, pois esta equivaleria a uma "libertação dos indivíduos" diante da "prisão dos Estados nacionais", reside precisamente no fato de não se reconhecer a assimetria de significado que essa palavra pode tomar, caso se considere o Hemisfério Norte ou o Hemisfério Sul. Assim, enquanto para as potências do Norte "desterritorializar" significa dizer que os interesses "nacionais" desses países não se limitam mais às antigas fronteiras de seus respectivos Estados, para os países frágeis do Sul, essa ação equivale a abrir mão de todo o planejamento territorial estatal, deslocando-se, assim, a direção das estratégias espaciais das mãos dos governos para as das empresas multinacionais e dos organismos multilaterais de fomento.

Em contraposição, uma Geografia Política politizada nos permite aferir, concretamente, como foi se procedendo a luta entre as potências imperialistas e os povos dominados, de modo que se possa distinguir três padrões de organização territorial do planeta, conforme os três momentos distintos de territorialização do capital industrial nessa escala. Percebemos, desse modo, que, num primeiro momento, as potências imperialistas, notadamente Inglaterra e França, procederam a uma agregação de territórios, ao destruírem os numerosos reinos que se distribuíam, até então, pela Ásia e pela África. No caso das Américas, ligado ao período anterior de hegemonia do capital comercial, o movimento de descolonização encontrou, por sua vez, no Brasil a única exceção em que a herança territorial metropolitana transferiu-se de modo integral e intacto para a nova nação soberana.

Após a Segunda Guerra Mundial, quando o movimento de descolonização tornou-se irrefreável no mundo afro-asiático, o imperialismo lutou para que se procedesse a maior fragmentação política possível, a fim de se evitar a constituição de novas potências. Com isso, viram-se frustrados os movimentos pan-africano, pan-árabe, pan-indochino, pan-indonésio e pan-indostânico. Hoje, quando apesar dos sinais de desagregação, o núcleo imperialista ainda pode mostrar-se coeso, graças à liderança dos Estados Unidos, assistimos, ao lado da derrota do pan-eslavismo, a um intenso processo de pulverização territorial. Trata-se, de fato, como apontou Pascal Boniface, de uma verdadeira "balcanização do planeta",[4] a qual não precisa contar necessariamente, com a efetiva proliferação de soberanias. No caso latino-americano e brasileiro, em particular, por trás do biombo da "desterritorialização", o que se tem assistido, na realidade, é a uma luta desesperada entre as entidades governamentais, visando cada qual atrair a maior quantidade possível de capital externo para dentro de seu "território".

À guisa de conclusão, veja-se o que está acontecendo, por exemplo no Brasil, com relação à instalação das montadoras de automóvel. Muito se tem dito a respeito das novas circunstâncias que vêm cercando as "decisões locacionais", sobretudo das grandes empresas multinacionais. Alguns chegam a argumentar que o espaço já não é mais fator digno de consideração, pois tendo a grande empresa poder para se instalar em qualquer lugar, este, em si mesmo, seria indiferente. Não parece que os executivos dessas mesmas empresas pensem, porém, dessa forma. A "proximidade do mercado", as "condições de infraestrutura", a "saturação espacial", velhas conhecidas da Geografia Econômica, continuam sendo apontadas como condições fundamentais a serem consideradas para a tomada de decisão sobre onde investir. O "custo da mão de obra" e o "grau de organização sindical" aparecem, por sua vez, como as variáveis "sociais" mais lembradas pelos empresários e contribuem com sua cota no balanço estratégico entre custos e benefícios. A única variável, não inteiramente nova, mas que de fato ganhou grande realce nos últimos anos, é a relativa aos "benefícios fiscais", concedidos pelo Estado nas três instâncias de governo. Cotejando-se esses fatores teóricos com a realidade das vinte novas plantas industriais em instalação no Brasil, desde 1996, Glauco Arbix chegou à conclusão de que o "principal fator capaz de explicar o processo relativo de descentralização da indústria automobilística, no Brasil, é a guerra fiscal e de ofertas deflagrada entre estados e municípios brasileiros à procura de investimentos diretos estrangeiros.[5] O resultado espacial previsível é a reconcentração da atividade industrial no Centro-Sul do país. Não se trata, portanto, do "fim do território", mas sim do *aménagement* governamental, complementado pela privatização das infraestruturas.

O que, para alguns, pode ser visto como um "retrocesso espontaneísta", para outros, trata-se apenas da confirmação dos "efeitos benéficos do comércio internacional e do movimento de capitais para os países em desenvolvimento".[6] Seja como for, o que se tem verificado é que as ações compensatórias e mesmo as contestatórias, visando enfrentar o "economicismo globalista", não têm sido lá muito eficazes. Ou elas assumem a globalização como fatalidade, limitando-se a propor apenas uma versão socialmente mais generosa do processo, ou imaginam, então, poder combatê-la por intermédio da proliferação de focos de resistência costurados por um difuso comunitarismo, de base local. Tampouco as experiências mais consistentes de "fechamento regional seletivo" têm conseguido alcançar a escala necessária capaz de contrabalançar, com êxito, a pressão avassaladora do "globalismo". Não se tem percebido, ao que parece, que a mediação entre o "regional" e o "global" requer a inclusão de dois escalões intermediários: um "zonal" e outro "hemisférico". Foi deles que se extraíram os conceitos, até há pouco, tão operativos em política internacional de "Terceiro Mundo" e "Periferia". Em suma, se é verdade que a Geografia tem carecido de maior politização, mais grave talvez seja constatar que, antes, é à política que tem faltado Geografia.

## Notas

1 Cf. Ricúpero, R. "Paranoia ou Mistificação". *Folha de S.Paulo*, 14/1/2001, p. B-2.

2 Cf. Bobbio, N. Matteucci, N. e Pasquino, G. *Dicionário de política*, São Paulo: imesp/unb, 2000, v. 1, p. 633.

3 Cf. Elias, N. *A sociedade dos indivíduos*. Rio de Janeiro: Jorge Zahar, 1994, p. 9.

4 Cf. Ricúpero, op. cit.

5 Cf. Arbix, G. "Política Industrial e o laissez-faire na guerra fiscal". *In*: Rattner, H. (org.) *Brasil no limiar do século XXI*. São Paulo: Fapesp/Edusp, 2000, p. 256.

6 Idem, p. 256.

# HISTÓRIA DAS MULHERES/HISTÓRIA DE GÊNERO – UM BALANÇO

*Rachel Soihet*

Ainda no século XIX, Michelet chegou a desenvolver estudos sobre as mulheres. De forma coerente com o pensamento dominante no seu tempo, realça a identificação desse sexo com a esfera privada. À medida, porém, que a mulher aspire à atuação no âmbito público, usurpando os papéis masculinos, transmuta-se em força do mal e da infelicidade, dando lugar ao desequilíbrio da história. Respeitada, porém, a identificação Mulher/Natureza, em oposição àquela de Homem/Cultura, Michelet (1981) vê na relação dos sexos um dos motores da história.

A história positivista, a partir de fins do século XX, com preocupação exclusiva com o domínio público, provoca um recuo nessa temática. Privilegiam-se as fontes administrativas e militares, nas quais as mulheres pouco aparecem. Por sua vez, na década de 1930, o grupo dos Annales, representado por Marc Bloch e Lucien Febvre, busca desprender a historiografia de interesses puramente abstratos, direcionando-a para a história de seres vivos, concretos, e à trama de seu cotidiano, em vez de se ater a uma racionalidade universal. Embora as mulheres não fossem logo incorporadas à historiografia pelos Annales, estes contribuíram para que isso se concretizasse nas décadas seguintes.

O marxismo considerou secundária a problemática que opõe homens e mulheres. Essa contradição se resolveria com o fim da contradição principal: a instauração da sociedade sem classes. Não se justificava, portanto, uma atenção especial do historiador para a questão feminina.

A partir da década de 1960 cresce, na historiografia, um movimento, crítico do racionalismo abstrato, que relativiza a importância de métodos ou de conceitos teóricos rígidos. Silva Dias discorre sobre a questão, assinalando o desdobramento desse movimento em várias correntes: revisionismo neomarxista, Escola de Frankfurt, historistas, historiadores das mentalidades, do discurso no sentido da desconstrução de Derrida ou na linha de Foucault. O conhecimento histórico torna-se relativo, tanto a uma determinada época do passado como a uma dada situação do historiador no tempo, o qual procura interpretar os processos de mudança por um conhecimento dialético. Tal panorama torna mais factível a integração da experiência social das mulheres na história, pois sua trama se tece, basicamente, a partir do cotidiano e não a partir de pressupostos rígidos e de grandes marcos (Silva Dias, 1992, pp. 43-44).

Nesse particular, destaca-se o vulto assumido pela história social, na qual engajam-se correntes revisionistas marxistas, cuja preocupação incide sobre as identidades coletivas de uma ampla variedade de grupos sociais, até então excluídos do interesse da história: operários, camponeses, escravos, pessoas comuns. Pluralizam-se os objetos de investigação histórica e, nesse bojo, as mulheres são alçadas à condição de objeto e sujeito da história. A preocupação da corrente neomarxista com a interrelação entre o micro e o contexto global permite a abordagem do cotidiano, dos papéis informais e das mediações sociais – elementos fundamentais na apreensão das vivências desses grupos, de suas formas de luta e de resistência. Ignorados, num enfoque marcado pelo caráter totalizante, tornam-se perceptíveis numa análise que capte o significado de sutilezas, possibilitando o desvendamento de processos, de outra forma, invisíveis.

O desenvolvimento de novos campos como a História das Mentalidades e a História Cultural reforça o avanço na abordagem do feminino. Apoiam-se em outras disciplinas – tais como a literatura, a linguística, a psicanálise, a antropologia – com o intuito de trazer à tona as diversas facetas desse objeto.

Um dos maiores ganhos da emergência da história das mulheres, como um campo de estudo, foi o descrédito das correntes historiográficas polarizadas para um sujeito humano universal. Em que pesem os esforços para acomodar as mulheres numa história que, de fato, as excluía, a contradição instaurada revelou-se fatal. A história das mulheres – com suas compilações de dados sobre as mulheres no passado, com suas afirmações de que as periodizações tradicionais não funcionavam, quando as mulheres eram levadas em conta, com sua evidência de que as mulheres influenciavam os acontecimentos e tomavam parte na vida pública, com sua insistência de que a vida privada tinha uma dimensão pública – implicava a negação de que o sujeito da história constituía-se em uma figura universal (Scott, 1992, p. 86).

As experiências iniciais de inclusão das mulheres no ser humano universal trouxeram à tona uma situação plena de ambiguidades. Afinal, a solicitação de que a história fosse suplementada com informações sobre as mulheres equivalia a afirmar o caráter incompleto daquela disciplina, bem como que o domínio que os historiadores tinham do passado era parcial. Fato necessariamente demolidor para uma realidade que definia a "história e seus agentes, já estabelecidos, como 'verdadeiros', ou, pelo menos, como reflexões acuradas sobre o que teve importância no passado".

Nesse processo, foram fundamentais as contribuições recíprocas entre a história das mulheres e o movimento feminista. Os historiadores sociais, por exemplo, supuseram as "mulheres" como uma categoria homogênea; eram pessoas biologicamente femininas que se moviam em papéis e contextos diferentes, mas cuja essência, como mulher, não se alterava. Essa leitura contribuiu para o discurso da identidade coletiva que favoreceu o movimento das mulheres nos anos 1970. Firmou-se o antagonismo homem *versus* mulher, como um foco central na política e na história que favoreceu uma mobilização política importante e disseminada. Já no final da década, porém, tensões se instauraram, quer no interior da disciplina, quer no movimento político. Essas tensões teriam sido combinadas para questionar a viabilidade da categoria das "mulheres" e para introduzir a "diferença" como um problema a ser analisado. Numerosas foram as contradições que se manifestaram, demonstrando a impossibilidade de se pensar em uma identidade comum. A fragmentação de uma ideia universal de "mulheres", especialmente por classe, raça, etnia e sexualidade, associava-se a diferenças políticas sérias no seio do movimento feminista. Assim, de uma postura inicial em que se acreditava na possível identidade única entre as mulheres, passou-se a uma outra em que se firmou a certeza na existência de múltiplas identidades. Também o enfoque na diferença desnudou a contradição flagrante da história das mulheres, com os pressupostos da corrente historiográfica, polarizada para um sujeito humano universal. As especificidades reveladas pelo estudo histórico desses segmentos demonstravam que o sujeito da história não era uma figura universal, dando lugar ao questionamento daqueles pressupostos que norteavam as ciências humanas (Scott, 1992, pp. 81-88).

Assim, a emergência da história das mulheres teve papel fundamental na desmitificação das correntes historiográficas herdeiras do Iluminismo que se acreditavam informadas pela verdade e pela imparcialidade de seus profissionais, os quais eliminavam as mulheres das considerações dessa disciplina. Como bem ressalta Maria Odila da Silva Dias, sujeito humano universal, verdade, razão, esquemas globalizantes, deixavam de se constituir em axiomas, em favor da historicidade e da transitoriedade do conhecimento dos valores culturais, em processo de transformação no tempo. Igualmente, temporalidades múltiplas, focalizando conjunturas provisórias e relativas ao seu próprio tempo, substituíam a linearidade evolutiva de um processo histórico nacional e universal (Silva Dias, 1992, p. 39).

Um outro aspecto a ser ressaltado refere-se ao predomínio de imagens que atribuíam às mulheres os papéis de "vítima" ou de "rebelde". Até a década de 1970, muito se discutiu acerca da passividade das mulheres diante da sua opressão, ou da sua reação apenas como resposta às restrições de uma sociedade patriarcal. Tal visão empobrecedora obscurece seu protagonismo, como sujeitos políticos ativos e participantes na mudança social e em sua própria mudança, assim como suas alianças e, inclusive, participação na manutenção da ordem patriarcal. Por outro lado, em oposição à história "miserabilista" (Perrot, 1987), na qual se sucederam "mulheres espancadas, enganadas, humilhadas, violentadas, sub-remuneradas, abandonadas, loucas e enfermas...", emergiu a mulher rebelde. Viva e ativa, sempre tramando, imaginando mil astúcias para burlar as proibições, a fim de atingir os seus propósitos. Algumas abordagens das mulheres dos segmentos populares realizadas por Michelle Perrot (1988) e Natalie Zemon Davis (1990), de certa forma, se enquadram nesse perfil.

Surge daí a importância de enfoques que permitam superar a dicotomia entre a vitimização ou os sucessos femininos, buscando-se visualizar toda a complexidade de sua atuação. Assim, torna-se fundamental uma ampliação das concepções habituais de poder, para o que cabe lembrar a importância das contribuições de Michel Foucault. Hoje é praticamente consensual a recomendação de uma revisão dos recursos metodológicos e a ampliação dos campos de investigação histórica, pelo tratamento das esferas em que há maior evidência de participação feminina, abarcando as diversas dimensões de sua experiência histórica. Tais recomendações convergem para a necessidade de se focalizar as relações entre os sexos e a categoria de gênero.

Gênero tem sido, desde a década de 1970, o termo usado para teorizar a questão da diferença sexual. Foi, inicialmente, utilizado pelas feministas americanas, sendo numerosas as suas contribuições. A ênfase no caráter fundamentalmente social das distinções baseadas no sexo, afastando o fantasma da naturalização; a precisão emprestada à ideia de assimetria e de hierarquia nas relações entre homens e mulheres, incorporando a dimensão das relações de poder; o relevo ao aspecto relacional entre as mulheres e os homens, ou seja, de que nenhuma compreensão de qualquer um dos dois poderia existir, mediante um estudo que os considerasse totalmente em separado, aspecto essencial para "descobrir a amplitude dos papéis sexuais e do simbolismo sexual, nas várias sociedades e épocas, achar qual o seu sentido e como funcionavam para manter a ordem social e para mudá-la", constituem-se em algumas dessas contribuições. Acresce-se a significação, emprestada por esses estudos, à articulação do gênero com a classe e a raça. Interesse indicativo, não apenas do compromisso com a inclusão da fala dos oprimidos, como da convicção de que as desigualdades de poder se organizam, no mínimo, conforme esses três eixos.

As posições de Joan Scott e a polêmica decorrente com as historiadoras Louise Tilly e Eleni Varikas oferecem um panorama inicial da pluralidade de concepções acerca da questão do gênero (1994). Scott alinha-se entre as pioneiras que acentuam a necessidade de se ultrapassar os usos descritivos do gênero, buscando a utilização de formulações teóricas, com o que concordam as demais pesquisadoras. Uma exceção, nesse particular, é Silva Dias que discorda da necessidade da construção imediata de uma teoria feminista, pois, a seu ver, tal reconstrução significa substituir um sistema de dominação cultural por outra versão das mesmas relações, talvez invertidas de poder, pois o saber teórico implicaria, também, um sistema de dominação (1992). Argumentando em favor de sua proposta, Scott afirma a impossibilidade de uma tal conceitualização efetuar-se no domínio da história social, segundo ela, marcado pelo determinismo econômico. Salienta a necessidade de utilizar-se uma "epistemologia mais radical", encontrada no âmbito do pós-estruturalismo, particularmente em certas abordagens associadas a Michel Foucault e Jacques Derrida, capazes de fornecer ao feminismo uma perspectiva analítica poderosa. Nesse sentido, segundo Scott, os estudos sobre gênero devem apontar para a necessidade da rejeição do caráter fixo e permanente da oposição binária "masculino *versus* feminino" e a importância de sua historização e "desconstrução" nos termos de Jacques Derrida – revertendo-se e deslocando-se a construção hierárquica, em lugar de aceitá-la como óbvia ou como estando na natureza das coisas.

Louise Tilly contrapõe-se a tal postura, com o que concorda Eleni Varikas, ao afirmar que a vontade política de conceder às mulheres o estatuto de sujeitos da história contribuiu para o encontro das historiadoras feministas com as experiências históricas das mulheres. E, para muitas, esse encontro teve lugar no terreno da história social, do que resultaram análises notáveis de relações entre gênero e classes sociais. Também Tilly e Varikas manifestam seu ceticismo quanto ao potencial de epistemologias situadas no âmbito do pós-estruturalismo, para elaborar uma visão não determinista da história e uma visão das mulheres como sujeitos da história. Porém, Varikas critica as restrições de Tilly ao que denomina "uso mais literário e filosófico do gênero", atentando para a importância de se refletir com mais precisão acerca da influência do paradigma linguístico sobre a história das mulheres. Acentua

Varikas a importância das abordagens no âmbito da história das ideias e das mentalidades, que concederam um lugar privilegiado para a análise das representações, dos discursos normativos, do imaginário coletivo; essas abordagens chamaram a atenção para o caráter histórico e mutante dos conteúdos do masculino e do feminino, reconstruindo as múltiplas maneiras pelas quais as mulheres puderam reinterpretar e reelaborar suas significações.

Scott ainda propõe a política como domínio de utilização do gênero para análise histórica. Justifica a escolha da política e do poder, no seu sentido mais tradicional, no que diz respeito ao governo e ao Estado Nação, especialmente porque a história política foi a trincheira de resistência à inclusão de materiais ou de questões sobre as mulheres e o gênero, visto como categoria antitética aos negócios sérios da verdadeira política. Acredita que o aprofundamento da análise dos diversos usos do gênero, para justificativa ou explicação de posições de poder, fará emergir uma nova história que oferecerá novas perspectivas às velhas questões; redefinirá as antigas questões em termos novos – introduzindo, por exemplo, considerações sobre a família e a sexualidade, no estudo da economia e da guerra. Tornará as mulheres visíveis, como participantes ativas, e estabelecerá uma distância analítica entre a linguagem aparentemente fixada do passado e a nossa própria terminologia. Além do mais, essa nova história abrirá possibilidades para a reflexão sobre as atuais estratégias feministas e o futuro utópico (1991).

A análise de Scott é de extrema relevância, pois incorpora contribuições das mais inovadoras no terreno teórico, como no do próprio conhecimento histórico. Considero, porém, que, a partir do modelo de análise proposto, alguns elementos essenciais ao desvendamento da atuação concreta das mulheres tornam-se dificilmente perceptíveis. Importa, portanto, examinar contribuições de outros historiadores que, com esse objetivo, não se limitam a abordar o domínio público. Recorrem a outras esferas, como o cotidiano, no afã de trazer à tona as contribuições femininas, no que se amplia o espectro de concepções acerca da problemática do gênero.

Numa perspectiva bastante enriquecedora, acerca da presença da política na vida das mulheres, destacam-se as reflexões de importantes historiadoras francesas:

> O jogo político, na história das mulheres, não tem caráter de evidência. Onde situar político e como qualificá-lo? Utilizar a ideia de dominação, afirmando que é universal e que tem como efeito a necessária exclusão das mulheres da esfera política é ater-se a uma constante que em nada se parece a uma análise. Se há bloqueio, é talvez porque pôr em marcha o estudo da dominação, tanto pelo lado da opressão como

pelo da rebelião, não permite apreendê-la como uma relação dialética. (Farge, Perrot, Schmitt-Pantel *et al.*, 1986).

Tais historiadoras, dessa forma, evitam o binômio dominação/subordinação como terreno único de confronto. Apesar da dominação masculina, a atuação feminina não deixa de se fazer sentir, mediante complexos contrapoderes: poder maternal, poder social, poder sobre outras mulheres e "compensações" no jogo da sedução e do reinado feminino. Sua proposta metodológica é estudar o privado e o público como uma unidade, assaz renovadora diante do enfoque tradicional "privado *versus* público".

Ainda no que se refere ao político, cabe mencionar outras abordagens de historiadoras – as citadas Michelle Perrot, Arlette Farge, Natalie Davis, Silva Dias e outras – que, ao buscarem a mulher como agente histórico, aproximaram-se de domínios nos quais ocorriam maior evidência de participação feminina. Daí não se aterem unicamente à esfera pública – objeto exclusivo, por largo tempo, do interesse dos historiadores impregnados do positivismo e de condicionamentos sexistas. Explica-se, assim, a emergência do privado e do cotidiano, nos quais emergem, com toda força, a presença dos segmentos subalternos e das mulheres. Longe está o político, porém, de estar ausente dessa esfera, na qual se desenvolvem múltiplas relações de poder[1].

Mesmo no espaço público, porém, marcaram presença as mulheres dos segmentos populares. Aqui se deve mencionar uma pista assinalada por E. P. Thompson (1979), acerca da liderança feminina nos motins de alimentos E. P. Thompson. Usando o corpo como arma, aos gritos, batendo panelas e caldeirões, protagonizavam ruidosas aglomerações (Perrot, 1988). Outros historiadores sugerem, igualmente, que essa atuação das mulheres pode-lhes ter conferido uma base de poder na comunidade. Não se trata de excluir a abordagem das mulheres no terreno da política formal, mas urge não ignorar esse tipo de manifestações, típicas da resistência dos segmentos populares, sob o risco de inversão do problema; passando-se a focalizar as mulheres, apenas sob a ótica da classe e do sexo dominante.

Voltando à proposta de Scott, esta não abre espaço para que emerjam as diversas sutilezas presentes nas relações entre os sexos, das quais não estão ausentes as alianças e os consentimentos por parte das mulheres. Nesse particular, são muito adequadas as considerações de Roger Chartier que destaca, na dominação masculina, o peso do aspecto simbólico, que supõe a adesão dos dominados às categorias que embasam sua dominação. Assim, segundo Chartier, um objeto maior da história das mulheres consiste no estudo dos discursos e das práticas que garantem o consentimento feminino às representações dominantes da diferença entre os sexos. Definir a submissão imposta às mulheres como uma violência simbólica ajuda a compreender como a relação de dominação – que é uma relação histórica, cultural e linguisticamente construída – é sempre afirmada como uma diferença de ordem natural, radical, irredutível, universal. O essencial é identificar, para cada configuração histórica, os mecanismos que enunciam e representam como "natural" e biológica a divisão social dos papéis e das funções.

Outrossim, alerta Chartier, uma tal incorporação da dominação não exclui a presença de variações e manipulações, por parte dos dominados. O que significa que a aceitação pelas mulheres de determinados cânones não significa apenas vergarem-se a uma submissão alienante, mas, igualmente, construir um recurso que lhes permita deslocar ou subverter a relação de dominação. Compreende, dessa forma, uma tática que mobiliza, para seus próprios fins, uma representação imposta-aceita, mas desviada contra a ordem que a produziu. As fissuras à dominação masculina não assumem, em geral, a forma de rupturas espetaculares, nem se expressam sempre num discurso de recusa ou rejeição. Elas nascem no interior do consentimento, quando a incorporação da linguagem da dominação é reempregada para marcar uma resistência. Assim, definir os poderes femininos, permitidos por uma situação de sujeição e de inferioridade, significa entendê-los como uma reapropriação e um desvio dos instrumentos simbólicos que instituem a dominação masculina, contra o seu próprio dominador (Roger Chartier, 1995, pp. 40-42).

A noção de resistência torna-se, dessa forma, fundamental nas abordagens sobre as mulheres. Cabe aqui lembrar, mais uma vez, a importância da História Social, especialmente, de E. P. Thompson. Sua obra dedica especial atenção às manifestações cotidianas de resistência dos segmentos populares, embora não estabeleça as mulheres como objeto específico. Outros historiadores também descartam a visão de uma ação unilateral do poder sobre os dominados passivos e impotentes. Como frisa Michel de Certeau, torna-se necessário "exumar as formas sub-reptícias que assume a criatividade dispersa, tática e *bricoleuse* dos dominados", com vistas a reagir à opressão que sobre eles incide (Michel de Certeau, 1994, p. 41). Historiadoras, como aquelas mais uma vez citadas, Michelle Perrot, Natalie Davis, Arlette Farge, Maria Odila da Silva Dias, eu própria, têm-se baseado nesse referencial, no esforço de reconstrução da atuação feminina. Acreditam que a abertura dos historiadores para os papéis informais, visíveis apenas pelo enfoque do cotidiano, constitui-se no recurso possível para a obtenção de pistas que possibilitem a reconstrução da experiência concreta das mulheres em sociedade que, no processo relacional complexo e contraditório com os homens, têm desempenhado um papel ativo na criação de sua própria história.

Divergência de posições, debates, controvérsias, esse é hoje o quadro da história das mulheres; quadro que se afigura dos mais promissores e que coincide com a diversidade de correntes presentes na historiografia atual. Diversidade que se manifesta na existência de vertentes que enxergam a teoria como ferramenta indispensável à construção do conhecimento histórico sobre as mulheres até as que relativizam a sua presença, em nome do caráter fluido, ambíguo, do tema em foco: as mulheres como seres sociais. Ênfase na utilização da categoria de gênero, na análise da esfera da política formal, em termos do exercício do voto e manejo do poder nas instituições do governo; preferência pela abordagem do cotidiano, "redescoberta de papéis informais, de situações inéditas e atípicas" que possibilitem o desvendamento de processos sociais invisíveis, perante uma perspectiva normativa, são algumas das diferentes posturas no tocante aos estudos sobre as mulheres. Algumas opõem história de gênero e história das mulheres que, na verdade, caminham para uma interpenetração que impede a abordagem isolada de cada uma delas. Criatividade, sensibilidade e imaginação tornam-se fundamentais na busca de pistas que permitam transpor o silêncio e a invisibilidade que perdurou por tão longo tempo quanto ao passado feminino. Estamos, assim, preparados para fazer frente àqueles que, na Academia, ainda não nos reconhecem como parceiras plenas, tentando relegar-nos a posições periféricas em face do caráter secundário de nossas preocupações. Estamos, enfim, em condição de responder às inquietações de Virginia Woolf, quanto à construção de uma história, "menos bizarra, irreal e desequilibrada", na qual as mulheres estejam presentes, sem qualquer "inconveniência" (Woolf, 1929, p. 47). Mulheres e História interpenetram-se num movimento dialético, assinalado por trocas recíprocas, que acena com a esperança de uma utopia futura.

## NOTA

1 PERROT, Michelle. *Os excluídos da história – Operários, Mulheres e Prisioneiros*. São Paulo: Paz e Terra, 1988; DAVIS, Natalie Z. *Culturas do povo – Sociedade e Cultura no Início da França Moderna*. São Paulo: Paz e Terra, 1990; FARGE, Arlette "La amotinada". *In*: Georges Duby e Michelle Perrot. *Historia de las Mujeres en Occidente*. v. 3. Madri: Taurus Ediciones, pp. 503-520; Silva Dias, op. cit.

# Bibliografia

CHARTIER, Roger. "Diferenças entre os sexos e dominação simbólica (nota crítica)". *In: Cadernos Pagu – fazendo história das mulheres.* (4). Campinas: Núcleo de Est. de Gênero/Unicamp, 1995, p. 40-42.

DAVIS, Natalie Zemon. *Culturas do povo – sociedade e cultura no início da França Moderna.* Tradução de Mariza Corrêa. São Paulo: Paz e Terra, 1990.

DE CERTEAU, Michel. *Artes de fazer. A invenção do cotidiano.* Petrópolis: Vozes, 1994.

DUBY, Georges & PERROT, Michelle. *Historia de las Mujeres en Occidente.* Traducción de Marco Aurelio Galmarini. Madri: Taurus Ediciones, 1991.

FARGE, A.; PERROT, M.; SCHMITT-PANTEL, P. *et al.*. "Culture et pouvoir des femmes: essai d'historiographie". *In: Annales ESC*, L'histoire des femmes, mars-avril 1986, n. 2, pp. 271-293.

_____. "Évidentes Émeutières". *In*: G. Duby e M. Perrot (org.), op. cit., 1991.

PERROT, Michelle. *Os excluídos da história – Operários, Mulheres, Prisioneiros.* São Paulo: Paz e Terra, 1988.

SCOTT, Joan. *Gênero: uma categoria útil de análise histórica.* (Tradução de Christine Rufino Dabat e Maria Betânia Avila. Recife: SOS Corpo, 1991.

_____. "História das Mulheres". *In*: Burke, Peter (org.). *A escrita da história – Novas perspectivas.* São Paulo: Unesp, 1992.

SCOTT, Joan; TILLY, Louise; VARIKAS, Eleni. "Debate" *In: Cadernos Pagu – desacordos, desamores e diferenças* (3). Campinas: Núcleo de Estudos de Gênero/Unicamp, 1994, pp. 11-84.

SILVA DIAS, Maria Odila Leite da. "Teoria e método dos estudos feministas: perspectiva histórica e hermenêutica do cotidiano". *In*: Albertina de Oliveira Costa e Cristina Bruschini (orgs.). *Uma questão de gênero.* Rio de Janeiro/São Paulo: Rosa dos Tempos/Fundação Carlos Chagas, 1992.

_____. *Quotidiano e poder em S. Paulo no Século XIX.* São Paulo: Brasiliense, 1984.

SOIHET, Rachel. *Condição feminina e formas de violência. Mulheres pobres e ordem urbana (1890-1920).* Rio de Janeiro: Forense Universitária, 1989.

_____. "História, mulheres, gênero: contribuições para um debate". *In*: Neuma Aguiar (org.) *Gênero e Ciências Humanas – desafio às ciências desde a perspectiva das mulheres.* Rio de Janeiro: Rosa dos Tempos, 1997.

THOMPSON, E. P. "La economía 'moral' de la multitud en la Inglaterra del siglo XVIII". *In: Tradición, revuelta y consciencia de clase – Estudios sobre la crisis de la sociedad preindustrial.* Traducción castellana de Eva Rodríguez. Barcelona: Editorial Crítica, 1979.

WOOLF, Virginia. *A Room of One's Own.* Nova York: Aogarth Press and Co., Inc., 1929.

# NOTAS PARA UM NOVO MILÊNIO: QUESTÕES DE GÊNERO E SISTEMAS DE COMUNICAÇÃO E INFORMAÇÃO

*Regina Festa*

Estamos vivendo numa época extraordinária de diversidades e contradições. Um tempo em que as afirmações sobre direitos se contradizem entre si, a respeito do agora e do futuro. Um tempo multi: multicultural, multinacional, multiétnico, multiartístico, de múltiplas éticas, multiteorias, multiciências, multieconomias e de multicentros. *Stricto sensu*, é um período novo, de mudanças radicais e diferentes de tudo o que a humanidade já experimentou, que se abre para um novo horizonte a respeito de quem é o ser humano, do que somos ou não capazes em nossa crescente percepção de interdependência. Em si mesmo, é um tempo no qual a diversidade humana, agora visível, poderia ser percebida como um símbolo de riqueza de toda a humanidade, assim como a biodiversidade. É também um tempo histórico em que a humanidade está diante do enorme desafio de aprender a ser responsável por séculos de acúmulo de conhecimento científico e tecnológico.

Esse novo mundo, de diversidades, contradições e outra percepção – ou não – da responsabilidade com o todo, está particularmente espelhado nos sistemas de comunicação e informação e no acesso global de todos os povos ao que chamo de *planeta-mídia*. Se observarmos, cada dia existem menos fronteiras entre a expansão econômica global e a expansão dos sistemas mediáticos. Para vários pesquisadores, os novos sistemas informativos globais antecedem e alteram a visão de mundo de toda a humanidade e afetam, com base nos fluxos da vida cotidiana, as relações humanas, os valores, as conquistas sociais, as relações intergeracionais. Na raiz de toda essa mudança cultural está a revolução sem precedentes dos conhecimentos científico e tecnológico, acumulados nas últimas décadas do século xx, e na transformação das sociedades-estado em sociedades de livre comércio e sem fronteiras fixas.

Essas notas iniciais têm por objetivo discutir como esse novo cenário impacta a revolução das mulheres que, assim como as mudanças atuais da sociedade contemporânea, se insere entre as grandes transformações irreversíveis do final do século xx. Para fins de discussão, este artigo está dividido em três partes. Inicialmente, analisaremos a relação entre os modos de perceber a cultura contemporânea e os sistemas de informação e comunicação. Em seguida, trataremos de compreender as dimensões da expansão da sociedade da informação e as implicações da formação de um planeta-mídia. Na terceira parte, será enfocada a revolução das mulheres e o papel da emergência do feminino, como uma das contribuições imponderáveis para o futuro da humanidade. Será analisada, ainda, a relação entre o movimento de mulheres e o porquê da ausência de uma perspectiva das questões de gênero, em face da sociedade mediática.

## Um mundo diferente e mais complexo

A queda do Muro de Berlim está longe de significar o fim das polaridades no mundo contemporâneo, que se acentuam com a irreversibilidade da globalização e com as múltiplas formas de interpretação desse momento de mudança acelerada. Como diz o filósofo e analista de futuro John Renesch, o que podemos agora é compreender partes da totalidade, para então caminhar em direção a uma compreensão da totalidade das partes. Essa dualidade, como perspectiva, que se expressa de forma multifacetária, encontra-se presente na interpretação que damos à cultura contemporânea.

Para alguns pesquisadores, como Edgar Morin, Leonardo Boff, Milton Santos, Stephen Jay Gould, Jean Delumeau, Jean-Claude Carrière, Umberto Eco, Gregg Braden, Julian Barbour, Juliet Mitchell, Naomi Wolf[1] e outros, o que está em curso é um novo projeto civilizacional, com grandes transformações no estado de consciência das pessoas e dos indivíduos. Do ponto de vista holístico de integração da modernidade com a pós-modernidade, o mundo caminha para uma outra compreensão do ser humano, a respeito de si mesmo e da relação dele com o outro e com a vida. Nessa perspectiva, está a realização completa da modernidade, ou a última consequência da "virada do sujeito". Ou seja, das contradições desse novo momento emergem, em escala planetária, grupos, tribos, estamentos, com uma outra consciência a respeito da vida humana e dos direitos naturais para o novo projeto civilizacional.

Como argumenta Leonardo Boff,

> [...] núcleo dessa modernidade reside na emancipação do indivíduo de seus contextos ideológicos, econômicos e sociais, indivíduo sempre visto como um momento de uma totalidade maior. Agora, ele goza de plena liberdade e de possibilidade de escolha ilimitada. O indivíduo estabelece seus valores. Cada forma de vida tem seu

direito. Nada deve ser normativo ou proibido. Há espaço para todas as expressões, por mais antagônicas que sejam.[2]

E, em sentido amplo, todas elas se expressam e aparecem em um mundo diverso, sempre mais interdependente. As injustiças soam mais alto, os governos se veem mais restringidos e, ao mesmo tempo, mais solidários com situações-limite em escala planetária. Algumas empresas assumiam atribuições sociais e segmentos oprimidos, povos, raças, etnias, religiões impactavam em setores impensados até uma década atrás.

Essa perspectiva, que é nova, rompe com a cultura e suas territorialidades, assim como a vivemos até o século XX. Ela reafirma a diferença, o direito de existência do outro, a alteridade, a singularidade e, com base nela, nenhum tipo de racionalidade tem mais o monopólio da razão.

Ainda conforme Boff, o lado positivo dessa pós-modernidade é que ela liberou as subjetividades dos enquadramentos forçados e totalitários, das éticas rígidas, das doxas e das filosofias globalizantes. Dessa contradição emerge, por exemplo, uma outra noção de políticas públicas ou de patriarcalismo no exercício do poder em geral. "Para aqueles que possuem um centro pessoal, uma cosmovisão aberta ou uma visão integradora [...] emerge, então, como dimensão da autonomia pessoal, a responsabilidade diante de si e dos outros e por aquilo que é comum e humano. É uma ética pessoal sem ser individualista; ética do ser humano como ser de relações, no mundo, com outros. Ela permite, também, uma emergência da espiritualidade [...] capaz de captar a mensagem de grandeza e de beleza [...] do universo e da vida. A ética e a espiritualidade, feitas dimensões da subjetividade e não mais monopólio das religiões [...], podem desempenhar a função de matrizes geradoras de um novo paradigma civilizacional, de dimensões planetárias."[3] Essa nova cosmovisão, segundo pesquisas, que é menos guerreira e mais feminina, está presente numa parcela importante dos novos agentes sociais, científicos, culturais, empresariais e políticos, em escala planetária, e parece responder a uma outra noção dos atributos de responsabilidade a respeito do conhecimento global contemporâneo.

Por outro lado, na perspectiva pós-moderna pessimista, de ruptura com a modernidade, o projeto civilizacional pode ser resumido na vontade de poder-dominação-enriquecimento, com base na subjetivação do indivíduo branco, ocidental e cristão e da objetivação de tudo o mais, seja submetendo-o a si, seja destruindo-o, seja fazendo-o espelho do ocidental. O outro – como a mulher, a cultura diferente, o povo distinto, a natureza – deve ser subordinado ao imperialismo da razão ocidental. Nesse projeto, o mercado mundialmente integrado e a razão instrumental que deu origem ao projeto científico-técnico constituem a base da nova economia global. Nessa perspectiva, a cultura contemporânea é analisada, desde a lógica da competitividade, do acirramento das relações sociais, da dominação sem saída com suas múltiplas facetas, do fim dos valores, da democracia e das conquistas das revoluções dos dois últimos séculos. O mundo agora é um grande supermercado e quanto mais aumentam os níveis educacionais globais, mais diminuem as condições de percepção do ser humano sobre si mesmo e o outro, transformado em indivíduo consumista, isolado e desterritorializado de uma cultura convergente e plena. Essa visão dual e polarizada define, na minha avaliação, o modo por meio do qual as questões de gênero relacionadas com os sistemas de comunicação e informação intervêm na concretude da revolução das mulheres neste início de milênio.

Segundo pesquisas, em numerosos setores da vida contemporânea, o nível de participação da mulher com uma outra cosmovisão tem sido definitivo para a mudança nos padrões de relacionamento social, cultural, político, informacional e planetário. Dito de outro modo, enquanto mudanças em nível macro se dão sem controle – para usar uma metáfora de Anthony Giddens –, o que está ocorrendo nos fluxos da vida cotidiana e dos valores, geralmente sob controle das mulheres, torna a análise das partes das totalidades do mundo global atual ainda menos indefinível. Tudo o que foi negado ao mundo do feminino e de gênero está, agora, descortinado e percebido nas esferas públicas e nos sistemas de informação e comunicação. Para as mulheres, a presença de um espelho que revela as suas transformações significa um salto quântico e, para os homens, trata-se de uma ruptura dos padrões de gestão do poder patriarcal e de dominação. Até mesmo as múltiplas formas de violência de gênero, agora visíveis em escalas de inaceitabilidade pública e global, contribuem para a construção de outras formas de alianças e parcerias que desestabilizam os modelos anteriores.

Em suma, na perspectiva otimista, holística e integradora da modernidade com a pós-modernidade, do retorno "ao sujeito", estão emergindo novas consciências, portadoras de uma outra ética e de uma outra cosmovisão de dimensões planetárias. É ela que nos remete a uma revisão da subjetividade coletiva e institucional, como já está acorrendo em todo o planeta. E, na perspectiva pós-moderna e racional de ruptura da sociedade atual com a modernidade, da morte do "sujeito" e do permanente fim de algo, estamos diante de um tempo de mudanças que liberam o indivíduo dos autoritarismos, porém colocam-no impotente diante de si próprio e para o mercado. Não resta dúvida de que os dois momentos dessa polaridade estão presentes na contemporaneidade, mas, para efeito desta análise, vale a pena revisitar uma recomendação jovial de Brecht, ou seja, devemos usar nosso tempo com coisas novas e ruins e deixar que as coisas boas e antigas se enterrem. Pois, entre o exercício da razão iluminista e patriarcal e o de uma outra cosmovisão, o mundo do feminino, reestruturado nas mulheres e nos homens, é a grande incógnita do futuro da humanidade e para as novas estruturas de pensamento. Dito de outro modo, a emergência do feminino, nas questões de gênero e nas relações das esferas públicas, contribui para uma crescente não aceitação da competitividade amoral, da não aceitação dos globaritarismos – para usar uma expressão de Milton Santos – da rejeição de todas as formas de exclusões de povos, culturas inteiras, países e regiões, e anuncia a emancipação da diversidade humana e da biodiversidade, como patrimônios da humanidade e não apenas da sociedade de mercado.

## A REVOLUÇÃO DOS SISTEMAS DE INFORMAÇÃO E COMUNICAÇÃO

A mesma análise dual apresentada aplica-se à análise do papel dos sistemas de comunicação e informação na sociedade global. Porém, neste caso, ela vem acompanhada de um viés, posto que a maioria dos estudos encontra-se no campo da racionalidade iluminista, da expansão dos sistemas tecnológicos e científicos, das corporações e da inevitabilidade da formação de um planeta-mídia para toda a humanidade. Nesse terreno, as ciências da comunicação e da informação esbarram num campo sem saída, quando não ancorado nas Ciências Sociais e na Antropologia. Nesse campo, entretanto, poucos pesquisadores realizaram estudos relacionando os sistemas de informação e comunicação contemporâneos com uma outra cosmovisão ou na perspectiva das questões de gênero. Mesmo a transdisciplinaridade, cuja análise contempla o "eu incluído", encontra-se em dívida com a área dos estudos mediáticos. Em geral, as pesquisas, crescentes em todo o mundo, priorizam formas de acesso aos sistemas, monitoramentos da mídia, análises de recepção de programas, estudos de produção e programações, análises de expansão das corporações e somente a contribuição dos *cultural studies*, aplicados à emergência da diversidade e dos pluralismos contemporâneos por meio da mídia, tem aberto janelas para a compreensão do novo.

Portanto, na visão iluminista, racional, pós-moderna e pessimista, na maioria dos casos, o surgimento da primeira sociedade global planetária, estruturada em uma visão anglo-saxã do mundo, ou seja, protestante, branca, masculina e do Norte, pensar a expansão cultural do mundo e dos sistemas de comunicação e informação implica analisar um campo de irreversibilidades, no qual as contradições tendem a desaparecer.

Nessa perspectiva e com a revolução digital em curso, torna-se extremamente difícil estabelecer distinções entre o mundo das mídias, o mundo da comunicação, o mundo do que poderíamos chamar de cultura de massas e o mundo da publicidade. Cada dia existem menos fronteiras entre esses três setores, como apontou Ignacio Ramonet, diretor do *Le Monde Diplomatique*, no Fórum Social Mundial de Porto Alegre. Nesse mundo mediático, a informação constitui um sistema à parte, que atua com lógica específica, em âmbito global, diferente da sociedade espetáculo, embora a informação também se constitua em espetáculo, como na guerra do Golfo, de Kosovo, dos anúncios científicos das corporações, ou da crise de governabilidade do governo dos Estados Unidos, a partir das acusações jurídicas de assédio sexual contra o presidente Clinton.

O planeta-mídia, nessa vertente, está sendo ocupado, com grande velocidade, desde a década de 1990, por instituições políticas, empresas multinacionais, pela publicidade e propaganda política tanto de governos como de empresários que atuam por intermédio de eficientes equipes de porta-vozes. Os empresários, por outro lado, *partners* dos sistemas econômicos e financeiros, detêm a infraestrutura, os meios de comunicação, a internet e a informática, integrados num complexo sistema satelital, que torna, cada dia mais difícil identificar quais são os elementos mediáticos que formam parte do mundo da comunicação.

Com isso, torna-se complexo compreender, ainda segundo Ramonet,[4] o que chamamos em geral de cultura de massas em seu sentido mais amplo, como a telenovela, os *comics*, a literatura de massas, os livros de massa, o cinema de massas, o esporte, a música etc.

Esse admirável mundo novo tem sido possível – e tende a se expandir de forma exponencial nos próximos dez anos – graças à revolução digital, que possibilita a mescla e a integração de texto, som e imagem e uma distribuição cada vez mais barata e ilimitada. Nesse mundo, telefone, aparelho de televisão e computador convergem tecnologicamente e as funções específicas de cada um serão cada vez mais difusas, interativas, expandidas e de fácil manuseio, principalmente, para as jovens gerações.

A internet já anuncia o princípio dessa convergência e nela não é mais possível distinguir texto, imagem, som, informação, publicidade e cultura de massas, diferentemente do que é a televisão. Com o sistema digital da banda larga e, portanto, com o aumento da velocidade na transmissão e recepção, as imagens do cinema, da televisão e do videogame podem ser expandidas cada vez mais globalmente.[5] Trata-se apenas de uma questão de tempo, pois as tecnologias já estão disponibilizadas para o mercado.

Nessa perspectiva de análise, a convergência das mídias e dos sistemas de informação está facilitando a formação dos conglomerados com capacidade econômica, financeira, política e cultural de gerar todos os meios simultaneamente, independente de cultura, territorialidade e organização social, para um número crescente de "usuários" em todo o planeta. Nos Estados Unidos – e, portanto, no mundo – a fusão da Time Warner com a AOL, maior portal de internet, permite o acesso a revistas, agências de notícias, cinema e distribuição por intermédio da Warner, música, televisão a cabo, CNN mundial e regional, mais o portal da AOL instalando-se em todo o planeta, com parceria da Microsoft. Na Europa, uma fusão franco-americana deu origem ao grupo Vivendi Universal, que atua na área de música, cinema, empresas editoriais, agências de publicidade, fornece serviços de lazer, cidades para férias com capacidade para grandes contingentes de pessoas. No Brasil, para dar um exemplo, a Rede Globo de Televisão saltou do 26º para o 12º lugar no *ranking* dos conglomerados mundiais de mídia, em apenas três anos, e tem atualmente capacidade para produzir e distribuir em todas as frentes mediáticas, inclusive ao redor do mundo, como já o faz.[6]

Como explica Fredric Jameson, no ensaio *As transformações da imagem*[7]

> Estamos vivendo uma euforia da alta tecnologia, dos computadores, do espaço cibernético, celebrada, diariamente, pelas empresas de comunicação. Este é o verdadeiro momento da sociedade da imagem, na qual o sujeito humano está exposto (...) a um bombardeamento de até mil imagens por dia, ao mesmo tempo que sua vida privada é totalmente observada e analisada, medida e enumerada em bancos de dados (...) e tudo parece, cada vez mais, culturalmente familiar.

Por outro lado, como acentua Giddens, essa é a razão, também, do surgimento de identidades culturais locais, em várias partes do mundo e da percepção da diversidade humana.

Para os estudiosos dessa área, entre eles Armand Mattelart, Robert McChesney, Noam Chomsky, Ignacio Ramonet e outros, a implantação do planeta-mídia e da expansão mediática em seu conjunto constitui-se em aparato ideológico da globalização. Armand Mattelard analisa, por exemplo, como esses sistemas funcionam em rede e antecedem, simbolicamente, o projeto expansionista da economia global. Robert McChesney, que acompanha as lógicas das corporações de mídia, mostra a relação que se estabelece, geralmente, entre os sistemas de informação dos Estados Nacionais, as leis, as constituições, as privatizações e as parcerias com as instituições internacionais de gestão global, como o Banco Mundial e outras. Noam Chomsky alerta para a relação desses sistemas com a indústria de guerra. E Ignacio Ramonet demonstra como aquilo que a imprensa diz repete-se na televisão, no rádio, nos noticiários, nas ficções e nos tipos de apresentação dos modelos de vida. Esses processos têm sido possíveis com a transformação das informações da vida, em todas as suas dimensões, em mercadoria de consumo, portanto, em lucro ilimitado para as corporações. Estão relacionados, ainda, com a revolução digital, que permite a instantaneidade e uma aceleração absoluta da circulação dos bens simbólicos e das informações, à velocidade da luz, ou seja, a 300 mil quilômetros por segundo. Nesse sentido, a profusão do sistema atua, cada vez mais, no nível das sensações, das impressões, da rapidez para evitar aborrecimentos, da infantilização do discurso, do aumento da espetacularização, da dramaturgia, do riso fácil, do discurso estereotipado, eufórico ou trágico, especialmente em relação à publicidade. Em suma, o sistema expressa-se capturando as emoções dos usuários e transformando-as em *commodities*.

## A REVOLUÇÃO DAS MULHERES E UM OUTRO MUNDO POSSÍVEL

A revolução das mulheres acompanha *pari passu* a formação da sociedade global e planetária.

Em si mesma, e como analisa Anthony Giddens no livro *Mundo em descontrole*, essa expansão econômica, acompanhada da expansão dos sistemas de comunicação e informação, afeta não apenas o que está afastado, distante e "lá fora". É um fenômeno que está afetando aspectos íntimos e pessoais das nossas vidas. Por exemplo, o debate sobre valores familiares, que está se desenvolvendo na maioria dos países, poderia parecer distante e casual, mas não é. "Há uma tensão no mundo atual, especialmente à medida que as mulheres reivindicam maior igualdade. Até onde sabemos pelo resgistro histórico, jamais houve antes uma sociedade em que as mulheres fossem sequer aproximadamente iguais aos homens. Esta é uma revolução verdadeiramente global da vida cotidiana, cujas consequências estão sendo sentidas no mundo todo, em esferas que vão do trabalho à política."[8] Uma das conclusões, portanto, e pouco discutida até o momento, é que a própria revolução das mulheres, assim como de outros grandes eventos do final do século XX, tem relação direta com a expansão dos sistemas informativos e mediáticos.[9]

Uma segunda dimensão é a da revolução do conhecimento, que impacta mais as mulheres do que os homens, pois eles já circulavam nas esferas públicas. Segundo dados da ONU, 70% dos pesquisadores da história da humanidade estão vivos e produzindo, neste momento, grandes transformações planetárias. Isso implica constatar as grandes revoluções nas áreas de biotecnologia, cosmologia, física, química, astronomia, ecossistemas, energia, eletrônica, ou seja, a humanidade encontra-se diante de conhecimentos cumulativos que permitem reavaliar as condições da vida humana e da vida do planeta. Segundo outras pesquisas, cerca de sessenta milhões de pessoas – e dessas, aproximadamente 42 milhões são mulheres – compõem o quadro atual das lideranças emergentes da nova sociedade planetária. Nunca houve tanto empenho e trabalho voluntário feminino atuando num quadro solidário de mudanças.

Uma aproximação ao tema permite comprovar que muito mais informações encontram-se disponíveis para as mulheres em todo o planeta, ajudando-as a buscar, de modo mais sincrônico, novas formas de organização da vida cotidiana, em áreas de interesse comum, que vão desde os relacionamentos, e saúde, até a política e as estratégias de sobrevivência grupal, comunitária e internacional.

Uma segunda análise possível é que a expansão dos sistemas informacionais, junto com o aumento do acesso das mulheres à educação, tem conflitado não apenas as relações de gênero, mas as estruturas do pensamento. Como analisa Edgar Morin, em *Introdução ao pensamento complexo*, o momento atual é de reaprender a aprender. "Reaprender é difícil, aprender é fácil. Reaprender é mudar a estrutura do pensamento", afirma Morin; uma tarefa que parece cada vez mais atinente ao modo feminino de olhar o mundo. A reeducação de si próprio – que nesse caso é uma questão de gênero – significa sair de uma minoria; significa, no pensamento de Morin, que aqueles que sentem o problema como desviantes tendem a ajudar outros a mudar por meio de círculos concêntricos de expansão, como vem ocorrendo com a revolução mundial das mulheres, as questões de raça e etnia e também com as lutas das minorias.

Entretanto, a lógica da submissão que afeta as maiorias é um ponto crucial, histórico e uma missão importantíssima para a renovação do pensamento neste novo milênio. Por outro lado, a análise das relações de dominação,

> [...] que implicam uma submissão paradoxal, resultante de uma violência simbólica, violência suave, insensível, invisível a suas próprias vítimas, que se exerce essencialmente pelas vias puramente simbólicas da comunicação e do conhecimento, ou mais precisamente do desconhecimento,[10]

ganhou na contemporaneidade pensadores homens, como Pierre Bourdieu, Anthony Giddens e Cristopher Lasch, entre outros, mostrando que não só mulheres estudam mulheres e que as consequências de uma visão androcêntrica do mundo merecem uma revisitação na contemporaneidade.

Uma terceira análise possível é que, em nenhum outro momento da história, esse descortinar da diversidade do ser mulher, no mundo atual, foi capaz de criar tantas sinergias e cumplicidades em escala planetária, quer seja pelo impacto da sociedade da imagem, quer seja usando suportes tecnológicos para implantação de redes de ação e solidariedade. Ao atuar no mundo da política e das emoções, os sistemas de informação e comunicação fazem emergir as contradições entre o exercício da democracia e da política nas questões de gênero e o exercício das emoções nas esferas públicas. O que se sabe é que mais mulheres questionam o *modus operandi* do mundo audiovisual da televisão e que são mais homens os que reagem diante do sistema informacional. Mesmo assim, ainda constituem um enigma para os estudos de comunicação questões como os impactos das imagens da morte da princesa Diana, a catarse brasileira com a morte de Ayrton Senna, as cenas de guerra e estupro de mulheres nos Bálcãs; a potencialização das emoções, por meio das telenovelas para a vida cotidiana de milhões de telespectadores em todo o mundo, a exposição de crianças às imagens de violência real e simbólica, a transformação das religiões em espetáculo mediático, enfim, de experiências que envolvem as emoções de milhões ou bilhões de pessoas, simultaneamente, em escala global. O que estaria ocorrendo de fato com a percepção humana nesse momento da história? Se, nas diferenças de gênero, o mundo das emoções é atributo de natureza feminina, somos levados a inferir que a consolidação das culturas de massa do mundo mediático das *commodities* traz, no seu bojo, a própria derrota dos valores patriarcais.

Onde está, portanto, o coração do problema, sob a ótica do movimento de mulheres, em relação aos impactos da sociedade da informação e do planeta-mídia? Em primeiro lugar, pode-se constatar que o movimento de mulheres, em geral, organizou-se paralelamente à implantação dos aparatos mediáticos, embora tenha influenciado e sofrido influência destes. Foram revoluções interdependentes, porém, de trajetórias singulares. Por parte das mulheres, os desafios para a constituição de direitos e cidadania excluíram das prioridades a análise das contradições culturais e ideológicas nas esferas públicas. Permanece, assim, um certo desconhecimento a respeito dos modos de operar e funcionar dos sistemas de produção e distribuição mediáticos e de expansão da informação e comunicação. Com isso, operou uma certa visão instrumental do sistema, que atribuiu à mídia o papel de difusionismo informacional, funcionando *low profile* e em competição com a estrutura comercial e patriarcal do próprio sistema. A internet foi o grande ponto de convergência entre a revolução das mulheres e a revolução da sociedade da informação. Graças a ela, institucionalizaram-se as redes locais, regionais e globais, que tornaram possíveis a realização das conferências mundiais e a organização de projetos entre várias regiões e culturas. Nessa área, o movimento de mulheres interagiu com os sistemas alternativos de informação, especialmente com as redes de rádio e com a expansão das novas tecnologias.

Um segundo ponto refere-se à visão geralmente ortodoxa, pessimista e pós-moderna que o movimento de mulheres e as instituições financeiras *partners* adotam a respeito do papel dos sistemas de informação e comunicação na sociedade contemporânea. Dentro dessa perspectiva, observa-se uma certa satanização dos sistemas de informação e comunicação, uma certa derrota do pensamento feminista e um vazio analítico das contradições nas quais esses sistemas operam. Embora a *Plataforma de Ação da Conferência da Mulher de Beijing* e outros tratados internacionais abordem o tema, eles não tiveram ressonância prática dentro do movimento de mulheres, salvo raras exceções. Em geral, as ações se deram por meio de monitoramentos da imagem da mulher na mídia, de ativismo por meio de *media advocacy*, especialmente na área de saúde e direitos reprodutivos, questões de raça e etnia e na realização de campanhas de propaganda social, principalmente com relação à violência doméstica.

Um outro ponto refere-se à ausência de estudos feministas sobre os sistemas de informação e comunicação, que contribuam para a elaboração de novos paradigmas, para um reaprendizado da estrutura de pensamento, a respeito das questões de gênero na sociedade mediática. Pensar o novo, como diz Edgar Morin, não é uma tarefa fácil, mas necessária e urgente, e será consequência de uma outra cosmovisão da sociedade contemporânea, na qual o lado feminino da vida humana, mais liberado e ativo, possa responder por uma harmonização das dualidades e das polaridades.

Finalmente, o movimento de mulheres deverá enfrentar a ausência de diálogo com as jovens gerações. Não só estamos diante da primeira sociedade planetária, como frente a frente com a primeira geração digital da história da humanidade. Digital no sentido de que a maioria é descendente de um estar ativo, perante os sistemas de comunicação, ao contrário da geração de 1960, que foi passiva consumidora dos sistemas analógicos – rádio, televisão, jornal. Trata-se de uma geração inquieta, de inteligência múltipla – para o bem e para o mal – e que, conforme indicam as pesquisas, confia mais nos aparatos comunicacionais e informativos, nas instituições internacionais, do que nos valores de família ou no modo atual de gestão da coisa pública. No Brasil, a chamada geração digital está composta de cerca de trinta milhões de jovens entre 12 e 24 anos e é o maior contingente jovem da história do país. Nada é mais familiar para eles do que o mundo visto pelos aparatos comunicacionais, das novas tecnologias e dos processos alternativos de produção da informação e da comunicação. Embora essa geração seja, efetivamente, a primeira a desfrutar, em sentido amplo, das conquistas da revolução das mulheres, o diálogo intergeracional é ainda uma tarefa pendente. *Stricto sensu*, as riquezas do mundo contemporâneo, as conquistas científicas e tecnológicas, a construção de outros valores para as relações de gênero, a emergência das diversidades, a defesa da vida e da biodiversidade é uma tarefa comum e, certamente, uma das principais heranças para essa primeira geração do novo milênio. Como já se observa na escola, nas relações humanas, sociais, políticas, econômicas e artísticas, o futuro da geração digital está diretamente inter-relacionado com os sistemas informativos e comunicacionais. Nesse caso, o *gap* é das mulheres e não do futuro, que já chegou e que será diferente.

## NOTAS

1 Ler o livro *Entrevistas sobre o fim dos tempos*, Umberto Eco *et al.*, Rio de Janeiro: Rocco, 1999, ou a obra do Prof. Humberto Maturana, que compõe com Edgard Morin as discussões sobre o movimento transdisciplinar,

2 BOFF, Leonardo. *A voz do arco-íris*. Brasília: Letraviva, 2000, p. 20.

3 Idem, ibidem, pp. 30-31.

4 RAMONET, Ignacio. "El poder mediático". *Revista America Latina en Movimiento*. ALAI: Quito, p. 12.

5 Por exemplo, já chegaram ao Brasil as lojas de fliperama digital, onde os jogadores globais de videogame se reúnem e formam verdadeiros clãs de adversários e jogadores, espalhados por todo o mundo. Um dos jogos coletivos mais populares é o Counter-Strike. Os clãs são formados por jogadores de ambos os lados, em Nova York, Roma, São Paulo, Joanesburgo, Hong Kong ou Lima. O jogo global requer apenas conhecimento de informática e internet e interage jovens de todo o mundo.

A Cyberathlete Professional League, que controla o sistema, é patrocinada pela Nike e tem associados em São Paulo, Rio de Janeiro, Porto Alegre, Recife, Salvador e Brasília. Em abril de 2001, São Paulo foi sede de um torneio latino-americano, em preparação ao encontro mundial.

6 A Rede Globo de Televisão transmite em sinal aberto e transfronteira para os países vizinhos do Mercosul, para a América Latina, através de cabo, para os Estados Unidos, Japão, Europa e Ásia. Vende seus programas na África de língua portuguesa e está reestruturando o sistema de produção de telenovelas e cinema, para exportação diferenciada e de acordo com as exigências das culturas locais. Como parceira internacional do Citicorp, da Warner, Murdoch e outros conglomerados de mídia, ela prepara-se para as transmissões digitalizadas e a nova fase da interatividade dos sistemas, que teve início neste ano.

7 JAMESON, Fredric. "A transformação da imagem". In: *A cultura do dinheiro, ensaios sobre a globalização*. Petrópolis: Vozes, 2001, p. 115.

8 GIDDENS, Anthony. *Mundo em descontrole*. Rio de Janeiro: Record, 2000. p. 23.

9 A televisão, por exemplo, transmitiu direto e ao vivo a queda do Muro de Berlim e, desde as conferências mundiais do Cairo e de Pequim, tem aumentado exponencialmente a presença de uma outra imagem da mulher no mundo midiático, em razão do debate internacional e das pesquisas a respeito da participação da mulher na produção, no mundo do trabalho, nas descobertas científicas e na resemantização dos bens simbólicos, familiares e da vida cotidiana. Como disse o jornalista Carlos Rodrigues, em discussão sobre mulher e mídia, jornalistas, escritores e produtores audiovisuais ou web designers "sabem que a mulher tem um papel importante, mas não sabem mais como tratar o tema". Objetivamente, rompeu-se o imaginário das construções simbólicas a respeito da mulher, sendo que um outro paradigma está em construção.

10 BOURDIEU, Pierre. *A dominação masculina*. Rio de Janeiro: Bertrand Brasil, 1999, preâmbulo.

# A INCORPORAÇÃO DA DIMENSÃO DO TURISMO DO ENSINO DA GEOGRAFIA

*Herbe Xavier*

Por ocasião da realização do v Encontro Nacional de Prática de Ensino de Geografia, realizado em 1999, na PUC-Minas, Belo Horizonte, no qual tivemos a oportunidade de coordenar, colocamos, na pauta da programação, um tópico referente à dimensão do turismo na prática de ensino de Geografia. Esse fato se deu em virtude da necessidade de repensar os programas de Geografia, diante das grandes mudanças ocorridas na passagem do milênio e que repercutiram na definição de novos valores e na incorporação de novos paradigmas em todos os campos do conhecimento.

Por ocasião de tais discussões, destacou-se o amplo espaço aberto para as atividades de recreação, de lazer e de turismo nas sociedades pós-modernas, bem como o significado do turismo na organização espacial. Destacou-se, também, o fato de que, em nossa formação geográfica, a conscientização pelo turismo foi negligenciada. Como exemplo significativo, foi ressaltado que, no ensino fundamental e médio, tanto os programas como os livros didáticos deram ênfase às atividades do homem como a agricultura e a indústria, incluindo sempre capítulos referentes a essas atividades. O turismo não era citado. Assim, tomamos consciência da importância da agricultura ou da indústria na organização do espaço geográfico. Sobre o turismo, essa tomada de consciência não aconteceu. Com isso, vale dizer que não podemos esperar ações efetivas da comunidade, se a população ainda não atingiu o limiar do conhecimento sobre o turismo. Assim considerando, a incorporação do turismo pela prática de ensino de Geografia é importante e deve ser considerada.

Interessante, ainda, foi destacar que na conferência de abertura do v Encontro Nacional de Prática de Ensino, proferida pela professora Lívia de Oliveira, foram feitas considerações sobre a entrada no novo milênio, destacando que um mundo novo se apresenta diante de nós. A referida professora (1999) chamou a atenção para se criarem novas técnicas e novos métodos para uma clientela nova. Deve ser uma nova Geografia, uma Geografia para um novo mundo. Ainda nessa ocasião, destacou-se a importância da interdisciplinaridade, continuando presente, não apenas entre as disciplinas da grade curricular e, talvez, mais relevante seja a "ousadia do diálogo" na própria disciplina. A Geografia precisa ousar, trabalhar as atividades geográficas como um todo. Chamou a atenção para o fato de ter-se dado, até então, prioridade ao econômico, em detrimento do social, do construído e das condições de vida.

Nesse sentido, ressalta-se a importância de nos preocuparmos com as mudanças, entre elas: as variações ambientais, as transformações e os novos ritmos do crescimento, do apogeu e das crises de certas atividades do homem. É exatamente nesse contexto que deparamos com as grandes transformações que se verificaram na economia, na política, na tecnologia e nas ciências que, de certa maneira, vieram reforçar a importância das atividades de lazer nas sociedades pós-modernas, proporcionando condições para que as viagens se incorporassem, cada vez mais, na vida dos homens e fazendo do turismo a atividade que se apresentou a maior expansão na virada de milênio. Segundo todas as estimativas, a atividade de turismo continuará crescendo, em taxas elevadas, durante as próximas décadas, contribuindo, assim, para a criação de novos postos de trabalho e de riqueza.

Tal situação vem mostrar, como diz a professora doutora Lívia de Oliveira (1999), a necessidade de a Geografia vestir roupas novas, coloridas, enfeitadas e continuar privilegiando o seu conteúdo, o espaço terrestre geográfico. Por isso, questionamos: como a Geografia deverá incorporar a dimensão do turismo?

Como atividade que mais cresce no mundo hoje, o turismo vem proporcionando enormes transformações na organização dos espaços geográficos, explorando as grandes riquezas conhecidas e procurando novos espaços. O turismo, ao se expandir nos países ricos, mostra seu interesse em satisfazer às necessidades de uma clientela com aspirações e motivações decorrentes de uma nova realidade contemporânea. Dos países ricos, a prática do turismo expandiu-se pelo planeta, convocando regiões distantes, bem conservadas, dos países periféricos de todo o mundo a entrarem em seu cenário.

No Brasil, tornou-se patente a revelação dos interesses externos, para a expansão do turismo, colocando-se à disposição dos centros de decisão do capitalismo internacional. Enquanto isso, internamente, brasileiros se deslocam de seus locais de moradia para outras regiões, anunciando a perspectiva de um grande incremento dos deslocamentos internos. No plano de negócios, são simulados vários cenários, como necessidades essenciais de assegurar a viabilidade financeira dos projetos, de atrair investidores, conduzindo os interesses muito mais para a função econômica do que para as funções sociais, culturais ou ecológicas do turismo.

Por tudo isso, algumas situações ligadas à organização do turismo, no Brasil, devem ser mencionadas, para discutirmos a incorporação da dimensão do turismo no ensino da Geografia. São elas:
- o processo de interiorização do turismo;
- o Programa Nacional de Municipalização do Turismo; e
- os impactos socioambientais gerados pela atividade turística, nas áreas receptoras.

O processo de interiorização do turismo reflete uma situação atual da expansão de formas alternativas, a exemplo do turismo em base de desenvolvimento local, que muito tem sido trabalhado pela professora doutora Adyr Balestrari Rodrigues e que corresponde a uma modalidade de organização que, além de possibilitar o deslocamento de pessoas em distâncias mais curtas, irá privilegiar os lugares, oferecendo oportunidades para os pequenos investidores e garantindo maior sustentabilidade dos recursos e das identidades locais.

A concepção de estratégias de desenvolvimento local pelo turismo encontra-se no âmbito de microrregiões, de pequenos territórios, de cidades pequenas e médias, ou mesmo de vilas e povoados onde são fortemente sentidas as mediocridades de condições de vida, traduzidas no êxodo e na pobreza. Nas regiões carentes ou estagnadas são acatadas as atividades turísticas, com vistas à correção dos desníveis de desenvolvimento, na expectativa de que elas possam proporcionar um aumento na geração de renda e de empregos e, consequentemente, na melhoria da qualidade de vida da população.

O professor Irleno Porto Benevides (1996) postula que o turismo, com base no desenvolvimento local, se contrapõe ao modelo dominante no Brasil, conectado com o processo de globalização e que acarreta tendências ambientais degradantes. Segundo esse autor, a manutenção da identidade cultural dos lugares constitui uma via mais democrática de desenvolvimento e que acarreta tendências ambientais menos degradantes. Tendo na comunidade os atores do processo, o turismo, em bases locais, favorece o estabelecimento de pequenas operações com baixos efeitos impactantes de investimentos.

Para a geógrafa portuguesa doutora Carminda Cavaco (1996), o turismo ligado ao desenvolvimento local se assenta na revitalização e na diversificação da economia. Possui plena capacidade de fixar e atrair a população, com êxito, para assegurar melhores condições de vida. Ressalte-se, ainda, considerável êxito na valorização de certas produções como na agricultura, além de favorecer planos de desenvolvimento do artesanato e de outras atividades ligadas à cultura, a exemplo das feiras, das festas tradicionais e das manifestações populares.

Cavaco destaca que os modelos de crescimento apresentam fundamentos essencialmente quantitativos dos fatores de produção, tais como os recursos naturais, a mão de obra, o capital e a tecnologia. Fundamentam-se, também, nos efeitos da aglomeração da produção e de sua proximidade dos mercados. Diante disso, acrescenta que ficam marginalizadas muitas questões ligadas às condições sociais, culturais, psicológicas e ambientais.

Além disso, tais modelos têm, por vezes, gerado efeitos negativos no próprio crescimento, a exemplo da externalização e socialização dos custos ambientais, os riscos de uso intensivo dos recursos naturais que levam aos limiares da sustentabilidade, ocasionando o desemprego, a violência e os bolsões de pobreza. Portanto, são sugeridas por Cavaco formas alternativas de turismo que possam estimular a implantação de pequenas e médias empresas e a manutenção de unidades artesanais de produção de bens e serviços.

De toda sorte, verifica-se a abertura para estudos ligados ao planejamento e uso turísticos, elegendo a estratégia de desenvolvimento local, o que vem proporcionar um amplo campo de interesse para a Geografia.

Além de todas essas considerações, que se traduzem no valor do turismo local, surge outro aspecto extremamente relevante: o envolvimento da comunidade. A comunidade local tem melhores oportunidades de envolvimento em todas as fases do processo de implementação do turismo e nas tomadas de decisão sobre o planejamento. Portanto, considera-se de fundamental importância a participação comunitária nos processos de inventário e no planejamento, no âmbito municipal.

Já em relação ao item ligado ao Programa Nacional de Municipalização do Turismo, vale dizer que o objetivo, proposto pela Embratur, é fomentar o desenvolvimento turístico de maneira durável nos municípios, com base na sustentabilidade econômica, social, ambiental, cultural e política; conscientizando e sensibilizando a sociedade para a importância do turismo como instrumento de crescimento econômico, de geração de emprego, de melhoria da qualidade de vida da população e de preservação de seu patrimônio natural e cultural; descentralizando as ações de planejamento e coordenação; motivando os segmentos organizados do município a participar da formulação e da cogestão do Plano de Desenvolvimento Sustentável do Turismo; e disponibilizando aos municípios brasileiros com potencial turístico, as condições técnicas, organizacionais e gerenciais para o desenvolvimento da atividade, a fim de elevar os níveis de qualidade, eficiência e eficácia da prestação dos serviços voltados para o turismo.

Isso posto, verifica-se que tanto o processo de interiorização do turismo com base no desenvolvimento local quanto a Política Nacional de Municipalização do Turismo, bem como nos programas ligados à sustentabilidade do turismo, têm em seus propósitos o envolvimento da comunidade local e a conservação do patrimônio ambiental e cultural. Esses propósitos nos levam aos seguintes questionamentos:

- A comunidade está preparada para esse envolvimento?
- A atividade turística vem garantindo a sustentabilidade dos recursos?
- Como a prática da Geografia poderá contribuir para esses propósitos?

A escola, de modo geral, tem permanecido omissa ao processo. Como já destacamos, ela ainda está mais voltada para outras atividades econômicas, a exemplo da indústria e seus reflexos na organização do espaço. Assim, partimos do pressuposto de que, de modo geral, não houve, ainda, uma tomada de consciência da comunidade sobre o turismo.

Por outro lado, na procura de estabelecer relações com o ensino de Geografia, destacamos outras questões: qual seria o papel da prática de ensino da Geografia, nesse contexto? Quais seriam as possibilidades de, pelo ensino, proporcionar uma tomada de consciência da população, com o intuito de buscar um maior equilíbrio entre as várias funções que o turismo apresenta? Se a Geografia tem como proposta a interação do binômio sociedade/natureza, como trabalhar a questão diante das grandes transformações ambientais que o turismo vem proporcionando? Como as pessoas avaliam o turismo? Essas pessoas conhecem seus benefícios e seus riscos? Que opções as pessoas têm no sentido de viver ou trabalhar em lugares turísticos? Quais seriam seus limiares de conhecimento e de tolerância em relação às transformações que o turismo proporciona?

A tentativa de responder a tais questões, que constituem, todas elas, temas em aberto para as pesquisas em Geografia, nos leva a considerar alguns pressupostos.

O conhecimento da atividade turística inicia-se pelo reconhecimento dos benefícios e dos riscos que a atividade proporciona. São retratadas situações de risco-benefício.

O conhecimento do turismo tem sido, em grande parte, proporcionado pela mídia, retratando, quase exclusivamente, as situações de viagens.

Diante dos poucos conhecimentos e informações sobre o fenômeno turístico, as pessoas absorvem a atividade, mas permanecem sem saber o que fazer.

A estratégia da percepção do meio ambiente poderá proporcionar situações importantes, no sentido de a Geografia incorporar a dimensão do turismo na vida das pessoas.

Diante de tais pressupostos, e para abrir uma discussão a respeito, inicialmente, tomo a liberdade de fazer uso das palavras da professora Maria Teresa Souza Cruz (1999), quando diz que uma proposta de prática de ensino de Geografia deve ser capaz de ultrapassar o reducionismo da discussão meramente pedagógica (o discurso conteúdo-forma) e lançar-se no ponto central da questão: meta a atingir, seja em sala de aula, seja nos diferentes papéis vivenciados na sociedade, a partir de uma visão crítica do mundo.

Segundo Souza Cruz, é de importância fundamental realçar que uma proposta para a prática de ensino de Geografia deve explicitar caminhos a serem perseguidos, partindo-se da relação ação-reflexão-ação por professor e aluno, na situação real e vivencial da aprendizagem. Acrescenta, portanto, que os pressupostos de educação e de aprendizagem deverão nortear os objetivos a serem colimados, mas sem perder de vista a importância e o significado da orientação ao saber fazer didático, dentro de um processo participativo de produção do conhecimento e mudança de conduta em relação à sociedade, na perspectiva de: para quê? para quem? como ensinar Geografia? Indo mais além, às questões apresentadas pela professora Maria Teresa Souza Cruz, acrescentamos: como incorporar a dimensão do turismo na prática de ensino da Geografia?

O turismo interage com todas as áreas do saber geográfico. Uma visão a esse respeito torna-se bastante clara, ao considerar o Sistema Turístico, cujo conceito foi muito bem expresso pelo professor doutor Mário Carlos Beni que mostra uma ampla visão sobre todo o processo ligado às atividades turísticas, possibilitando nortear a posição da Geografia do Turismo.

De acordo com o professor Beni, o Sistema Turístico se compõe de três grandes conjuntos: o das relações ambientais; o das organizações institucionais; e o das ações operacionais. Assim, ousamos destacar que o espaço da Geografia do Turismo se coloca paralelo ao conjunto das relações ambientais e se estende, procurando explicar a interseção dos três grandes conjuntos.

A Geografia do Turismo apoia-se no estudo da paisagem geográfica. Assim, todas as considerações apontadas nos levam a destacar que, por sua característica espacial, o turismo constitui um campo de interesse para as pesquisas em Geografia. Os estudos a esse respeito vêm ganhando ênfase nas últimas décadas, em face da crescente expansão da atividade. A par disso, nessas últimas décadas, tornou-se necessário um conhecimento mais amplo da conduta das pessoas, diante do turismo; procedimento fundamentado, muitas vezes, na percepção geográfica que, atualmente, vem se destacando como uma das mais significativas abordagens.

Assim, todos esses aspectos vêm destacar a importância geográfica e social do turismo. São aspectos ligados à organização do espaço, às atividades humanas e à interação sociedade/natureza, portanto, inter-relações íntimas e profundas.

A percepção geográfica tem oferecido grandes possibilidades para o estudo do turismo. Essa abordagem tem sido empregada como uma das estratégias, na tomada de consciência da população perante o turismo e na tomada de decisão de governos que visam à solução de numerosos problemas. A abordagem perceptiva vem sendo adotada em diversas partes do mundo, em níveis de planejamento, no manejo integrado do meio ambiente e, além disso, é considerada de crucial importância para o melhor entendimento da conduta do homem no espaço geográfico, conduzindo, assim, esclarecimentos sobre suas relações com o espaço turístico.

A prática de ensino da Geografia deve assegurar espaços de aprendizagem próprios, adequados à nova realidade do mundo e, assim, particularmente, à realidade da comunidade envolvida com o turismo. Desse modo, a escola poderá trabalhar uma educação turística de qualidade, portanto consciente, buscando no cotidiano da vida do aluno e no seu relacionamento com o meio ambiente natural e construído, exemplos concretos e perceptíveis para uma aprendizagem contextualizada, fazendo do aluno o sujeito da construção de seu próprio conhecimento.

A Geografia, ao incorporar a dimensão do turismo na prática docente, deverá trabalhar com temas que possam conduzir a uma tomada de consciência pelo turismo. São, pois, sugeridos temas como: o estudo e a valorização da paisagem geográfica; a Educação Ambiental pelo turismo; e a interpretação do patrimônio, dentre outros.

Considerando que o conhecimento da comunidade sobre a importância do turismo ainda é precário, faz-se necessário o desenvolvimento de atividades que levem à interiorização das informações, a fim de que essas pessoas possam atingir o limiar do conhecimento do turismo, proporcionando, assim, atitudes mais efetivas sobre seu uso. Com isso, convém refletir um pouco sobre as operações que caracterizam um processo ensino-aprendizagem.

Uma dessas operações seria o reconhecimento do espaço onde o turismo irá acontecer. Faz-se necessário um trabalho de valorização da paisagem para que a população se torne responsável por ela. Em seguida, deverão ser desenvolvidas atividades diversas a fim de interiorizar as informações, para que os indivíduos desenvolvam sua aprendizagem em relação ao uso dos recursos. As trilhas interpretativas desempenham importante função, uma vez que nos levam a experienciar paisagens (Lima, 1998).

A paisagem geográfica constitui tema central para as atividades turísticas e educativas. Ela deve ser entendida constituída por componentes naturais e construídos, visíveis e não visíveis. Nos projetos ligados ao estudo da paisagem geográfica nas escolas, deverão constar atividades que levem o educando a observá-la por meio de sua descrição, representação e identificação de seu valor, seja estético, histórico, ambiental ou arquitetônico. A paisagem poderá ser trabalhada diretamente no campo, pela percepção direta ou em sala de aula, pela observação indireta, por meio de fotografias, filmes, mapas ou pré-mapas.

Para a atribuição de valor à paisagem, tem sido utilizada a estratégia da interpretação do patrimônio, cujas informações foram desenvolvidas por Stela Maria Murta e Brian Goodey, ao tratarem da interpretação do patrimônio para o turismo sustentado (1995); pela professora Eny Kleyde Vasconcelos Farias (1999), considerando a interpretação do patrimônio relacionada à cidadania, envolvendo a participação da comunidade em áreas turísticas; e pelo professor Gustavo V. Farias (1999), que tratou da interpretação do patrimônio relacionado à empregabilidade.

Segundo Eny Kleyde V. Farias, a interpretação do patrimônio pode ser compreendida como a soma de significados e a demonstração de interações com o ambiente, com a cultura e com a história do lugar, entendendo com isso que as pessoas valorizam quando conhecem o patrimônio, e tornam-se responsáveis por ele quando o valorizam.

Dadas as características do turismo, uma atividade que, para se manter, necessita da conservação dos recursos, consideramos que as propostas de Educação Ambiental deverão apresentar características abrangentes, conduzindo ao conhecimento do fenômeno turístico; à formação de imagens mentais; à interiorização das informações para que as pessoas possam alcançar o limiar do conhecimento; ao desenvolvimento de atividades, mediante ações efetivas, para que se possa alcançar o limiar da ação. Deve ser abrangente, também, pelo fato de envolver os diversos segmentos relacionados ao turismo.

É de grande importância que os programas de Educação Ambiental, na escola ou mesmo com a comunidade local, tenham o turismo incluído em suas pautas. Dentre as várias justificativas para um procedimento de tal natureza, devemos nos lembrar de que a escola tem papel fundamental na formação do indivíduo; além de ser veículo multiplicador das informações, pode apresentar grande alcance e contribuir para a conscientização do valor do turismo.

A educação para a comunidade deverá se orientar em diversos sentidos, sendo um deles relacionado com a valorização da paisagem e outro com a cultura local, considerando a história, as crenças, os sonhos e o "saber fazer" da comunidade.

Contudo, em todas as formas de Educação Ambiental, seja nas escolas seja com a comunidade, é necessário que os trabalhos se orientem para um melhor conhecimento e uso da paisagem utilizada como recurso pelo turismo, bem como uma tomada de consciência sobre o desenrolar das diversas etapas que constituem essa atividade. Devem ser priorizadas ações para que o turismo traga benefícios para a qualidade da vida da população e que faça uso racional dos recursos, uma vez que os benefícios devem ser traduzidos em direitos, favorecendo tanto o homem quanto a natureza, para que, neste milênio, homem e natureza não sejam tão degradados como foram no século XX.

À guisa de conclusão, destacamos que a incorporação da dimensão do turismo pela Geografia é importante e deve ser considerada, seja em sua colocação nos programas e nos livros didáticos de Geografia, seja na participação dos professores nos programas de conscientização pelo turismo nas escolas; na participação efetiva do profissional de Geografia nas pesquisas que envolvam o turismo; na valorização do turismo, como tema transversal nas propostas curriculares e diante dos Parâmetros Curriculares da Educação; enfim, em todas as oportunidades de discutir o binômio Geografia/Turismo no âmbito acadêmico.

## Bibliografia

BENEVIDES, Irleno Porto. "Para uma agenda de discussão do turismo como fator de desenvolvimento local". *In:* RODRIGUES, Adyr Balestrari (org.) *Turismo e desenvolvimento local.* São Paulo: Hucitec, 1996, pp. 23-41.

BENI, Mário Carlos. *Análise estrutural do turismo.* São Paulo: Senac, 1997.

CAVACO, Carminda. "Turismo rural e desenvolvimento local". *In:* RODRIGUES, Adyr Balestrari (org.) *Geografia e turismo:* reflexões teóricas e enfoques regionais. São Paulo: Hucitec, 1996, pp. 95-121.

FARIAS, Eny Kleyde Vasconcelos. "Interpretação do patrimônio e cidadania: a participação da comunidade". *Turismo: Tendências e Debates,* nº 2, Faculdade de Turismo da Bahia, 1999, pp. 11-16.

FARIAS, Gustavo V. "Interpretação do patrimônio e empregabilidade: uma relação para o desenvolvimento socioeconômico das localidades turísticas". *Turismo: Tendências e Debates*, n⁰ 2, Faculdade de Turismo da Bahia, 1999, pp. 31-38.

LIMA, Solange Terezinha. "Trilhas interpretativas: a aventura de conhecer a paisagem". *Anais do III Encontro Interdisciplinar sobre o Estudo da Paisagem*. Rio Claro: Unesp, 1998, pp. 39-45.

MURTA, Stela Maris & GOODEY, Brian. *Interpretação do patrimônio para o turismo sustentado:* um guia. Belo Horizonte: Sebrae, 1995.

OLIVEIRA, Lívia. "Sobre a Prática de Ensino da Geografia". *Anais do 5º Encontro Nacional de Prática de Ensino de Geografia*. Belo Horizonte: PUC-Minas, 1999, pp. 13-15.

PELLEGRINI, América Filho. *Ecologia, cultura e turismo*. Campinas: Papirus, 1999.

RODRIGUES, Adyr Balastreri. *Turismo e desenvolvimento local*. São Paulo: Hucitec, 1997.

XAVIER, Herbe. "A dimensão do Turismo no ensino da Geografia". *Anais do 5º Encontro Nacional de Prática de Ensino de Geografia*. Belo Horizonte: PUC-Minas, 1999, pp. 59-61.

# ESPAÇO E TURISMO: UMA PROPOSTA DE GEOGRAFIA PARA O PÓS-MÉDIO

*Sonia Morandi*

Dentre os grandes temas em discussão hoje sobre as transformações do mundo do trabalho, destaca-se o da formação profissional. Esse debate ganha centralidade no momento e entra na agenda da sociedade, quer pelo declínio do emprego industrial no conjunto da economia, quer pela diminuição do estoque de postos de trabalho, abrindo um caminho perverso em direção à precarização e crescimento estrutural da exclusão social.

O CEETPS[1] é uma instituição pública que tradicionalmente oferece educação profissional, básica, média e superior no Estado de São Paulo e, nos últimos dois anos, tem diversificado e ampliado a oferta e as modalidades de cursos profissionalizantes, particularmente os relativos à área de serviços. Em 1998, criou a habilitação Técnico em Turismo de nível médio (de acordo com a nova Lei de Diretrizes e Bases – LDB, complementar ou concomitante ao ensino médio).

Inicialmente é implantando em seis escolas (São Paulo, Santos, Cruzeiro, Barretos, Jundiaí e Ilha Solteira), ofertando naquela época cerca de 240 vagas. Atualmente, ou seja, dois anos depois, é expandido para 18 escolas, em diferentes cidades compreendendo 16 turmas iniciantes e um total de 1.513 alunos matriculados.

O exame de seleção para o ingresso no curso tem recebido um grande contingente de candidatos, rivalizando-se somente com o curso de Processamento de Dados. Tal crescimento de demanda está relacionado aos estudos que apontam o turismo como uma atividade econômica, do setor de serviços, em expansão no mundo e no Brasil. A ele tem sido atribuída, muitas vezes de forma apologética pela Embratur e pela mídia, uma capacidade ampliada de gerar novos empregos, ocupação e renda, principalmente nas regiões receptoras.

De fato, segundo o estudo *A indústria do turismo no Brasil – perfil e tendências*, 1996,

> [...] o setor de agências de viagens teve seu maior crescimento nos últimos anos. De 1991 a 1993 passou de 4.500 para 5.340. Nos três anos seguintes, segundo a Associação Brasileira das Agências de Viagens – ABAV, teve um salto ainda mais significativo, chegando a 10.000 em 1996.[2]

A Organização Internacional do Trabalho (OIT) tem divulgado as tendências para a área, apontando o crescimento continuado do fenômeno turístico e sua internacionalização.

## O curso no centro Paula Souza

O curso, no CEETPS, oferecido de forma complementar ou concomitante ao ensino médio, apresenta uma matriz curricular modularizada, com carga horária de 1.500 horas/aula e duração de um ano e meio (três semestres). É atualmente coordenado por uma equipe técnica, da estrutura da CETEC, composta por um grupo multidisciplinar: um professor responsável pelo curso, de formação prática na área profissional; uma professora responsável pelas disciplinas Museologia e Folclore, com formação em Educação e Arte; e uma professora responsável pelas disciplinas Geografia do Turismo e Turismo e Meio Ambiente, com formação em Geografia. Estas últimas, Geografia do Turismo e Meio Ambiente, compõem a matriz curricular com quatro e duas aulas semanais respectivamente, sendo ministradas, na sua grande maioria, por professores graduados e licenciados em Geografia. Vide matriz curricular a seguir:

| Módulo I | |
|---|---|
| Psicologia social e org. | 40 |
| História e sociologia da arte | 40 |
| Inglês | 40 |
| Espanhol | 40 |
| Técnicas de recreação e lazer | 40 |
| Legislação do turismo | 40 |
| Ética e cidadania | 40 |
| Técnicas de comunicação | 60 |
| Informática | 40 |
| Técnicas operacionais de ag. turismo | 40 |
| Geografia do turismo | 40 |
| Gestão e qualidade | 40 |
| **Qualificação:** Atendente de Serviços Turísticos | |

| Módulo II | |
|---|---|
| Psicologia social e org. | 40 |
| História e sociologia da arte | 40 |
| Museologia | 40 |
| Inglês | 40 |
| Espanhol | 40 |
| Técnicas de recreação e lazer | 40 |
| Técnicas operacionais de ag. turismo | 40 |
| Desenvolvimento de projetos turísticos | 60 |
| Marketing do turismo | 40 |
| Informática | 40 |
| Matemática financeira | 40 |
| Geografia do turismo | 40 |
| **Qualificação:** Assistente de Projetos Turísticos | |

| Módulo III | |
|---|---|
| Folclore | 40 |
| Inglês | 40 |
| Espanhol | 40 |
| Técnicas operacionais de ag. turismo | 40 |
| Turismo e meio ambiente | 40 |
| Desenvolvimento de projetos turísticos | 60 |
| Contabilidade geral | 40 |
| Organização de empresas | 40 |
| Roteiros turísticos | 40 |
| Matemática financeira | 40 |
| Economia e mercado | 40 |
| Aspectos históricos | 40 |

Dada a importância do curso na estrutura atual de formação profissional e a necessidade de preparar os profissionais educadores quanto ao tratamento crítico do conteúdo e as repercussões territoriais e socioambientais da atividade turística, demos início a um programa de capacitação continuada e em serviço para os docentes, compreendendo encontros bimestrais na Coordenadoria do Ensino Técnico/CETEC.

## Programa de formação continuada em Geografia do Turismo

O programa de formação continuada, iniciado em novembro/1998, foi desenvolvido com duplo objetivo.

Primeiro pretendeu proporcionar uma reflexão geográfica do fenômeno turístico, mediante o debate sobre aspectos teórico-metodológicos da Geografia do Turismo, visando instrumentalizar os professores no uso e na aplicação das categorias e conceitos estruturantes da proposta curricular, tais como: turismo e lazer, "espaço turístico", consumo imaterial, lugar, paisagem (como recurso turístico), território, segregação socioespacial e paisagística. O objetivo era de capacitar o professor para o entendimento do fenômeno turístico na atualidade, as especificidades do "espaço turístico", sua dimensão socioespacial e econômica. Fomentou ainda uma reflexão sobre os impactos socioambientais causados pelas atividades turísticas e as relações sociais que nele se reproduzem.

As pesquisas têm demonstrado que os modelos tradicionais de planejamento turístico têm como foco e preocupação o aproveitamento mais racional e rentável do potencial natural e cultural do lugar, modelando e remodelando o território. Em geral, ignoram e desconsideram os interesses da população receptora local, sua rotina e costumes locais. Questiona-se, assim, o conceito de desenvolvimento e introduz no debate os agentes promotores e os diversos atores sociais responsáveis pela produção do espaço tornado turístico, ou seja: o empresariado (local, nacional e global), os gestores públicos, as instituições, o turista e a população residente. Esse conjunto de atores é o responsável pela produção de dois recortes espaciais: o território da verticalidade e território da horizontalidade (Milton Santos, 1997: 93/94). O primeiro, criado por uma racionalidade global, com funções controladas e planejadas, conectado a uma ordem global. O segundo, ligado ao fazer local dos lugares, ao cotidiano, aos objetos e ações próprias da sociedade local. Segundo Maria Laura Silveira (1997, p. 43),

> [...] é no lugar que o mosaico de culturas floresce, mostrando diversidade e contradições de tradições, costumes, formas de fazer, de viver e de dizer regionais. [...] São as horizontalidades do espaço geográfico, as manchas mais estáveis da ordem local.

O fenômeno turístico deve ser compreendido, portanto, na sua complexidade como atividade econômica, mas, sobretudo, como atividade sociocultural imbricado no lugar que já existia anteriormente, produzindo e abrigando "duas" territorialidades distintas,

> [...] a territorialidade sedentária dos que aí vivem frequentemente e a territorialidade nômade dos que só passam, mas que não têm menos necessidade de se apropriar, mesmo fugidiamente, dos territórios que frequentam (Cruz, 2000, p. 23).

Os conhecimentos e as problemáticas que emergem desse debate ensejam a construção de competências: ético-política, da argumentação e de intervenção na realidade do futuro profissional do turismo.

Essa primeira parte do programa recebeu, durante 1999, a assessoria da doutora Adyr Balastreri Rodrigues, professora do Departamento de Geografia da Universidade de São Paulo, por meio de palestras e colóquios.

O segundo objetivo do curso visou à revisão/construção de habilidades ligadas à ciência geográfica. Prevê a seleção de conteúdos de uma Geografia aplicada ao turismo (ou para o turismo). Ou seja, quais recursos da ciência geográfica são importantes e podem contribuir para a construção da competência do profissional do turismo, que condicionam e viabilizam o desempenho eficaz de suas funções no mundo do trabalho?

Assim, as habilidades requeridas de interpretação de mapas, cartas e gráficos, do uso de métodos e instrumentos de orientação e localização no planeta, da identificação e caracterização dos grandes domínios ecossistêmicos, do reconhecimento da paisagem etc. são temas que foram discutidos nos encontros, mediante atividades práticas, previamente programadas. Os projetos temáticos de pesquisa foram elaborados e propostos visando à contextualização da atividade turística por meio de temas tradicionalmente trabalhados pela Geografia. A título de exemplo, citamos o estudo dos diferentes ecossistemas brasileiros – Amazônia, Mata Atlântica, cerrado, caatinga, litoral nordestino etc. – pela elaboração de roteiros e itinerários turísticos, demandados por segmentos diferenciados da sociedade. Tais projetos temáticos foram, oportunamente, organizados pela comissão didática de Geografia e publicados como caderno experimental de Geografia do Turismo para os alunos do curso.

Dessa forma, a proposta curricular de Geografia do Turismo no curso técnico vem sendo elaborada em conjunto com os docentes diretamente envolvidos. Seu grande objetivo no currículo é o de propiciar reflexão e interpretação crítica do significado do turismo como fenômeno econômico, político, social, cultural, com grande impacto socioespacial no mundo globalizado, logrando uma participação ativa dos alunos nos Conselhos de Municipalização do Turismo e nas comunidades locais. Instância privilegiada para o exercício da cidadania e *locus* para a elaboração de propostas, projetos e avaliação dos serviços turísticos já implantados, suscitando o debate sobre a questão do poder local e a formulação de políticas públicas.

**Objetivos gerais da proposta**

1. Compreender o significado do turismo como fenômeno econômico, social, cultural, político, ambiental de grande impacto socioambiental.
2. Entender o turismo como importante atividade econômica no mundo globalizado, podendo contribuir significativamente para o desenvolvimento socioespacial.
3. Capacitar o aluno para a análise crítica do fenômeno, de modo que possa posicionar-se como cidadão e como técnico.

**Objetivos específicos**

1. Compreender a tríplice ocorrência territorial do turismo composta de áreas emissoras, de áreas de deslocamento e de áreas receptoras.
2. Capacitar o aluno para avaliar a importância do turismo na conservação ambiental, priorizando o estudo da paisagem.
3. Identificar os elementos do espaço turístico, representados pela oferta e pela demanda.
4. Instrumentalizar o aluno para o reconhecimento, a avaliação e a classificação dos recursos e atrativos turísticos.
5. Fornecer elementos para a iniciação de pesquisa no setor.
6. Instrumentalizar o aluno para a interpretação de pesquisa sobre a oferta e a demanda.
7. Fornecer conhecimentos básicos para a execução e a interpretação de gráficos, cartogramas e mapas, relacionados ao setor.
8. Instrumentalizar para a elaboração de roteiros turísticos.

**Conteúdos programáticos do curso**

O conteúdo programático do curso elege as categorias Espaço e Turismo como eixo temático da proposta, por meio das quais os temas se organizam e se estruturam. A seguir apresentamos os conteúdos propostos para cada módulo.

**Módulo I**

**I) O espaço do turismo**
1. O turismo como fenômeno social e econômico na atualidade.
2. A paisagem como recurso turístico.
3. Os elementos do espaço (elementos de composição de um destino turístico, áreas de emissão, áreas de deslocamento e áreas de recepção do turismo).
4. Avaliação da demanda turística (motivação, perfil de demanda).
5. Avaliação e inventário do "espaço turístico".

**II) Turismo e representações**
1. Noções cartográficas (noções de orientação e localização, fusos horários, coordenadas geográficas e escala).
2. Cartografia aplicada ao turismo.

### III) O Estado de São Paulo e os espaços "turísticos"
1. A paisagem como recurso turístico: os ecossistemas paulistas.
2. Municípios turísticos no estado de São Paulo: caracterização.
3. As áreas de conservação e preservação paulistas.
4. Sistema viário paulista e brasileiro.

## Módulo II

### I) Tendências e perspectivas do turismo no mundo globalizado
1. O turismo como fenômeno global no período atual.
2. Novas necessidades e alterações dos hábitos de consumo.
3. Os fluxos internacionais do turismo.
4. Os mercados emissores e receptores do turismo internacional.

### II) Turismo e sustentabilidade
1. As modalidades de turismo: de massa e alternativo.
2. O potencial turístico dos ecossistemas brasileiros: possibilidades e limites.
3. Avaliação dos impactos ambientais nas áreas receptoras.

## Módulo III

### I) Geopolítica do Turismo
1. Ordenamento territorial do turismo no Brasil: megaempreendimentos globais e o papel do Estado.
2. Turismo com base local: conceituação e importância.
3. A Embratur e o programa de municipalização do turismo no Brasil: conselhos.
4. A observação do espaço turístico: roteiro de observação (atividade prática/ estudo de caso).
5. Avaliação do programa de municipalização do turismo na cidade.
6. Elaboração de roteiros turísticos alternativos para a região (incorporando vários municípios do entorno).

## Bibliografia

ANDRADE, José Vicente. *Turismo: fundamentos e dimensões.* São Paulo: Ática, 1998.
CORRÊA, Tupã Gomes (org.). *Turismo e lazer.* São Paulo: Edicon, 1996.
CRUZ, Rita de Cássia. *Política de turismo e território.* São Paulo: Contexto, 2000.

MARTINELLI, Marcelo. *Curso de capacitação docente em cartografia do turismo*. Palestras realizadas no primeiro semestre de 2000, no Centro Paula Souza.

BRASIL – MEC. *Diretrizes curriculares para a área profissional*: turismo e Lazer. Brasília: 1998.

MORANDI, Sonia & GIL, Isabel Castanha. *Espaço e turismo*. São Paulo: Copidart, 2000.

PORTUGUEZ, Anderson Pereira. *Agroturismo e desenvolvimento regional*. São Paulo: Hucitec, 1999.

RODRIGUES, Adyr Balastreri. *Curso de capacitação em geografia do turismo*. Palestras realizadas em 27/nov./1998, 13/abr./1999, 8/jun./1999, 4/set./1999, CEETEPS/CETEC, 1999.

_____. *Turismo e espaço. rumo a um conhecimento transdisciplinar*. São Paulo: Hucitec, 1997.

_____ (org.). *Turismo e ambiente. reflexões e propostas*. São Paulo: Hucitec, 1997.

_____ (org.). *Turismo e desenvolvimento local*. São Paulo: Hucitec, 1997.

_____ (org.). *Turismo e geografia. reflexões teóricas e enfoques regionais*. São Paulo: Hucitec, 1996.

_____ (org.). *Turismo, modernidade, globalização*. São Paulo: Hucitec, 1997.

RUSCHMANN, Doris. *Turismo e planejamento sustentável a proteção do meio ambiente*. Campinas: Papirus, 1997.

SANTOS, Milton. *Técnica, espaço, tempo. Globalização e meio técnico-científico informacional*. São Paulo: Hucitec, 1994.

_____. *A natureza do espaço. Técnica e tempo. Razão e emoção*. São Paulo: Hucitec, 1996.

SILVEIRA, Maria Laura. "Da fetichização dos lugares à produção local do turismo". *In*: Adyr Balastreri Rodrigues (org.). *Turismo, modernidade, globalização*. São Paulo: Hucitec, 1997.

# GEOGRAFIA E VIOLÊNCIA URBANA

*Arlete Moysés Rodrigues*

O tema Geografia e Violência Urbana é importante para pensar a sociedade e o espaço. Tema extremamente complexo, pois depende, para sua análise, de múltiplos elementos. A indagação é: como geografizar a violência urbana para compreender sua complexidade, sem cair no senso comum, nas informações da mídia?

Sobre a complexidade, penso que é necessário dizer que esta não é a completude do conhecimento, mas, sim, sua incompletude, ou seja, a tentativa de entender os diversos liames que compõem um tema.[1]

Vários aspectos e matizes podem ser tratados:

a) apresentar dados sobre a violência, em geral, nas cidades. Esses dados aparecem, cotidianamente, em todos os meios de comunicação. São conhecidos ainda que parcialmente e sem um estudo espacializado. Pensar em como agrupá-los e analisá-los pode ser a nossa contribuição;

b) mostrar a concentração da violência contra a pessoa em determinados segmentos sociais, em tipos característicos, revelando que esta é sempre noticiada nos diversos meios de comunicação; e

c) apresentar as violências contra as propriedades pessoais. Lembrar-se de que o direito à propriedade pessoal ou aos meios de produção encontra-se na Constituição, no âmbito de direitos e deveres.

É bom salientar que há várias pesquisas específicas como a que se realiza na USP – no Centro de Estudos sobre a Violência[2] e de mapas de Exclusão Social, como o de Aldaiza Sposati[3]; os estudos da Fundação João Pinheiro de Minas Gerais[4], e os da Fundação Seade em São Paulo[5], que são fontes importantes.

Vivemos na era dos ataques à integridade física e à propriedade pessoal, pelo uso de força ou de coação. Cada vez mais, a violência associa-se ao medo de viver nas grandes cidades, onde tudo muda vertiginosamente e todos são incógnitos. Ninguém se conhece; mudou o estilo de vida de morar nas grandes cidades. Esse medo tem similar na história do medo do desconhecido, do ermo e da coação. Um medo do desconhecido que lembra vários períodos históricos.[6] Mas o medo que perpassa a vida, hoje, é diferente, pois trata-se do medo do roubo, da morte, das drogas, dos lugares ermos, de perder o pouco ou o muito que cada um tem.

Um caminho para tentar compreender a violência urbana em sua geograficidade é verificar se são violências contra as pessoas, contra a propriedade pessoal ou contra os meios de produção que, muitas vezes, atingem pessoas, sejam as que ocupam terras, propriedades, sejam as que as defendem. Contra as pessoas há pelo menos dois grandes grupos: a violência doméstica e a violência da exclusão. Contra a propriedade são diversas as formas de expropriação da riqueza que, em geral, resultam na violência.

O mapeamento dos tipos de violência pode possibilitar uma certa compreensão da complexidade. Há a violência da exclusão social, que está concentrada nas áreas de maior pobreza, mas essas pessoas também se deslocam e atuam nas áreas de inclusão social onde o nível de renda é elevado. Já a violência contra a propriedade pessoal concentra-se nas áreas mais equipadas das cidades e por onde circulam os que detêm propriedade.

Com esse pressuposto, podemos tentar analisar o processo de expansão urbana das e nas cidades. Sabemos que as informações – e não as análises – sobre a violência são mistificadas pela mídia que as apresenta como um fenômeno ligado ao crescimento das grandes cidades e nas cidades.

Afirma-se também que o aumento da violência está relacionado à incapacidade das cidades em atender os que nela vivem. Associam-se, assim, o crescimento inadequado das e nas cidades tanto ao crescimento vegetativo como aos movimentos migratórios. Responsabilizam-se os migrantes, os desempregados, os incapacitados para o trabalho e os que têm muitos filhos pelos problemas, pela violência, porque estes são despreparados para o trabalho e para a vida nas cidades.

Para compreender o crescimento das cidades, podemos analisar a ampliação do espaço territorial dos migrantes, ou seja, uma das dimensões da territorialidade que ocorre pela expansão dos limites da cidade, verificando como há a expansão do perímetro urbano, com a ocupação de áreas rurais, por loteamentos irregulares, por alteração da legislação e na construção dos conjuntos habitacionais, provenientes da ditadura militar, nas fímbrias do urbano, sem nenhuma infraestrutura e equipamentos e meios de consumo coletivos.

Nesse caminho de análise deve-se levar em conta a alteração do preço da terra na sua passagem de rural à urbana (o preço da terra urbana é, em geral, mais alto do que nas áreas rurais). Deve-se, ainda, considerar o significado para quem ocupava as áreas rurais e delas foi expulso, porque outros usos foram atribuídos a elas. É vital considerar a violência da falta de urbanidade para os que foram instalados em áreas sem infraestrutura urbana e equipamentos de consumo coletivo, na maioria das vezes, pelo próprio Estado. A análise da questão da produção da habitação, decorrente do BNH-FGTS, foi feita por vários autores, dentre os quais muitos geógrafos,[7] que afirmam que os lugares de instalação não possuíam infraestrutura.

A expansão territorial dos limites da cidade expressa uma das formas de violência: expulsa o morador – rural e/ou urbano – de suas casas/terrenos, para inseri-lo no urbano ou em outras atividades. Mesmo que a expulsão não seja física, que o indivíduo permaneça morando no mesmo lugar, mudam-se as atividades de rurais para urbanas. Trata-se, assim, de uma violência de mudança das atividades cotidianas, sem que o morador tenha sido consultado. As mudanças são consideradas portadoras do bem, do progresso, enquanto se verifica que o preço da terra se altera e, com o tempo, expulsa quem ainda mantém as atividades agrícolas.

A instalação de grandes conjuntos habitacionais, em áreas desprovidas de cidade, é tida como portadora do bem, por permitir o acesso à casa própria aos excluídos, tornando-os excluídos da cidadania e da cidade, mas incluídos numa possibilidade futura de ser um proprietário de uma casa, de um bem pessoal. É uma forma de violência. Cria-se um novo modo de vida, sem a participação societária. Define-se o urbano como portador do progresso, sem inserir os indivíduos nele.

Ao tratar do crescimento nas cidades – ou seja, mantidos seus limites territoriais – temos de pensar na população que ocupa o espaço urbano e na composição das classes sociais. Geografizar o crescimento nas cidades implica analisar o crescimento vegetativo e migratório da população e das alterações de padrão de uso do solo.

Uma das medidas do progresso, do desenvolvimento está relacionada à população urbana. Nesse sentido, a população é uma grande riqueza, porque inclui a cidade, a região, o país, como portadores de desenvolvimento. A classificação e a hierarquização das cidades têm sido relacionadas ao crescimento da população urbana. A partir desse pressuposto, as análises sobre o urbano e as cidades revelam várias formas de medições: no passado, a concentração de indústrias; na segunda metade do século XX, os serviços e, mais recentemente, os serviços mais especializados e a tecnologia são elementos para classificar as cidades em capitais, metrópoles, megalópoles, cidades mundiais etc.

Mas, ao mesmo tempo, e simplificadamente, analisam-se, em geral, os problemas urbanos relacionados ao crescimento da população nas cidades e à chamada falta de condições para atender às necessidades da população. Fala-se, inclusive, em "inchaço urbano". Inchaço é um edema, mostra um problema, mas não a causa do problema; portanto, as consequências e não as causas. Não se analisa a problemática. São necessários novos paradigmas para analisar, compreender e tentar resolver os problemas, entre os quais se situa a violência. Os atuais não dão conta da complexidade.

Contraditoriamente, a população é sinônimo de riqueza e, ao mesmo tempo, de problemas que teriam sido gerados pelo próprio crescimento da população.

Mas, se levarmos em conta que, contraditoriamente, o progresso é medido pelo grau de urbanização de um país, de uma região, verificamos que *o crescimento populacional não é, efetivamente, o problema.*

*Poderia, pelo contrário, ser solução* para pensar o desenvolvimento, pois a população é fonte de riqueza para a produção e classificações de cidades. Se o principal atributo humano, a capacidade de pensar, fosse considerado importante, é evidente que a população seria fonte de riqueza e não de problemas.

Assim, um dos aspectos da violência não explicitada é informar que a população é problema, quando, na realidade, ela é riqueza. Limita-se, portanto, a capacidade de pensar que é o melhor atributo social.

Afirma-se, frequentemente, que o grande problema são os pobres, que têm baixos salários e não podem pagar para ter acesso às diversas mercadorias do modo de produção em que vivemos. A eles é atribuída a responsabilidade pela pobreza em que vivem. Raramente analisa-se a violência a que são submetidos, ao serem instigados diariamente a comprar e/ou usufruir do conforto que a cidade/o urbano parece oferecer. Ao mesmo tempo, nega-se-lhes o acesso aos benefícios do progresso que ajudam a construir. Como diz Bertrand Russel, "enquanto a economia é a ciência que explica como os indivíduos fazem escolhas, a sociologia é aquela que explica que eles não têm nenhuma escolha a fazer."[8]

Assim, um desafio para compreender a violência urbana é analisar a falta de acesso da população aos denominados benefícios urbanos, mas, principalmente, ao desenvolvimento de sua capacidade de pensar.

Um dos matizes comuns para analisar a violência é o de associar-se o crescimento da violência ao aumento da população urbana em geral e, em especial, da população pobre, ou seja, da pobreza. Destaca-se que lugares onde há mais violência coincidem com os espaços que foram ocupados pelos pobres: favelas, cortiços, conjuntos habitacionais distantes e sem infraestrutura etc. Compreender a violência contra a pessoa é, também, compreender que a ausência de pensamento leva ao aumento da violência doméstica e pessoal e contra a propriedade pessoal. Não podemos negar, contudo, que há grupos organizados que têm como marca explícita a violência.

Para sair do senso comum, é preciso compreender as características da falta de urbanidade desses locais, pensar em como estes seriam se contassem com a infraestrutura, os equipamentos e meios de consumo coletivos.

Um meandro para falar da violência. É responsabilidade do Estado moderno fornecer a infraestrutura, os equipamentos e os meios de consumo coletivos necessários à reprodução do capital e da força de trabalho. Para o capital, a resolução dos problemas urbanos é considerada uma necessidade e é tida como uma forma de atendimento às carências, doações. Esse é um outro viés que precisa ser analisado sobre a violência: a violência de desconsiderar o trabalho e o trabalhador como fonte de riqueza para o Estado e de tratá-los como fonte de problemas.

Podemos, dessa afirmação, explorar novas ideias, por exemplo: se ao Estado cabe fornecer infraestrutura, meios e equipamentos de consumo coletivos adequados, por que este não o faz? Em geral argumenta-se que faltam recursos econômicos e financeiros para suprir o urbano e, portanto, os citadinos de infraestrutura adequada. Com relação ao Estado, é importante afinar e apurar nosso conhecimento sobre este e sobre os seus discursos. Um dos mais atuais discursos é o da racionalidade econômica que

> [...] é transformada em âmbito emanador de regras para as relações sociais, em geral [...] Ao longo da década de 1990, ocorre a disputa entre projetos dirigidos à construção da cidadania e projetos voltados ao enraizamento de mecanismos que instalaram no país os princípios de uma sociedade de consumo.[9]

A racionalidade econômica explica, mas não justifica, o porquê dos investimentos não serem destinados à população que mora em áreas carentes de infraestrutura, ocultando a realidade de que, na ótica da população como riqueza,[10] investir em educação, saúde e habitação seriam investimentos com alto índice de retorno em bem-estar social, em minimização da violência.

Consideram-se gastos e não investimentos, por exemplo, os recursos em educação, saúde, saneamento básico etc. Investimentos são apenas os que "produzem" mercadorias em geral, ou seja, padrão de vida. Não se considera investimento o que produz qualidade de vida melhor.

A racionalidade econômica – um fetiche – é um tipo de violência ainda pouco desvelado. Essa violência trata "gente" como objeto de consumo e não como seres iguais. Essa violência contém também a ideia de classificar quem não pode comprar como responsável pela sua falta de recursos financeiros.

Uma das formas de geografizar, de compreender por que se pode até localizar os lugares desprovidos de infraestrutura e de meios e equipamentos de consumo coletivo, é analisar o conteúdo e a forma do urbano.

Se compreendermos o ser humano como portador da capacidade humana de pensar, teríamos formas de encontrar soluções ou, pelo menos, minimizar a violência urbana.

Para compreender a territorialidade de agregação em alguns lugares de grupos e mesmo de violência pessoal, seria interessante cruzar as informações com a infraestrutura existente, bem como com a existência de empregos – formais e informais, de trabalho, enfim.

Os problemas urbanos e ambientais, inclusive o da violência, são relacionáveis ao sucesso do modo de produção de mercadorias e não de suas crises.

Como já foi dito, em análises simplistas, os problemas urbanos, entre os quais a violência, são decorrentes da expansão da população urbana, expansão essa que não é acompanhada de infraestrutura e dos equipamentos de serviços coletivos necessários à criação da urbanidade. Também já foi dito que a urbanização está relacionada ao paradigma da modernidade, do progresso material que tem a cidade como *locus* da cultura e da liberdade. A cidade e o urbano já foram pensados como o lugar que aglutinaria a força de trabalho que poderia lutar em conjunto para transformar a sociedade.

Mas se a cidade não é realmente o *locus* da cultura, da liberdade e da transformação, ela, contraditoriamente, é a sua incapacidade, pois priva a maioria dos citadinos dos benefícios desse processo. Priva-os de inserirem-se na lógica da produção e do consumo.

As transformações culturais da modernidade no urbano podem ser tidas como padrão de vida e como qualidade de vida. Com relação ao padrão de vida, as medições referem-se à produção, mas, principalmente, ao consumo de mercadorias. Trata-se da capacidade de pagar para consumir unidades de moradia, cidade, veículos, cinema, teatro etc. Qualidade de vida implicaria participar no conjunto da produção, mas também ter saúde, ar e água puros, alimentos saudáveis etc. Assim, contrapõem-se ideias de desenvolvimento, no seu sentido mais amplo e no seu sentido de progresso material.

Na realidade, os modelos de urbanização e urbanidade nunca foram, até agora, atingidos em nenhum lugar do mundo. São modelos que pressupõem o progresso dos bens materiais e o denominado padrão de vida urbano, mas não melhoria da qualidade de vida.

Tratam, em geral, da cidade ideal, mas não da cidade real. A cidade real, numa análise geográfica, implica compreender a complexidade e a diversidade de acesso aos bens nela ofertados. Para obter-se padrão de vida, implantam-se modelos externos, por exemplo: o principal setor econômico dos Estados Unidos não é mais a indústria automobilística ou a bélica, mas a saúde que representa 14% do seu PIB. Seria melhor falar da indústria de tratamento da doença do que da saúde. Esse exemplo mostra a diferença entre padrão de vida e qualidade de vida.

Como uma mesma face contraditória, os problemas urbanos são considerados desvios do modelo e não sua face real. Problemas, como:

a) a exclusão social dos benefícios da urbanização é vista como um problema atribuído, em geral, aos indivíduos, enquanto a classificação e a hierarquização das cidades dependem do número de moradores urbanos;

b) a falta de moradia e de empregos é admitida como decorrência do descompasso entre crescimento da população e do emprego, portanto a população, como medida de urbanização, se transforma em problemas;

c) a falta de emprego é atribuída ao modo como os indivíduos não se preparam para entrar no mercado e, enquanto isso, se desmantelam as universidades e as escolas de ensino fundamental e médio, tornadas mercadorias;

d) os problemas de poluição do ar, da água, a destruição da camada de ozônio, os resíduos sólidos, a chuva ácida, as ilhas de calor etc. são atribuídos aos indivíduos que jogam lixo nas ruas, que usam os automóveis, as geladeiras etc. e não aos produtores das mercadorias; e

e) a violência contra as pessoas, suas posses e propriedades e o medo generalizado de viver no urbano.

Para cada um dos problemas, tenta-se encontrar uma solução:

1) para a falta de moradias, criam-se mercados especiais de financiamento da habitação, atendidos por diferentes setores estatais – que criam, como já visto, novos problemas;

2) para a poluição, buscam-se mecanismos para limitar o uso de automóvel, o que cria novos problemas, porque não são analisados, em conjunto, os meios de circulação pública;

3) para os resíduos sólidos decorrentes da modernidade, aumenta-se a separação das embalagens que podem ser recicladas;
4) para a falta de emprego, admite-se alteração nas normas da legislação trabalhista, que retira direitos, historicamente, adquiridos etc.; e
5) para combater a violência, fala-se em equipar a polícia e aumentar a vigilância privada. E mecanismos de fechamento de casas com muros, grades, cachorros, segurança privada, vidros à prova de bala, controle remoto, câmaras de televisão etc. Desenvolve-se uma indústria de segurança, ou melhor, uma indústria contra o medo da violência.

Parece tratar-se da luta de todos contra todos, da alteração do espaço público e do coletivo em espaços vigiados e cerceados. Mas não há, ainda, ações que permitam fornecer cidade e cidadania aos citadinos.

Se a modernidade prometeu o bem-estar, se prometeu que o avanço da técnica poder-se-ia encontrar na cidade, o *locus* privilegiado da cultura e do saber, temos de analisar por que esse mito – que como todo mito é prometeico – não se cumpriu. Um exemplo: a produção de carros é medida de progresso nas contas nacionais; muitos podem ter acesso ao automóvel, mas a poluição de ar é considerada problema. Assim, para obter o padrão de vida moderno, diminui coletivamente a qualidade de vida.

Os exemplos são numerosos; o que interessa, porém, assinalar neste momento é como o padrão de vida pode ser compreendido, também, como sucesso do modo de produção capitalista, que pode diminuir a qualidade de vida e privar a maioria da promessa de um deslocamento acessível a todos.

O carro como símbolo da urbanidade é motivo de vários tipos de violência: o da poluição do ar que provoca, da violência do trânsito, do desgaste do trabalhador que dirige, durante o dia todo, um veículo; do carro-mercadoria que pode ser roubado – uma forma de violência – e vendido para propiciar a sobrevivência de alguns que, por sua vez, foram excluídos e violentados do acesso ao deslocamento tão propalado como sinônimo de progresso.

Em síntese, ao tentar qualificar uma forma de analisar a violência urbana, temos de considerar a exclusão de uma grande parte da sociedade como violência. Violência social contra uma grande parcela da sociedade. Exclusão que ocorre tanto na obtenção dos bens materiais quanto da possibilidade de pensar.

Podemos, também, pensar na violência urbana, relacionada à ausência de urbanidade, ou seja, à falta de instrumentos que permitam ao citadino participar da vida na cidade.

A ciência produz a técnica, transforma a sociedade, mas também a sociedade tecnologizada (dos dias atuais) transforma a própria ciência. Podemos pensar em inserir os citadinos nas novas técnicas, ou ainda temos de considerar os pobres, os excluídos como aqueles que só precisam de comida e de teto, mesmo que precários?

A ciência, o conhecimento, também é poder, é possibilidade de manipulação, de subjugação. Ou seja, como diz Milton Santos – o meio técnico-científico, informacional é emancipação, mas também pode ser dominação e uma das formas de dominação é a criação do desejo nunca satisfeito, mas que impõe a busca contínua.

O processo de urbanização-industrialização, considerado meta para atingir o desenvolvimento, tem gerado o seu processo contrário. Como tratar de um tema tão abrangente e tão difícil como a Geografia e a violência urbana, se não buscarmos compreender as diferentes formas de exclusão e opressão?

Penso que não basta, embora seja importante, cartografar os lugares onde ocorre o maior volume de violência e explicar suas características; convém também analisar a forma como hoje se pensa, cada vez mais, no consumo como portador do bem, esquecendo-se de pensar no ser humano em sua capacidade maior, que é a capacidade de pensar.

Acho que essa pode ser uma tarefa importante: trazer o tema da população como riqueza e não como problema e retomar a construção da utopia do ser humano que deve estar no centro do debate e não nas suas franjas.

## Notas

1 Sobre a complexidade do conhecimento, consulte MORIN, Edgar. *Ciência com consciência*. Rio de Janeiro: Bertrand Brasil, 1996.

2 O Instituto de Estudos sobre a Violência da USP possui várias publicações de dados e de análises sobre a violência. Deixamos assim de citar um estudo específico.

3 SPOSATI, Aldaiza (coord.). *Mapa da exclusão/inclusão social da cidade de São Paulo*. São Paulo: Educ, 1996.

4 A Fundação João Pinheiro em Minas Gerais desenvolveu vários estudos e pesquisas que auxiliam a compreensão da violência, por meio dos dos instrumentos do IDH-M – Índice de Desenvolvimento Humano Municipal.

5 A Fundação Seade mantém um grande acervo de dados que permite compreender as diferenças sociais e espaciais possibilitando análises sobre a violência, no Estado de São Paulo.

6 Lembramos que o atual Cabo da Boa Esperança, na África, era denominado de Cabo Não, porque, a partir daí, acabaria o mundo. Ou o medo de dragões e vampiros.

7 Não farei citações para não cometer injustiças de deixar de lado importantes teses, dissertações e livros sobre o tema.

8 ABRAMOVAY, Ricardo. *Gazeta Mercantil*, 7 fev. 2001.

9 RIBEIRO, Ana Clara e Barreto, Amélia. *A dúvida da dívida e a classe média.* Informativo Lastro, Ippur – UFRG, ano 3, n. 6, Rio de Janeiro, pp. 2-3.

10 Tenho utilizado o termo "população como riqueza" em contraposição à ideia de que é o crescimento populacional, seja causado pelas migrações ou pelo crescimento vegetativo, que ocasiona problemas. Considerar a população como riqueza significa compreender que os problemas são ocasionados pelas contradições no modo de produção de mercadorias, e não pelo crescimento populacional.

# REDES SOCIOPEDAGÓGICAS:
# UMA RESPOSTA ÀS VIOLÊNCIAS URBANAS

*Jailson de Souza e Silva*

O presente texto objetiva refletir sobre os vínculos existentes entre as violências urbanas e a instituição escolar, em uma perspectiva propositiva. Nele, apresento algumas características de uma experiência desenvolvida em um complexo de favelas do Rio de Janeiro. A principal delas é o fato de a organização ter sido formada e ser dirigida por moradores e ex-moradores das comunidades locais. A partir de uma breve apresentação do Centro de Estudos e Ações Solidárias da Maré – CEASM, apresento uma proposta de ação escolar que denomino Redes Sociopedagógicas. Seu pressuposto maior é de que, a fim de cumprir integralmente o seu papel educativo, a instituição escolar deve funcionar como um nó de uma rede que articule determinados grupos sociais constituintes dos espaços populares, em especial.

Meu ponto de partida é a consideração de que, na cidade do Rio de Janeiro e em outras metrópoles brasileiras, a maioria da população vem estreitando, progressivamente, os seus tempos e espaços existenciais. Esse movimento se manifesta por dois tipos de práticas sociais: a presentificação e a particularização. Pierre Bourdieu afirma que

> [...] aqueles que não têm, como se costuma dizer, futuro, têm poucas possibilidades para formar o projeto, individual, de criar seu futuro ou para trabalhar no futuro coletivo.

O pensador francês está se referindo, particularmente, aos setores sociais mais excluídos da sociedade formal. Todavia, suas palavras definem com precisão o que chamo de presentificação: uma prática social dominada pela cotidianidade, que se manifesta como um eterno agora.

O estreitamento das referências temporais inibe a possibilidade de trabalhar a utopia como elemento integrante da realidade, em sua possibilidade. Seja a utopia pessoal ou a coletiva, esse processo, evidentemente, não caracteriza apenas os setores populares. No caso destes, no entanto, a presentificação contribui para a construção de estratégias de vivências centradas no imediato. A prática dificulta, por exemplo, um investimento de longa duração na escolarização e, no caso das redes sociais marginais, facilita o envolvimento em ações criminosas. O estreitamento das referências temporais se associa ao particularismo espacial. A vivência em um território restrito, sem parâmetros mais abrangentes de inserção na cidade, contribui para que o lugar seja o ponto de partida e de chegada da existência. Morador da comunidade, agente não se sente, na maioria da vezes, pertencente à pólis, à cidade.

Ora, a redução da vida cotidiana ao particular e ao imediato gera a limitação das possibilidades para a humanização, em uma perspectiva plena e universal. A democracia fragiliza-se e torna-se cada vez mais raro o contato com a diversidade, com o outro. Há uma progressiva perda, então, do sentido da vida coletiva. Seu corolário é o aumento da intolerância, da sensação de insegurança, além da dificuldade em incorporar uma ética de responsabilidade em relação ao espaço público. Essas posturas tornam-se o alimento de múltiplas formas de violência na cidade: educacionais, culturais, sexuais, econômicas, físicas etc. Violências produzidas/produtoras do esgarçamento do tecido social, fenômeno que torna a qualidade de vida nas grandes cidades brasileiras cada vez mais precária.

A vergonhosa desigualdade que caracteriza a sociedade brasileira é a chave para a compreensão da maior parte das manifestações de violências nas grandes cidades, vinculadas ao estreitamento do tempo e espaço dos seus moradores. A construção de um círculo virtuoso passa pela associação entre uma política pública distributiva de renda e ações voltadas para a ampliação da temporalidade e espacialidade sociais. Elas devem ser vistas como elementos necessários – no sentido mais profundo do termo, aquele algo sem o qual não se pode passar – para o combate aos fundamentos econômicos, culturais, políticos e sociais da desigualdade que caracterizam o Brasil, principalmente suas metrópoles. No caso dos setores populares, os meios para a ampliação das referências sociotemporais e socioespaciais se dão pelo acesso e elaboração de novos produtos culturais e educacionais, associados à geração de renda e emprego. O processo se realiza pelo que denomino Redes Sociopedagógicas. São esses os princípios que sustentam o Centro de Estudos e Ações Solidárias da Maré – CEASM, como veremos a seguir.

## Uma experiência de Rede Sociopedagógica

A Maré localiza-se na Zona da Leopoldina, entre a Av. Brasil e a Linha Vermelha, e é cortada pela Linha Amarela, as três principais vias da cidade. Segundo maior complexo de favelas do Rio de Janeiro, com cerca de 130 mil moradores, distribuídos em 16 comunidades, a Maré caracteriza-se pela diversidade. O fato de ser próxima do Aeroporto Internacional e vizinha à Universidade Federal do Rio de Janeiro, no entanto, contribuiu para que ela ocupasse uma presença significativa no imaginário carioca, representada como um espaço globalmente dominado pela miséria e pela violência. Apesar das diferenças, o espaço local caracteriza-se pela proletarização de sua população, em geral oriunda do Nordeste ou negra. Os moradores locais desenvolvem, geralmente, ofícios que exigem pouca qualificação profissional, possuem baixa escolaridade e uma reduzida renda familiar, como demonstram os dados a seguir:

### ÍNDICE DE QUALIDADE URBANA DA MARÉ

| Cidade do Rio de Janeiro | Favelas cariocas | Maré | Localidades |
|---|---|---|---|
| 33,90 | 15,4 | 16,2 | Água inadequada (%) |
| 8,90 | 36,7 | 5,76 | Esgoto inadequado (%) |
| 4,30 | 21,3 | 2,77 | Coleta de lixo inadequada (%) |
| 4,80 | 4,06 | 3,99 | Média de cômodos por domicílio |
| 3,50 | 3,99 | 3,79 | Média de cômodos por domicílio |
| 17,2 | 20,6 | 21,8 | Chefes de domicílio com menos de 4 anos de estudos (%) |
| 16,70 | 1,07 | 0,53 | Chefes de domicílios com mais de 15 anos de estudos (%) |
| 6,10 | 15,3 | 18,6 | População analfabeta de mais de 15 anos de estudos (%) |
| 35,5 | 72,3 | 72,7 | Chefes de domicílio com renda até 2 salários-mínimos (%) |

| Cidade do Rio de Janeiro | Favelas cariocas | Maré | Localidades |
|---|---|---|---|
| 15,1 | 0,61 | 0,47 | Chefes de domicílio com renda igual ou superior a 10 salários-mínimos (%) |
| 5,84 | 1,71 | 1,70 | Renda média nominal dos chefes em salários-mínimos |
| 0,80 | 0,46 | 0,47 | Índice de Qualidade Urbana das Favelas Cariocas[1] |

Fonte: IPLAM-RIO, 1997.

No universo de 28 grupos de favelas, distribuídos de acordo com as Regiões Administrativas, a Maré fica em 11ª posição no índice de Qualidade de Vida urbana, com um resultado muito próximo ao da média das favelas cariocas. O que se evidencia, todavia, é a precariedade justamente dos indicadores culturais e econômicos: o percentual de moradores com diploma de graduação não chega a 0,6% do total, enquanto o número de analfabetos chega a quase 20%. Assim, o jovem da Maré tem, aproximadamente, quarenta vezes mais chances de ter um parente analfabeto do que um universitário. No que concerne aos rendimentos, mais de dois terços dos trabalhadores locais afirmam receber menos de dois salários-mínimos (SM) por mês.

No contexto descrito, nasceu a organização não governamental denominada Centro de Estudos e Ações Solidárias da Maré – CEASM. O Centro tem como fator inovador o fato de ser formado por um conjunto de moradores que cresceram e/ou moraram em alguma das comunidades da Maré. Uma característica particular dos seus fundadores é o fato de, em sua totalidade, terem atingido a universidade e possuírem uma longa história de envolvimento com movimentos coletivos locais. Conscientes da sua condição de exceção e da necessidade de superarem a presente realidade, os moradores constituíram a entidade com o objetivo de ampliar as possibilidades para o exercício da cidadania por parte dos moradores locais, em particular os adolescentes e jovens.

O Centro iniciou suas atividades em fevereiro de 1998, a partir do Curso Pré-vestibular da Maré. A particularidade da iniciativa, em tela, foi o fato de seu corpo docente e discente ser formado apenas por moradores das comunidades locais. A alta taxa de aprovação do projeto mostrou as possibilidades do CEASM e sua relevância social. Com efeito, o Centro está contribuindo para a materialização de um novo paradigma, no que concerne à criação de novos vínculos entre organizações públicas, privadas e comunitárias, na perspectiva de superação das mazelas sociais, econômicas, culturais e educacionais que dominam o Rio de Janeiro e o país. Preocupado em atuar em uma perspectiva global, o CEASM percebe o conjunto de campos em que atua como mediações, instrumentos necessários para a construção do pertencimento dos integrantes dos projetos à Rede Sociopedagógica que vai, processualmente, sendo constituída. Para isso, a instituição oferece diversas atividades, todas tendo como fundamento envolver o membro do projeto em sua realização. Atualmente, o Centro desenvolve um conjunto de ações no campo da educação, cultura e geração de renda/trabalho, distribuídas da seguinte forma:

1. Curso Pré-vestibular – CPV Maré: reúne seis turmas, com 340 alunos.
2. Curso de preparação para o ensino médio: atinge 150 adolescentes.
3. Cursos modulares de alfabetização, ensino fundamental e ensino médio: atende cerca de 600 alunos, em 20 turmas variadas.
4. Núcleo de Línguas da Maré: atende cerca de 200 alunos, tendo dez turmas de inglês, três de espanhol e uma de italiano. Desenvolvido em parceria com a Universidade Federal do Rio de Janeiro.
5. Laboratório de Informática: conta com 16 computadores, oferecendo cursos básico e avançado. Possui cerca de 220 alunos.
6. Programa da Criança: desenvolve atividades educativas complementares para 400 crianças e adolescentes que estudam em quatro escolas da Rede Municipal local.
7. Censo Demográfico, econômico, social e educacional da Maré 2000: produzido e coordenado pelo Centro, o Censo é financiado pelo BNDES e conta com a parceria do IPEA, UFRJ e Secretaria de Trabalho do Município do Rio de Janeiro.
8. Observatório Social da Maré: articula os universitários da Maré, na perspectiva de desenvolver sua atuação como pesquisadores da realidade local e subsidiarem o Fórum de Desenvolvimento da Maré, articulado pelo CEASM e outras entidades locais.
9. Jornal "O Cidadão": jornal comunitário local distribuído gratuitamente, tem uma tiragem de dez mil exemplares.
10. Projeto Memória: produz registros, em variadas linguagens, sobre a história dos moradores e comunidades locais.

11. Adolescentro: centro de referência para adolescente e jovens no campo da saúde integral. Conta com trinta agentes comunitários de saúde, todos adolescentes ou jovens.
12. Biblioteca Popular da Maré: voltada para os estudantes dos ensinos fundamental, médio e superior.
13. Rede de Trabalho e Educação: reúne adolescentes que participam, em grupos variados, de oficinas de vídeo, fotografia e iluminação, produção literária; produção gráfica; e, por fim, produção cenográfica e de vestuário. Eles prestam seus serviços às diversas entidades da Maré e de outros espaços.

As atividades do Centro são apoiadas por órgãos públicos – prefeitura e governo federal; empresas públicas – BNDES; Petrobrás; iniciativa privada – Light; Ediouro; Infraero e instituições da sociedade civil. Após apenas três anos de atuação, o CEASM é o nó de uma nova rede social inscrita na Maré. Ali, milhares de adolescentes e jovens estão construindo novas referências e têm a oportunidade de superar os limites sociotemporais e socioespaciais que caracterizam, em geral, a vida dos moradores dos espaços populares. O estreitamento de seus vínculos com a escola pública é algo que vem sendo perseguido; cabe, no entanto, mudar o perfil dessa instituição. O item seguinte trata de possíveis caminhos para isso.

## A escola como o nó de Redes Sociopedagógicas

O fundamento da presente proposta é o conceito de cidadania, em uma perspectiva ampliada. Conceito definidor das finalidades da educação, atualmente mais do que nunca, ela é o ponto de partida e de chegada nos diferentes discursos que tratam da instituição escolar. Os grupos sociopolíticos divergem a respeito dos limites dessa cidadania: para os setores liberais, ela deve ficar restrita ao âmbito jurídico-formal, enquanto, para os setores progressistas, ela é ampliada, incorporando elementos sociais e econômicos, dentre outros. De qualquer forma, a cidadania tem como premissa a progressiva ampliação do tempo e espaço sociais do agente. De forma tal que fatos manifestos em outras partes do mundo sejam componentes do seu dia a dia, assim como a capacidade de se interessar pelo passado, singular e coletivo, e de constituir um projeto, também global e pessoal, de futuro.

A unidade escolar é um marco para a constituição de redes socioeducativas. Sua importância, para os alunos provenientes das camadas populares, é muito significativa. Ali se entrelaçam dimensões sociais e pedagógicas, ali é o espaço de acesso, por excelência, alunos ao discurso intelectual, ao discurso racional-científico e a novos grupos sociais. Ela só pode, todavia, cumprir de forma mais plena seu papel indo além de si mesma. Os estudantes não definem, em geral, sua permanência na instituição em virtude dos conteúdos recebidos e/ou da metodologia aplicada. A excessiva ênfase na questão metodológica desconsidera, comumente, as relações dos alunos no espaço escolar e extraescolar. Além disso, ela não exige a inserção dos profissionais das unidades escolares no espaço local. Com isso, a percepção do aluno como um ser social, em toda a sua corporeidade e complexidade – consciência, desejos, estratégias, fragilidades e certezas – é secundarizada.

Ora, o fechamento da escola sobre si mesma contribui para a dissonância entre ela e a maioria dos alunos dos setores populares. Na verdade, os profissionais das unidades escolares, em geral, constroem um mundo paralelo ao espaço desses alunos. Eles não compreendem que a territorialidade de sua ação pedagógica não se restringe aos seus muros, mas é, antes de tudo, social. A dissonância entre as práticas exercitadas na escola e aquelas que dominam a maior parte do espaço comunitário provoca o afastamento dos alunos. Com isso, eles ficam reduzidos a um espaço/tempo restritos, o que alimenta o espiral de violência. A escola fechada em seus muros, que desenvolve uma prática educativa nos mesmos termos que os monges, há trezentos anos, só pode mesmo temer a juventude e a violência. Ironicamente, as instituições escolares são representadas como vítimas e não como parte do problema.

Nesse contexto, as práticas que vislumbro, no plano sociocultural, como possíveis de serem exercitadas pelos agentes das instituições escolares, são variadas:

1. Conceber – e exercitar – a unidade escolar como uma rede sociopedagógica local, definida por uma especificidade: funcionar como um espaço mediador entre os campos sociais locais do aluno e os espaços sociais externos. Com essa ação, a unidade escolar poderá contribuir para a constituição de uma ampliação, progressiva, do espaço e tempo dos agentes locais. Nesse caso, a constituição de estratégias de permanência mais longa na instituição escolar se tornaria mais factível. Isso porque a conjugação entre os resultados de longo prazo e as disposições centradas no tempo presente se fariam mais articuladas.
2. Buscar apreender cada aluno(a) como um agente singular – que pensa, interpreta e age de acordo com as disposições desenvolvidas em sua socialização e, em razão disso, das estratégias que constrói e/ou acredita. A partir dessa

premissa, realizar, de acordo com as possibilidades objetivas, um diagnóstico sociocultural dos alunos matriculados, analisar suas estratégias básicas – e as de sua família – no que concerne às relações com a escola e, quando necessário, criar estratégias e instrumentos que permitam o alongamento gradativo da trajetória escolar do aluno, inclusive de ordem econômica.

3. Aproximar-se – como instituição – e ampliar a influência da rede sociopedagógica sobre as práticas familiares e as desenvolvidas pelos jovens nas ruas da comunidade, não as ignorando e/ou estigmatizando-as. Nessa proposição, a família é pensada como parte constitutiva do processo pedagógico e elemento fundamental para garantir o melhor desempenho do aluno. Assim, a criação de estratégias voltadas para o alongamento da permanência dos alunos – atividade obrigatória dos agentes da unidade escolar – não pode ser materializada de forma solitária. Cabe criar demandas e iniciativas, de forma articulada com as famílias e instituições comunitárias locais, que funcionem como elementos de pressão sobre as estruturas administrativas superiores. Eles podem ser expressos na contratação de novos profissionais, na conquista de maior autonomia pedagógica e financeira da escola, atividades extracurriculares que incorporem outros agentes sociais etc.

Uma iniciativa propícia para isso seria a criação e/ou ampliação progressiva da ação das Associações de Pais, a qual tenha como objetivos, além da tradicional participação na manutenção do espaço físico escolar, a incorporação dos alunos à dinâmica escolar e a criação de laços de solidariedade entre suas famílias – sabendo-se que não se pode exigir dos pais mais do que as disposições desenvolvidas, as estratégias definidas e as condições objetivas lhes permitem oferecer.

Maria Helena Souza Patto afirma que

> [...] mais do que o tão falado "currículo oculto", a escola pública parece contar com um "corpo docente" oculto sem o qual não consegue dar conta de seu recado (1996: 260).

Concordando-se com a assertiva, o ato essencial é retirar a conotação crítica nela expressa e reconhecer a importância dessa função extraescolar – que se faz presente tanto nos setores populares como nos médios, sendo assumida pela família e/ou pelas explicadoras. Assim, cabe reconhecer que a instituição escolar não cumpre, de forma isolada, seu papel educativo, cabe identificar mais claramente o papel pedagógico cumprido por esses docentes auxiliares (não tão) ocultos e viabilizar mecanismos para que esse tipo de estratégia possa atingir também os alunos que não têm acesso a essa ação pedagógica complementar.

Finalmente, o agente que atua com os membros dos setores populares necessita – tanto quanto em outras áreas – descobrir as belezas da diferença e semelhanças entre os alunos, entre as famílias; dar um tempo para si e para eles; sentir-se responsável por um processo, permanente, de formação – dentro de suas possibilidades objetivas – de garotos e garotas que são muito mais complexos do que parecem, vistos superficialmente. E, acima de tudo, que esse profissional possa sentir, em muitos momentos de sua vida em uma unidade escolar, a imensa alegria e prazer que me acompanhou – em todo o processo de encontro com meus companheiros de caminhada, de vida.

## Nota

1. O índice médio de qualidade de vida oscila entre zero – carência máxima – e um – carência mínima.

# A CIDADE SITIADA: DA VIOLÊNCIA CONSENTIDA AO MEDO COM SENTIDO

*Ivan da Silva Queiroz*

## Apresentação

Ao eleger a violência urbana como alvo de reflexão e debate assume-se de início não apenas um exercício, mas sobretudo um desafio, qual seja: o de produzir respostas urgentes e satisfatórias ao clamor da sociedade por compreensão e superação de um problema que se tornou, se não o mais agudo, um dos principais problemas sociais da atualidade. Esse tema já ocupa lugar de destaque em pesquisas das ciências sociais, jurídicas e médicas. Está cada vez mais presente na mídia e na vida real: nas ruas, em casa, no trabalho e na escola. Nesta última, seja como tema de reflexão, seja como fenômeno que vitima alunos, professores, funcionários e o patrimônio público.

Diante dessa realidade, que respostas podem ser produzidas no âmbito da Geografia? Esse é um desafio do qual a Geografia não pode se furtar. Esforços nesse sentido já foram empreendidos no Brasil, com destaque para as contribuições de Marcelo Lopes de Souza, que focalizou o crime organizado, o narcotráfico e seus reflexos na dinâmica território-urbana da cidade do Rio de Janeiro (Souza, 1994, 1996 e 1997).

A percepção do problema na cidade de Fortaleza, somada ao interesse particular na questão em tela, instigou a reflexão da violência e suas imbricações locais. Esse esforço culminou com a produção de uma dissertação de mestrado, apresentada em abril de 2000, no Programa de Pós-Graduação da Universidade Federal de Pernambuco, tematizando as *Territorialidades do medo no Grande Bom Jardim: a violência como vetor de mudanças no espaço urbano de Fortaleza*.

Por ora, não se pretende apresentar uma teoria espacial sobre a violência, tampouco dissertar sobre as interfaces da violência urbana e o ensino de Geografia, mas propor alguns apontamentos referentes à discussão geográfica do problema da violência urbana.

Diante dos limites necessariamente impostos para esse debate, optou-se por uma abordagem que se subdivide em dois momentos. No primeiro, realiza-se uma análise da violência como problema urbano e, sobretudo, geográfico. No segundo, tratar-se-á de um estudo de caso, referente a uma área representativa da cidade de Fortaleza, onde se discute a reprodução da violência e a percepção desse fenômeno por parte da população, bem como seus impactos no cotidiano do bairro.

## Uma leitura geográfica dos reflexos da violência no espaço urbano

Refletir sobre a violência e sobre suas nuances geográficas impõe-se como exercício obrigatório para quem pretende compreender a dinâmica atual da urbanização. A violência que atinge cidades brasileiras deixou de ser um fenômeno localizado e ganhou *status* de problema nacional. Essa situação tem desencadeado na sociedade urbana um sentimento desmesurado de medo, colocando-a em permanente estado de alerta. Em resposta, ocorrem mudanças significativas no cotidiano das cidades, pela redefinição de atividades, fluxos e comportamentos, portanto, no modo de vida urbano.

A percepção dessas mudanças remete à compreensão de que a violência urbana tornou-se uma questão essencialmente geográfica. Isso significa considerar não apenas os aspectos de localização e extensão do problema, mas os seus reflexos nos modos de produzir e consumir (n)a cidade. A população atemorizada com o agravamento da violência nas grandes e médias cidades vem internalizando fortemente o medo como *padrão psicossocial de comportamento urbano* (Adorno, 1992). Essa situação se reflete, de forma marcante, na (re)construção de lugares, paisagens e territórios.

Portanto, o entendimento da dinâmica atual das cidades brasileiras demanda discussão e análise dos significados do componente medo, deflagrado pela violência urbana, para a organização das atividades citadinas. Isso implica responder à pergunta: como os atores sociais urbanos comportam-se em face da situação de violência vivida nas cidades?

A violência, no entanto, não é algo peculiar à nossa época ou à nossa sociedade. Em todas as sociedades, em todas as épocas ocorrem ações que se podem caracterizar como violentas, pois apelam para o uso da força bruta, seja por meio de que instrumento for, em vez de apelar para o consentimento. Como evidencia o diário de James Boswell, na Londres do século XVIII, a violência criminosa era de tal ordem que as pessoas raramente ousavam andar pelas ruas à noite sozinhas ou desarmadas (McNeil, 1994). E, no século XIX, na fronteira norte-americana, os indivíduos defendiam a vida, a propriedade e a reputação, atirando primeiro e apelando para a justiça depois. O que varia são as formas de manifestação e as regras sociais que as controlam (Zaluar, 1994).

A mudança mais significativa diz respeito às convenções que definiam os limites da violência legal em outros tempos – por exemplo, aquelas que confinavam quase toda a violência extralegal nos bairros pobres das cidades. Tais convenções se apagaram, expondo todos, de forma aleatória, ao risco de levar um tiro (McNeil, 1994). A manchete da revista *IstoÉ* (21/8/1996). "Da Periferia aos Jardins: crimes comuns nos bairros pobres chegam às áreas nobres e assustam a classe média paulistana", é sintomática.

Entretanto, essa realidade não é homogênea. É evidente a variação quantitativa e qualitativa da violência sempre que se observa a cartografia dos crimes da cidade. Tampouco, refere-se a uma situação bipolar, na qual estariam em conflagração dois grupos sociais, situados em esferas sociopolítico-territoriais distintas. Apesar dos esforços de Perlman (1977), Zaluar (1994a, 1994b) entre outros que não pouparam esforços para descortinar o mito da marginalidade, que vê nos pobres, sobretudo na população favelada, a propensão ao crime, o estigma persiste. Para Zaluar (1994b) o espelho que se constrói agora no Brasil é este: *pobre, criminoso, perigoso*. Todavia, ainda que se considere o propalado rompimento do cinturão de pobreza ao qual se referia a revista *IstoÉ*, bem como a ideia da formação de um cerco da periferia em volta dos bairros da classe média das metrópoles brasileiras (*Veja*, 24/1/2001), os moradores da periferia são de longe as maiores vítimas da violência.

Conforme Pinheiro (1996), "nunca os pobres e as elites estiveram nas cidades tão separados, como se fossem água e óleo. Porém, adverte o autor, [...] não estamos diante de uma guerra de despossuídos contra proprietários".

Tendo como referência a cidade de São Paulo, fica evidente, pelas estatísticas criminais o fato de a periferia ser a maior vítima da violência. No ano de 1996, enquanto a taxa de homicídios em bairros prósperos, como Perdizes, era de três homicídios por CEM mil habitantes, nos bairros pobres era quase quarenta vezes maior, a exemplo do Jardim Ângela que registrava 111 assassinatos por cem mil habitantes (*Folha de S.Paulo*, 22/9/1996).

Nesse quadro complexo e emblemático, percebe-se a exacerbação de três tendências marcantes no processo de produção espacial. O primeiro diz respeito ao processo de segregação urbana, em parte motivado pelo acirramento das desigualdades sociais, fruto do modelo de desenvolvimento econômico do País. No Ceará, por exemplo, pesquisa do IBGE, publicada no jornal *O Povo* (20/03/1999), verifica a maior concentração de renda no país. Nesse estado, as estatísticas indicam que os 10% mais ricos têm renda média de 12 salários-mínimos, enquanto os 40% mais pobres têm rendimento médio mensal de meio salário-mínimo. A taxa de pobreza do Ceará é o dobro da média nacional, acusando, respectivamente, 26% e 13%. Por outro lado, à medida que crescem os índices de criminalidade, principalmente nos lugares mais pobres, renova-se o mito da marginalidade e, consequentemente, o medo por parte dos segmentos economicamente mais bem situados em relação à população pobre.

Em razão disso, decorre a segunda tendência que é a de *autossegregação*. Para a população de maior renda, a cidade acena para o usufruto do conforto e segurança em espaços exclusivos. Essa tem sido a opção preferencial da população economicamente mais bem situada, seja pela moradia em condomínios fechados, no consumo em shoppings, cada vez mais vigiados, na circulação a bordo de veículos blindados e no lazer em *resorts*. A demanda por equipamentos e serviços que garantam maior segurança tem impulsionado um novo e dinâmico mercado, a saber, o negócio do medo.

A terceira tendência refere-se *à emergência de um novo urbanismo*, materializado no que Daves (1993) chamou de arquitetura do medo. É inegável que, cada vez mais, as cidades assumem feições ditadas pelo medo: muros altos, cercas eletrificadas ao redor das casas, guaritas de vigilância etc. O mesmo autor, especialmente no capítulo "Fortaleza La", do livro *A cidade de quartzo*, aponta a proliferação de mecanismos reveladores do pânico e o apelo eloquente à segurança privada:

> Até mesmo os bairros mais ricos nos canyons e nas encostas de colinas se isolam através de muros guardados por polícia privada armada e por moderníssimos equipamentos de vigilância eletrônica. No Centro, um "renascimento urbano" publicamente subsidiado ergueu a maior cidadela empresarial da nação, segregada dos bairros pobres à sua volta por um monumental glacis arquitetônico. Em Hollywood, o célebre arquiteto Frank Gehry, aclamado por seu "humanismo", faz apologias do visual sitiado numa biblioteca projetada para se parecer com uma fortaleza da legião estrangeira. No Distrito de Westlake e no Vale de San Fernando, a polícia de Los Angeles faz barricadas nas ruas e isola os bairros pobres como parte de sua "guerra contra as drogas". Em Watts, o incorporador Alexander Haagen demonstra sua estratégia para recolonizar os mercados varejistas do gueto: um minishopping panóptico cercado por grades de metal pontuadas e dispondo de uma subdelegacia do LAPD, numa torre central de vigilância. (Daves, 1993, p. 204).

Essa é a expressão mais forte da *cidade sitiada*, marcada pelo acirramento da fragmentação sociopolítica e territorial do espaço urbano, conforme Souza (1997), bem como pelo esvaziamento e/ou pela ausência de vasos comunicantes entre os vários lugares da cidade (Silva, 1997).

Nesse sentido, interessa muito menos, conforme Gertz (apud Diógenes, 1998, p. 41), "[...]como a violência acontece, mas essencialmente anotar a sua rede de significados que se produz na dimensão territorial como construção cultural". Para o geógrafo, importa muito mais a dinâmica da produção do espaço urbano em face da situação de violência notificada nas cidades. Pensar nisso remete a refletir o modo como se (re)elaboram hábitos, práticas e relações sociais na cidade, diante de novos conteúdos sociopolíticos e territoriais, em particular a criminalidade, especialmente em suas modalidades mais violentas.

## Nem tudo é flor no Bom Jardim

O Bom Jardim é um daqueles bairros pobres que, a exemplo dos situados nas periferias das grandes cidades, de tão carentes e distantes não despertavam nenhuma atenção dos gestores públicos e muito menos dos segmentos economicamente mais bem localizados. Situa-se no extremo sudoeste da cidade de Fortaleza. Na verdade, muito mais que um bairro, ele é identificado como um aglomerado de cinco bairros, portanto representa uma realidade muito mais ampla.

Falar do Bom Jardim, em especial vinculado ao problema da violência, implica falar de dois momentos de uma trajetória marcada pela violência. O primeiro, compreendido do final dos anos 1960 até aproximadamente metade da década de 1980. Este se refere ao período em que se verificava uma "convivência pacífica" da população local com a violência – se é que se pode falar em convivência pacífica com esse problema. O segundo momento refere-se à etapa mais recente da urbanização do bairro, principalmente a partir de meados da década de 1990, quando Bom Jardim ganha evidência nas páginas dos jornais e audiência em programas policiais de rádio e televisão, ao ser "elevado" ao *status de área-problema*. O bairro que antes era até desconhecido por grande parte da população urbana ganhou notoriedade, em Fortaleza, como território da violência.

No princípio, as condições de relativo isolamento enfrentadas pela população do Bom Jardim propiciavam a reprodução do modo de vida rural, notadamente pela preservação de hábitos e costumes tipicamente rurais. Dentre esses, destacam-se as relações de "compadrio", as cantorias, as quermesses, a preparação de roçados no inverno e os banhos de açude, entre outros que garantiam a representação bucólica de um mundo que ficara para trás.

Essa realidade foi retratada pelo jornal *Diário do Nordeste*, edição de 15/9/1984, Cadernos Jornal dos Bairros, ao fazer o seguinte destaque:

> Bom Jardim parece mais uma comuna do interior, em formação, do que propriamente um bairro de Fortaleza. Localizado numa vasta área com todas as características de zona rural, não faltando inclusive um serrote (pequena serra) e um açude, animais pastando nos campos e carroças transportando água e mercadorias para as bodegas. Compondo assim uma paisagem bucólica, onde a vida, apesar dos pesares, transcorre sem maiores atropelos, o que não significa dizer sem problemas. Problemas existem, mas que não conseguem espalhar inquietação, como ocorre em tantos outros núcleos habitacionais de periferia da cidade.

O porte da "peixeira" (arma branca) constituía-se numa prática do homem sertanejo, sendo esta muito mais um paramento do que propriamente uma arma, portanto não era alvo de censura por parte da comunidade. Em muitos casos era, inclusive, instrumento de trabalho dos agricultores, vaqueiros, comerciantes e açougueiros, entre outros, também presentes no bairro.

Nesse momento, os agentes potenciais da violência são categorizados como valentões/corajosos, tidos como temperamentais, "esquentados" e "brigões", sempre dispostos à luta corporal ou ao duelo à faca. Alguns até tinham crimes "nas costas", isto é, já eram homicidas, mas não sofriam grandes sanções. Nos relatos dos moradores, é comum a referência ao criminoso-valentão, nunca ao criminoso-bandido.

Os homicidas eram, portanto, conhecidos e circulavam normalmente sem receber nenhuma sanção. Isso ocorria, pois, segundo Barreira (1998), os seus crimes aconteciam dentro de motivos "socialmente aceitos". Tais motivos seriam circunstanciais e girariam em defesa da honra e do patrimônio. Trata-se de uma lógica dura e apologética do crime, porém típica de uma sociedade calcada no autoritarismo e no patrimonialismo (Adorno, 1994).

Diferente do padrão atual, os assassinatos raramente aconteciam na madrugada, em locais ermos ou longe de olhares dos populares. Nesse sentido, os espaços de circulação, lazer e diversão poderiam permitir transgressões sem, contudo, comprometer suas dinâmicas. Esse ambiente de permissibilidade possibilitava à população manter um certo domínio e controle da violência no bairro, uma vez que ela conseguia manter autonomia no preenchimento e dinâmica do espaço público. Não havia um sentimento de banalização da violência, mas sim, segundo Barreira, uma assimilação positiva da violência.

Entretanto, não demorou muito e, parafraseando Sérgio Adorno, um rápido crepúsculo parece ter colocado tudo a perder. Os bandidos tornaram-se mais violentos e cruéis, diferenciando assim a violência de outrora da predominante realidade urbana atual (Adorno, 1992, p. 21). Eis o segundo momento de apreensão do Bom Jardim.

Com uma média mensal de 2,5 homicídios por mês, conforme levantamentos do MNDH/CDPPDH, durante o período de 1994-1996, sem considerar o número de assaltos, o bairro tornou-se campeão do *ranking* de crimes violentos cometidos em Fortaleza. Setores tradicionalmente tidos como os mais violentos, como o bairro Pirambu – localizado no setor noroeste da cidade –, passaram a dividir com Grande Bom Jardim as atenções da cidade. A população aí residente passou a conviver com a face mais dura da violência.

As situações de violência, que no passado eram dirigidas pela opinião pública local, deixaram não só a cidade, mas também os moradores, em constante estado de alerta. A realidade atual é marcada tanto por uma nova fisionomia da paisagem, novos equipamentos/objetos, quanto pela emergência de novos atores e novas relações sociais com o espaço. Portanto, constroem-se novas territorialidades, no Bom Jardim, cuja nota característica é o medo.

O mais dramático, para uma população que se acostumara ao convívio com a violência, é a mudança radical de suas formas de manifestação e a redefinição de seus agentes. Adolescentes armados e drogados ocuparam lugar de destaque no cenário da violência no bairro. Para estes, a educação formal cede lugar à cultura e à violência. Para os adolescentes e jovens delinquentes, a atração exercida pela escola é muito maior como ponto estratégico para a venda de drogas do que pelo seu papel social. Para a população, os lugares onde estão situados os principais equipamentos escolares converteram-se em territórios da violência, portanto temidos. Isso foi constatado nas entrevistas realizadas no bairro. Quando perguntados sobre os lugares mais perigosos do bairro, o lugar-comum apontado pela população, além das margens dos rios e certas ruas, recaía sempre nas proximidades das escolas.

Se outrora os motivos dos assassinatos eram socialmente aceitos, hoje não o são. Dentre as causas dos novos crimes elencados pela polícia e pelos moradores ganham destaque aqueles referentes à ação de marginais e os sem informação. Estes últimos refletem bem o alheamento por parte dos moradores em relação à nova situação de violência no bairro. Na fase anterior, os crimes dificilmente passavam despercebidos da população.

O marco dessas mudanças no bairro pode ser resumido pela transição do binômio "cachaça-peixeira", para o predomínio da fase maconha, revólver calibre 38. Essa etapa, há tempos, foi superada no Rio de Janeiro, onde, de acordo com Souza (1994), já se alcançou o binômio "cocaína-AR-15".

A percepção da violência por parte da população local, bem como sua reação em face do problema do bairro, é evidenciada nos depoimentos dos moradores, quando entrevistados. Quando perguntados em que parte de Fortaleza se sentiam mais seguros, 57,89% dos informantes apontaram outros bairros da cidade; 33,33% indicaram o próprio bairro; e 8,77%, em nenhum lugar de Fortaleza. Pensar numa situação na qual a sensação de insegurança, por parte dos atores sociais, permeia a própria vizinhança remete à apreensão dos moradores como *outsiders* no conjunto a que pertencem.

Nos depoimentos dos moradores entrevistados, na quase totalidade, indicou-se *o trecho, o entorno* e *o pedaço*, enfim, as proximidades de casa como única referência territorial: o pedaço, para ficar com uma das expressões empregadas pelos informantes, parece o que restou de uma longa convivência, ao menos para os moradores mais antigos, quando a área de atuação daqueles se estendia a praticamente toda a extensão do bairro.

É no pedaço, portanto, que se depositam as esperanças e a possibilidade de inserção dos moradores do bairro, no processo de autonomia e gestão territorial, ainda que, de forma fragmentada. Nesses fragmentos do espaço urbano local, o morador mantém vínculos e consolida a sua condição de *insider* no cotidiano do bairro.

## Considerações finais

Da Periferia aos Jardins, bem como do Bom Jardim aos bairros nobres de Fortaleza, torna-se evidente o predomínio de uma dinâmica urbana cada vez mais ditada pelo medo. As evidências estão expressas na paisagem, no que Davis chamou de *arquitetura do medo*, bem como presentes no cotidiano da cidade. A semiótica do medo está impressa nas fachadas residenciais e comerciais dos vários lugares da cidade. Nos bairros mais pobres, a grade de ferro figura como símbolo mais contundente do clima de insegurança vivido pelos moradores. Nas grandes cidades, as ruas, praças e avenidas parecem repletas dos sinais invisíveis do perigo. Em muitos desses lugares, qualquer gesto ou movimento exterior é percebido como passível de impureza.

Nos bairros mais pobres, os cacos de vidros substituem as cercas eletrificadas. No lugar da vigilância eletrônica, instalam-se grades de ferro. Na ausência de ambientes ou mecanismos que garantam o lazer seguro e "tranquilo", os moradores resignam-se aos lares, na companhia da televisão. Em suma, o que para as elites significa *autoexclusão*, que em tese lhes garante algum espaço de manobra, para os mais pobres significa *autorreclusão*.

Portanto, há que se redobrar os esforços analíticos, para descobrir novas estratégias e táticas socialmente justas e tecnicamente eficientes para o enfrentamento do problema da violência; contanto que estas permitam a abertura de canais de diálogo, logo que incrementem *as práticas cotidianas, níveis satisfatórios de retórica socioespacial* (De Certeau, 1985). Dito de outro modo e para concluir com De Certeau,

> [...] que futuras intervenções socioespaciais, a exemplo daquelas feitas no interior de um sistema linguístico, possam [...] contornam o léxico existente, dos objetos, dos lugares de uma sociedade, dos lugares de uma cidade [...].

## Bibliografia

ADORNO, Sérgio. "Democracia e Pena de Morte; as antimonias de um debate". *In: Travessia: revista do migrante*. Ano V, n. 13. São Paulo: CEM, maio/ago. 1992, p. 18-26.

_____. "Crime, Justiça Penal e Desigualdade Jurídica: as mortes que se contam no tribunal do júri". *In: Revista USP*. nº 21, mar./abr./maio. São Paulo: Edusp, 1994, pp. 132-150.

BARREIRA, César. *Crimes por encomenda: violência e pistolagem no cenário brasileiro*. Rio de Janeiro: Relume-Dumará, 1998.

DAVIS, Mike. "Fortaleza La". *In: A cidade de quartzo*. São Paulo: Scritta/Página Aberta, 1993, p. 203-236.

DE CERTEAU, Michel. "Teoria e método no estudo das práticas cotidianas". *In: Anais do encontro: cotidiano, cultura popular e planejamento urbano*. São Paulo: USP-FAU, 1985, pp. 1-19.

DIÓGENES, Glória. *Cartografias da cultura e da violência: gangues, galeras e movimento hip hop*. Fortaleza: PPGS-UFC, 1998. (Tese de Doutorado).

McNEIL, William H. "A onda crescente de violência". *In: Braudel Papers*, nº 7, maio/jun. 1994, pp. 1-8.

CDPDH/MNDH. *O perfil dos homicídios no Ceará (enfoque especial: violência no trânsito)*. Ano IV. Fortaleza: CDPDH/MNDH, 1996.

PERLMAN, Janice E. *O mito da marginalidade*. 2ª ed. Rio de Janeiro: Paz e Terra, 1981.

PINHEIRO, Paulo Sérgio. "As relações criminosas: o crime é um meio para a mobilidade social numa sociedade desigual". *Folha de S.Paulo*. São Paulo, 22/9/1996, Caderno MAIS, p. 6.

SILVA, José Borzacchiello da et al., "Discutindo a Cidade e o Urbano." *In: A cidade e o urbano*. Fortaleza: UFC, 1997.

_____. "Exclusão social, fragmentação do tecido sociopolítico-espacial da cidade e ingovernabilidade urbana: ensaio a propósito do desafio de um desenvolvimento sustentável nas cidades brasileiras." *In: A cidade e o urbano*. Fortaleza: UFC, 1997, pp. 247-264.

SOUZA, Marcelo José Lopes de. "Tráfico de drogas e desenvolvimento socioespacial no Rio de Janeiro". *In: Cadernos*. Ano VIII, n. 2 /3, set./dez. Rio de Janeiro: IPPUR/UFRJ, 1994.

_____. "A teorização sobre o desenvolvimento em uma época de fadiga teórica, ou sobre a necessidade de uma 'teoria aberta' do desenvolvimento socioespacial". *In: Território*. n. 1, vol. 1, jul./dez. Rio de Janeiro: LAGE/UFRJ, 1996, pp. 5-22.

ZALUAR, Alba. *A máquina e a revolta: as organizações populares e o significado da pobreza*. São Paulo: Brasiliense, 1994.

_____. *Condomínio do diabo*. Rio de Janeiro: Revan, 1994.

# PARTE II

# PESQUISA E PRÁTICA DE ENSINO DE GEOGRAFIA

# PESQUISA E EDUCAÇÃO DE PROFESSORES

*Dirce Maria Antunes Suertegaray*

Neste artigo, refletiremos sobre pesquisa, de forma ampla, e sobre educação, em substituição ao termo formação. Para tratar mais especificamente do tema, circunscrevi-o sob três aspectos: o primeiro, refere-se às razões do porquê nos perguntamos sobre pesquisa e educação de professores; o segundo diz respeito ao conceito de educação e de pesquisa que fundamenta a discussão proposta; e o terceiro trata da exposição, relato da experiência sobre o tema, no Departamento em que trabalho e no curso que ensino.

Por que nos perguntamos sobre pesquisa e educação de professores?

Ouvem-se, hoje, muitas críticas à ideia de formação de professores, à medida que formar significa enquadrar, colocar no formato. Entretanto, se pensarmos em educação como sistema educacional, à maneira expressa por Maturana (1994), para quem a educação formal "configura um mundo e os educandos confirmam em seu viver o mundo que viveram em sua educação", tem-se um formato. Vamos nos referir, no entanto, a esse processo como educação de professores.

Para todos nós é conhecido o percurso da educação de professores, desde o nível médio ao superior. Nessa educação, a prática da pesquisa não está presente; o conhecimento não é um processo, ou algo em construção, está pronto para ser transmitido. Configura-se também, nesse contexto de ensino, uma forma de educar denominada por Freire de "educação bancária". Mais recentemente, os teóricos da educação, ao refletirem sobre esse processo, fazem uma avaliação crítica da educação de professores. Nesse âmbito, passa-se a falar de professor-pesquisador e propor a pesquisa como fundamento da educação de professores.

Até então, tínhamos uma educação centrada nas dualidades: bacharel *versus* licenciado, conhecer *versus* transmitir, pesquisar *versus* transpor. Dessas dualidades, algumas se encaminham para a superação, como é o caso específico do ensino *versus* pesquisa, tema deste artigo. Outras, porém, permanecem e parece que se consolidam, como, por exemplo, bacharel *versus* professor. Nesse caso específico, a discussão que tenho acompanhado vai no sentido de separar a educação de professores e bacharéis, mesmo levando para o ensino dos professores a prática de pesquisa, tão comum em nossos cursos de bacharelado em Geografia. Se, de um lado, a pesquisa une as duas formas de educação profissional, outros elementos envolvidos na compreensão do significado de ser professor separam essas duas atividades.

Diante da discussão sugerida, observa-se que a pesquisa na educação de professores é necessária, porque mudou a concepção de educação, a concepção de construção do conhecimento. Hoje valoriza-se o processo de investigação, como um entre outros métodos de reconhecimento do mundo. Nesse contexto de mudanças, cabe uma outra questão: *O que é educar?*

As questões apresentadas anteriormente exigem a expressão do conceito de educação que adotamos. Para tanto, tomamos como referência Maturana, médico e biólogo chileno que, juntamente com Varella, fornece as bases biológicas do construtivismo.

> Educar é um processo no qual a criança ou o adulto convive com o outro e ao conviver se transforma espontaneamente, de maneira que seu modo de viver se faz progressivamente, mais congruente com o do outro no espaço de convivência. O educar ocorre, portanto, todo o tempo, de maneira recíproca como uma transformação estrutural contingente a uma história no conviver que resulta que as pessoas aprendem a viver de uma maneira que se configura segundo o conviver da comunidade onde vivem. (Maturana, 1994)

Essa concepção de educação se apresenta, hoje, como a forma mais adequada e perpassa, em parte, as teorizações contemporâneas nessa área. Tomando essa concepção como referência, cabe uma segunda consideração: educar professores para ensinar Geografia pressupõe educar para que esses educadores eduquem, ou seja, "configurem um mundo e confirmem, em seu viver, o mundo que viveram em sua educação" (Maturana, 1994).

## QUAL O PAPEL DA PESQUISA NA EDUCAÇÃO DE PROFESSORES?

Se partirmos da referência de que educar é interagir, para pensar a pesquisa, nesse processo, continuamos com o resgate construtivista.

> Toda a história individual é a transformação de uma estrutura inicial hominídea fundadora de maneira contingente em uma história particular de interações que se dá constitutivamente no espaço humano, que se constitui na história hominídea à qual pertencemos com o estabelecimento da linguagem como parte de nosso viver. Em outras palavras, como vivemos, educaremos e conservaremos no viver o mundo que vivemos como educandos. E educamos ao outro com nosso viver com eles, o mundo que vivemos no conviver. (Maturana, 1994).

Isso significa dizer que, se educamos professores sem a prática da investigação científica, não estamos oferecendo-lhe essa forma de convivência e de percepção do mundo, ou seja, aquela que advém da pesquisa. Estaremos lhes oferecendo outras formas de convivência e é, a partir dessas formas, que compreenderão e promoverão a educação.

Na perspectiva ora exposta, é importante a pesquisa na educação de professores. Pesquisa significa compreender o mundo, mediante respostas que construímos sobre esse mesmo mundo. Essas respostas são expressão da interação entre sujeitos e objetos. Pesquisar pressupõe conhecer o outro – o outro sujeito, o outro objeto. O ato de pesquisar é um ato de conhecimento; portanto, é parte do processo de educação, ou seja, "consiste em aceitar e respeitar o outro desde a aceitação e respeito de si mesmo".

É sob essa ótica que a pesquisa passa a ser o fundamento da educação moderna. Biologicamente, todo o conhecer é um processo de investigação e descoberta individual, porém sempre em relação ao outro, ao entorno.

Gostaríamos, ainda, de dizer que educar não se refere "à livre e sã competência". Assim como a pesquisa, não significa produzir conhecimento para o mercado. Segundo Maturana (1994), "a competência é a negação do outro", à medida que educa para competir e não sensibiliza para interagir, cooperar. Enquanto produzir/pesquisar para o mercado significa privatizar o conhecimento do mundo, não devolvendo a este, de forma solidária e cooperativa, o que dele se conhece.

Assim, se é necessário pensarmos em educar professores a partir e com a pesquisa, é também necessário pensar que educação se quer. Que pesquisa se quer? Que educação geográfica para professores se quer? Ou seja, cabe ir configurando o mundo que desejamos e iniciar a construção desse mundo na convivência.

A partir dessas colocações iniciais, as remeteremos ao mundo de nossas experiências.

## A pesquisa em Educação no Departamento de Geografia da UFRGS

De início, cabe dizer que a pesquisa em Educação, no Departamento de Geografia da UFRGS, é recente, data de meados dos anos 1980, desenvolvendo-se mais amplamente nos anos 1990, em especial com a implantação do curso de Pós-Graduação em Geografia.

Para apresentar a pesquisa feita, reproduzimos os dois objetivos fundamentais da área de Educação:
- Trabalhar no âmbito da educação, congregando os processos de ensino, aprendizagem e participação social, em situações de ensino formal e não formal, procurando a inclusão educacional e social de parcelas populacionais excluídas,

como: membros de escolas e comunidades de periferias de baixa renda nos centros urbanos, escolas itinerantes de acampamentos e assentamentos de trabalhadores rurais sem-terra e portadores de necessidades cognitivas especiais em condições socioeconômicas precárias.
- Criar metodologias e recursos institucionais para o ensino de Geografia nos níveis fundamental, médio e superior. Pesquisa das práticas emergentes no ensino de Geografia e reflexão epistemológica acerca dessas mesmas práticas, além da divulgação de metodologias e recursos instrucionais.

A partir desses objetivos, visualizam-se cinco linhas de investigação:
- Estudos relativos à inserção social, por meio da criação de ambientes e\ou instrumentos para alunos com carências psicossociais ou físicas (deficientes visuais), ou alunos excluídos, vivendo em comunidades periféricas ou acampamentos/assentamentos.
- Pesquisa e construção de material instrumental como livros didáticos, vídeos, cartilhas, materiais táteis.
- Análises reflexivas sobre a escola, a formação de professores, o território do professor e a educação em centros comunitários.
- Análises reflexivas e estruturação de conceitos e temas para o ensino de Geografia em seus três níveis.
- Estudos sobre Educação Ambiental, propostas de implantação: projetos em escolas.

Cabe ressaltar que essas pesquisas se viabilizam de diferentes formas no curso de Geografia, particularmente nas disciplinas sob a responsabilidade do Departamento de Geografia. Essas pesquisas perpassam as práticas da maioria dos professores desse departamento em suas diferentes disciplinas. Mais operacionalmente, elas se estruturam no contexto de duas disciplinas oferecidas com o objetivo específico de aprimoramento do ensino: Recursos Instrucionais para o Ensino de Geografia e Laboratório de Ensino de Geografia. Observa-se que essas disciplinas não fazem parte do corpo formal das disciplinas classificadas como pedagógicas e vinculadas à Faculdade de Educação. Elas traduzem a preocupação com a educação de professores, vinculada às práticas educativas de caráter, não exclusivamente formal, ou de treinamento no interior do sistema educacional.

Além dessas disciplinas, a pesquisa em Geografia e Educação teve, no programa PET/CAPES, uma outra forma de desencadeamento. De 1997 a 2000, o programa teve o ensino de Geografia como tema central. O trabalho desse grupo estruturou-se sob a forma de pesquisa e extensão, e neste contexto, foram desenvolvidos materiais instrumentais como cartilhas relativas à Educação Ambiental, à Geografia em escolas itinerantes; vídeos sobre questões ambientais, além de textos analíticos sobre experiências de ensino em centros comunitários em bairros periféricos. O trabalho de pesquisa e extensão desenvolvido por esse grupo fez-se nas diferentes linhas já descritas, impulsionando a produção de textos, cartilhas, vídeos, além de estudos sobre educação e o cotidiano da escola.

Mais recentemente, o Laboratório de Ensino em conjunto com a Pós-Graduação em Geografia têm constituído os propulsores desta prática tornando-se uma área de significativa procura no contexto da Pós-Graduação em Geografia na UFRGS.

## Considerações finais

A experiência da educação de professores, de maneira geral, e na Geografia, em particular, promoveu em certa medida a exclusão da prática de pesquisa das escolas de "formação de professores". Mais recentemente, retoma-se essa questão que passa a ser, no âmbito do discurso, condição fundamental nas transformações das licenciaturas, por exemplo. Na intenção de promover uma reflexão sobre nossas práticas, gostaria, antes de finalizar, de retomar Maturana (1994), quando faz referência à emoção como algo que antecede a razão, ou seja, apresenta-se como pressuposto de nossas atitudes racionais. Diz ele: "*Cada vez que afirmamos tener una dificultad en el hacer, de hecho tenemos una dificultad en el querer que queda oculta por la argumentación sobre el hacer.*"[1]

Ou dito de outra forma:

"*Hablamos como si fuese obvio que ciertas cosas debieran ocurrir en nuestra convivencia con otros, pero no las queremos, por eso no ocurren.*"[2]

Para nós, acredito, é óbvio que uma educação de professores não deve prescindir de uma associação com a pesquisa. O que ouvimos e, certamente, ouviremos durante esses dias de discussão, é um indicativo dessa prática. Por isso, penso que, em certa medida, vencemos uma racionalidade anterior pela vontade, fundamentada no desejo de superar tal dissociação. Esse movimento da Geografia e dos geógrafos, congregando grupos em diferentes tempos e lugares, para discutirem diferentes temáticas, não penso que seja sua/nossa fraqueza, ao contrário, penso que seja sua/nossa maneira de construir a convivência com o outro, da forma como queremos.

## Notas

1 "Cada vez que afirmamos existir uma dificuldade no fazer, de fato, temos uma dificuldade no querer fazer que fica oculta sob a argumentação do fazer".

2 "Falamos como se fosse óbvio que certas coisas deveriam ocorrer em nossa convivência com outros, mas não as queremos, por isso não ocorrem".

## Bibliografia

MATURANA, H. *Emociones y Lenguaje en Educación y Política*. 7ª ed., Colección Hachette/Comunicación. CED. Santiago: Chile, 1994.

Os leitores deste texto poderão achar estranha uma única referência. Informamos que foi proposital. Escolhemos este texto de Maturana e, dele, algumas passagens para construir nossa intervenção. Nesta, portanto, as únicas referências textuais são deste autor. Outros tantos estão presentes, absorvidos no longo processo de educação.

# A PESQUISA ACADÊMICA, A PESQUISA DIDÁTICA E A FORMAÇÃO DO PROFESSOR DE GEOGRAFIA

*Lylian Coltrinari*

O lugar e o peso da pesquisa acadêmica na formação do professor de Geografia têm sido, em várias ocasiões, assunto de discussão no Departamento de Geografia da Universidade de São Paulo. Até hoje, entretanto, nada foi proposto ou sistematizado, sejam princípios, sejam decisões; em consequência, este artigo é de cunho estritamente pessoal e reflete as perspectivas e os limites de minha experiência profissional, na docência e na pesquisa, na área de Geomorfologia.

Pesquisa é a procura, ou indagação cuidadosa e sistemática, realizada com a finalidade de descobrir ou estabelecer fatos ou princípios relativos a um campo qualquer do conhecimento. A ciência – a pesquisa científica – começou na Grécia quando, 600 anos a. C., Tales de Mileto deu início à procura de uma explicação do mundo a partir de fatos concretos, sujeitos à verificação e não com base em mitos. Ainda que tenha concluído de forma errônea que a água era a matéria de que o mundo estava feito, mais importante que seu erro foi a tentativa explícita de encontrar uma unidade fundamental na natureza. De acordo com Wolpert (1993), na Grécia surgem, ao mesmo tempo, a possibilidade de pensar a natureza de forma objetiva e crítica e a convicção da existência de leis que a controlam, leis essas que podem ser descobertas. Debate, discussão, preocupação com a consistência lógica das explicações aparecem em cena, junto com a busca do reconhecimento pessoal, que os poetas já tinham, por parte de filósofos e cientistas (Wolpert, op.cit.).

A partir dali e por mais de dois mil anos, a ciência e a pesquisa no mundo ocidental continuaram expandindo-se, desdobrando-se e descobrindo, a cada instante, mais questões a serem respondidas. Um bom exemplo dessa evolução é a primeira análise do genoma humano, publicada recentemente (2001) e que é, provavelmente, o maior feito científico da humanidade, até o momento. Longe de trazer todas as respostas esperadas, contém dados que contradizem estimativas e ideias até ontem aceitas: o verdadeiro número de genes humanos oscila entre 27 mil e 40 mil, menos de um terço das estimativas, que calculavam um número em torno de 140 mil. Da mesma forma, as ideias sobre o controle genético de muitos aspectos da vida humana e das diferenças raciais deverão ser também revistas (Cohen, Coghkan & Le Page, 2001).

Por que nos determos no sequenciamento do genoma humano, numa mesa-redonda sobre a pesquisa acadêmica e sua contribuição para a formação do professor de Geografia? Entre outras razões, porque, devido ao próprio tema, essa pesquisa atrai a atenção dos especialistas e, em particular, dos leigos, que têm uma boa oportunidade de aproximar-se dos bastidores e acompanhar, ainda que de longe, os caminhos que a pesquisa percorre. Junto com os resultados estão os nomes dos responsáveis; em algumas centenas de páginas está resumido o produto de múltiplas e variadas etapas de trabalho, encadeadas segundo regras preestabelecidas e sequências articuladas, em virtude dos objetivos propostos para cada uma delas e que, na articulação final, deverão dar conta do objetivo principal em torno do qual se montou o projeto.

O Projeto do Genoma Humano é um exemplo de trabalho de colaboração inter e transdisciplinar, desenvolvido por especialistas e técnicos de diversas áreas do conhecimento, com graus diferentes de participação e responsabilidade; trabalho esse norteado por princípios metodológicos que respaldaram a escolha de procedimentos, materiais e técnicas necessários à obtenção dos resultados previstos para cada etapa. Tudo isso, entretanto, não teria sido possível sem estratégias e planejamento rigorosos e, em especial, recursos financeiros milionários.

Os resultados, por outro lado, são também educativos. Inesperados, não só tiram da prateleira ideias ou hipóteses até então aceitas, como deixam nua a verdade atual sobre o papel da genética e a influência do ambiente na humanidade. Como disse um especialista francês, pode ser filosoficamente perturbador o fato de os humanos terem pouco mais de trezentos genes a mais que os camundongos e só duas vezes os genes de uma mosca (Cohen, Coghkan & Le Page, 2001).

O conhecimento e o olhar novos – e as mudanças de rumo que deles decorrem – chamam a atenção para a temporalidade das verdades científicas, das certezas e dos resultados e, em especial, das interpretações que eles, eventualmente, podem vir a sustentar. Se na academia e nas empresas privadas de pesquisa essa novidade já é antiga, não acontece o mesmo com o público leigo e até com o ensino fora da universidade. As novidades tardam a chegar às salas de aula e nem sempre são adequadamente filtradas pelos livros didáticos.

As chamadas mudanças de paradigma não significam que as ideias ou interpretações, ora descartadas ou substituídas, eram essencialmente falsas ou foram elaboradas de forma equivocada, ou que os pesquisadores que as produziram não estavam devidamente preparados para formulá-las. Mais ainda, elas mostram que os cientistas, quando obtêm resultados novos, não ficam extasiados diante deles nem param de pensar e discutir consigo mesmos e com seus pares o que acaba de ser publicado; ou de buscar, ainda, outros modos de formular os conceitos ou interpretações que acabam de ser propostos. Isso é verdadeiro para toda a pesquisa científica, tanto nas ciências da vida quanto nas ciências da Terra.

Na Geografia Física e, em particular, na Geomorfologia, as coisas não se passam de modo diferente. As ciências da Terra, das quais faz parte a Geomorfologia, tratam da reconstrução, valendo-se das evidências disponíveis, da sequência de eventos que ocorreram na superfície terrestre, ou abaixo dela, e deram origem às formas e materiais que fazem parte dela. Para isso, a Geomorfologia recorre às evidências disponíveis e, a partir delas, enuncia sequências de fatos que os geomorfólogos acreditam verdadeiros. Na realidade, não há como provar, de forma conclusiva, que os eventos aconteceram ou, se aconteceram, a ordem suposta. Desde a época em que a crença na criação divina da Terra foi destruída, nunca mais houve consenso: houve e há discussão, controvérsia e substituição regular de paradigmas ou modelos. Prova disso são os vários modelos descartados nos últimos trezentos anos, entre eles o catastrofismo, diversas teorias sobre a formação das montanhas, o ciclo de erosão de Davis ou a divisão em quatro períodos do Pleistoceno proposta por Penck e Bruckner (Davies, 1989).

Em seu momento, esses e muitos outros conceitos foram considerados portadores das verdades últimas sobre a história da Terra e resultaram de pesquisas detalhadas de campo e gabinete. Os pesquisadores do passado trabalharam com o mesmo rigor na aplicação dos métodos e a mesma confiança na verdade dos resultados com que o fazemos hoje. É por isso que, apesar dos meios e possibilidades de acesso às informações com que contamos atualmente, nada garante que nossa leitura da superfície terrestre seja melhor ou mais acurada que as sugeridas pelos autores do passado, ou que nossas conclusões não estejam sujeitas à controvérsia ou à discussão.

O que fazer para que, na passagem entre a academia e os níveis fundamental e médio do ensino, não se percam essas e outras lições que as pesquisas em Geografia estão continuamente oferecendo – em particular do ponto de vista metodológico – para os professores dos futuros professores? Em primeiro lugar, além da necessária atualização, os professores devem lembrar que pesquisar se aprende pesquisando, isto é, a pesquisa deve fazer parte efetiva da formação do aluno, futuro professor de Geografia. Não se trata, no caso, de trabalhos do porte ou do alcance do Genoma Humano, mas de projetos que permitam o aprendizado das regras que devem ser seguidas para a obtenção de resultados adequados do ponto de vista científico. Entra aí a noção de escala, do tratamento e dos recursos necessários à realização de trabalhos, em dimensões diferenciadas e com objetivos diversos. Antes disso, entretanto, está a formulação do próprio projeto, sua forma, seu conteúdo e sua organização, a consideração dos recursos metodológicos e materiais necessários, a bibliografia; na conclusão, a análise dos resultados e a reflexão sobre eles tornará possível a apresentação de um comentário crítico final.

É necessário, em síntese, ensinar a pensar disciplinadamente e a descrever adequadamente o que se faz; talvez sejam essas as exigências essenciais para toda e qualquer atividade intelectual e a maior contribuição que qualquer professor possa dar à formação de seus alunos. Essa ideia está contida num texto de Gilbert, um dos fundadores da Geomorfologia, conhecido também por suas grandes qualidades como educador. O texto, numa versão livre, diz:

> O pesquisador transforma-se em educador quando, ao oferecer seu trabalho ao mundo, descreve o caminho por meio do qual conseguiu seu objetivo. Não nego que a publicação de conclusões corretas seja em si educativa, mas afirmo que a publicação de um bom método é educativa num sentido mais alto. (Gilbert, 1886)

## Bibliografia

COHEN, P.; COGHLAN, A.; LE PAGE, M. "*Genes that count*". *New Scientist*. http://www.newscientist.com/dailynews/news.jsp?id=ns9999411. GMT, 12 de fevereiro 2001.

DAVIES, G. L. H. "On the nature of geo-history, with reflections on the historiography of geomorphology". *In:* TINKLER, K. J. (ed.) *History of geomorphology: from Hutton to Hack*. [The Binghamton symposia in geomorphology, International Series, 19]. Cambridge: Unwin Hymam, 1989, pp. 1-10.

GILBERT, G. K. "The inculcation of scientific method by example, with an illustration drawn from me Quaternary geology of Utah". *In: American Journal of Science*, v. 31, 1886, pp. 427-432.

WOLPERT, L. *The unnatural nature of science*. Londres: Faber and Faber, 1993, p. 191.

# A PESQUISA ACADÊMICA E SUA CONTRIBUIÇÃO PARA A FORMAÇÃO DO PROFESSOR DE GEOGRAFIA

*Maria das Graças de Lima*

A expressão da contribuição da pesquisa acadêmica para a formação do professor pode ser identificada atualmente considerando as dissertações de mestrado; as teses de doutorado; a produção que resulta do processo de formação oferecido aos professores, nos momentos de implementação das propostas pedagógicas e curriculares.

Realizamos um levantamento superficial sobre os trabalhos acadêmicos que traziam pesquisas preocupadas com essa questão, que comparamos com um outro levantamento realizado há aproximadamente cinco anos, e foi possível verificar a diminuição dos trabalhos abordando esse tema. A tendência presente evidencia que a produção se intensifica nos momentos de implementação das propostas e volta a diminuir quando passam esses momentos. Estamos presenciando, portanto, neste processo, algo como um período de entressafra.

Entendemos ser esta apenas a expressão de um período que envolve o processo de organização do sistema de ensino brasileiro. Nesse contexto, faz-se necessário expressar as concepções diferentes de pesquisa e ensino, questão fundamental para que as intervenções dessas contribuições possam atingir seus objetivos: contribuir com a formação dos professores.

A história que envolve a pesquisa acadêmica, mais especificamente a pesquisa didática, pode contribuir para esclarecer os vários problemas encontrados atualmente, quando tratamos efetivamente dessa contribuição.

A criação da Universidade de São Paulo, em 1934, significou a expressão de uma preocupação muito forte, naquele momento, com a organização de um sistema de ensino, para todo o território nacional, justificado fundamentalmente pelo processo de industrialização implantado no país desde 1930. A Faculdade de Filosofia representava, logo após sua criação, a preocupação com a formação dos professores que atuariam no ensino secundário, inclusive os de Geografia.

Um fato muito interessante encontrado pelos professores que vieram implementar os cursos na Faculdade de Filosofia, e que os surpreendeu, foi a verificação de que grande parte da produção que existia, e não era muito expressiva, fazia análises da realidade brasileira considerando a transposição automática dos conceitos produzidos pelas teorias desenvolvidas nos Estados Unidos ou na Europa; quando não, estudavam questões ou fatos que haviam acontecido fora do país.

Essa constatação justifica a produção realizada pelos professores de Geografia, no que se referia à pesquisa acadêmica, aparecendo, com grande intensidade, os trabalhos sobre a realidade brasileira. Podemos citar, como exemplo da primeira geração, o professor Pierre Monbeig; das gerações que se sucederam, podemos citar Pasquale Petrone, entre outros.

Ao relacionarem as pesquisas acadêmicas e a formação dos professores, alertavam para as peculiaridades características de cada esfera envolvida – pesquisa[1] e ensino[2] –, destacando o conhecimento didático necessário para o processo de ensino-aprendizagem desenvolvido no ensino escolar.

Nesse contexto, os recursos didáticos utilizados no processo de ensino-aprendizagem eram resultado da transformação que sofria esse conhecimento científico ao atingir a esfera pedagógica, envolvendo inclusive o conhecimento psicogenético. Nesse sentido, a contribuição acadêmica para a esfera pedagógica deveria possibilitar sempre a produção didática nas atividades de sala de aula, em razão dos objetivos definidos para o ensino escolar e suas limitações.

Foi com essa intenção que se criou a Faculdade de Filosofia. Os professores formados deveriam reconhecer os instrumentais técnicos produzidos e/ou sistematizados pelo conhecimento específico da área, quando estivessem atuando no ensino secundário.

Os concursos[3] verificavam a apreensão do conhecimento específico, com especial atenção para o conhecimento didático que envolvia a formação dos professores.

A discussão em torno da organização do sistema de ensino – e isso perpassava, evidentemente, as questões específicas da prática desenvolvida pela disciplina, neste caso, Geografia – vai acirrar uma polêmica presente desde o início das discussões sobre o sistema de ensino: os embates entre os métodos de ensino convencionais, defendidos pelos educadores ou religiosos ligados ao ensino confessional, e os métodos de ensino modernos, defendidos pelos educadores ligados ao ensino leigo. O conhecimento psicogenético estava contribuindo muito para o aprimoramento dos métodos de ensino ligados à ciência moderna, principalmente no que se referia ao processo de ensino-aprendizagem.

As questões que envolviam a pesquisa acadêmica e a formação dos professores era uma proposta defendida pelo ensino leigo, que propunha fundamentalmente um sistema de ensino adequado às necessidades políticas e econômicas daquele momento, em que a ampliação dos serviços urbanos, em razão da industrialização que estava ocorrendo, exigia a especialização da mão de obra, que deveria passar necessariamente pela escola.

O ensino confessional representava a prática de ensino já desenvolvida nas escolas, muito antes de sua organização em nível territorial.

Esse embate percorreu praticamente o final da década de 1930, perpassando as décadas de 1940 e 1950, em que os resultados expressavam um intenso debate sobre o papel e a função que a escola deveria desempenhar naquele momento, na sua esfera pedagógica. Esse embate foi marcado por intensa produção didática desenvolvida por meio de experiências realizadas na esfera escolar. Referimo-nos às experiências das Classes Experimentais, Colégios Vocacionais, Colégios de Aplicação e escolas, em número menor, que não apresentavam condições tão favoráveis, mas que existiam.

Até a implementação da Lei de Diretrizes e Bases da Educação, em 1961, a contribuição da pesquisa acadêmica para a formação dos professores de Geografia era garantida na formação inicial, fundamentada em sólida formação teórica. As condições necessárias para a manutenção de um diálogo com o professor em sua atuação profissional, a ideia de que o conhecimento recebido não responderia, provavelmente, às dúvidas que encontraria na prática, eram requisitos garantidos na formação inicial. Esse processo garantia a produção acadêmica que subsidiaria a prática de ensino.

As medidas tomadas a partir de 1961, com a política de expansão das matrículas do ensino primário, ginasial e secundário; a ampliação das vagas no ensino superior, a partir da Reforma Universitária, implementada em 1968; e o decreto elevando todos os cursos secundários a cursos profissionalizantes, a partir de 1971, representaram medidas que sobrecarregaram principalmente a rede pública.

Os educadores que haviam participado do Movimento em Defesa da Escola Pública, na conjuntura das discussões que envolveram a sistematização da Lei, alertaram para os problemas que poderiam acontecer com essa política de expansão, diante da infraestrutura disponível para receber tal ampliação.

Nessa mesma conjuntura, as universidades públicas iriam dedicar-se à pesquisa científica,[4] enquanto as faculdades particulares passaram a oferecer os cursos que queriam, havendo preferência para aqueles que requisitavam pouca infraestrutura.

A sobrecarga que a rede pública de ensino recebeu a partir de 1961, e aí localizamos os reflexos das medidas mencionadas no início, iria justificar a diminuição numérica da pesquisa acadêmica que contribuiria para a formação dos professores. A construção do conhecimento didático que fundamentaria essa pesquisa, que requisitaria essa pesquisa, considerando a experiência dos professores, praticamente deixou de existir, pois as universidades públicas dedicar-se-iam com exclusividade às pesquisas científicas.

Nesse contexto, portanto, é importante comentar que, embora pareça simples referir-se à formação dos professores localizando fundamentalmente os cursos de formação como são pensados atualmente (oferecidos, principalmente, nas conjunturas de implementação de Lei de Diretrizes e Bases da Educação Nacional, de propostas pedagógicas e curriculares), existem divergências que refletem os desdobramentos desses embates, a partir de 1961.

Para a Associação Nacional pela Formação dos Profissionais da Educação – Anfope, que representaria os educadores defensores de uma construção coletiva em torno da base comum nacional, permanece a defesa da formação sólida, única abertura que permanece na lei, pois permite definir a quantidade de horas que se pode estabelecer para os cursos, em oposição às políticas de formação definidas pela Política Educacional.

As políticas de formação dos professores em serviço são estratégias implementadas desde a década de 1980, não existindo anteriormente, e objetivam preencher as lacunas presentes na formação inicial desses professores, consequência da Reforma Universitária implementada a partir de 1968. A Anfope compreende a formação, em serviço, como direito dos professores.

É importante mencionar a histórica influência que as propostas curriculares brasileiras recebem de propostas curriculares produzidas externamente. Nessa conjuntura educacional, foi possível verificar a influência da proposta curricular implementada na Espanha.

As principais questões que nortearam as diretrizes da proposta espanhola foram sugeridas e sistematizadas para o ensino fundamental e médio; e os cursos de formação propostos buscam fundamentar os professores para a implementação das propostas sugeridas pelo sistema de ensino.

Nessa conjuntura, a formação inicial sólida foi comprometida, sendo necessários os cursos de formação em serviço para preencher as lacunas deixadas em relação ao conhecimento científico[5] e pedagógico[6].

A contribuição acadêmica, dirigida para a formação dos professores que atuam no ensino fundamental e médio, estaria dirigida para a formação do professor ou para subsidiar a prática desenvolvida pelo professor, ou ainda para preencher as lacunas deixadas por uma formação inicial superficial? Além dessas questões, é fundamental compreender que a formação recebida pelos que atuam no ensino fundamental e médio não é homogênea.

Pensamos que seria importante localizar esses níveis de contribuição porque eles evidenciariam um processo diferente em cada caso, isto é, se estivermos pensando na organização do sistema de ensino e nas diferentes práticas que resultam das experiências realizadas pelos professores no ensino escolar.

Nesse contexto, se a pesquisa acadêmica quiser contribuir para a formação dos professores, deverá acompanhar seus trabalhos didáticos, suas experiências didáticas e considerá-las nas várias possibilidades de intervenção. Intervenção que deverá considerar o conhecimento científico e pedagógico. Deverá considerar ainda os níveis diferentes que existem em relação à utilização dos processos didáticos, ou seja, deverá preocupar-se com a sutura do processo que fundamenta a prática pedagógica.

A continuação da tendência presente na organização do sistema de ensino, fundamentada na implementação de propostas gestadas externamente, permite pouco à pesquisa acadêmica, que não encontra "matéria-prima" para suas análises, sínteses e reflexões.

A validade didática das propostas curriculares gestadas externamente não está em questão; apenas entendemos que a organização de um sistema de ensino se refere diretamente à construção de uma realidade autônoma.

Admitindo que essas realidades, representadas pelos países, possuem contextos históricos que os diferenciam uns dos outros, nenhum processo experimentado por um país pode ser implementado em outro com vistas a atingir o sucesso. As propostas curriculares evidenciam isso na história da educação brasileira.

A contribuição da pesquisa será, ainda, mais efetiva quando, considerando a realidade concreta encontrada no sistema de ensino brasileiro, responder às experiências escolares e incentivá-las, subsidiando e fundamentando os processos didáticos envolvidos no processo de ensino-aprendizagem desenvolvido.

Alguns trabalhos produzidos atualmente, e que trazem contribuições para o campo da pesquisa sobre a formação do professor, buscam evidenciar que é possível realizar experiências interessantes, envolvendo o ensino dessa disciplina escolar. Quase pedem desculpas por fugirem à regra. Os avanços da psicogenética permitiram novas proposições e métodos de ensino, que estão auxiliando os professores nas suas atividades de sala de aula, principalmente em relação à utilização de recursos didáticos, externos ou produzidos pelos alunos, durante o processo de ensino-aprendizagem.

Desse modo, pensamos que a pesquisa acadêmica contribuirá efetivamente quando compreender a importância do conhecimento didático para a formação dos professores. Compreensão que expressaria a relação estabelecida entre o conhecimento didático que compõe parte do conhecimento pedagógico, como meio para o trabalho de formação do indivíduo, e a responsabilidade das disciplinas escolares que utilizam seus conteúdos específicos nessa formação. Essa compreensão envolve ainda os objetivos definidos pelo sistema de ensino, que, para resultar em prática autônoma dos professores, deve direcionar os objetivos e as diretrizes traçados e que evidenciam um país, uma nação em seu processo de construção.

Evidenciadas as questões anteriores considerando principalmente os professores que ministram a disciplina Prática de Ensino de Geografia, perguntamos então: como é possível contribuir para a formação dos professores?

Enquanto não temos todas as condições necessárias, como queremos, a produção acadêmica pode contribuir com os professores que, desconfiados de que as propostas sugeridas pelas políticas oficiais não se adequam a essa realidade, se lançam em busca de novos caminhos.

Se a pesquisa acadêmica se propuser a estabelecer esse diálogo com os professores, apresentando outra sugestão de formação diferente da que atualmente é desenvolvida, isso poderá ser um bom começo.

## Notas

1 A modalidade de pesquisa, aqui referida, diz respeito à pesquisa didática, forma de aprendizagem cultural, desenvolvida principalmente no nível da graduação.

2 Ensino: compreendido como o sistema que organiza e sistematiza a prática pedagógica e o conhecimento científico envolvido.

3 A comissão organizadora do processo seletivo era composta por professores universitários e por professores do ensino escolar.

4 Outra modalidade de pesquisa – forma de produção cultural.

5 Principalmente nas faculdades particulares.

6 Principalmente, para os professores formados nas universidades públicas.

# MAPA MENTAL: RECURSO DIDÁTICO PARA O ESTUDO DO LUGAR

*Amélia Regina Batista Nogueira*

Este texto trata de uma temática que há muito vem sendo perseguida por pesquisadores geógrafos e não geógrafos que buscaram compreender o mundo a partir do olhar daqueles que nele vivem. Os mapas mentais nos revelam como os lugares estão sendo compreendidos. Daí terem sido vistos, por nós, como uma proposta de pesquisa e trabalho útil para o entendimento dos lugares.

Temos aqui como objetivo descrever os trabalhos que por nós foram realizados, tomando como ponto de partida os mapas mentais. Estes tiveram como preocupação a elaboração de um recurso didático que viesse a contribuir com a Geografia do ensino fundamental.

Os mapas mentais foram estudados por vários geógrafos, arquitetos, sociólogos e antropólogos, entre eles Peter Gould e White, Horácio Capel, Antoine Bailly, Yves André, Yi-Fu Tuan, Kelvin Lynch, Jorge Gaspar e Anne Marian. Além dos trabalhos desses pesquisadores, temos visto, mais recentemente, estudos que apontam os mapas mentais como metodologia de investigação nos debates sobre percepção ambiental, percepção de paisagens e nos trabalhos de antropólogos, em que estes tentam ver, nas imagens mentais traçadas pelos homens, traços ligados à cultura. Aqui podemos citar os trabalhos da professora Niemayer e os da Comissão Pró-Índio do Acre, que elaborou um Atlas desse Estado, valendo-se das informações dos professores indígenas daquele lugar.

Cada um desses autores aponta a utilização dos mapas mentais em diversos temas. Um dos precursores dessa discussão foi Kelvin Lynch, com sua obra *Imagem da cidade*. Nesse trabalho, Lynch (1950) mostra que, com base nas descrições que as pessoas fazem de suas percepções da cidade, pode-se detectar elementos básicos das paisagens urbanas e construir uma imagem geral da cidade.

O mérito de Lynch está em ter salientado a importância das imagens mentais, nas discussões sobre a cidade e ter considerado que, com as representações de rotas percorridas cotidianamente pelas pessoas, pode-se detectar elementos básicos da paisagem urbana e construir uma imagem geral da cidade, pois, nas imagens individuais parece existir, segundo Lynch, "uma coincidência fundamental entre os membros de um mesmo grupo". Existem, diz ele, imagens públicas, representações mentais comuns em grande parte dos habitantes de um mesmo lugar. Esses mapas públicos são resultado da interação de uma realidade física única, uma cultura comum e uma natureza fisiológica básica. Ou seja, essas imagens mentais estão repletas de traços socioculturais.

Esses estudos falavam em imagens mentais traçadas, representadas, sendo tratadas por Gould e White (1974) como os "mapas mentais", representações construídas individualmente, croquis dos lugares conhecidos, "mapas mentais" percebidos. Esses autores consideraram os "mapas mentais" as imagens espaciais que estão nas cabeças dos homens, não só dos lugares vividos, mas também dos lugares distantes, construídos pelas pessoas valendo-se de universos simbólicos, sendo produzidos por acontecimentos históricos, sociais e econômicos divulgados.

Gould, utilizando-se dos "mapas mentais" elaborados por estudantes universitários de três universidades norte-americanas, dos lugares que estes conhecem direta ou indiretamente demonstrou que "diferenças percebidas entre várias partes da superfície da Terra afetam os movimentos migratórios de tipos muito diferentes" e que os "mapas mentais" estão relacionados às características do mundo real. Essa proposição foi questionada por Tuan, que levantou a questão de serem os "mapas mentais" construções imaginárias dos lugares.

Os trabalhos de Gould e White e Lynch foram e são muito utilizados nas discussões de planejamento urbano e ambiental. Como nossa proposta é trazer uma contribuição ao ensino, fomos buscar os trabalhos que mais se aproximavam dessa preocupação.

Usamos então, a princípio, os trabalhos dos geógrafos portugueses Jorge Gaspar e Anne Marian (1975) sobre percepção do espaço. Esses autores procuravam, pelos mapas mentais construídos pelos alunos de seus lugares de vida, reconhecer esse saber como um conhecimento da organização do espaço. Eles defendem a tese de que cada cidadão tem uma ideia sobre a organização do espaço em um determinado território. Essa ideia corresponde a uma imagem, um mapa mental, o qual eles consideram uma construção organizada ao longo do tempo a partir de informações do tipo mais variado, em experiências vividas nos locais.

Gaspar e Marian ressaltam que o estudo das imagens mentais, por meio dos mapas mentais que os alunos têm de um território, permitirá aos professores corrigir anomalias ou preencher lacunas da informação geográfica daqueles, tudo isso num nível ambiental atrativo em que cada um sente participar na construção de sua própria Geografia.

Como esses geógrafos, Yves André e Antoine Bailly trazem as discussões das representações mentais para o ensino de Geografia, centrando-se também no saber que os alunos adquiriram na sua história de vida, no seu espaço vivido.

Bailly e André (1989) entendem que os homens conhecem e apreendem seu território, portanto esse saber tem de ser levado em conta, tem de ser buscado na perspectiva de entendermos melhor o mundo. Segundo eles,

> [...] é imperativo levar em conta que os alunos têm representações espaciais que, mais que pré-adquiridas, devem ser consideradas como sistema explicativo, coerente e operacional.

André (1989) faz referência ao fato de que o homem relaciona-se com seu território tal como uma casa. Ele o organiza e o carrega de valores simbólicos. "Espaço amado, espaço temido, encontrado, imagem sempre presente e tranquila diante do tempo que decorre inelutavelmente". Ainda segundo o mesmo autor, cada indivíduo estabelece com seu lugar relações de natureza topográfica ou sentimental, elabora em sua cabeça uma carta dos lugares; embora esta não tenha nada a ver com a carta topográfica ou plano geométrico, também é empregada no sentido da localização, da orientação e da informação.

As cartas mentais, diz André, são as representações do real e são elaboradas por um processo no qual se relacionam percepções próprias: visuais, auditivas, olfativas, as lembranças, as coisas conscientes ou inconscientes, ou pertencer a um grupo social, cultural; assim, mediante e seguida de filtros, nasce uma reconstrução: a carta mental.

Bailly, fazendo um trabalho muito próximo ao de André, também reconhece a carta mental como um produto, uma representação que se tem de seu entorno espacial, a carta mental permite fixar imagens de uma área dada e executar os limites dos conhecimentos espaciais. Um dos objetivos das cartas mentais é conhecer o nível de espacialização dos alunos para melhor encaminhar os debates em sala de aula.

Foram os trabalhos desses últimos autores que nos chamaram mais a atenção, por colocarem essa discussão no ensino médio, sugerindo sobretudo que ao investigarem os lugares, os professores começassem evocando o conhecimento que os alunos já têm dos diversos pontos da Terra, e fizessem isso pedindo que os lugares fossem representados por cartas mentais. Seus estudos inauguraram a denominada Geografia das Representações, aquela que irá além das representações cartográficas.

As aulas de Geografia deveriam ter como ponto de partida, além do mundo vivido de cada um, como estaria sendo absorvido o conhecimento dos lugares, dado por informações de viagens, leituras de romances, livros policiais, mídia etc.

Além de retomar essas discussões, acrescentamos a ideia de que poderíamos utilizar os mapas mentais para discutir o que é um mapa, assim como introduzir as primeiras noções de cartografia. Desenvolvemos, em trabalho anterior, uma pesquisa com alunos de faixa etária entre nove e doze anos, de turmas de quinta série, divididas entre a rede pública e privada de ensino. Entre os alunos, um grupo residente no mesmo bairro da escola e outros dois grupos de alunos morando em bairro diferente da localização da escola. Nosso objetivo era, naquele momento, também pensar como os alunos percebiam a cidade. Iniciamos com um percurso casa-escola. A partir desses desenhos, passamos a discutir, além do conhecimento desses lugares, a noção de mapa, enfatizando aos alunos que essa representação da rua, do bairro e do percurso por eles desenhado poderia vir a ser um mapa oficial. Introduzimos aí a noção de escala e proporção. E ainda, a partir desses desenhos, abrimos um debate sobre como representar o que interessa. Concluímos essa pesquisa sugerindo que os mapas mentais fossem utilizados pelos professores como instrumento no ensino do mapa. (Nogueira, 1994)

Após esse trabalho, percebemos que também poderíamos utilizar os mapas mentais para levantar com os alunos os problemas sociais e ambientais dos lugares onde eles vivem. Trabalhando numa proposta de orientação pedagógica, numa escola da cidade, com o objetivo de suscitar nos alunos e professores o interesse pela pesquisa, retomamos a ideia dos mapas mentais. Esses professores, que deveriam passar para os alunos um conteúdo sobre o bairro, diziam não possuir material. Montamos com eles uma pesquisa sobre o bairro, a partir dos mapas mentais dos alunos. Pedimos a eles que fizessem o mapa do percurso casa-escola. Nesse primeiro momento, os alunos limitaram-se ao desenho da casa e da escola, ignorando todos os outros objetos do entorno. Recolheu-se esse material e foi a eles distribuído um caderno de anotações; pediu-se que eles anotassem, durante dez dias, tudo o que percebiam ao fazer esse percurso de ida e volta. Ao final, tínhamos problemas levantados pelos alunos que iam de uma simples confusão de vizinhança a problemas com drogas, lixo, transporte, além das construções existentes ao longo do percurso: casas, paradas de ônibus, delegacia, pontes e igarapés, a casa da tia e a do amigo. Após esse levantamento realizado pelos alunos, pedimos mais uma vez o percurso casa-escola. Agora todas essas observações estavam ali representadas. Abriu-se, a partir daí, um debate sobre o bairro, sua história, sua estrutura e seus problemas. Os alunos elegeram como principal problema do bairro a "alagação", associando-a ao lixo que tinha como destino os igarapés e esgotos do bairro. Sugeriram, então, que começassem, a partir do entorno da escola, um trabalho sobre a coleta de lixo.

Ao avaliar esses trabalhos, percebemos que em todas as discussões a respeito de mapas mentais deparávamos com duas categorias básicas de interpretação: a percepção e o lugar, ambas encontradas nas discussões teóricas da Geografia, sobretudo a categoria lugar.

Os mapas mentais são representações construídas inicialmente tomando por base a percepção dos lugares vividos, experienciados, portanto partem de uma dada realidade. Aprofundamos esse debate, partindo das proposições do filósofo Merleau-Ponty (1996) e do geógrafo Eric Dardel (1952).

De Merleau-Ponty tomamos emprestadas as reflexões que faz tanto da percepção quanto do lugar. Ele considerou ser a percepção o saber primeiro sobre o mundo. Dizia ele: "o mundo é aquilo que nós percebemos". Merleau-Ponty afirmava que o homem não se separa do mundo para melhor explicá-lo, pelo contrário, ele o apreende por estar nele, estar envolto nele, viver nele. E enfatizou que "o mundo não é aquilo que eu penso, é aquilo que eu vivo".

No ato de perceber estão envolvidos todos os sentimentos e ideias que se têm de um lugar ou de um objeto. Segundo Merleau-Ponty, "um objeto parece atraente ou repulsivo antes de parecer negro ou azul, circular ou quadrado". O que vemos com isso é que, para se conhecer melhor o lugar, é preciso levar isso em conta. Os homens que vivem os lugares têm deles todo um saber que se constrói ao longo de suas vidas e que mostra aquela realidade tal qual ela é. Aí, também, Ponty nos ajudou a pensar, pois afirmava que "o primeiro ato filosófico seria retornar ao mundo vivido".

Trazendo essas discussões para a Geografia e mais especificamente para a compreensão do lugar e dos mapas mentais, entendemos que a Geografia poderia, antes de trazer uma caracterização acabada do lugar, procurar investigar e interpretar o saber que cada um traz e que é adquirido na relação de vida com o lugar. Como bem salientou Eric Dardel: "para o homem, a realidade geográfica é primeiramente o lugar em que estão, os lugares de sua infância, o ambiente que lhe chama a sua presença". Há uma relação existencial entre o homem e o mundo, como falou Ponty: entre o homem e o lugar, como enfatizou Dardel, considerando que essa relação revela uma geograficidade em cada homem. Geograficidade refere-se, segundo Dardel, às

[...] várias maneiras pelas quais sentimos e conhecemos ambientes e todas as suas formas, e refere-se ao relacionamento com os espaços e as paisagens, construídas e naturais, que são as bases e recursos da habilidade do homem e para as quais há uma fixação existencial.

Essa geograficidade só é possível na relação homem-mundo, homem-lugar. Esse lugar está sendo compreendido por nós para além de seus aspectos físicos e geométricos, aqui compreendido como lugar de vida.

Com essa compreensão de percepção, como saber primeiro e do mundo como lugar de existência, podemos interpretar que os mapas mentais trazem neles representados muito mais do que pontos de referência para facilitar a localização e a orientação espacial: o lago é o lugar onde eu pesco; a igreja é o lugar onde eu rezo; o parque é o lugar onde eu brinco. Os mapas mentais contêm saberes sobre os lugares que só quem vive neles pode ter e revelar. Isso em nós reforçou a ideia de que essas representações mentais seriam para nós, geógrafos e professores de Geografia, um material didático de extrema importância para a compreensão dos lugares, pois os dados que estão aí representados, independentemente da exatidão, revelam o lugar tal qual ele é.

## BIBLIOGRAFIA

ANDRÉ, Yves. "Cartes mentales pour um territoire: à propos du Bassin de Genève". *In: Mappemunde, Revue Trimestrielle Internationale de Cartographie*. Public Reclus, 1989 (1): 12-15.

_____. *Enseigner les Representations spatiales*. Paris: Antropos, 1989.

BAILLY, Antoine. *Introduction à la Geographie Humaine*. Paris: Masson/Nova York, 1982.

BAILLY, Antoine et ANDRÉ, Yves. "Pour une Geographie des Representations". *In: Representer L'Espace. L'Imaginaire spatial à l'école*. Paris: Antropos, 1989.

CAPEL, Horacio. "Percepción del médio y comportamiento geográfico". *Revista de Geografia*. v. 7, n. 1-2. Barcelona: Depto. de Geografía de la Universidad de Barcelona, enero-deciembre, 1973.

DARDEL, Eric. *L'Homme et la Terre. Nature de la realité geographique*. [1ª ed. Paris: PUF, 1952). Paris: CTHS, 1990.

GASPAR, Jorge et MARIAN, A. "A percepção do espaço". *FINISTERRA, Revista Portuguesa de Geografia*. Lisboa: vol. x, n. 20, 1975.

GOULD, Peter et WHITE, R. *Mental Maps*. Harmonds Worth: Penguin Books, 1974.

GOULD, Peter. "Las imágenes mentales del espacio geográfico". *In*: MENDOZA, Josefina. *El pensamiento geográfico*. Madrid: Alianza Editorial, 1982, pp. 477-484.

LYNCH, Kevin. *A imagem da cidade*. São Paulo: Martins Fontes, 1992.

MERLEAU-PONTY, M. *Fenomenologia da Percepção*. São Paulo: Martins Fontes, 1996.

_____. *O primado da percepção e suas consequências filosóficas*. Campinas: Papirus, 1990.

NIEMAYER, Ana M. *Desenhos e mapas na orientação espacial: pesquisa e ensino de antropologia*. IFCH/Unicamp, n. 12, 1994, pp. 4-24.

NOGUEIRA, Amélia R.B. *Mapa Mental: Recurso didático no ensino de Geografia no 1º grau*. Dissertação de mestrado. São Paulo: FFLCH/USP, 1994.

NOGUEIRA, Amelia & TEIXEIRA, Salete. "A Geografia das representações e sua aplicação pedagógica. Contribuições de uma experiência vivida". *Revista do Departamento de Geografia*, n. 13. São Paulo: FFLCH/USP, 1999, pp. 239-258.

# A LINGUAGEM CARTOGRÁFICA NO ENSINO SUPERIOR E BÁSICO

*Ângela Massumi Katuta*

A temática sobre a qual discorreremos explicita a atual preocupação e interesse de geógrafos, docentes das séries iniciais e de Geografia com o uso da linguagem cartográfica em diferentes níveis de ensino. Esse fato é extremamente positivo; há algum tempo, o debate sobre a referida questão não se viabilizaria, pois era concebido como algo menor nos encontros e congressos científicos. No presente texto, explicitamos, num primeiro momento, alguns pressupostos relevantes para quem trabalha com mapas no processo de ensino e aprendizagem. Em seguida, elaboramos algumas reflexões sobre os percalços da linguagem cartográfica no ensino superior e básico no Brasil e suas implicações na formação docente. Finalizamos nossa reflexão abordando os saberes necessários para que ocorra a leitura de mapas e, portanto, a formação de efetivos leitores e não decodificadores desse tipo de representação.

É interessante notar que temas ligados à linguagem cartográfica estão sendo explorados, cada vez mais, por alguns geógrafos brasileiros, principalmente a partir do final da década de 1980 e início dos anos 1990. Esse movimento, que se materializa inclusive na elaboração e proposição de temáticas relativas ao assunto em encontros, congressos, simpósios regionais e nacionais, a nosso ver reflete o amadurecimento, no Brasil, de alguns geógrafos que participaram de diferentes maneiras do movimento de crítica à Geografia, no final da década de 1970 e início dos anos 1980.

Antes de abordarmos especificamente o uso da linguagem cartográfica no ensino superior e básico, entendemos ser necessário explicitar alguns pressupostos que acabam norteando ou influenciando a apropriação e o uso da referida linguagem em ambos os níveis de ensino, mesmo que deles tenhamos ou não consciência.

Primeiro pressuposto: a apropriação e o uso da linguagem cartográfica devem ser entendidos no contexto da construção dos conhecimentos geográficos, o que significa dizer que não se pode usá-la *per se*, mas como instrumental primordial, porém não único, para a elaboração de saberes sobre territórios, regiões, lugares e outros. Se a supervalorizarmos, em detrimento do saber geográfico, corremos o sério risco de defender a linguagem por ela mesma, o que, a nosso ver, a esvazia em importância e significado tanto no ensino superior quanto no básico. É preciso que ocorra a aprendizagem e o uso da linguagem cartográfica para, sobretudo, entendermos a lógica da (re)produção dos territórios; caso contrário, ela perde seu sentido ou razão de ser no ensino geográfico superior e básico.

Segundo pressuposto: a apropriação e utilização da linguagem cartográfica depende não só, mas em grande parte, das concepções de Geografia e do ensino dessa disciplina que os professores e seus alunos possuem. Por exemplo: se entendermos que ela é uma ciência e/ou disciplina que tem como objetivo apenas localizar e descrever lugares, o uso que se fará da linguagem cartográfica e de seus produtos, tais como mapas, cartodiagramas, gráficos, quadros, plantas e outros, será o de mera localização e descrição de fenômenos.

Para Masson[1] (1993), essa concepção favorece encaminhamentos didáticos próprios do "ensino tradicional", que utiliza raciocínios essencialmente indutivos, centrados na aquisição de conteúdos factuais e em habilidades de executar tarefas mecânicas, previamente estabelecidas. Por outro lado, se concebermos a Geografia como uma ciência e/ou disciplina cujo objetivo primordial e essencial é o entendimento dos diferentes espaços, territórios, regiões e lugares, a apropriação e o uso que faremos da linguagem cartográfica serão outros. Essa outra concepção, segundo a mesma autora, privilegia a construção de raciocínios hipotético-dedutivos e aquisições mais conceituais, ou se interessa mais por processos explicativos e está, portanto, ligada a atitudes pedagógicas centradas na elaboração de saberes pelos próprios alunos; e que, portanto, auxiliam na construção da autonomia intelectual discente, objetivo esse que, a nosso ver, deveria ser primordial em todos os níveis de ensino.

Portanto, a linguagem cartográfica será apropriada e usada, tanto no ensino superior quanto no básico, dependendo das concepções que os diferentes sujeitos sociais possuem dos elementos a ela relacionados (educação, ensino, aprendizagem, escola, professor, Geografia, ensino de Geografia e papel do aluno, entre outros). Sua trajetória, tanto no ensino superior quanto no básico, deve ser analisada como expressão de diferentes entendimentos de sujeitos sociais ligados ao exercício da profissão de geógrafo e à docência em Geografia.

Depois dos pressupostos que explicitamos, faremos um breve resgate histórico dos percalços da linguagem cartográfica no ensino brasileiro superior e básico, especificamente no que se refere à ciência/disciplina Geografia. A partir de estudos realizados por vários autores, como Katuta[2] (1997) e Souza[3] (1994), podemos afirmar que o uso e a apropriação da linguagem cartográfica no ensino de Geografia, seja ele superior ou básico, passou, *grosso modo*, por várias fases distintas (basicamente três). É necessário esclarecer que, apesar da linearidade e simplificação de nossa abordagem, entendemos que essas fases, na realidade, se interpõem e sobrepõem, dependendo dos lugares, instituições e sujeitos sociais envolvidos no processo.

Em linhas gerais, podemos afirmar que a primeira ocorreu desde o surgimento dos primeiros cursos superiores de Geografia no Brasil (nos anos 1930) até mais ou menos a primeira metade da década de 1970. Nesse período, imperavam na Geografia brasileira os referenciais teórico-metodológicos denominados por muitos de positivistas. A linguagem cartográfica na época foi considerada por muitos, instrumental básico da ciência geográfica; no entanto, era usada em grande parte apenas para auxiliar a localizar e descrever fenômenos, isso, principalmente, em razão das concepções de Geografia e/ou das Geografias construídas pela práxis de numerosos profissionais ligados à área. Localizavam-se e descreviam-se fenômenos, mas não havia a preocupação em explicar a organização territorial da sociedade, que pressupõe uma concepção de Geografia não dicotomizada, e também outra apropriação da linguagem cartográfica.

A realidade era concebida como o somatório de vários elementos distintos entre si, cujo entendimento se fazia necessário: clima, vegetação, população, economia e transportes, entre outros. Daí a necessidade de o geógrafo ter domínio de saberes técnicos e cartográficos para representar "fidedignamente" as partes que compõem o que se denominava realidade. No entanto, as fronteiras e os fenômenos geográficos acabavam sendo abordados, como afirma Lacoste[4] (1988), de forma naturalizada, como se não fossem resultado das relações dos seres humanos entre si e desses com os outros elementos da natureza.

A segunda fase, que marca uma outra apropriação, visão e, o que costumo denominar, (des)uso do mapa, vai do final dos anos 1970 a pouco além. Nessa época, a Geografia brasileira estava passando por uma fase de crise e transformação, que se materializou numa série de artigos, livros e escritos sobre a necessidade de mudança dos referenciais teórico-metodológicos em uso pelos geógrafos, culminando com a criação da denominada e conhecida por muitos Geografia radical ou crítica[5]. Essa, que pretendia ser revolucionária, crítica, acabou por valorizar, num primeiro momento, o discurso sobre a questão dos métodos de entendimento da realidade, descuidando-se de reflexões necessárias, tanto no ensino superior quanto no básico, relativas aos conhecimentos técnicos e cartográficos e à questão dos objetivos e conteúdos pedagógicos do ensino de Geografia, entre outras de igual importância que poderiam auxiliar a profissionalização na área.

Claro está que a questão do método foi o foco central de boa parte das discussões na época, no entanto o não pronunciamento relativo às questões que mencionamos no "calor do debate" e o teor das críticas feitas às produções geográficas anteriores (Geografia tradicional e teorética) deram margem para que o geógrafo e/ou docente universitário se descuidasse da sua e da formação de novos profissionais da área. Os cursos de professores começam a dar mais ênfase ao que conhecemos como "parte humana" da Geografia, em detrimento da "parte técnica e física", o que, a nosso ver, já demonstra ter uma base doutrinária, pois a dicotomia Geografia Física *versus* Geografia Humana está estabelecida *a priori*.

Apesar de necessários, os embates aos quais nos referimos deixaram margem ou para que o professor tivesse uma formação técnica e cartográfica e, portanto, formação integral deficiente, ou para que ele se descuidasse desses conhecimentos, sem refletir sobre a possibilidade e necessidade de sua (re)significação e (re)apropriação no contexto de outras matrizes teóricas.

Por causa de entendimentos equivocados – é claro que por parte de alguns profissionais – de que eram os instrumentos (mapas, globos, atlas e livros didáticos, entre outros) os responsáveis pelo tipo de Geografia que se fazia até então, e em virtude de não se entender que o grande diferencial de práticas pedagógicas denominadas, *grosso modo*, de "tradicionais" e "críticas" se situava na questão do método, foi abolido tudo o que se considerou fazer parte do ideário da denominada "Geografia tradicional". Somado a esse fato, havia um outro elemento complicador, pois, na época, vários profissionais que trabalhavam com conhecimentos cartográficos na Geografia provinham de outras áreas do conhecimento (engenharia cartográfica, topografia, agrimensura etc.) e, portanto, tinham outras concepções sobre o uso da linguagem cartográfica no ensino superior. Esse fato muito contribuiu para que não se aprofundassem reflexões sobre tal temática, sob uma outra perspectiva que não a da cartografia sistemática.

Nessa fase, a linguagem cartográfica bem como os conhecimentos cartográficos ficaram associados a um "ensino tradicional" de Geografia, e estava subjacente a esse entendimento que, para serem críticos, os professores deveriam abandonar o "esquema predefinido" da Geografia denominada tradicional. Isso significava também o abandono do discurso fragmentado, da cartografia, para a "adoção" de outros, repletos de denúncias políticas, de caráter histórico, econômico e social, por meio dos quais a Geografia acabava perdendo sua especificidade, tudo nela podendo ser trabalhado, desde que de "forma crítica".

A Geografia ensinada nas escolas tornou-se, muitas vezes, como diz Santos[6] (1995), um palanque de denúncias políticas e, muitas vezes, uma disciplina cuja preocupação maior era a de militância de alguns partidos políticos de esquerda, contribuindo para a proliferação de um discurso panfletário, que pouco auxiliou para a construção de um cidadão pleno, ou seja, aquele informado e autônomo intelectualmente. Nesse período, a linguagem cartográfica, como dissemos anteriormente, bem como seus "produtos" foram subutilizados, sobretudo por causa dos seguintes fatores: formação inicial e continuada precárias; qualidade questionável dos mapas, notadamente aqueles presentes nos livros didáticos; ausência, difícil acesso e desatualização dos mapas das escolas públicas; pouca familiaridade docente no trabalho com esse meio de comunicação; e visão "enviesada" do que seria a tão propalada "Geografia crítica", entre outros.

Posteriormente à fase que descrevemos em rápidas palavras, temos o que denominamos de terceira fase, na qual entendemos que alguns geógrafos estão construindo um outro "olhar" sobre a questão, desde o início da década de 1980, mesmo que de forma tímida. Nos anos que se seguiram, em virtude do aumento do número de trabalhos científicos, discussões e debates em torno da apropriação e uso da linguagem cartográfica no ensino, seja superior seja básico, observamos a sua (re)apropriação e a construção de outros significados acerca de sua importância[7]. Hoje, já não mais é "pecado" usar mapas para ensinar Geografia. Ao contrário, na perspectiva de vários profissionais da área, para a construção de entendimentos dos diferentes espaços, é condição *sine qua non* ter domínio da linguagem cartográfica.

Apesar do debate acerca da linguagem cartográfica ter se ampliado, é importante refletir sobre o que significa, efetivamente, "ter domínio" sobre uma dada linguagem. Por isso nos cabe perguntar: saber escrever e ler significam, respectivamente, apenas reproduzir e decifrar códigos socialmente aceitos? No caso dos mapas, para lê-los basta apenas ter domínio da linguagem cartográfica?

Ao longo de nossas pesquisas, verificamos que os estudos e as reflexões sobre alfabetização da linguagem escrita elaborados pelos denominados, *grosso modo*, construtivistas, principalmente por Ferreiro[8] (1987), Pino[9] (1993) e outros, nos possibilitam entender, de forma mais clara, as diferentes concepções de alfabetização e de leitura.

Nos debates acerca da questão da alfabetização, segundo o último autor citado, existem duas concepções que se destacam: a sintética e a analítica. Na primeira, o processo desenrola-se das partes para o todo, dos elementos mais simples (letras e sílabas) para os mais complexos (palavras e orações); subjacente a ela está uma concepção mecânica de leitura. A concepção de alfabetização analítica concebe a leitura como um ato global e ideovisual. É da compreensão e da visualização da totalidade das palavras e das orações que poderemos apreender textos. A ênfase está colocada na compreensão do significado das palavras e do texto.

Foucambert[10] (1994) utiliza o termo "leiturização" para o ato de atribuição voluntária de um significado à escrita; é o ato de ler e construir entendimentos acerca das mensagens que estão explícitas e implícitas no texto. O autor criou esse termo como contraposição ao processo de alfabetização mecânica, pois, no seu entendimento, esta última tem pouca importância na formação de sujeitos intelectualmente autônomos.

No que se refere à linguagem cartográfica, entendemos que é preciso tomar o mesmo cuidado. Muitos autores defendem que, para que um aluno leia mapas, é preciso que ele seja alfabetizado cartograficamente. No entanto, é preciso conceber a alfabetização de forma mais ampla. Esse processo não deve ser entendido como mera decodificação das convenções e do alfabeto cartográfico. Equivoca-se quem defende que um aluno será leitor de mapas se apenas construí-los.

Claro está que o domínio da linguagem cartográfica facilita a apreensão e o entendimento das representações geocartográficas, mas para que haja efetivamente uma leitura destas, na perspectiva de leiturização apresentada por Foucambert (1994), é preciso também:

- ter domínio conceitual sobre a temática cartografada;
- ter acesso a informações e/ou dados relevantes que nos auxiliem a desvelar o significado de determinadas territorialidades representadas;
- ter elaborado categorias de análise do(s) fenômeno(s) representado(s) e estruturas de pensamento que nos permitam, não apenas localizar, descrever, mas também entender e estabelecer raciocínios analíticos para a elaboração de explicações acerca das paisagens; e
- utilizar as representações sociais que fazem parte do nosso imaginário e que, em alguns momentos, poderão nos auxiliar para o entendimento dos territórios cartografados.

Entendemos que a linguagem cartográfica não deve se esgotar em si e *per se*, caso contrário daríamos aulas de mapas e não com mapas. A nosso ver, fazer essa distinção é muito importante nas aulas de Geografia, tanto no ensino superior quanto no básico, pois estas não devem se resumir a aulas de mapas; pelo contrário, temos de superar a visão mecânica de alfabetização e dar aulas com mapas e todos os outros tipos de linguagens passíveis de serem usadas em sala de aula para ensinar nossos alunos a "ler".

Quanto à aprendizagem e ao uso da linguagem cartográfica no ensino superior e básico diríamos que, no caso do primeiro, se este ficar restrito às aulas de cartografia, estaremos auxiliando a formar profissionais não muito diferentes dos de algumas décadas atrás. Entendemos que grande parte das disciplinas do curso superior de Geografia deveria utilizar essa linguagem, pois não é possível entender geograficamente paisagens, lugares, territórios e regiões, entre outros, sem o uso de representações cartográficas. O aluno-mestre, futuro docente, deve portanto ser "letrado" cartograficamente, e não apenas nas disciplinas relativas à Cartografia, para que, assim, possa fazer uso adequado da linguagem cartográfica no ensino básico, para ensinar seus alunos a entenderem a realidade de forma menos caótica e sincrética, para que nela possam agir, objetivo final de uma escola democrática.

## Notas

1 Masson, M. "Representations Graphiques et Géographie". *Les Sciences et l'education*, n. 13, pp. 59-174, 1993.

2 Katuta, A. M. *Ensino de Geografia x Mapas: em busca de uma reconciliação*. Dissertação (Mestrado em Geografia), Presidente Prudente, 1997. 488p. – Faculdade de Ciências e Tecnologia (fct), Universidade Estadual Paulista.

3 Souza, J. G. de. *Cartografia e Formação docente*. Presidente Prudente: Faculdade de Ciências e Tecnologia (fct), Universidade Estadual Paulista, 1994. Dissertação (Mestrado em Geografia).

4 Lacoste, Y. *A Geografia: isso serve, em primeiro lugar, para fazer a Guerra*. Campinas: Papirus, 1988.

5 É importante esclarecer que esse movimento não atingiu todas as instituições universitárias e de pesquisa nem a todos os docentes e geógrafos uniformemente; a elaboração e adoção de uma outra matriz teórico-metodológica envolveu debates e embates em diferentes escalas.

6 Santos, D. "Conteúdo e objetivo pedagógico no ensino de Geografia". *Caderno Prudentino de Geografia*, n. 17, pp. 20-61, 1995.

7 As reflexões e os trabalhos elaborados no Brasil pela professora doutora Maria Elena Ramos Simielli, do Departamento de Geografia da Universidade de São Paulo, tiveram grande influência no aprofundamento do debate sobre a importância da linguagem cartográfica no ensino superior e básico. Sua tese de doutorado pode ser considerada como uma das pioneiras a tratar do assunto: Simielli, M.E.R. *O mapa como meio de comunicação: implicações no ensino da Geografia do 1ª grau*. São Paulo, 1986. 205p. (Doutorado em Geografia) – Departamento de Geografia, Universidade de São Paulo.

8 Ferreiro, E. *Reflexões sobre alfabetização*. 9. ed. São Paulo: Cortez, 1987.

9 Pino, A. *Do gesto à escrita: origem da escrita e sua apropriação pela criança*. Série Ideias, n. 19, pp. 97-108, 1993.

10 Foucambert, J. *A leitura em questão*. Porto Alegre: Artes Médicas, 1994.

# ESTUDANDO OS MOVIMENTOS SOCIAIS: UMA EXPERIÊNCIA DE ESTUDO DO MEIO NO MST

*Sueli de Castro Gomes*

A cada dia, nossos alunos são bombardeados por uma mídia que os manipula, distorce informações, os desestimula, os desinforma e os deixa mais desanimados e desacreditados de possibilidades de qualquer mudança ou transformação social. Nossos alunos não veem sentido nos conteúdos, no estudo, e a cada dia ficam mais desestimulados diante da sociedade competitiva que se acirra, apontando para uma grande massa de desempregados estruturais que tende a aumentar.

Nesse quadro que a educação vivencia, hoje, discutir o estudo dos movimentos sociais na sala de aula é de suma importância. Tema que, a princípio, parece para muitos "fora de moda", ele recupera a ideia de grupo, de coletivo, de união, de solidariedade, de ação, contrapondo-se a uma educação pensada apenas do ponto de vista do indivíduo, do mercado, do consumidor. Com essa reflexão, inicio o relato da experiência de estudo do meio no Movimento dos Trabalhadores Sem-Terra (MST) e as diferentes dimensões que pudemos explorar nesse projeto.

Essa proposta de trabalho nasceu em 1997, na Escola de Aplicação da Faculdade de Educação da USP. Ela é aplicada no 2º ano do ensino médio e é um trabalho interdisciplinar que envolve as disciplinas de História, Geografia, Artes, Biologia, Química, Filosofia, Português e Matemática, sendo que o grupo de professores[1] e as matérias envolvidas variaram ao longo dos anos. Essa experiência já é realizada há quatro anos e, a cada ano, é repensada, reelaborada e aprimorada pela equipe da série.

Esse projeto, resultado de um trabalho coletivo, aparece em um momento em que a área de ciências humanas[2] estava revendo o planejamento e buscando maior aproximação dos temas para um possível trabalho interdisciplinar. Adotamos, então, para o 2º ano do ensino médio, o tema "Terra e Trabalho". Nesse mesmo período completava um ano a chacina de Corumbiara e estava sendo lançada a exposição de fotos de Sebastião Salgado, juntamente com o CD de Chico Buarque e o texto de José Saramago em apoio ao Movimento. Nessa oportunidade, a área de ciências humanas se empenhou em adquirir esse material, por sua riqueza didática, com o qual construímos um projeto que, na época, chamava-se "Cultura e Terra". O projeto consistiu em uma semana de exposição das fotos, uma programação de vídeos e uma mesa-redonda sobre o tema. Além desse material ser trabalhado com os alunos, a exposição fotográfica foi aberta para outras escolas visitarem. A abertura dessa semana foi uma mesa-redonda, composta pelo professor Ariovaldo Umbelino de Oliveira, do depto. de Geografia, um professor do depto. de História e Lavrati um líder do MST. Nós já havíamos esboçado a possibilidade de irmos conhecer um acampamento ou assentamento, mas essa concretização realizou-se pelo convite que o líder do MST nos fez, para conhecer os assentamentos de Itapeva.

Os assentamentos de Itapeva, localizados a sudoeste do Estado de São Paulo, são uns dos mais antigos do estado. A sede regional do MST agrega seis assentamentos. O primeiro possui, aproximadamente, 16 anos; o mais recente tem cinco anos, somando na época um acampamento que já não existe mais.[3] Há diversidade tanto na produção quanto na organização, somada à existência das cooperativas. Toda essa diversidade e riqueza nos atraía para enfrentar os 318 quilômetros[4] de estrada e propor um estudo do meio para a região de Itapeva.

Assim, iniciávamos a nossa empreitada. A escola passava por uma mudança na direção e temíamos qualquer retaliação nesse projeto, tanto por parte da direção da escola como dos pais dos alunos. Tomamos, então, alguns cuidados para a viabilização desse projeto, como fazer uma reunião com estes, apresentando a proposta pedagógica, a organização e a estrutura oferecida, assegurada por um levantamento prévio de campo.

A região de Itapeva, localizada a sudoeste do estado de São Paulo além da atividade agrícola, é conhecida por ser uma área de mineração, reflorestamento e outras atividades industriais e agropecuárias. Assim, ampliamos nosso trabalho para uma visita à empresa Cimento Port Land Itaú, do Grupo Votorantim, à área urbana (posto de saúde, igreja, rodoviária) e também à Escola Técnica Agrícola.[5]

Enquanto a equipe monta o estudo do meio,[6] outro trabalho segue em sala de aula. Além dos conteúdos, há a preocupação em preparar os alunos, atingindo as diversas dimensões, habilidades e competências como as habilidades de leitura de tabelas, gráficos, cartografia, de textos diversos, bem como desenvolver a sua produção escrita. Conjuntamente, realizamos a discussão sobre a estrutura agrária brasileira, as relações de trabalho no campo, o subaproveitamento do espaço agrícola, a produção agrícola voltada para a exportação, a fome no país e nos países de economia dependente etc. Durante essa discussão, destacamos alguns materiais e textos de apoio como o vídeo documentário *O Canto da Terra*, de Carlos Rufino, e o filme *O rio do desespero* de Mark Rydell que foram facilitadores para o nosso debate.

A discussão sobre o papel da mídia foi outro trabalho de sala de aula que também seguiu esse projeto em paralelo. Esse assunto pode ser abordado nas aulas de História, Filosofia ou Geografia, em diferentes etapas do projeto, dependendo do andamento do curso, do professor ou da dinâmica da turma. O importante é que, quando discutimos movimentos sociais, não podemos nos esquecer, em nenhum momento, de como a mídia os trata – sempre colocando a opinião pública contra as suas ações e desligitimando-os, deixando as questões centrais em segundo plano ou simplesmente ignorando-os.

Existe um preparo e um cuidado para o desenvolvimento das entrevistas, geralmente orientadas nas aulas de História, seguindo a metodologia da história oral. O olhar fotográfico e a preocupação com a coleta de imagens também estão presentes nas aulas de Artes Plásticas.

Outros elementos que aparecem durante o percurso da viagem são observados pelos alunos, como a Geomorfologia, o uso do solo, a localização da área de estudo. Para isso é realizada uma leitura prévia de mapas e outras representações, nas aulas de Geografia. Antes da viagem, fazemos uma leitura conjunta do caderno de campo e as últimas orientações do trabalho a ser desenvolvido.

Uma das etapas preparatórias fundamentais, que segue a proposta e tem um sentido pedagógico, é a divisão de tarefas e responsabilidades dentro desse coletivo. Há divisão de "funções" dos grupos de trabalho, que é de quem fotografará, quem conduzirá a entrevista, quem anotará as observações, quem será o desenhista etc., lembrando que todos deverão preencher o caderno de campo. Mas, além desses procedimentos que são normais nos estudos do meio, existe uma outra divisão de tarefas, no espaço coletivo do alojamento, que visa o bem-estar do grupo. Essas tarefas são: fazer supermercado, preparar café da manhã, limpar banheiros. Essa proposta promove um grande debate entre os alunos. A primeira grande discussão ocorre na escolha do cardápio. Os alunos, que têm em média 16 anos, projetam, às vezes, um cardápio que fica fora do orçamento previsto ou aparecem os seguintes comentários "eu não gosto disso" ou "não gosto daquilo". Há ainda um outro problema: como compatibilizar as vontades individuais em momentos coletivos? Depois segue a discussão sobre a limpeza dos banheiros e as diferenças entre eles afloram ainda mais, pois sempre aparecem alguns alunos que se recusam a exercer essa tarefa. Abre-se um amplo debate na sala de aula sobre a questão do trabalho braçal e intelectual e a importância da participação de todos! Enfim, aí se vão algumas aulas ditas por uns "perdidas", mas que para a nossa proposta é um ganho no avanço do entendimento do que é o trabalho coletivo, a organização dos movimentos sociais e de como eles funcionam. No momento seguinte, essa experiência será retomada, fazendo-se um paralelo com o movimento dos sem-terra.

Esse Estudo do Meio ocorre em três dias. No primeiro, fazemos uma viagem de seis horas, almoçamos e vamos à cidade para as entrevistas, a visita à igreja, à rodoviária e ao centro urbano. Nesses depoimentos, os alunos identificam um dos grandes problemas que os moradores apontam, que é o desemprego, em decorrência da redução de vagas nas indústrias. Outra conclusão a que os alunos chegam é a identificação de um grande desconhecimento sobre o MST na região. O segundo dia reservamos para o encontro com o MST, seu acampamento e assentamento. No terceiro, visitamos a indústria de cal e cimento, onde é visível a automação e os alunos acabam descobrindo a redução do quadro de funcionários e a exigência de que estes sejam cada vez mais qualificados. A última visita é à Escola Técnica Agrícola, que serve a comunidade em geral e possui, também, alunos do MST, mas está para fechar seguindo a política do governo estadual. Todas essas visitas proporcionam algumas ligações, relações e reflexões para o aluno que, nem sempre, o professor dimensiona na totalidade. A situação do desemprego estrutural e a reforma agrária, como uma alternativa de trabalho, acabam sempre aparecendo nesse processo.

Essa programação sofre constantes variações, pois estudar o movimento é estar em movimento. Cada ano é uma realidade e as condições são outras, ficando até difícil sintetizar essas quatro experiências como se fosse uma única, o que não é verdade. Cada ano em que desenvolvemos esse projeto, houve uma diversidade de fatores externos e internos à escola, que acabaram alterando a programação. E cada experiência tem a sua riqueza. O importante é o professor estar atento à realidade que o cerca.

O primeiro encontro dos alunos no assentamento foi realizado pelo grupo com lideranças jovens do MST, encontro que surpreendeu nossos alunos, que tinham a mesma faixa etária daquelas garotas e daqueles garotos que já tinham tanta responsabilidade e participação política, diferentemente da realidade deles. Entretanto, houve momentos de grande identidade que permearam esse encontro e modificaram a vida e a conduta de nossos alunos. Ouvimos a palestra, a dramatização e fomos visitar o acampamento. A sensibilização é intensa e rápida, as palavras fogem e um grande silêncio, às vezes, se faz presente. Caminhar entre os acampados é momento de introspecção para alguns, outros ficam rodeados de crianças e apaixonados por elas. Eles conversam, entrevistam os acampados e depois retornamos ao assentamento, ou melhor, à sede da cooperativa. Depois do acampamento, parece que algo mudou entre eles, entre eles e nós, entre eles e o mundo. Hora do almoço! As senhoras do assentamento cozinham em grandes panelões aquela comida caseira, cujos ingredientes saíram de suas roças. Formamos todos uma grande fila com pratos e colheres na mão e fizemos a refeição no canto que deu. Os nossos alunos metropolitanos vivenciam situações únicas. Lembro-me de um aluno dizer: "Nunca vou esquecer esse dia que eu tive que comer de colher: '*mó* legal!". Entretanto, esse sentimento nem sempre atinge a todos: já houve aluno que se recusou a comer a refeição preparada pelo MST. O preconceito foi muito grande, mas ele jamais daria o braço a torcer e ficaria com o grupo. Enfim, passou fome e ainda teve de ouvir os elogios dos colegas sobre a saborosa comida.

Atualmente, a sede dos assentamentos já possui uma rádio que cobre um raio de trinta quilômetros. Os alunos têm a possibilidade de visitar a rádio, ver como funciona e conhecer a participação da juventude ativa do MST. Nesse lugar, o MST tem a loja de seus produtos: "Sabor da Terra". Os alunos já fazem as suas "comprinhas" para a mamãe conhecer o outro MST que a TV não mostra.

Visitamos a escola, o pomar, a criação de porcos, a extração do leite e terminamos nossa visita na horta de ervas medicinais e na farmácia. Os alunos fazem as suas entrevistas que são trabalhadas nas aulas de História.

A despedida ocorre com muita emoção; todos querem agradecer... Lembro-me de um aluno que tirou o seu boné preto com o símbolo do Kiss e trocou pelo boné vermelho da liderança e disse: "Daqui pra frente é isso que vou pôr na cabeça". E ele não tirou esse boné, assistia às aulas com ele e o usava nas festas.

Na nossa segunda experiência, aconteceram alguns fatos imprevisíveis, mas a riqueza do imprevisível sempre é aproveitada e torna o trabalho mais significativo. Poucas semanas antes da nossa saída, houve uma ocupação dos sem-teto no terreno da USP, muito próximo à escola. Partiu da turma a vontade de visitar a ocupação e assim foi feito. Parece que no momento em que os alunos chegaram, lá estava o *Jornal do Campus* e os sem-teto estavam para ser despejados. O sindicato dos funcionários da USP também estava presente, pois muitos dos sem-teto eram funcionários da própria universidade. A presença dos alunos da escola, naquele momento, contribuiu para que não ocorresse o despejo e fortaleceu o movimento, segundo os sindicalistas. A emoção dos alunos foi grande. Sensibilizados pela penúria daquela ocupação, houve muito choro. No mesmo dia os alunos organizaram a arrecadação de alimentos, roupas, sapatos etc., junto com o grêmio. E foi com esse sentimento que fomos fazer nosso estudo com o MST. Essa turma foi visitar o mesmo acampamento que no ano anterior estava na estrada. Surpreendentemente, ficamos sabendo que esse acampamento tinha ocupado uma grande fazenda e nesse dia estava sendo despejado. Não havia certeza de que poderíamos visitá-lo, pois um grande número de policiais, com cães e camburões, cercava o lugar. Estávamos em dois ônibus. Eu estava em um deles junto com as colegas de Biologia e Química, que nunca tinham vivido tal situação: ficaram apavoradas e queriam ir embora imediatamente. No outro ônibus, os colegas de Geografia e História foram negociar com os policiais a possibilidade de os alunos descerem para fazer seus "trabalhos escolares". O tenente nos deu vinte minutos para a visita. Foram momentos de tensão. Os alunos assistiram a uma desocupação e entenderam o significado desse momento. Uma grande indignação marcou a todos, não só os alunos, mas também os colegas que pouco conheciam aquela realidade. Nesse instante, o carro da Rede Globo chegou para fazer a reportagem. E a repórter foi surpreendida por nossos alunos que queriam fazer uma entrevista com ela. Uma das primeiras perguntas que eles fizeram foi porque a Globo usa o termo invasão e não ocupação nas reportagens, e a repórter disse que para ela é a mesma coisa, e os alunos explicaram a diferença. Depois, na sala de aula, comentaram essa experiência e contaram, com indignação, que a repórter chegou a distribuir balinhas para as crianças, a fim de abrir caminho para o seu trabalho e, depois, como a reportagem chegou à TV.

No ano seguinte, já não existia mais o acampamento em Itapeva, por isso visitamos o acampamento Nova Canudos, que estava ao lado da Castelo Branco e que, no dia de nossa visita, estava mudando para outra área do Estado, onde havia a possibilidade de ocorrer o assentamento. Nem sempre é possível planejar o estudo dos movimentos sociais, pois como o próprio nome já diz, é "movimento". Temos de aproveitar o imprevisível, o não planejado e estar com os nossos sensores ligados para perceber os "movimentos" que estão ao nosso redor e que os nossos alunos percebem, às vezes, muito mais rápido do que nós.

No retorno do trabalho de campo, reunimos os alunos para avaliação conjunta, buscando com eles identificar o que devemos manter nesse projeto e o que devemos modificar. Essa conversa ajuda a estabelecer a troca entre os grupos, a troca das diversas experiências e entrevistas que os grupos realizaram. Nesse momento, também ocorreram algumas "amarrações" e conclusões sobre o Movimento dos Sem-Terra, seu significado, suas dificuldades, seus avanços e aprofundou-se a reflexão do que é o movimento social. Estabelecemos alguns paralelos ou associações como, por exemplo, da vivência no alojamento, do trabalho coletivo da limpeza, do café da manhã. Assim, apesar de toda a dificuldade em organizar o nosso pequeno coletivo, houve alguns ganhos e aprendizagens. Alguns alunos afirmaram com veemência terem adorado "limpar o banheiro".

Os desdobramentos desse trabalho de campo podem resultar de várias formas e maneiras. Um dos vieses e competências que temos trabalhado é a produção de uma pesquisa na qual o aluno irá, junto com o seu grupo, sistematizar todas as informações do campo e produzir uma monografia. Essa primeira experiência foi tão significativa que outras duas escolas seguiram, no segundo ano, o nosso percurso, e pensamos em montar um "Grande Encontro", no qual os alunos pudessem trocar suas experiências. E assim foi realizado o I Encontro "Terra e Trabalho", do qual participaram a Escola Waldorf e o Cefam da Lapa. Os alunos que foram ao Estudo do Meio, no ano anterior, participaram da organização e apresentaram seus trabalhos. Conseguimos a infraestrutura da FE-USP e o encontro ocorreu em três dias. O encontro seguiu o modelo dos eventos universitários: a abertura; as apresentações, e também convidamos um líder do MST para uma palestra sobre Reforma Agrária; o encerramento e as atividades culturais de integração.

Além das comunicações livres dos que integravam as diferentes escolas e discutiam o movimento dos sem-terra, a experiência dos alunos e o resultado de suas pesquisas, os alunos mostraram também, pela arte, uma parte da realidade brasileira. Cada escola trouxe uma representação. Os alunos da Escola de Aplicação apresentaram *Morte e Vida Severina*, de João Cabral de Mello Neto. Eles mostraram também suas produções na oficina de Artes Plásticas, relacionadas ao tema. No encerramento, os alunos apresentaram uma seleção musical e uma produção própria, seguindo a temática. Tivemos, ainda, a "canja" de uma liderança do MST, nossa convidada especial de Itapeva que tocou e cantou o hino do MST e outras músicas produzidas pelo movimento. O sucesso do evento fez com que ocorresse o II Encontro "Terra e Trabalho" com a participação do Cefam Butantã que visitou o assentamento de Sumaré e a Waldorf que visitou Promissão, neste ano.

Esse projeto vem trazendo resultados significativos, não só do ponto de vista do saber escolar e acadêmico, mas do ponto de vista humano, pois ocorrem transformações psicológicas tão complexas nesses alunos, que se torna difícil o seu registro. Existe uma identificação muito grande, principalmente dos alunos que apresentavam maiores "problemas" na escola. Os alunos que conhecem o MST mudam o seu comportamento: muitos diminuem a sua agressividade, existe maior envolvimento com o coletivo, com o grêmio, com a escola e a busca de ações e iniciativas são constantes. A rebeldia sem causa dá lugar à rebeldia por uma causa, pelos sonhos.

## Notas

1 Participaram dessa proposta, em turmas diferenciadas e no levantamento de campo, a seguinte equipe de professores: Carmem Lucia Eiterer, Daniela Molina, José Carlos Carreiro, José Cassio Másculo, Jussara Vaz Rosa, Luciana de O. Gerzoschkowitz, Maria Fernanda P. Lamas, Vanderlei Bispo, Rosana dos S. Jordão, Roseli M. Fernandes e Vânia Cerri.

2 A Escola de Aplicação da FE-USP é dividida em áreas. A área de Ciências Humanas é composta por três professores de Geografia, três de História e um de Filosofia.

3 Segundo uma liderança do MST, a possibilidade de expandir os assentamentos, nessa região, foi esgotada. Por isso, esse acampamento foi desfeito e muitos acampados, atualmente, fazem parte do acampamento "Nova Canudos".

4 *Guia Quatro Rodas.*

5 Assim, por uma questão estratégica, optamos pela ampliação do nosso estudo pesquisando não só o MST, mas também outros elementos na organização do espaço da região de Itapeva. Essa ampliação sugere diferentes associações, inter-relações, comparações, e leva a discussões como as relações cidade e campo, o trabalho na indústria e no campo e outros contrapontos que possam surgir. Além disso, permite a participação de disciplinas, não integrantes das ciências humanas, para trabalharmos juntos, como acabou acontecendo nos anos seguintes.

6 Em relação à infraestrutura, conseguimos um alojamento da igreja, próprio para receber grandes grupos, do qual o próprio MST faz uso; é cobrada uma taxa mínima de um salário-mínimo mais o uso da energia. Parte das refeições era realizada no próprio alojamento, preparada por um restaurante da região, cobrando um preço razoável, permitindo que se ganhasse tempo para as outras atividades. Uma das refeições é realizada no assentamento do MST e o café da manhã é organizado pelos alunos da escola. E, por fim, o custo maior, o transporte dos alunos, que resolvemos de diversas formas: na primeira experiência tivemos de alugar dois ônibus para transportar os sessenta alunos mais os quatro professores e estagiários. Depois, nos anos seguintes, conseguimos um ônibus da USP e mais um ônibus fretado. Enfim, o que está posto em questão é o custo desse projeto. Há uma busca constante para baratear, o máximo possível, essa viagem, pois existe uma diversidade muito grande no perfil econômico dos nossos alunos e, dependendo dos custos, esse projeto seria inviabilizado. Contando com o apoio da APM (Associação de Pais e Mestres), muitos alunos parcelam a viagem, ou então, dependendo da situação, se faz campanha para arrecadar recursos, mas nenhum aluno deixa de ir a esse estudo por conta do custo.

## Bibliografia

OLIVEIRA, Ariovaldo U. de. *A geografia das lutas no campo.* São Paulo: Contexto, 1988 (Col. Repensando a Geografia).

# REFLEXÕES SOBRE CATEGORIAS, CONCEITOS E CONTEÚDOS GEOGRÁFICOS:
## SELEÇÃO E ORGANIZAÇÃO

*Tomoko Iyda Paganelli*

Este tema permite uma reflexão das categorias aos conteúdos geográficos, ou dos conteúdos às categorias geográficas, desde que se distinga a relação entre o universal, o particular e o singular. Desenvolvo o tema na segunda opção, dos conteúdos às categorias geográficas, apontando critérios sobre a organização e seleção de conteúdos para deter-me, um pouco mais, nos conceitos e nas categorias. As categorias geográficas ou os conceitos básicos, segundo alguns geógrafos, como espaço, lugar, território, região e paisagem, permitem, de uma certa maneira, reconstituir as discussões sobre a história da Geografia brasileira nas últimas décadas.

É a partir do cruzamento de uma preocupação epistemológica e psicológica associada ao desenvolvimento e aprendizagem da criança e do adolescente que tentarei explicitar as minhas reflexões sobre o tema.

## CONTEÚDOS GEOGRÁFICOS

A seleção e organização dos conteúdos e dos conceitos constituem em item de todo e qualquer Planejamento Curricular de Ensino, seja um plano anual, seja uma unidade ou aula. As modificações introduzidas na apresentação dos conteúdos, nos planejamentos, com os conteúdos antecedendo os objetivos do ensino ou as noções/conteúdos entre atividades, competências e habilidades a serem desenvolvidas, decorrem de representações relativas ao papel da escola, do ensino e dos professores em relação à avaliação. Desse modo, perguntamos: são os objetivos ou os conteúdos o cerne da avaliação? Competências e habilidades ou saberes? Essas são algumas questões levantadas pelos educadores, professores e alunos licenciandos.

E os conteúdos geográficos referem-se a quê? Aos saberes? Aos saberes e às práticas? Em princípio, são conteúdos que se estabeleceu e se estabelece, como o contido em um campo de uma ciência que é a ciência geográfica e o seu ensino, num determinado contexto. Para alguns pesquisadores, esses conteúdos geográficos compreendem as práticas dos geógrafos, dos professores de Geografia, das instituições de uma sociedade, em um determinado momento histórico; para outros, compreende o saber pensar o espaço na Geografia, ou seja, as práticas sociais dominantes tanto dos Estados Maiores como da prática dos professores.

Há, de certa maneira, um consenso entre os professores sobre os critérios, sobre a prática da Geografia. Lacoste (1976) distingue uma prática dos Estados Maiores e dos professores; Escolar (1996) distingue, no discurso dos geógrafos, uma Geografia acadêmica, dos professores, das instituições e do cotidiano, que fundamenta a seleção e a organização de conteúdos no ensino, em geral. O lógico-científico, o psicológico e o sociocultural vinculam-se, respectivamente, ao conhecimento de uma ciência, à psicologia do desenvolvimento e da aprendizagem e ao sociocultural em um determinado contexto. Um critério não elimina os demais, podendo haver destaque de um deles em detrimento dos outros.

Uma seleção tem, como pressuposto, o domínio pelo professor de Geografia dos conhecimentos da ciência geográfica, associada à compreensão das principais correntes do pensamento geográfico, enfoques, categorias, conceitos básicos e a evolução da própria disciplina escolar; conhecimentos que permitem que se situe, em sua prática pedagógica, numa opção metodológica mais coerente.

Se, para os alunos que ingressam no curso de Geografia, o conhecimento do pensamento geográfico os introduz em questões epistemológicas e metodológicas dos objetos de análise da Geografia, para os licenciandos atuantes em uma prática de ensino, a análise das correntes da ciência, dos conceitos e categorias permite-lhe definir melhor os objetivos da Geografia como disciplina escolar, realizar a passagem dos conteúdos da ciência à disciplina escolar, ou seja, situar o papel da Geografia nos currículos do ensino fundamental e médio, tendo claro o papel educativo da Geografia na escola e na sociedade.

Um professor, sujeito desse conhecimento, e não simples transmissor, é capaz de enfrentar, com êxito, a seleção de conteúdos e sua organização em um planejamento curricular. É capaz de situar-se crítica e criativamente diante das concepções e elaborações dos autores, nas diferentes publicações e em relação aos materiais didáticos disponibilizados pela indústria cultural.

A adequação dos conteúdos geográficos está associada aos conceitos a serem construídos. A análise dos conceitos em sua complexidade e dos níveis de domínio pela criança e pelo adolescente deve ser considerada pelo professor no processo de ensino-aprendizagem. Os estudos epistemológicos e da psicologia oferecem fundamentos para uma análise da formação e aquisição dos conceitos geográficos.

## Noções e conceitos

As noções e os conceitos geográficos podem ser analisados tendo como preocupação a recuperação de sua genealogia e gênese, ou seja, sua filiação, o momento de emergência e de apropriação como conceito explicativo de vários fenômenos e fatos. Um conceito científico perde seu poder explicativo quando uma nova teoria abre novas perspectivas explicativas. A análise da noção de paisagem (*pagus*), por exemplo, permitiu identificar o contexto remoto no Ocidente, em que a raiz do termo surgiu, relacionada à divisão do trabalho, do território, das atividades rurais nos lugarejos distantes das cidades; os "paeses" vistos à distância, a partir dos castelos ou de um núcleo, formavam uma vista ampla que passou a ser denominada de paisagem.

A noção paisagem teve longo percurso no Ocidente, até o momento em que se transformou em conceito básico para a Geografia. Por estar associada à imagem, ao sensível, à fruição, a paisagem teve e tem, ainda hoje, uma certa desconfiança dos geógrafos, por eles descartada como simples aparência. Esses momentos de teorização refletem-se na produção geográfica e no seu ensino.

Do ponto de vista psicológico, há uma outra distinção a ser considerada no ensino, distinção essa estabelecida por Brunner, Goodnow e Austin (1956) entre a formação de conceitos básicos como espaço, forma, número, distância e aquisição de novos conceitos, como "imigrante ilegal", os quais envolvem reorganização de atributos básicos antes adquiridos (Greene, 1976: 55) pelas crianças e adolescentes. Os dois enfoques correm em paralelo.

Os professores, em sala de aula, nem sempre acompanham as discussões epistemológicas sobre as noções e conceitos geográficos; em geral, preocupam-se mais com a formação e a aquisição dos conceitos científicos, associados aos novos conteúdos e temas de ensino.

## Conceitos na Geografia

Ao mencionar algumas leituras e reflexões sobre os conceitos geográficos, nos últimos anos, resgato uma experiência compartilhada pela geração dos anos 1950 e 1960.

A análise dos conceitos básicos do espaço geográfico, no Brasil, no início da década de 1960, partia da leitura de obras do pensamento geográfico francês na universidade (Pierre George, Lacoste, Kaiser, Gugliemo, Geografia Ativa, e Juillard, Rochefort, Tricart, Geografia Aplicada, que pouco interferiu na disciplina escolar da época).

O levantamento quantitativo realizado pelo MEC/INEP/DAM, em meados da década de 1960, sobre a identificação de um "Vocabulário geográfico e histórico" usual nas escolas, retratou, indiretamente, um tipo de conhecimento geográfico e histórico das escolas: memorização, definições e descrição de fenômenos e fatos. A partir dos anos 1960, os acordos MEC/USAID, criticados por vários segmentos da sociedade civil, demonstraram preocupação crescente com a formação dos professores do ensino primário e normal. As leituras sobre a formação e o desenvolvimento de conceitos nas escolas primárias da época, por influência dos estudos pedagógicos e psicológicos, tiveram suas fontes em obras americanas destinadas à formação de professores, assim como em leituras não sistemáticas das obras e pesquisas de Piaget, Montessori, Wallon. Os licenciandos de História e Geografia da USP tinham em John Dewey, leitura obrigatória, um modelo na organização de ensino ativo. A criação e as experiências dos Ginásios Vocacionais e do Colégio de Aplicação, da Faculdade de Filosofia, Letras e Ciências Humanas da USP, no Estado de São Paulo, colocaram em prática a reflexão sobre a realidade social e sobre as teorias de desenvolvimento e aprendizagem.

É no final da década de 1960 que as discussões geradas sobre as estruturas das disciplinas, a partir do livro de J. S. Brenner, *O processo de educação* (1971), marcam as reflexões sobre os fundamentos das disciplinas escolares e os textos da Lei 5692/71 sobre o ensino de 1º grau refletem essa preocupação. A busca pela estrutura da Geografia e pelos conceitos geográficos surge dessa reflexão; os conceitos de sítio e situação, de Pierre George, na ocasião, permitiram organizar um eixo para uma proposta curricular de Geografia (CPOE/RS,1969) e uma aproximação com as estruturas matemáticas topológicas e de ordem, base de um raciocínio utilizado na delimitação dos espaços em regiões homogêneas e de uma hierarquização das regiões polarizadas. A preocupação com os conceitos básicos da Geografia e com a formação dos conceitos espaciais conduziu a novas leituras, na década de 1970.

A leitura do livro *Explanation in Geograpshy* 1969 de David Harvey colocou a questão dos *indigenous e derivate concepts*[1]; como primitivos, o geógrafo identifica somente o conceito de região, e os conceitos derivados, como aqueles ligados a outras ciências: Economia, Sociologia, Psicologia, ciências físicas e naturais. A noção de região transforma-se em conceito forte também para outras disciplinas. Produzem-se, assim, uma economia regional, uma sociologia regional, uma história regional. Os estudos regionais da Geografia Clássica, mais descritivos do que explicativos, assim como da Geografia Quantitativa, foram duramente criticados. Hoje, o conceito de territorização amplia e aprofunda o conceito de região, ao agregar o sentido de apropriação, de domínio, de estruturação das relações sociais, de uma identidade em processo.

Os livros da chamada Nova Geografia levantavam algumas questões da Geometria, sobre a linguagem do espaço (Harvey) e a Spatial Organization (Abler, Adams, Gould) e outros. Valendo-me dessas leituras, propus analisar, sistematicamente, o processo de construção da noção do espaço, do ponto de vista lógico, matemático, físico e psicológico, por meio da teoria do espaço operatório de Piaget e, em relação ao espaço geográfico; posteriormente, a produção do espaço do ponto de vista do materialismo histórico e dialético.

Obras geográficas francesas que se referem aos conceitos geográficos, Bailly et al., *Les concepts de la géographie humaine* (1984) e *Éléments d'epistémologie de la géographie* (1997), tratam dos conceitos básicos de espaço, ambiente (*environnement*) e meio (*milieu*), paisagem, região e território. O segundo livro detalha os objetivos e conceitos em relação à orientação e à posição geográfica (p. 122).

A FORMAÇÃO DE CONCEITOS

Um dos livros sobre Formação e desenvolvimento de conceitos (PABAEE/INEP,1969) para os professores primários é de autoria de Maria Luiza de Almeida Cunha Ferreira, sob a influência da psicologia americana.

Essa publicação antecedeu, no Brasil, a leitura de obras de pesquisas empíricas de Piaget, Vygotsky e Brunner sobre a construção, formação e obtenção dos conceitos; leituras essas mais frequentes entre os psicólogos e os estudantes das licenciaturas de Pedagogia do que das "licenciaturas" da Faculdade da Educação (UFF).

Algumas pesquisas sobre a formação e a obtenção dos conceitos na Geografia têm sido realizadas. A preocupação com a formação e a construção da noção de espaço e tempo tem despertado um certo interesse entre os professores de Geografia e de História. Foram várias as traduções brasileiras das obras piagetianas: *A noção de tempo na criança*, 1975 (Record); *A representação do espaço na criança*, 1988 (Artes Médicas). Permanece sem tradução *La Geométrie spontanée de l'enfant*, que aborda a construção das perpendiculares retangulares, ou seja, das coordenadas.

Essas obras permitem acompanhar o desenvolvimento das localizações físicas e matemáticas do espaço e do tempo, sendo essenciais para o entendimento das dificuldades de localização e de interpretação das representações gráficas das crianças e adultos da nossa e de outras culturas.

As pesquisas sobre noção de abstração e generalização na obtenção dos conceitos, de Peel, E.A., na Inglaterra (1974), dizem respeito aos conceitos escolares entre os adolescentes, em que essas noções são empregadas em sentido equivalente. Analisa, por meio de alguns exemplos, o que leva à generalização e à formulação de regras das propriedades em que se atinge a abstração. Analisei, em 1977, alguns dos testes de Peel, baseados na seleção de conceitos que se referem ao concreto geral (generalização) ou abstrato-particular (abstração), cuja validação e desenvolvimento poderiam ser realizados. O acesso às obras de psicólogos soviéticos permitiram conhecer a obra de Luria sobre "Desenvolvimento Cognitivo" e pesquisas sobre camponeses analfabetos, em que a análise sobre a generalização e a abstração, a dedução e a inferência é estudada numa perspectiva cultural e social.

## Organização dos conceitos

A organização dos conceitos é uma preocupação dos professores que lidam com conteúdos e temáticas. Quais são os conceitos que introduzem um tema? Como organizar os conceitos, dos mais gerais aos mais específicos, ou vice-versa? Os *mapas conceituais* têm oferecido instrumentos para analisar essas questões e, também, instrumentos para avaliar a organização dos conceitos dos alunos e suas dificuldades nessa organização, permitindo detectar a ausência de conceitos não considerados e não dominados.

O quadro elaborado por Pozo (1990) é bastante sintético ao discutir as estratégias de aprendizagem e vem ao encontro de uma prática que institui, na Didática e Prática de Ensino de Geografia, os mapas conceituais. Destaco, neste trabalho, apenas a aprendizagem por estruturação que tem por finalidade classificar os conceitos, formando categorias hierarquizadas e formando redes de conceitos.

Os mapas conceituais, como instrumento para os licenciandos e para os professores, permitem um mapeamento hierarquizado das noções e conceitos de um tema ou unidade de ensino; possibilitam visualizar as relações entre os conceitos e avaliar o domínio de conhecimento do aluno sobre o assunto e as dificuldades em relação ao conteúdo. Possibilitam a escolha de uma abordagem mais próxima do aluno, sem perda do todo. Identificam os conceitos principais, mais gerais, e conceitos específicos de base que encaminham ao principal, no processo de ensino e aprendizagem do assunto pelo qual o estudante passa. Permitem, também, visualizar pontos de convergência com outras disciplinas, diferenciando os conceitos geográficos "primitivos" e "derivados", segundo trabalho de Harvey, enriquecido, hoje, pela discussão das categorias geográficas. A reflexão sobre os mapas conceituais foi introduzida pela teoria da aprendizagem significativa de Ausubel, Moreira e Buchweitz (1987), que exemplifica a utilização daqueles em várias áreas do conhecimento.

Situo a discussão atual do conhecimento em rede,[2] realizada, na Didática do Brasil, por Machado (1996), sobre as articulações conceituais entre as várias disciplinas, nos projetos interdisciplinares. Ao levantar a rede de significações dos conceitos, Machado oferece alguns exemplos e analisa-os para avaliar seu significado para o tema em foco, como o conceito de mimetismo, de uma operação matemática ou da rede de significação, a partir de Escher (artista plástico), Bach (músico), Godel (matemático), na rede de significações de HOFSTADER (pp. 123, 124, 132. Quadro 2). A criança e o adulto constroem suas redes de conceitos e significações, mediante as oportunidades que a escola e a vida lhes permitem.

## Categorias geográficas

As categorias como os conceitos, ou conceitos-categorias, foram objeto de análise de filósofos (Aristóteles, Kant, Hegel, Marx); assim, analisar sua contribuição é recuperar a constituição de uma racionalidade do pensamento ocidental, da filosofia, das ciências da natureza, físicas, humanas e sociais.

Na Geografia brasileira destacam-se alguns pesquisadores cujas reflexões foram indispensáveis na renovação da Geografia, a partir de 1978: Milton Santos (1985), sobre categorias do método geográfico; Armando Correa da Silva, por artigos desencadeadores de uma reflexão, a partir dos anos 1980. Refiro-me aos artigos "As Categorias Fundamentais da Geografia" (1986) e "A Renovação da Geografia Crítica" (1987), em um balanço da presença de conceitos e categorias na linguagem geográfica, importantes na construção da disciplina e das categorias mais utilizadas pelos geógrafos críticos e radicais, em seus discursos.

As discussões das categorias da Geografia, após os Seminários Internacionais sobre o Espaço, Território, Lugar da USP/SP e a introdução nos fundamentos dos

Parâmetros Curriculares Nacionais, alguns não tão bem explicitados, nos documentos do MEC, a fim de orientar os professores de todo o território brasileiro, para além de um núcleo acadêmico, têm gerado equívocos e aflições entre os docentes e merecido debates em diferentes instâncias, desde a escola básica até a universidade.

Este é um balanço sucinto, uma visão pessoal sobre o assunto, por meio das leituras realizadas, atuando em tempos e espaços diferentes, em contato contínuo com os colegas de Geografia, nos Encontros da Associação dos Geógrafos Brasileiros (AGB) retomados, a partir de 1979, nos encontros de Didática e Prática de Ensino, como também com os colegas de outras áreas do conhecimento.

## Notas

1 Conceitos primitivos e derivados.
2 Machado, Nilson José. *Didática, Epistemologia.* São Paulo: Cortez, 1996. O capítulo "Conhecimento em rede" apresenta exemplos das relações necessárias para a construção de um conceito como mimetismo, adição e compreensão das motivações da Guerra dos Trinta Anos pp. 126-7 e da rede de ligações entre os conceitos p.132.

## Bibliografia

ABLER, Adams, Gould. *Spatial organization. The Geographer's View of the World.* New Jersey: Prentice Hall, 1971.

BAILLY, A. et al. *Les concepts de la géographie humaine.* Paris: Masson, 1991.

_____., A. e FERRAS, R. *Éléments d'épistemologie de la géographie.* Paris: Armand Colin, 1997.

FERREIRA, Maria Luiza de A.A.C. *Formação de conceitos.* Belo Horizonte: PABAEE (Programa de Assistência Brasileira-Americana ao Ensino Elementar.) Rio de Janeiro: (GB) INEP/MEC, Editora Nacional de Direito, 1968.

HARVEY, David. *Explanation in geography.* London: Edward Arnold, 1969.

LEFEBVRE, Henri. *Le manifeste diferecialiste.* Paris: Gallimard Ideés, 1970.

MACHADO, Nilson José. *Epistemologia e didática. As concepções de conhecimento e inteligência e a prática docente.* São Paulo: Cortez, 1996.

LURIA. A. R. *Desenvolvimento cognitivo. Seus fundamentos culturais e sociais.* São Paulo: Ícone, 1990.

MOREIRA, M.A.M. & BUCHWEITZ, Bernardo. *Mapas conceituais. Instrumentos didáticos de avaliação e de análise de currículos.* São Paulo: Moraes, 1987.

PAGANELLI, Tomoko I. e MOREIRA, Miriam S. *Programa de Geografia para Ensino Fundamental.* Porto Alegre. SEC/Ensino Fundamental, 1969 (mimeo.).

_____. *Formação de conceitos. Formação e métodos de obtenção*. Rio de Janeiro: FGV/IESAE, "Níveis de compreensão do adolescente e adulto", 1977 (mimeo.).

_____. *Para construção do espaço geográfico na criança*. Rio de Janeiro: FGV/IESAE, 1982. (Dissertação de Mestrado).

_____. e FREIRE, Sonia. *Programa do CIEPs. Levantamento dos conceitos nos livros didáticos e nos programas de Geografia*. SME/RJ, julho 1988 (mimeo.).

_____. *Paisagem: uma decifração do espaço – tempo social*. São Paulo: USP/Geografia, 1998. (Tese de Doutorado).

PEEL, E. A. *Fórum Educacional FGV*. Rio de Janeiro, v. 2, n. 2 abril/junho, 1978.

PIAGET, Jean. *A equilibração das estruturas cognitivas*. Rio de Janeiro: Zahar, 1975.

_____. e INHELDER, Barbel. *Gênese das estruturas lógicas elementares*. Rio de Janeiro: Zahar, 1975.

_____. *As formas elementares da dialética*. São Paulo: Casa do Psicólogo, 1996. (Coleção Lino de Macedo).

POZO, J. I. "Estratégias de la aprendizaje." *In:* C. Coll, J. Pallacios, A. Marchesi. *Desarrollo psicológico y educación II. Psicología de la Educación*. Madrid: Alianza, pp. 199-221.

SANTOS, Milton e SOUZA, Maria Adélia A. (org.). *Espaço Interdisciplinar*. São Paulo: Nobel, 1986.

SILVA, Armando Correa da. "As categorias como fundamentos do conhecimento geográfico" *In:* SANTOS, M. e SOUZA, Maria Adélia. A. (org). *Espaço Interdisciplinar*. São Paulo: Nobel, 1986.

_____. "A renovação da Geografia crítica e radical em uma perspectiva teórica". *In: Boletim Paulista de Geografia*, n. 60, AGB-São Paulo, 1983-84, pp. 73-140.

VALLS, Enric. *Os procedimentos educacionais. Aprendizagem, ensino avaliação*. Porto Alegre: Artes Médicas, 1996.

VYGOTSKY, L.S. "Um estudo experimental da formação de conceitos." *In: Pensamento e linguagem*. 3ª ed. Rio de Janeiro: Zahar, 1991, pp. 45-70.

# PARTE III

# O ENSINO DA GEOGRAFIA E A INTERDISCIPLINARIDADE

# O SENTIDO É O MEIO – SER OU NÃO SER

*Luciano Castro Lima*

> *Es peligroso nacer, hijito. E nascemos. É preciso viver. Cuidado:*
> *O Sentido do Meio*
> *Es peligroso nacer, hijito. E nascemos. É preciso viver. Cuidado:*
> "Existir é tão completamente fora do comum que se aconsciência de existir demorasse mais de alguns segundos, nós enlouqueceríamos."
>
> *Clarice Lispector*

É perigoso viver, meu caro. Existir enlouquece. Como defesa, resta-nos viver sem ser, sem a consciência do existir. Ver sem olhar, pegar sem tocar, comer sem gostar, escutar sem ouvir, cheirar sem sentir, procriar sem amar. Evitamos a loucura da consciência com a loucura da alienação.

Ah pequenina gota de razão no oceano do inconsciente: quanta confusão provoca! Pretende conhecer todo o oceano. Arrogante, destemida, navega à procura do inteiro. Quer compreender tudo, existir em tudo, ser inteira. Encara o gigante em que vagueia. No mesmo instante sente a pequenez. A empáfia cede lugar ao medo. No rápido clarão que ilumina a noite escura da mente, percebe a grandeza da tarefa. Frágil, quase covarde, vislumbra a imensidão em que navega e o medo paralisa. Inconscientemente defende-se com o inconsciente. Procura fugir da razão, iguala-se à coisa, mecaniza-se e nega a própria razão de ser razão.

Minha cara razão, não irracionalize. Para aprender a lidar com os limites da infinidade incontrolável, nós, os homens em comunidade, inventamos a educação. O existir humano é o começo, meio e fim da ação educativa. Educamo-nos para existir sem enlouquecer. E aprendemos a existir para não enlouquecer. A vida é a razão navegando no oceano do inconsciente. A educação é a arte de aprender a navegar sem pretender chegar. Navegar é preciso porque viver não é preciso. Mais que saber navegar é preciso amar navegar. Educamo-nos para saber amar o navegar, para navegar amando e para amar navegando. Educamo-nos para buscar o inteiro, sabendo que nunca vamos achá-lo. Porque o importante não é encontrá-lo, mas buscá-lo; mais importante que a posse da verdade é a sua permanente procura (Einstein). Quem tem certeza de onde vem e para aonde vai não está consciente, está programado. A vida é o que ocorre entre o ponto de partida e o de chegada. É o movimento e não as coordenadas estáticas dos extremos. E estes são mais belos imaginados do que alcançados.

## O MEIO PRIMEIRO

O nosso corpo é a nossa primeira morada, o nosso primeiro meio. É a primeira nave que nos conduzirá pela maravilhosa viagem da vida. Ele nos acompanhará permanentemente, mediando todas as relações que estabelecermos com a matéria, com as emoções e com as ideias. A sensibilidade da pele que se arrepia com a brisa da tarde, o toque da mão que acaricia o seio da mãe, a visão da aquarela tingida no mar pelo pôr do sol que se descortina aos nossos olhos, a audição da sinfonia cósmica propiciada pelos ouvidos, o cheiro da relva que nos invade pelas narinas, os sabores da manga-rosa, do melão maduro, do umbu, cajá, sapoti e do juá, os gostos da natureza que nos invadem pela língua – como é possível desprezar tanta riqueza, em nome de uma frieza pretensamente científica? Os nossos sentidos compõem um poderoso meio, o primeiro, o primordial. Ignorá-lo é não existir. Existimos porque sentimos. Sentimos porque existimos. *Existir* é a mais bela condição humana, é o nosso bem supremo. A existência da fala antecede a palavra e é a sua condição. A palavra é *encantadora*; mas a fala é *bela*. **Educar é emancipar o existir humano.**

> Nem tanto pelo encanto da palavra,
> *Mas pela beleza de se ter a fala.*
>
> Renato Teixeira

## O OLHAR DE BEBÊ

Caminho pela rua Loefgreen num trecho estreito, feio, barulhento, cheio de carros, caminhões, ônibus e de gente apressada driblando-se pelas calçadas. Bem à minha frente uma porta se abre e uma senhora retira vários pacotes, encostando-os na parede. Curioso, procuro entender: por que os pacotes se mexem? São bebês. Vários deles. Pendurados numa espécie de saco armado num quadro de madeira, ansiosos, alegres, reviram os olhinhos em todas as direções. Captam tudo, gravam todas as imagens que se embaralham vertiginosamente à sua frente. As mãozinhas se agitam frenéticas como que buscando agarrar o momento. Os corpinhos dançam um bailado alegre, sem sincronia. O mais bonito que já assisti. A feiura infernal daquele *meio*, o mau cheiro, a fumaça, o barulho pavoroso que agride os ouvidos, nada disso interessava. Empolgava-os o ver, o ouvir, o sentir, o cheirar, o saborear. Exercitavam os sentidos e nisto se sentiam vivos. A beleza da vida é a própria vida: a alegria daqueles pequeninos experimentando *existir*, mesmo que numa louca calçada de São Paulo. Eles mereciam mais, muito mais, mil, infinitas vezes mais. A mulher que os colocou na calçada, gesto que achei inicialmente insensato, sabia disso. O social perverso e anti-humano nega-lhes a brisa da tarde, o seio materno, a aquarela vermelha azulada do crepúsculo marinho, o canto da graúna, o cheiro da relva, o gosto do sumo da manga-rosa. Na falta deles, aquela educadora sem diploma, sem ambição acadêmica, que nunca fez as provas do Enem, intuía que, apesar de todo o horror que é imposto aos que nascem pobres, a existência é o mais belo de todos os atributos humanos. E desenvolvia com os pequeninos um prosaico estudo de meio. Educava o aspecto mais importante deste método: *o olhar de bebê*.

*Amparo Maternal Angélica* diz a placa sobre a porta aberta. Mas ninguém a lê. As pessoas vagam pela rua certas de suas certezas: vão de um endereço deixado para trás para um outro prefixado. Não navegam, trafegam. De tão determinadas não se dão conta do espetáculo daqueles rostinhos excitados pela felicidade de existir. Pessoas cotidianas, mecanizadas, programadas, alienadas da sua própria existência contrastam brutalmente com a plenitude humana vivida naquele instante pelos bebês. Vidas perdidas na fumaça e vidas vivas que, daqui a alguns anos, serão tragadas pelo mecanismo e estarão caminhando nas ruas, perdidas entre dois endereços conhecidos. Naquela contradição transparecia, como a fonte cristalina que desce a serra, o significado da educação. **Educar é impedir que se perca o gosto da vida, da existência.**

## O mundo dos sentidos somente

Platão até hoje tenta nos convencer de que existem dois mundos: o das ideias e o dos sentidos. O segundo existe para esconder e falsear o primeiro. Nascemos do mundo das ideias que nos são inatas, mas vivemos no mundo das sensações que velam, enganosamente, as ideias originais que trazemos em nossa alma, da mesma forma que trazemos as células em nosso corpo. Para Platão, os bebês da rua Loefgreen não sabem, mas as sensações que experimentam na rua só servem para que desaprendam as ideias absolutas e verdadeiras de que são portadores como humanos. As sensações são fonte de falso conhecimento. Elas mascaram o conhecimento, a verdade, a ideia inata. Fazem-nos esquecê-la. Os sentidos *só mentem*. Aprender é recordar, é livrar-se das sensações para retomar o contato direto com a ideia absoluta que repousa na alma paralisada e inacessível atrás dos calos grosseiros das sensações embrutecedoras.

A maiêutica é o método pedagógico proposto para nos libertar das sensações e retomarmos o contato com as ideias originais e absolutas. Propõe a recuperação do saber esquecido. Primeiro, nos apercebemos dos erros dos sentidos, ao deduzirmos os absurdos a que o anticonhecimento sensorial inevitavelmente nos leva. O mundo das ideias está além do mundo das sensações. O sucessivo questionamento conduz o aprendiz até o mundo das ideias. Saindo da caverna escura dos sentidos, deparamos com as verdades que já existiam, primordialmente, em nossa alma.

## Os sentidos só sentem

Não, os sentidos não mentem, *somente* sentem. Quem mente? É quem orienta os sentidos. *Olhos meus, é proibido ver que o dinheiro é só papel. Olhe para o papel pintado e veja poder, fartura. Ouvidos meus, não ouçam os gritos das crianças de rua pedindo misericórdia. Escute apenas os sons do último sucesso da* world music *que vem do rádio do carro.*

*Pior que roubar um banco é fundar um* (Brecht). Sentidos, não deem ouvidos a essa insensatez. Olhem, escutem, cheirem, degustem, toquem o banqueiro: ele não é uma figura digna, superior?

Não são os sentidos que mentem; é o *sentido* que lhes é dado que falseia. *Faz sentido* eu ver no bandido a causa da violência que me aprisiona no meu apartamento; *faz sentido* eu ouvir o jornal nacional do senhor Roberto Marinho como uma verdade inquestionável. É o sentido dos sentidos o responsável pela leitura que faço da sensação que tive. Para onde olho senhor Bill Gates? O que devo ver, senhor Hollywood? O que devo ouvir, senhor Sony? O que devo sentir, senhor Citibank? No que devo crer, senhor João Paulo II? Essas respostas são dadas socialmente e a alienação social dirige-os para o falso, para a explicação da classe dominante.

Os bebês têm razão; Platão, não. Os sentidos são uma maravilhosa fonte de conhecimento. Mas são tão necessários quanto insuficientes para se apanhar a verdade. A verdade não é um pré-conceito. Não existe de antemão. É uma criação individual, coletiva, cultural e comunitária. Não é ensinada na escola e não precisa ser martelada todo dia, hora, minuto, segundo, no rádio, na televisão, no *outdoor*, no jornal, na revista para ser coletivizada. Ela emerge sem discursos, sem ordens, sem leis, sem códigos de Hamurábis, sem tábuas de mandamentos, sem o direito romano, sem

AI-1, 2, 3, 4, 5, 6...∞. Muita regra é sinal de pouca vida. Quanto mais regra e lei, maior é a mentira. A verdade não é decretada, vigiada, martelada, regrada, codificada. Ela é simplesmente praticada... por homens livres em livre comunhão. Alguém disse que *O preço da liberdade é a eterna vigilância.* A liberdade não é mercadoria, não tem preço. Vigiar a liberdade significa prendê-la. O pássaro preso na gaiola deixa de ser pássaro e se transforma num símbolo da estupidez e da crueldade da alienação. E o único eterno que existe é que nada é eterno. *O preço da alienação é a sua "eterna" mentira.*

Quando se vive numa sociedade dividida em classes que trabalha alienada, em que a grande maioria dos homens e mulheres é reduzida à condição de máquinas humanas, programadas por uma minoria que se diz *elite dominante* e impõe, graças ao poder que detém, a sua verdade aos nossos sentidos, aí certamente a sensação falseia constantemente. Excetuando-se este caso particular, *raríssimo*, é mais comum a sensação levar vida ao cérebro e não à morte. Não basta olhar; é preciso ver a natureza para com ela aprender. Não basta escutar; é preciso ouvir o pulsar humano para que os corações e mentes entrem em sintonia. Não basta pegar; é preciso tocar nas cordas da comunidade a melodia da fraternidade.

Alguns antropoides, em comunidade, criaram a humanidade. Os humanos, em comunidade, criaram e continuam criando a racionalidade: a linguagem, a cultura, a arte, a ciência. Calcula-se que há centenas de milhares, quase um milhão de anos a comunidade tem desenvolvido esse trabalho de criação do humano. Há aproximadamente dez mil anos a escassez e a necessidade obrigaram esse antropoide peculiar a quebrar sua comuna em classes. Vivemos no interior desse pequeno e rápido desvio de rota. Certamente vamos voltar para o humano. A exploração e a opressão de classe é extremamente dolorida para a espécie. A dor tornou-se maior porque já dispomos do instrumento para nos liberar do desvio mecânico da alienação: a produção programável (combinação de máquinas programáveis-computador mais máquina-ferramenta). Os que nasceram e se criaram no desvio, no hiato, acreditam-no eterno, normal. *O homem sempre explorou o outro. A espécie humana é intrinsecamente cruel e perversa. O Capital é da natureza humana, é o modo natural da vida da espécie.*

## A CAVERNA

Quando Platão nos diz que o mundo das sensações falseia a verdade, trata-se de uma meia verdade. É o homem que sempre viveu na caverna afirmando que a única vida que existe é aquela. O mito da caverna, criado por ele, explica esse seu equívoco fundamental. Um grupo de homens sempre viveu no interior de uma caverna. A vida exterior só lhes chega na forma de imagens que a luz projeta no paredão que eles têm como referência à sua frente, pois a luz da vida se encontra às suas costas. Vivemos há dez mil anos no interior da caverna da sociedade de classes. As imagens que vemos são aquelas projetadas pela classe dominante na tela da alienação que abre no lado oposto ao da vida. Os nossos sentidos não mentem; a mentira vem da divisão da sociedade em classes que nos permite, apenas, ter as sensações oriundas da alienação e da coisificação.

Todos nós vivemos o mito da caverna classista, agravado pela forma capitalista que assumiu a sociedade de classes. Não é à toa que mesmo grandes pensadores confundam as imagens burguesas projetadas na parede com a própria vida. Freud no seu genial *O mal-estar da civilização* afirma que é próprio da civilização humana a repressão aguda aos instintos, aos desejos e às emoções. O sucesso da espécie depende da vida grupal e esta implica, necessariamente, a repressão ao desejo e ao instinto que atomiza, fragmenta e obstaculiza o agrupamento. Mas há diferentes graus de controle do desejo. E Freud, no interior da caverna capitalista, vive na plenitude da industrialização capitalista – o fordismo – e na máxima realização fordista – a Europa nazista. Está dentro de uma caverna ainda mais escura e pequena. No interior da caverna classista está a caverna capitalista; no interior desta está a caverna fordista; e dentro desta está a caverna nazista; e dentro dela está um Freud amargo, deprimido, esforçando-se para compreender aquela explosão louca de barbárie. Certamente a formação do agrupamento humano exige um controle dos instintos, uma administração dos impulsos. Esse controle, na sociedade de classes, se transforma em repressão; esta, na sociedade capitalista, se torna coisificação; no fordismo, a coisificação do desejo se aprofunda em mecanização; e no nazismo assume o grau máximo de aniquilamento. Uma sucessão de graus, qualitativamente diferenciados, marca o movimento de transformação do controle do *id* em liquidação, pura e simples supressão dos instintos.

## Abaixo o beijo

O filme brasileiro *O beijo – 475894* mostra o mecanismo institucional da repressão à sensação proibida, que se torna desejo, em nome da mecanização do homem. Um casal de operários se beija numa linha de produção, desencadeando imediatamente todo um mecanismo de repressão profissional, funcional, moral, jurídica, policial e política. Um monstrengo complexo de leis, códigos, agentes, magistrados, instituições é ativado por um simples ato humano que simboliza o início do acasalamento fundamental à sobrevivência da espécie. A sensação do beijo é proibida, porque a única sensação permitida é a do toque com o metal da máquina. O beijo nos traz a sensação amorosa; o trabalho abstrato na máquina nos traz a sensação dolorosa. E o sistema elege a segunda como verdadeira. E quem não acreditar que o prazer está na máquina será pinçado do jogo.

O filme termina com o arquivamento do processo, um catatau de papel que é colocado em um enorme galpão atolado de pastas e arquivos. O galpão de arquivos de processos do Tribunal de Justiça é a demonstração morta e eloquente de que os sentidos só podem sentir o que é projetado no paredão da caverna capitalista.

## Existir sem enlouquecer

O estudo do meio tem como elemento central o uso dos sentidos. Mas já sabemos que os sentidos são tão necessários quanto insuficientes para a construção do conhecimento. Os bebês extasiam-se com a rua, porque usam, no seu estudo do meio, os sentidos livres da alienação capitalista. Já os transeuntes vulgarizam a rua, porque eles *sabem das coisas*, coisificados que estão pela redução burguesa da vida. A caverna capitalista os dominou e eles estão *satisfeitos* com o que aparece no telão da parede. Ao contrário dos bebês, não procuram mais o inteiro. Acreditam que já o tem. O estudo do meio é a mobilização dos sentidos para além da caverna, para sentir o que vem do lado oposto ao paredão. É o movimento da busca permanente do inteiro, do invisível, do outro lado.

O primeiro meio é a boca e a mãozinha do bebê. Ele o estuda, espontaneamente, porque este meio é integrante do seu corpo. Mamando cria um novo meio, com o seio materno, a ser estudado. O bebê penetra neste meio acreditando que o seio da mãe é parte integrante do seu corpo. É o prolongamento corpóreo da sua boquinha. Mas o seio é e não é prolongamento. O estudo do meio que a mãe desenvolve com ele é para que apreenda essa sua autonomia e a do seio materno. Com isso sua consciência avança na inconsciência, criando plano de ação. E cria também a si próprio, a sua própria humanidade, a sua existência humana. Temos, assim, a navegação do consciente no inconsciente, iluminando o escuro, visibilizando o invisível, expandindo o humano no interior do animal.

Nesse estudo do meio singular que o bebê realiza com sua mãe, esta tem de ser *suficientemente boa* (Winicott) para retirar *pedagogicamente* o seio para que o seu pequeno pupilo não se desespere com a sua ausência repentina nem com a sua permanência castradora. A mãezinha tem de ser uma educadora para que o bebê aprenda a existir sem enlouquecer ou pelo pânico do abandono e da sensação de solidão ou pela dependência superprotetora. Quando o bebê concebe o seio materno como um prolongamento externo do seu corpo, como uma unidade autônoma que lhe é necessária, aquele estudo do meio mãe/filho realizou plenamente o seu objetivo pedagógico: filho e mãe se reconhecem como unidades autônomas de uma outra unidade, a relação materna, um meio superior ao bebê que se concebe como único no mundo. O estudo do meio é essa permanente criação da unidade, cada vez mais ampliada entre contrários, cada vez mais complexos e abrangentes. A pedagogia do estudo do meio é a permanente reelaboração dos sentidos humanos, potencializados, de forma crescente, pelos prolongamentos extracorpóreos que vamos integrando ao nosso existir. O objetivo do estudo do meio é o movimento da percepção do prolongamento como exterior ao corpo, e, simultaneamente, seu potencializador e emancipador.

Com o desenvolvimento da visão, o bebê entra num novo estudo do meio – o berço como prolongamento do seu corpo. O meio amplia-se para o quarto e os demais lugares para onde é levado no colo. O corpo dos que o levam é o prolongamento de suas perninhas que ainda não andam. Ao engatinhar, o meio salta para toda a casa, com todas as suas pequenas armadilhas, nas tomadas elétricas, nas sujeiras do chão que todo bebê gosta de provar. Quando consegue se equilibrar sobre as duas pernas, o meio se amplia para o quintal. O berço, o quarto, a casa, o jardim tornam-se prolongamento do corpo do bebê que os percebe como externo, à medida que experimenta as suas dores e frustrações de expectativas não correspondidas.

## O EQUIPAMENTO EXTRACORPÓREO

Brasil e Colômbia jogavam em Quito. Eu assistia ao jogo na minha casa: São Paulo. Subitamente minha televisão apagou. Houve um corte de energia elétrica no meu bairro. O motivo: a canela de uma caixa de força do alto de um poste escapou, cortando a linha. Vi a equipe de manutenção chegar. Calmamente, um dos operários foi até a caçamba da perua, retirou vários bastões de alumínio e conectou-os uns aos outros. Surgiu uma comprida barra com uma garra na ponta. Com ela, o braço operário estendeu-se do chão ao alto do poste, agarrou a canela e, entre faíscas e zumbidos, colocou-a novamente no seu lugar. A corrente viveu novamente. Imediatamente, na minha televisão retornou a imagem do jogo de futebol.

O operário lidou com a barra como se estivesse palitando os dentes. Conectou vários equipamentos extracorpóreos, criando um prolongamento da sua mão. Com ele entrou no mundo da alta tensão – mais de mil volts. Ao conectar a canela ativou milhões, bilhões de outras conexões, prolongamentos extracorpóreos de milhões de homens, mulheres e crianças: a televisão voltou a ser o prolongamento dos meus olhos para ver Quito. O computador voltou a ser o prolongamento do cérebro do meu amigo Roberto, para criar um sistema de automação industrial. O liquidificador voltou a ser o prolongamento da mão da Cida, para bater um suco de cajá. A máquina de costura voltou a ser o prolongamento da mão da Maria, para cerzir a calça do João Gordinho.

Somos cotidianos com as maravilhas que criamos. Engatamos uma coisa na outra como simples peças de um quebra-cabeça. Atuamos com forças poderosas como se estivéssemos tirando uma simples batata da fogueira. Atuamos com o prolongamento do prolongamento, do prolongamento... como se integrassem naturalmente o nosso corpo, da mesma forma que o nenê acredita que o seio materno é um simples prolongamento de sua boca. Fazemos assim porque lidamos de forma alienada com o que criamos e produzimos. Não vemos sentido no que fazemos e por isso fazemos sem usar os sentidos; ou usamos num sentido que não tem sentido. O estudo do meio é uma prática pedagógica que visa dar sentido humano aos prolongamentos extracorpóreos educando, para isso, os sentidos na dinâmica do *olhar do bebê*.

Equipamento extracorpóreo é o conjunto dos elementos naturais que utilizamos para potencializar a ação e os movimentos do nosso corpo orgânico. Dotada da capacidade de pensar e de criar equipamento extracorpóreo, a nossa espécie atua sobre a natureza criando a natureza humana. Natureza humana é a parcela da natureza composta pela combinação dos elementos materiais produzida a partir do pensamento. Criar natureza humana é a atividade fundamental da nossa espécie. É a razão da sua sobrevivência e do seu sucesso; é o elemento da "universalidade do homem":

> A universalidade do homem se manifesta na prática, precisamente na universalidade que faz de toda a natureza seu corpo não orgânico, tanto na medida em que, primeiro, ela constitui um meio de subsistência imediato, como, na medida em que ela constitui a matéria, o objeto e o instrumento de sua atividade vital. A natureza, isto é, a natureza que não é em si mesma corpo humano, é o corpo não orgânico do homem. (Marx, Karl, 1963: 327).

O equipamento extracorpóreo aparece, inicialmente, como prolongamento do corpo. Mecanizamos esse uso do mesmo modo que o movimento peristáltico. Mas aquele é dual: é prolongamento e ao mesmo tempo não. É na percepção desse segundo aspecto, o afastamento necessário e *suficientemente bom do seio materno*, que acontece o crescimento da razão. O estudo do meio busca a identificação do prolongamento extracorpóreo como um não prolongamento, praticando a *pedagogia da mãe suficientemente boa*. O educador pratica a vida no meio, retirando a proteção e a dependência no ritmo, necessariamente intenso, para cortar a dependência e a onipotência e suficientemente lento, para que não gere o medo traumático da incapacidade e da impotência frustrantes. O estudo do meio é o permanente reconhecimento de si próprio, do nosso existir, feito com os nossos sentidos ampliados pelos prolongamentos extracorpóreos de que dispomos. Na educação, o começo, meio e fim é o existir humano. Existir sem enlouquecer; existir para não enlouquecer.

## A TRANSIÇÃO

Meio é transição. A primeira que realizamos é com o nosso corpo, com os nossos cinco sentidos. Com eles transitamos do inconsciente, do instinto, à natureza extracorpórea. Essa natureza não é estática. As nuvens passam, a noite sucede o dia, a rocha quebra, o ditador cai e a lagarta transforma-se em uma borboleta. Somos, simultaneamente, o que já fomos e o que seremos. Estamos em transição constante, num permanente vir a ser. O mesmo acontece com o nosso meio. Estamos sempre transitando de um meio mais simples para um mais complexo, buscando o que completa o anterior para, quando encontrá-lo inteiro, descobrirmos que este não passa de um novo meio que precisamos inteirar novamente. O estudo do meio, portanto, não é uma mera estratégia, um simples método, um momento determinado da prática educativa. É um movimento constante, contínuo, mesclado, indissoluvelmente, com todas as outras dimensões educacionais e que não se encerra nem como um mero tema transversal (ou atravessado) nem num passeio a um lugar interessante. Todo lugar é interessante e todos os momentos são transversais.

> Eu amo tudo o que foi,
> Tudo o que já não é,
> A dor que já me não dói,
> A antiga e errônea fé,
> O ontem que dor deixou,

> O que deixou alegria
> Só porque foi, e voou
> E hoje é já outro dia.
>
> *Fernando Pessoa, 1931*

Estamos, alienadamente, num determinado meio. Fazemos o estudo desse meio para escapar da sua alienação, para ver os seus elementos com *olhar de bebê*, para descobrir que muitos e muitos outros nexos, na verdade, infinitas conexões, podem ser criadas entre eles, além daquela codificada e dada como obrigatória. No estudo do meio, percebemos que as regras do jogo da vida são criadas por nós, seres humanos. E que temos o direito, o maior dos direitos humanos, de estabelecer novas regras quando as velhas provocam dor e sofrimento. O estudo do meio se dinamiza com o *olhar do bebê*. Só o olhar infantil vê o invisível. Ver o que não se vê. O olhar arrogante, mecânico, programado, reconhecido como *adulto*, apenas vê o que é permitido ver. *O olhar de bebê não basta*. O estudo do meio só se realiza quando, a partir desta visão sem preconceito e desalienada o mais possível, estabelecemos objetivos humanos e atuamos para humanizar o meio. O estudo do meio realiza-se na articulação dos elementos que fazemos, numa realidade para transformá-la e a transformamos. É o uso educacional do meio para a criação da existência potencializada nesse meio. O existir enlouquece, quando não é educado, quando é buscado sem o uso do meio.

## O PLANO DE AÇÃO

O meio é feito de coisas. Mas não é coisa. É o nexo racional que fazemos entre as coisas, para gerar um movimento criador. São as correspondências que estabelecemos entre os elementos da vida para direcionar a vida. Os elementos, as coisas são da realidade objetiva. As correspondências, os nexos são da realidade subjetiva. Existem apenas na natureza humana. Essas correspondências constituem o plano de ação humano.

Criar planos de ação é um atributo da razão. Ter razão é aprender com a natureza como combinar os seus elementos a favor da nossa vida. Ter razão é saber transformar toda a natureza externa à natureza do nosso corpo em prolongamento extracorpóreo.

> A razão é ao mesmo tempo astuta e poderosa. A astúcia consiste, sobretudo, na atividade mediadora, que, fazendo as coisas atuarem umas sobre as outras e se desgastarem reciprocamente, sem interferir diretamente nesse processo, leva a cabo apenas os próprios fins da razão.
>
> (Hegel, *A lógica*)

A espécie humana é a que tem o equipamento corpóreo mais desenvolvido e apto para desenvolver a razão, apesar de assistirmos tanta gente se esforçando no poder, para duvidarmos disso. O nosso sistema nervoso central é organicamente capaz de gerar ideias. Podemos usar a imaginação para antecipar os movimentos reais. Podemos fazer as coisas na mente antes de fazê-las com as mãos. A nossa fantasia nos permite criar infinitas correspondências: um cavalo de asas, um foguete que vá à Lua, uma viagem para o passado ou para o futuro, uma máquina que voa, um galho quebrado que nos traga uma graviola etc. É dela que Lupicínio Rodrigues canta:

> A minha casa fica lá detrás do mundo,
> Onde eu vou em um segundo quando começo a cantar.
> O pensamento parece uma coisa à toa,
> Mas como é que a gente voa quando começa a cantar.

A correspondência é um ato da consciência e não do instinto. A abelha faz o mel, a aranha tece, o castor faz diques, o joão-de-barro, sua casinha, a formiga, o seu formigueiro. Essas espécies constroem, produzem, atuam na natureza, por instinto e não por consciência. Elas não antecipam mentalmente o que vão fazer, não planejam. Só a nossa espécie faz planos.

> Uma aranha executa operações semelhantes às do tecelão, e a abelha supera mais de um arquiteto ao construir sua colmeia. Mas o que distingue o pior arquiteto da melhor abelha é que ele figura na mente sua construção antes de transformá-la em realidade. No fim do processo de trabalho aparece um resultado que já existia antes idealmente na imaginação do trabalhador. Ele não transforma apenas sobre o qual opera; ele imprime ao material o projeto que tinha conscientemente em mira.
> (Marx, K. *O Capital*)

O que difere a produção da aranha e da abelha do trabalho humano é que neste a criação mental – a correspondência – ocorre antes da operação material. Os animais agem sobre a natureza, por força de seu código genético, por determinação dos seus instintos. E nós, *carne inteligente*, trabalhamos movidos por um *plano de ação* prévio. Plano de ação é a criação mental prévia do trabalho humano que orienta e determina sua ação transformadora sobre a natureza.

A percepção dos sentidos e a criação de nexos, de conexões entre as coisas, são contrários que compõem o movimento de planejamento da ação. A criação do equipamento extracorpóreo e a geração de planos de ação são movimentos desiguais e combinados. Estudo do meio é o movimento de (re)criação permanente da combinação desses dois movimentos desiguais. É a recuperação contínua do *olhar de bebê*, para as expansões sucessivas do equipamento extracorpóreo e a rearticulação e recriação constantes deste, para o *existir* daquele.

## A CONQUISTA

O meio é o movimento do trabalho humano de conquista do universo. Não que o homem vá conquistar o universo, porque o que importa é a conquista do humano, de si próprio. Não que um dia vamos concluir a tarefa e bater as mãos pensando: *pronto, já sou senhor de mim*. Só conquistamos o humano quando e enquanto estivermos mobilizados na ação da sua conquista. Fora dela, somos apenas transeuntes perdidos entre dois endereços conhecidos, à espera de uma bala perdida.

Partimos do meio para chegar ao inteiro. E quando nele chegamos, percebemos que ele é um novo meio para chegar num novo inteiro mais abrangente. Meios e inteiros sucedem-se numa jornada infinita. Praticamos o meio para criar o inteiro que, construído, revela-se um novo meio prenhe de um novo inteiro.

A meia verdade é pior do que a mentira. O *meio* homem é pior do que o homem morto. O homem inteiro é o bebê fascinado pela vida, que provou o seu gosto e nunca mais quer perdê-lo.

Alienação é equipar sem existir.

Interação entre o equipamento humano e a existência – o desenvolvimento do equipamento extracorpóreo implica a possibilidade do desenvolvimento da existência. Este não acontece automaticamente.

Educar, liberar o *olhar infantil* para a descoberta, recriação e utilização do novo equipamento para criar a nova existência.

*O existir é o uso pleno do meio.*

# ENSAIOS DE INTERDISCIPLINARIDADE NO ENSINO FUNDAMENTAL COM GEOLOGIA/ GEOCIÊNCIAS

*Maurício Compiani*

A experiência apresentada neste trabalho foi desenvolvida no projeto "Geociências e a formação continuada de professores, em exercício, do ensino fundamental" dentro das atividades do Departamento de Geociências Aplicadas ao Ensino (DGAE) do Instituto de Geociências da Unicamp. A pesquisa foi realizada com alunos de 5ª a 8ª séries (11 a 14 anos) do ensino fundamental. As atividades buscaram enfrentar problemas de ensino e aprendizagem detectados, particularmente, no que diz respeito aos temas de Geologia/Geociências[1]. O projeto foi centrado no professor e priorizou sua atividade na sala de aula, envolvendo a educação continuada de professores, segundo duas vertentes complementares entre si: a formação do professor-pesquisador, em exercício; e orientações construtivistas do processo de ensino-aprendizagem na sala de aula. Foi um projeto de pesquisa colaborativa entre a universidade e a escola pública que se apoiou em abordagens de pesquisa-ação, para propiciar que o processo interativo-reflexivo fosse condição privilegiada para a formação e desenvolvimento de professores.

A equipe de pesquisa foi composta do seguinte modo: pela universidade – três professores, uma mestranda, três bolsistas de iniciação científica; pelo Instituto Paulo Freire (ONG): um pesquisador; pela escola pública: professoras, assim distribuídas por disciplinas e anos de atividade.

|  | 1996 | 1997 | 1998 | 1999 | 2000 |
|---|---|---|---|---|---|
| Ciências | 4 | 4 | 3 | 3 | 3 |
| Geografia | 6 | 6 | 7 | 4 | 4 |
| História | 1 | 1 | - | 2 | 2 |
| Português | 2 | 2 | 2 | 2 | 2 |
| Matemática | 2 | 2 | 2 | 2 | 2 |
| Total de professores | 15 | 15 | 14 | 13 | 13 |
| Total de escolas | 8 | 8 | 10 | 9 | 9 |

O nosso projeto configurou-se como uma pesquisa educativa *com* e *para* a escola. São diferentes as ações do processo de formação continuada e as da pesquisa sobre a formação continuada, como são diferentes o ensino e a pesquisa sobre o ensino. Na pesquisa de ambas há um duplo papel do pesquisador: por um lado, pesquisa e, por outro, participa, decide, interfere nos acontecimentos que estuda. O professor ocupa uma posição semelhante à de observador participante, podendo, assim, usar os procedimentos investigativos de observador para avaliar e, intencionalmente, influir em seu ensino. Em nosso projeto, está em análise a formação do professor reflexivo e/ou pesquisador. Há todo um campo de discussão sobre a conceituação dos termos "reflexivo" e "pesquisador" que não cabe tratar aqui. O que interessa afirmar aqui é, mais que um observador participante, o profissional que queremos é um investigador na ação.

Daí que, entre vários objetivos, havia uma ousadia que foi a de que os professores, em parceria conosco, desenvolvessem práticas, saberes, atividades e materiais em sala de aula e iniciassem investigações educativas sobre suas atuações em sala de aula. A ideia era a de construir uma concepção de formação para a investigação e/ou formação pela investigação. Em outras palavras, buscávamos elaborar uma espécie de "proposta curricular" que implicasse um processo de formação do professorado em exercício, mediante a investigação que o próprio professor faz de seus pressupostos pedagógicos, de sua atuação e das consequências daí advindas. Era necessário valorizar a atividade do professor, ressaltando o enfoque prático-reflexivo de sua atividade didática. Isso implicava redimensionar a concepção de professor: sua tarefa não poderia ser a de um mero técnico que aplica receitas feitas e experimentadas pelos educadores de gabinete, porque se admitia o caráter singular, dinâmico e variável de cada contexto escolar, classe e, também, professor. Assim, uma exigência da atividade docente era a de que praticasse, de modo aberto e criativo, a investigação. Essa atitude, como afirma Lüdke (1995), dá a oportunidade ao professor de ser participante do saber que se elabora e reelabora a cada momento ou, em outras palavras, o professor deveria ser pesquisador de suas próprias aulas, de seu próprio processo de ação.

O professor deveria ser o agente das pretendidas mudanças de aprendizagem dos alunos, tendo a preocupação de articular os conteúdos com a realidade histórica do educando e de tornar o plano de ensino contextualizado, permitindo que o aluno analisasse com possibilidades de algum tipo de interferência ou transformação da realidade. Para isso, um ponto crucial foi criar, entre os professores, a atenção para um ambiente cultural escolar de aprender a observar e de aprender com as comunidades, incorporando os recursos culturais que os alunos trazem para a escola.

Isso não é nada fácil. É necessário, da parte do professor, uma grande capacidade de sentir e ouvir as elaborações conceituais de seus alunos, e que construa um guia de leitura que lhe dê um rol de interpretações. O papel do professor é primordial, pois, apoiando-se no processo do aluno, mas orientando-o para sínteses possíveis, favorece a discussão, cria um ambiente de escuta recíproca e de debate, faz com que cada aluno explique bem o que disse, discrimina as divergências que vão aparecendo. Sínteses possíveis que devem levar em conta que a organização e a estruturação do conhecimento científico, junto com certas características do contexto de sala de aula, tais como ideias prévias, mediações e discursos, constituem-se em fatores decisivos para a elaboração do conhecimento escolar.

Houve uma série de experiências alternativas ao convencional modo disciplinar que podemos designar como o título desse trabalho: ensaios interdisciplinares. A estrutura da escola fundamental brasileira de 5ª a 8ª série tem o seu currículo muito determinado e organizado, tomando-se por base as contribuições de cada uma das tradicionais disciplinas científicas. A disciplina Ciências fragmenta-se entre prioritariamente conteúdos de Biologia, Química e Física, inclusive pelas séries: na 6ª série está a Biologia, na 7ª, a Química e na 8ª, a Física. A Geologia/Geociências, apesar de ser uma dessas disciplinas, não apresenta tal *status*. Isso nos facilitou nas tentativas de organizar o currículo escolar de modos diferentes, por exemplo como ensaios de interdisciplinaridade e fios condutores do tipo "conceitos estruturantes" (Compiani & Gonçalves, 1996), objetos deste trabalho.

Havia e há um favorecimento para a organização diferenciada do currículo, propiciada pela grande ênfase dada aos temas transversais nos novos Parâmetros Curriculares Nacionais (PCNs), em implantação no Brasil. Corroborando com essa maior liberdade de tratar o conhecimento escolar, havia a constituição inicial da equipe da rede pública, que contava com professores de Ciências, Geografia, Matemática, História e Português. Isso, ao mesmo tempo que aumentava nossa liberdade de escolha, nos amedrontava e desafiava, pois nossa intenção inicial era priorizar o trabalho com os professores de Geografia e Ciências. Mas como fomos, aos poucos, desenvolvendo atividades mais integradas e menos disciplinares, com todos esses professores o projeto foi tomando um caráter de buscas e ensaios interdisciplinares.

Interessante é que a prática interdisciplinar não era um de nossos objetivos, mas foi se configurando como uma prática do projeto e temos muito claro que o tempo para amadurecer essas experiências mais interdisciplinares foi curto; daí que nessa análise *a posteriori*, as vemos como ensaios. Ensaios esses que nem arranham toda uma cultura disciplinar, mas servem para apontar caminhos interessantes e promissores de integração entre as diferentes disciplinas com a Geologia/Geociências. Não apenas isso. Pela pesquisa-ação desses ensaios, hoje sabemos que as escolas públicas não estão minimamente preparadas para uma estrutura pedagógica que trate o ensino de forma interdisciplinar. Não há nenhuma estrutura mais coletiva de troca, de espaço de trabalho conjunto entre professores. Tão fragmentado quanto o ensino por disciplinas tradicionais é o dia a dia pedagógico de uma escola. Não há uma cultura de tratamento interdisciplinar nem na formação inicial de qualquer docente nem na vida escolar. Há experiências de desenvolvimento profissional de docentes introduzindo essa cultura e transformando as práticas escolares, mas esbarrando na estrutura autoritária, estática e burocrática das escolas.

O desafio dos temas transversais amplifica essas barreiras atuais da escola e ilumina a possibilidade histórica de enfrentar a concepção compartimentada e reducionista do saber que caracterizou a escola dos últimos anos. Segundo Yus Ramos (1998), educar na transversalidade implica uma mudança importante na perspectiva do currículo escolar, à medida que vai além da simples complementação das áreas disciplinares. Para o autor, as práticas, a seguir, nem de perto aparentam ser transversais: criar novas disciplinas e acrescentar às clássicas acadêmicas em horário específico, como acontece com as optativas; criar unidades didáticas isoladas anexas a um temário superabundante de conteúdos acadêmicos de determinadas disciplinas; criar temas que o professorado pode incluir opcionalmente no currículo, à medida que seja compatível ou reforce o restante do currículo acadêmico (currículo *à la carte*); e criar um conjunto de temas para distribuir igualmente entre cada uma das disciplinas, forçando os temas acadêmicos a permitirem a entrada de temas transversais.

O tratamento da transversalidade ainda não é nada claro e acreditamos que somente a sua prática efetiva é que começará a demarcar o campo teórico dessas experiências. Buscando práticas interdisciplinares, exercitamos a ideia de conceitos estruturantes. Eles não têm a pretensão de ser transversais e são escolhidos dentro do corpo de disciplinas e conhecimentos escolares de um ano letivo, com a pretensão de organizar, estruturar e integrar essas próprias disciplinas nas dimensões horizontal e vertical. Por nascerem dentro do campo científico, em vez do "embate" com o campo cotidiano, diferenciam-se dos temas geradores de natureza freireana. Não apenas por essa característica, há várias outras que, infelizmente, não cabem nesse espaço. É um nascimento configurado, eu diria orientado pelo conhecimento escolar, mas isso, em hipótese alguma, altera o caráter construtivista de trabalho em sala de aula a partir dele. A sua origem delimita as opções de temas estruturantes que estão amarrados e propiciam a própria integração entre disciplinas do corpo de conhecimento que os origina. O fato de nascer da "barriga científica" não significa que o seu período de gestação não tenha sido "alimentado" pelos problemas socioeconômico-ambientais de sua época.

A ideia das dimensões horizontal e vertical é que o conceito consiga ser tratado por diferentes olhares. A horizontalidade faz com que esse fenômeno seja contextualizado e, comparado com outros, a partir de sua localidade, acentuam-se as particularidades, singularidades. Em cada local pode-se desenvolver a respectiva historicidade, buscas de compreensão dos fenômenos em termos de causalidades, abordagem dialética, sistêmica etc. A verticalidade observa esses diferentes contextos, buscando generalizações que possam explicá-los em conjunto ou conjuntos; aqui há um rumo para a descontextualização e a compreensão dos fenômenos vão caminhando para propriedades, definições.

Podemos, simplificadamente, correndo riscos, escrever:
- horizontalidade-local-particular/singular/histórico rumo à contextualização;
- verticalidade-global-generalizável/propriedades rumo à descontextualização.

É uma dialética da contextualização e descontextualização que gera consciência, compreensões, explicações, atitudes e ações mais reflexivas e críticas historicamente contextualizadas.

É na localidade que estão as marcas, os registros que atestam o que existiu. Estão sempre espacialmente e temporalmente marcados. O processo de reconstrução histórica, por meio dos registros, realça a relação de indexalidade.[2] A atenção para o local, segundo Kincheloe (1997), traz o foco para o particular, mas num sentido que, contextualmente, se baseia num entendimento maior do entorno e dos processos que o moldam. Os fatos fazem sentido somente no contexto criado por outros fatos. Os fatos são mais do que pedaços de informações, eles são parte de um processo mais amplo. A consciência deve ser entendida como uma parte de um processo maior. A categoria geocientífica "lugar" é entendida como o *locus* de ligação com o todo, uma interação sutil da particularidade e da generalização. Com apoio de Ab'Saber (1991), mais do que nunca, essa perspectiva exige método, noção de escala, boa percepção das relações entre tempo e espaço, entendimento da conjuntura social, conhecimentos sobre diferentes realidades regionais, culturas e diferentes códigos de linguagem adaptados às concepções prévias do alunado. E exige, sobretudo, respeitar e acreditar no valor da multiplicidade e diversidade dos vários "mundos" que coexistem em nossas sociedades. Implica exercício permanente de interdisciplinaridade e o enfrentar de questões cotidianas. Questiona as velhas disciplinas, aperfeiçoando novas linhas teóricas, na tentativa de entendimento mais amplo.

Houve uma série de experiências com o ensino de Língua Portuguesa, História, Geografia, Ciências e Matemática, ensaiando integrações com a Geologia/Geociências, desenvolvendo procedimentos e linguagens que fizessem a ponte com os conhecimentos mais cotidianos dos alunos. A ideia foi trazer para a sala de aula o contexto geográfico, histórico e cultural em que se insere a escola. Há toda uma cultura escolar de transmissão de informações baseadas em definições e conteúdos descontextualizados e sem abertura para relações entre disciplinas e o mundo cotidiano. O conteúdo da maioria dos livros didáticos é descritivo, não havendo preocupação em trabalhar com níveis mais complexos de conceitos e problemas a partir de, e em integração com, o contexto em que se inserem a escola e os alunos.

Apenas uma única experiência do projeto "*Geociências*" será descrita a seguir, a fim de exemplificar mais concretamente as discussões que vimos fazendo neste texto. O trabalho das professoras Picciuto e Silva (1999) encontra-se no site do projeto.

O trabalho, que partiu da própria realidade do entorno da escola e dos alunos, foi desenvolvido pelas professoras de Geografia e Português, em uma 7ª série com 36 alunos, do período noturno da Escola Estadual Dona Valentina S. de O. Figueiredo. Trata-se de uma tentativa de atuação interdisciplinar que buscou uma percepção mais aguçada da região em que se insere a escola e na qual vive a grande maioria dos alunos. A intenção era obter textos consistentes, nos quais os alunos pudessem descrever, narrar e dissertar ao mesmo tempo, argumentando com fatos relevantes de suas vidas e para elas. Em outras palavras, que expressassem tomadas de posições, reflexões com os dados disponíveis, seleção intencional de pontos de vista. Pretendia-se demonstrar que é uma boa abordagem partir do local para o geral, uma vez que a localidade encerra questões da globalidade e, a partir destas, pode-se construir um vaivém entre local e global, particular e geral, singular e histórico.

A escola situa-se no Jardim Yeda, periferia de Campinas, e sua clientela é carente financeira e, muitas vezes, emocionalmente. Um questionário inicial confirmou muitos fatos que as professoras já supunham: alunos pertencentes à classe média baixa; uma minoria empregada (na indústria e na prestação de serviços); a escola é vista como uma possibilidade de ascensão social; as opções de lazer são muito restritas.

Decidiu-se tocar em uma das questões mais delicadas para os alunos – o bairro onde residem –, para chegar aos problemas que se queria abordar: a ocupação desordenada do meio físico, gerando as péssimas condições de vida no bairro, incluindo a falta de canalização dos esgotos das casas, que são despejados diretamente no córrego próximo. Ao serem perguntados, no questionário, sobre a existência do córrego, a maioria disse nada saber. Ora, é difícil considerar esse fato como verdadeiro, porque as professoras sabiam que eles moravam nas redondezas, grande parte às margens do córrego que corta ao meio a favela ali existente.

Usando o tema "água, um recurso natural vital" como conceito estruturante da aprendizagem, procurou-se enfocar o córrego localizado no bairro, o qual é parte de um problema constante na vida desses estudantes, fazendo a ligação entre o lugar, a região, com os conceitos geográficos e os conteúdos de Português. Mais especificamente, neste caso, o lugar é o córrego da Vila União, no município de Campinas. A região é Campinas e o conceito geral é o processo de industrialização e suas consequências ambientais. Pretendeu-se mostrar que esse córrego se relaciona com o contexto urbano de Campinas que, por sua vez, faz parte de um universo maior, o de uma região industrializada.

A primeira atividade realizada foi solicitada pela professora de Geografia: consistia em levantar as informações que os alunos possuíam sobre o passado do bairro, para assim poder discutir as mais recentes transformações. Pediu-se que registrassem, individualmente, suas memórias a respeito das transformações ocorridas no bairro onde eles residiam. As transformações mais citadas foram a implantação e habitação da Vila União, bairro vizinho ao da escola, que os alunos conhecem, pois começou a ser ocupado há pouco tempo, além da construção de um hipermercado. Para os alunos, de todas as transformações ocorridas, a única considerada negativa era a degradação do córrego:

> "E o córrego antigamente era limpo e foi ficando sujo."
> "As pessoas jogam lixo e animais mortos e quando chove não aguentamos o mau cheiro."

Como o córrego era o centro articulador do trabalho e o número de alunos que o citou em seus textos foi pequeno, era necessário que os demais voltassem sua atenção para aquela parte do bairro. Então, a professora de Geografia discutiu esses textos dando especial atenção à questão do córrego e aos problemas relacionados. Como os textos também apontaram a urbanização da área e o crescimento populacional, a professora de Geografia introduziu textos sobre a história de Campinas e a importância dos rios, aproveitando para relacionar aumento da população, necessidade de tratamento maior para a água e o esgoto, necessidade de conscientização para preservação do córrego e, daí, estabeleceu ligações com o ciclo da água, urbanização e bacias hidrográficas.

Nas aulas de Português, esses textos eram refeitos, ou seja, ao mesmo tempo que eram produzidos, também eram lidos e discutidos pelos alunos. Isso ocorreu em etapas. Num primeiro momento, o trabalho foi desenvolvido com os textos sobre a memória do bairro, mas depois prosseguiu com todos os outros textos. Eram lidos e, a partir daí, organizados para melhorar o que o aluno queria expressar. Trechos de alguns textos eram colocados na lousa e, junto com os alunos, corrigidos. Depois, os estudantes faziam a leitura trocando os textos entre eles. Nesse momento, cada aluno ficou na condição de leitor do texto de um colega, texto próximo daquilo que ele é capaz de escrever e, portanto, capaz de detectar possíveis erros e soluções para melhorar sua estrutura. A ideia era ensinar lendo, refletindo e discutindo seus próprios textos, pois dessa maneira eles poderiam socializar os conhecimentos, antes não sistematizados, mas que, aos poucos, se transformariam em significados que poderiam ser utilizados por eles.

Como continuidade dos estudos, a classe foi dividida em grupos e cada um ficou responsável por aprofundar, mediante textos fornecidos pelas professoras, um dos seguintes temas: tratamento da água; poluição dos rios e córregos; aumento da demanda pelo uso da água; ciclo da água; águas subterrâneas; bacia hidrográfica; história do bairro; e história de Campinas.

O passo seguinte foi a realização de um trabalho de campo no entorno do córrego, para o qual mantiveram-se os alunos subdivididos em grupos, orientados por um roteiro de atividades composto de duas partes. Na primeira, os alunos deveriam fazer uma descrição do que viam e responder a algumas questões, como: você observa lixo no córrego? Que tipo de lixo? Na sua opinião, que motivo leva as pessoas a jogarem lixo no córrego? A segunda parte era composta de entrevistas com os moradores, procurando levantar os seguintes dados: como se deu a ocupação do local; como era o convívio das pessoas com a área; qual a opinião dos moradores sobre a canalização do córrego; o porquê de esgoto e lixo serem jogados diretamente no córrego.

Além de escrever as observações da área, havia outras atividades, como desenhos, as citadas entrevistas e fotografias. Cada aluno tinha a opção de fotografar o que mais lhe despertasse a atenção, uma vez que a fotografia era um registro importante para a socialização dos estudos de campo em sala de aula, pois marcava a degradação do local visitado e contrastava com a história dos antigos moradores contada nas entrevistas.

De volta à sala e de posse do material colhido, os estudantes montaram um painel com as fotos tiradas e um seminário, que contou com preparo prévio e montagem dos textos. A discussão sobre os bairros – o da escola e o de suas casas – veio por meio desses textos, em que os alunos começaram a relacionar as questões geocientíficas e ambientais, anteriormente discutidas, com o problema local, fazendo a síntese a partir das informações obtidas no trabalho de campo. Apresentaram uma narrativa não apenas sucessiva e, sim, com elementos de causalidade entre as causas e os efeitos dos eventos relatados. As semelhanças são nítidas com o discurso dos geocientistas e também dos historiadores, que se utilizam da narrativa sucessivo-causal, como se pode ver abaixo:

> Constataram em entrevistas com os moradores: "As casas (ou terrenos) do Bairro J. S. Lúcia que contornam o córrego não foram doados, foram todos comprados." Levantam uma hipótese: "Mas quem compraria uma casa de frente com um córrego tão sujo e fedido?" Argumentam sobre ela: "O caso é que o córrego, ou seja, a água do córrego era limpa, segundo os moradores, limpíssima". Voltam ao acontecimento (a poluição do córrego): "E foi sujando com o tempo." Buscam as causas: "Com a falta de conscientização dos moradores e com a falta de ajuda da prefeitura porque o lixeiro não passa nessa rua para pegar o lixo e porque a lixeira fica muito longe".

Nessa pesquisa, as disciplinas de Português e Geografia agiram ao mesmo tempo com trocas de informações, interpenetrando-se em seus campos de ação, para que os alunos estabelecessem uma relação de sentidos. Sentidos esses que forneceram saltos qualitativos, para que entendessem o local onde vivem e se percebessem como agentes modificadores de sua própria realidade, construindo os conceitos pela "fusão" entre o que já conheciam do bairro (pelo seu saber popular) e o que lhes foi acrescentado (por meio do saber sistematizado).

## Considerações finais

A experiência relatada buscou envolver e integrar temas de Geografia e Português, tratando a água como conceito estruturante, buscando integrar as atividades a partir de sua horizontalidade/espacialidade, dando atenção para a localidade. A verticalidade foi desenvolvida a partir de uma visão de paisagem que particulariza e contextualiza o espaço geográfico como integrante das histórias individuais, familiares e sociais. Integram-se narrativas individuais e sociais com discursos narrativos geográficos e geológicos. Integra-se espaço e tempo. Uma das ideias é ir construindo uma metodologia para ensino-aprendizagem de conceitos estruturantes que tratem, integradamente, os processos naturais da Terra com o tempo cronológico, social e histórico e, também, com o tempo arqueológico e geológico.

O tratamento de temas transversais, a formação de professores reflexivos, o construtivismo são pilares fundamentais para a formação de sujeitos autônomos e críticos, com um critério moral e ético próprio, e capazes de enfrentar os problemas apresentados hoje pela humanidade. Concordamos com a opinião de Yus Ramos (1998) de por que isso acontece, como muitos profissionais do ensino admitem, esses pilares são opções ideológicas que constituem novas propostas metodológicas, à medida que ajudam a dimensionar todo o processo, de acordo com os aspectos que a comunidade educativa considera relevantes para a formação das novas gerações. Em acordo com o autor, precisamos ir incorporando novas propostas, pesquisando novos currículos que devem se tornar complexos ou globalizando-se, impregnando-se da problemática de nosso mundo e adequando as estruturas e os hábitos do trabalho profissional a esses pilares ou dimensões, de modo mais flexível, cooperativo, interdisciplinar e comprometido socialmente.

## Notas

1 Designamos Geologia/Geociências aqueles conteúdos de Geologia, Astronomia, Meteorologia, entre outros, que não constam como disciplina no currículo da escola fundamental, mas são abordados em Geografia e Ciências. Também incluímos muitos conteúdos de Geociências que antes eram apenas tratados na Geografia Física e que hoje estão também em Ciências, como: Pedologia, Climatologia etc.

2 O índice é um modo de relação entre o signo e o seu referente que remete ao contato ou conexão física. O fóssil, a fotografia, o documento, a memória por meio da oralidade são índices: marcas daquilo que realmente existiu. Exerce uma função de atestação. Um exemplo com a fotografia: a imagem fotográfica é sempre uma representação singular. Em relação ao retrato, a fotografia de uma pessoa é sempre a fotografia dela e não de uma outra pessoa. É o princípio da identidade.

## Bibliografia

Ab'sáber, A. N. *(Re)Conceituando educação ambiental*. Rio de Janeiro: CNPq/MAST, *folder*, 1991.

Compiani, M. & Gonçalves, P. W. "Epistemología e Historia de la Geología como fuentes para la selección y organización del curriculum". *Enzeñanza de las Ciencias de la Tierra*, Girona, v. 4, n. 1, p. 38-45, 1996.

KINCHELOE, J. L. *A formação do professor como compromisso político: mapeando o pós-moderno*. Porto Alegre: Artes Médicas, 1997, p. 262.

LÜDKE, M. "A pesquisa na formação do professor". *In:* I.C.A., Fazenda, (org.) *A pesquisa em educação e as transformações do conhecimento*. Campinas: Papirus, 1995, pp. 111-120.

PICCIUTO, A. M. F. & SILVA, S. B. da. Português e o Estudo do Meio: uma Parceria com Geografia. Site do Laboratório de Recursos Didáticos em Geociências do Instituto de Geociências da Unicamp (*http://www.ige.unicamp.br/laboratórios/lrdg/index2.html*), 1999.

YUS RAMOS, R. "Temas transversais: A escola da ultramodernidade". *Pátio Revista Pedagógica*, n. 5, maio/jul. 1998.

# FUNDAMENTOS PARA UM PROJETO INTERDISCIPLINAR: SUPLETIVO PROFISSIONALIZANTE

*Nídia Nacib Pontuschka*

Este artigo resulta de uma reflexão sobre um Projeto de Supletivo Profissionalizante para alunos trabalhadores vinculados a diferentes sindicatos.

Professores do Laboratório de Pesquisa e Ensino em Ciências Humanas da Faculdade de Educação da Universidade de São Paulo em parceria com o Centro de Estudos, Ensino e Pesquisa, São Paulo (CEEP), sindicatos de quatro cidades do Estado de São Paulo (Franca, Limeira, Rio Claro e São Paulo) e Fundação Paula Souza realizaram um curso de formação de professores, para alunos de supletivo profissionalizante, tendo como princípio básico a interdisciplinaridade.

## O MUNDO DO TRABALHO NO PRINCÍPIO DO SÉCULO XXI

As lideranças dos diversos sindicatos solicitaram a criação dos cursos supletivos, preocupadas com a condição de cidadãos dos trabalhadores que por motivos políticos, econômicos e sociais foram impedidos de ter acesso aos bens materiais e culturais, embora participem do processo de produção material do país.

As transformações sociais e tecnológicas resultantes do atual estágio do capitalismo em que a globalização, sustentada pelo pensamento neoliberal, indica a direção para a vida econômica e social, vêm resultando em grande modificação no mundo do trabalho, o que exige compromisso do conjunto da sociedade, para com aqueles que não tiveram a oportunidade de completar sua escolaridade, em tempo condizente com a faixa etária.

A tendência geral da indústria e dos serviços, nessa fase do capitalismo, foi a de substituir o trabalho humano por forças mecânicas, fazendo com que, rapidamente, houvesse aumento do desemprego e corrida para novos empregos, cada vez mais raros. Apesar de ser um fenômeno mundial, ele é agudizado nos países industrializados do ainda chamado Terceiro Mundo, nos quais praticamente inexistem políticas sociais de atendimento ao desempregado.

Os estudiosos do assunto afirmam que o desemprego no mundo globalizado não é simplesmente cíclico, mas sim estrutural (Hobsbawm,1995; Dowbor, 1997;

Ianni, 1992). Consideram também que o desemprego não é resultado da ausência de crescimento econômico, mas do próprio crescimento econômico.

Essa consciência não é partilhada somente por pesquisadores e cientistas políticos, mas também pelos sindicalistas que estudam e apontam os problemas, cada vez mais graves, dessa situação nacional e mundial.

Assim, líderes sindicais brasileiros, em entrevista com Hobsbawm, em 1992, afirmaram que, apesar de o trabalho ser muito mais barato no Brasil, em comparação com Detroit, Estados Unidos, e Wolfsburg, Alemanha, a indústria automobilística, em São Paulo, enfrentava os mesmos problemas de crescente redundância de trabalho, motivada pela mecanização, como em Michigan e na Baixa Saxônia (Hobsbawm, 2000).

As rápidas modificações, em processo no mundo do trabalho (automatização, terceirização e trabalho temporário), colocam aos trabalhadores o temor de, a qualquer momento, se tornarem desempregados e precisarem ir à procura de novos empregos os quais, certamente, irão exigir maior escolaridade e qualificação.

## Supletivo profissionalizante: aluno e professor

O retorno aos bancos escolares, para permitir ao adulto o acesso às novas linguagens que a tecnologia e a cultura humana vêm criando, é urgente. Sem essa acessibilidade, dificilmente o trabalhador desenvolverá sua cidadania, pois para realizar a leitura do mundo, nas várias dimensões, há a necessidade de dominar a complexa cultura criada historicamente.

O mundo do trabalho não será compreendido e o trabalhador terá dificuldade de nele se inserir de forma crítica, sabendo que não é apenas mão de obra, mas é capaz de trabalhar com as mãos e com o cérebro; é capaz de participar do movimento da sociedade e ter consciência do significado de seu trabalho, para o capital e para a sociedade.

Com essa perspectiva, os trabalhadores vêm buscando cursos para completar sua escolaridade básica. No entanto, para organizar os cursos e formar professores para eles, há a necessidade de conhecer suas demandas e refletir sobre o seu perfil.

Nesse sentido, os sindicalistas tiveram importante papel, apresentando à equipe de formadores e aos professores dos cursos as características das diferentes categorias: vidreiros, metalúrgicos e trabalhadores dos transportes, entre outros.

A construção da cidadania, como grande meta, é difícil, pois temos uma população heterogênea em relação à escolaridade, condições socioculturais, idade, valores, origens sociais, culturais, hábitos. Os preconceitos e as representações mais ingênuas só são superados com um trabalho pedagógico sistemático e compromissado.

No caso da cidade de São Paulo, o que há é uma grande diversidade; os alunos inscritos têm de 16 a 60 anos, são pessoas vinculadas ao mundo da produção que, por sua idade, origem social e regional, permanência de tempo na cidade, natureza dos trabalhos que exercem e sindicatos a que pertencem, apresentam culturas diferentes e formação escolar variada.

Há, entre eles, pessoas com elevado nível de oralidade, de leitura e de coerência em seus discursos, mas com dificuldade na expressão escrita e no domínio de outras linguagens necessárias à compreensão do mundo contemporâneo e da própria situação no mercado de trabalho; por outro lado, existem também aqueles com dificuldade até mesmo na expressão oral.

É importante ressaltar que muitos, entre os alunos adultos, apresentam uma concepção de escola bastante tradicional que precisa ser rompida, no processo de ensino e aprendizagem, ao se criar uma relação saudável entre aluno e professor.

Outra preocupação dos idealizadores do Projeto do Curso Supletivo foi que o professor seria capaz de contribuir para a ampliação da cultura desse aluno, para que ele compreendesse a importância de sua existência como pessoa e como cidadão, no sentido individual e nos vários papéis que exerce no interior da sociedade.

A educação do povo, no mundo atual, exige novos olhares críticos para essa realidade complexa e contraditória e coloca novas tarefas para os professores, em cada uma das modalidades. Novos caminhos do conhecimento, do ensino e aprendizagem devem ser buscados na construção do humano e do cidadão.

O modo como o professor percebe a realidade pode se constituir em uma barreira, impedindo-o de ousar e experimentar alternativas pedagógicas, pois pode aceitar a realidade cotidiana de sua escola e de sua sala de aula como natural, ou pode concentrar esforços no intuito de romper com a rotina, buscando meios mais eficientes para atingir seus objetivos e encontrar soluções para os problemas e conflitos entre os sujeitos sociais.

O Supletivo Profissionalizante exige, por sua peculiaridade, um profissional permanentemente atento à dinâmica da sala de aula, às relações que se estabelecem entre professor e aluno; entre os próprios alunos, considerando a apropriação do conhecimento já existente e a construção do conhecimento que se desenvolverá no processo pedagógico da sala de aula.

Com essa perspectiva, precisamos pensar em um docente que seja educador e pesquisador.

> A ação reflexiva é um processo que implica mais do que a busca de soluções lógicas e racionais para os problemas; envolve intuição, emoção; não é um conjunto de técnicas que possa ser empacotado e ensinado aos professores.
> (Geraldi, 1998: 248)

## COTIDIANO ESCOLAR: TRABALHO COLETIVO, INTERDISCIPLINARIDADE E DIALOGICIDADE

Para formar professores que correspondam às demandas desse público de alunos, há a necessidade de se realizar um projeto em parceria entre a universidade, as escolas promotoras do supletivo e os sindicatos envolvidos.

A excessiva fragmentação do conhecimento, com cada professor realizando o seu trabalho isolado, sem interação com os colegas, exige nova orientação: a construção de um projeto que pressuponha uma visão de totalidade, em relação ao ensino e à aprendizagem, com a articulação entre os saberes das diferentes áreas, do acúmulo de experiências e capacidades, ou seja, o objetivo é conectar os fragmentos e construir um outro conhecimento por meio de professores, sindicalistas e alunos.

O mundo, além de ser fragmentado, é também globalizado. Para evitar um ensino massificado, faz-se necessário um esforço de compreensão das diferenças e desigualdades e a urgência de um trabalho interdisciplinar que surja a partir do disciplinar.

Após o conhecimento, ainda que parcial, dos perfis dos alunos, a tarefa seguinte é a de estabelecer os princípios metodológicos da formação dos professores, com proposta pedagógica para adultos e jovens trabalhadores, na qual o trabalho coletivo e a interdisciplinaridade sejam os princípios fundamentais.

Os professores inscritos precisam ser entrevistados, para que se conheçam as respectivas visões de mundo que possuem, assim como suas representações sobre o ato de ensinar e aprender, em um mundo em constante mudança. Como ensinam e como utilizam os conhecimentos socializados pelos alunos em classe: trabalham com lista de conteúdos previamente construída ou usam outros organizadores na construção do programa de curso?

Na perspectiva de promover mudança na maneira de ver o ensino e a aprendizagem da Geografia e das demais disciplinas escolares, tendo o coletivo como fundamental, podemos criar uma metodologia que tenha como princípio a interdisciplinaridade, ou um trabalho mais integrado, para superar a compartimentação entre os saberes e promover a apreensão de conteúdos vinculados à realidade dos alunos.

A concepção de trabalho interdisciplinar adotada pressupõe a colaboração das várias ciências para o estudo de determinados temas que orientam as atividades pedagógicas, respeitando a especificidade de cada área do conhecimento, isto é, a fragmentação necessária no diálogo inteligente com o mundo e cuja gênese encontra-se na história do desenvolvimento do conhecimento. Respeitando-se os fragmentos dos saberes, procura-se entender a relação entre uma totalização a ser perseguida e sempre ampliada pela dinâmica de busca de novas relações (Delizoicov/Zanetic, 1993: 13).

O desenvolvimento humano dos alunos trabalhadores poderá ser obtido, por meio da articulação dos conhecimentos acumulados pelos trabalhadores: numa leitura disciplinar e interdisciplinar; localizando e suprimindo as lacunas conceituais necessárias para essa combinação; na integração dos trabalhadores no movimento coletivo de criação conceitual, para a gestação do plano de ação emancipador do trabalho humano; e na mobilização das pessoas para a apropriação social da tecnologia automatizadora, para o desenvolvimento do trabalho útil e para a satisfação das necessidades humanas vitais.

A compreensão da vida cotidiana desse aluno trabalhador será importante para que haja reflexão sobre os homens em suas relações sociais. Desse modo, destaca-se o trabalho sobre a vida cotidiana:

> A vida cotidiana é a vida de todo homem. Todos a vivem, sem nenhuma exceção, qualquer que seja seu posto na divisão do trabalho intelectual e físico. Ninguém consegue identificar-se com sua atividade genérica a ponto de desligar-se inteiramente da cotidianidade, embora esta o absorva preponderantemente.
> A vida cotidiana é a vida do homem inteiro; ou seja, o homem participa na vida cotidiana com todos os aspectos de sua individualidade, de sua personalidade. (Heller, 1999: 17)

A nossa hipótese é a de que a vivência de um trabalho coletivo e interdisciplinar com o conjunto dos professores facilitará a formação de um coletivo na classe dos alunos trabalhadores.

Associada, intrinsecamente, à interdisciplinaridade e ao trabalho coletivo está a dialogicidade, princípio buscado tanto na formação dos professores como no trabalho pedagógico com as classes do Supletivo. Assumimos a dialogicidade, tal como Paulo Freire:

> [...] uma metodologia que tenha o diálogo como sua essência, e que peça ao educador uma postura crítica, de problematização constante, de distanciamento, de estar na ação; uma metodologia de trabalho que aponte na direção da participação, na discussão do coletivo e que, por isso, exija uma certa disponibilidade de cada educador.
> (São Paulo, SME, Tema Gerador e a Construção do Programa, 1991: 8)

A dialogicidade exige permanente colaboração entre os vários sujeitos sociais, pois o pensar e o agir disciplinares constituem tarefa árdua, pois é preciso que os professores passem de um trabalho individual, solitário e compartimentado, no interior de uma disciplina ou de um dos ramos da ciência, para um trabalho coletivo, orientado para o interdisciplinar, em que, em um esforço individual e coletivo, vá em busca da totalidade, somente conquistada por meio de uma construção; em que olhares diferenciados incidam sobre um objeto e as pessoas dialoguem sobre ele, iluminadas pelos fundamentos teóricos e conceitos básicos de sua disciplina, na busca incessante de compreendê-lo melhor. Dessa forma, os conteúdos emanam da própria vivência e conhecimento dos alunos adultos, de seu trabalho, seus problemas e sonhos, em articulação com as disciplinas de referência.

As representações sociais que o adulto criou, ao longo de sua existência, precisam ser desvendadas por meio da observação criteriosa e constante; pelo registro sistemático dos acontecimentos em sala de aula e fora dela, para chegar a uma *seleção cultural* (Delizoicov, 1994), a qual se constituirá no cerne das atividades pedagógicas durante cada um dos ciclos. O plano de curso dos professores de cada disciplina deverá ser orientado pela seleção cultural estabelecida pelo conjunto dos professores, com as temáticas extraídas do conhecimento dos alunos e também do contexto da *metrópole-mundo*, conforme Milton Santos ou das cidades do interior envolvidas, como ocorreu no período de 1999-2000, com os cursos supletivos de Rio Claro, Limeira e Franca.

## A SELEÇÃO CULTURAL E O PROGRAMA DE ENSINO

Estarão presentes na seleção cultural a pesquisa da realidade local e suas relações com realidades globais e a possibilidade de interferir nos problemas cruciais vividos pelo povo brasileiro: desigualdades sociais, desemprego, questão de gênero, marginalização de minorias étnicas, doenças ligadas a equipamentos urbanos deficientes e a desinformação dos alunos e da população em geral.

A diversidade cultural dos alunos deve ser estudada como riqueza e como identidade do nosso povo e caminhar na superação de preconceitos que interferem nas relações pessoais entre alunos e professores, obstaculizando o aproveitamento das possibilidades que a vida e o próprio cotidiano escolar podem oferecer. Promover o convívio social e a socialização entre diferentes constitui aspecto importante do processo educativo.

Os conteúdos extraídos da realidade, por meio de pesquisa, serão relatados e registrados, tendo a oralidade como expressão interativa em relação às demais formas de linguagens: escrita, em suas diferentes modalidades, plástica, gráfica, fotográfica, televisiva.

As metodologias interdisciplinares, para a compreensão dos espaços criados e recriados e das temporalidades que se expressam na paisagem urbana, ampliam a visão de mundo dos trabalhadores. O conhecimento aprofundado da cidade e do trabalho exercido pelos alunos é base para uma participação efetiva nos grupos comunitários e cria a possibilidade de intervenção na construção e reconstrução do espaço urbano e do trabalho, agindo para, por meio do maior entendimento, minimizar as relações de poder nas quais a hierarquia coloca os grupos humanos, uns sobre os outros, uns dominando outros.

Uma das metodologias privilegiadas é o trabalho pedagógico fundamentado no Estudo do Meio como alternativa que permite a construção de uma escola viva, dinâmica e significativa para alunos trabalhadores, ampliando o universo de possibilidades do educador e do aluno, sensibilizados e comprometidos com a realidade em que vivem.

Com esse método interdisciplinar, a interação entre sujeitos e o objeto do conhecimento enriquece as representações sociais dos indivíduos, em um movimento de ir e vir, entendendo-se que o objeto inclui as pessoas e os grupos, em suas relações e dimensões sociais e culturais, constitutivas dos sujeitos cognoscentes. O ponto de partida para essa construção é a observação de fatos e aspectos da realidade percebidos pelos agentes sociais (moradores, trabalhadores), analisados e historicizados no tempo e no espaço.

## Bibliografia

Delizocov D. & Zanetic, J. *In:* Pontuschka. N. N. (org.) *Ousadia no Diálogo – Interdisciplinaridade na escola pública.* São Paulo: Loyola, 1993.

Dowbor, Ladislau *et al.* (org.) *Desafios à globalização.* Petrópolis: Vozes, 1997.

Fernandes, F. *Congresso Constituinte e Educação.* Porto Alegre: Palestra proferida no Painel. 1987.

_____. *O desafio educacional*. São Paulo: Cortez e Autores Associados, 1989.

GERALDI C. M. G.; FIORENTINI, D.; PEREIRA, E. M. de A. (org.) *Cartografia do trabalho docente*. Campinas: Mercado de Letras, 1998.

HELLER, Agnes. *O cotidiano e a história*. (Trad. Carlos Nelson Coutinho e Leandro Konder) 4ª ed. São Paulo: Paz e Terra (4ª edição), 1999.

HOBSBAWM, Eric. *Era dos extremos – O breve século XX, 1914-1991*. (Trad. Marcos Santarrita) 2ª ed. São Paulo: Companhia das Letras, 2000.

NAGLE, Jorge. "Um pensamento para a revolução". *In:* INCAO, M. A. D. (org.) *O saber militante*. Ensaios sobre Florestan Fernandes. São Paulo: Paz e Terra/Unesp, 1987.

PONTUSCHKA. N. N. (org.) *Ousadia no diálogo – Interdisciplinaridade na escola pública*. São Paulo: Loyola, 1993.

RIOS, T. A. *Compreender e ensinar – Por uma docência da melhor qualidade*. São Paulo: Cortez, 2001.

SÃO PAULO – SECRETARIA MUNICIPAL DE EDUCAÇÃO. "Tema Gerador e a Construção do Programa – uma nova relação entre currículo e realidade". São Paulo: SME, 1991.

# O USO DOS DESENHOS NO ENSINO FUNDAMENTAL: IMAGENS E CONCEITOS

*Clézio Santos*

Procuramos explorar, neste texto, a importância do desenho como construtor de conceitos no ensino fundamental. O desenho passa a ser entendido, segundo Goodnow (1983), como um termo muito amplo, porém como uma palavra comum a todos os seus sentidos. O texto tem por base nosso trabalho de pesquisa desenvolvido com o Departamento de Geociências Aplicadas ao Ensino, do Instituto de Geociência da Universidade Estadual de Campinas, que culminou na dissertação de mestrado denominada "O desenho da paisagem feito por alunos do ensino fundamental".

A pesquisa consistia na análise dos desenhos feitos por alunos (da 5ª série "D", da Escola Estadual Moacyr Santos de Campo, tendo entre 11 e 13 anos), diante de uma paisagem urbana da periferia de Campinas.

Procuramos apresentar uma discussão restrita à análise dos desenhos. Somente percorrendo o processo de pensar, perceber e criar imagens é que podemos construir um esboço de análise dos desenhos dos alunos, ressaltando o uso destes, como uma linguagem única e diferente da escrita e que guarda elementos e características cognitivas ímpares na produção do conhecimento.

## Entendendo os desenhos

O desenho entendido como Goodnow (1983: 11),

> A primera vista podrá parecer extraño un uso tan amplio del término "dibujo", pero es la palabra común a todo ello-decimos, por ejemplo, "dibuja una persona", "dibuja este triángulo" o "dibújame un mapa", utilizando el verbo "dibujar" siempre que la tarea consista esencialmente en trazar líneas y formas sobre una superficie plana.

Trabalhar com os desenhos é trabalhar com novas formas de ver, compreender as "coisas" e verificar-comprovar as próprias ideias. O indivíduo, quando desenha, expressa uma visão e um raciocínio.

A questão relevante que Goodnow nos coloca é: por que interessar-se, no geral, pelos desenhos infantis? No caso de nossa pesquisa, iremos mais adiante na pergunta e indagaremos: o que os alunos do ensino fundamental desenham quando estão diante de uma paisagem?

Nosso interesse repousa, em parte, na resposta direta dos próprios desenhos dos alunos. Eles possuem um encanto próprio, sensibilidade, e são frutos de uma atividade prazerosa. Por essa razão, podemos considerá-los como expressões de uma cultura. Para Goodnow (1983: 12), *"pueden considerarse como expresiones de nuestra búsqueda de orden en un mundo complejo, como ejemplos de comunicación [...] e inspiración"*.

Os desenhos são, ao mesmo tempo, "naturais" (espontâneos) e "imitativos" (copiativos); são construídos de dentro para fora, passando pelo que Kincheloe (1997) denomina de reino cognitivo. Para esse raciocínio ter fundamento, devemos entender os desenhos dos alunos como componentes do desenvolvimento geral de seu conhecimento. Os desenhos revelam muito sobre a natureza do pensamento humano e a sua capacidade de resolver problemas, sendo o resultado de uma experiência vivida.

Quando lidamos com desenhos, estamos lidando com o aspecto visual do pensamento e da memória. Os estudos de comunicação têm-se concentrado, principalmente, sobre os vocabulários, esquecendo o mundo visual. O desenho colabora com o potencial informacional do mundo, trazendo uma comunicação diferente da escrita: a comunicação visual.

Os desenhos não são fixos, envolvem momentos de percepção que são construídos sucessivamente (pela ação), para resultar numa expressão gráfica. A compreensão da natureza dessa ação envolve a percepção e a representação gráfica, numa tentativa de traduzir este ato. Devemos nos esforçar mais para entender essa "tradução", pois é deste ato que surgirá o desenho.

Goodnow (1983) assinala três momentos importantes sobre os estudos do desenho infantil. O primeiro, no início da década de 1930, com os *estudos longitudinais* e a possibilidade de descrever a mudança como uma transição entre desenhar "o que se vê" e desenhar "o que deve estar ali". Esses estudos procuravam um modo de descrever o desenvolvimento e a passagem do "ver" e "conhecer", que eram qualidades distintas entre si. O segundo momento de interesse pelo desenho infantil deu-se ainda durante a década de 1930, refletindo preocupações educacionais, trabalhando com as habilidades pictóricas e seu desenvolvimento. O terceiro momento foi por volta de 1950, com o grande interesse por parte da Psicologia do Desenvolvimento, com seus testes e medidas prescritas. Uma ordem expressa e formal tomava conta da análise dos desenhos. Eles eram empregados como índices de nível intelectual e de estados emocionais.

Apesar desses momentos de interesse pelo desenho infantil, enfatizados por Goodnow, ficaram muitas dúvidas e ainda há muito o que compreender sobre os desenhos. Grande parte do que conhecemos é fragmentado, razão pela qual temos grandes dificuldades em trabalho de pesquisa como este. Consideramos como desenhos: o realizar da expressão gráfica, copiar formas geométricas, reproduzir alfabetos; copiar e fazer mapas, garatujas e símbolos. Todos possuem traços comuns, semelhanças e marcam áreas distintas: Artes, Linguagem, Geografia etc. Devemos procurar conceitos que unam essas áreas distintas, isto é, nossa meta deve ser as semelhanças e os traços comuns, caso contrário, teremos um longo caminho, talvez com pouco êxito.

Com base em Goodnow (1983), discutiremos as duas formas mais comuns encontradas nas relações entre os desenhos. Na primeira, apontamos que um desenho pode ter certos traços semelhantes entre si enquanto outros, apresentam diferenças.

A utilidade dessa relação é ver se o observador possui um novo ponto de vista, ou seja, uma nova série de questões. É uma forma válida de verificar uma relação entre diferentes objetos. Essa análise não está limitada à Arte, e pode envolver o contexto histórico, entre outros.

Na segunda forma de relação verificamos se somos capazes de prever o aparecimento de certas classes de desenhos ou certos tipos de desenhos, mediante o estabelecimento de determinadas condições. Para Goodnow, essa segunda forma de comprovação é a que deve ser utilizada mais frequentemente nos estudos sobre a obra gráfica infantil.

Essa forma estaria, a nosso ver, presa a um pensamento estruturado na síntese, enquanto a primeira está pautada no pensamento analítico. Concordamos que a segunda relação é mais interessante, por guardar aspectos importantes da expressão gráfica dos alunos, enfatizando os conjuntos e proximidades e, não, as disparidades e individualidades. A esta relação, chamamos de categorias de análise.

Para a construção das categorias de análise dos desenhos dos alunos, percorremos um longo caminho que vai do pensamento pós-formal, um pensamento complexo em sua natureza, à estruturação das imagens e à construção de conceitos. Esse caminho tem, na paisagem cultural e nos elementos representados graficamente, sua espinha dorsal.

## O DESENHO COMO IMAGEM

O desenho abordado como imagem é uma representação, uma expressão gráfica e uma expressão conceituada. Para Leite (1997), os desenhos fazem parte das imagens fixas. Entretanto, requerem o desenvolvimento específico da percepção visual dentro de um universo amplo da atividade cognitiva dos indivíduos. Margalef (1987) enfatiza que a percepção visual não é dada exclusivamente e nem de forma imediata, pelo que é registrado pela visão do cérebro: ela requer uma construção. Essa construção envolve a representação e a percepção da imagem.

## PERCEPÇÃO CONSTRUÇÃO/IMAGEM REPRESENTAÇÃO/DESENHO

A percepção visual é um processo mental, não sendo apenas um componente secundário dos processos cognitivos. As imagens que são produzidas pela percepção visual não são apenas vicariantes. Elas têm uma evolução própria, porém, ao mesmo tempo, interdependentes dos demais processos cognitivos em um meio natural preciso e em um meio cultural determinado.

Temos um confronto entre o complexo processo das diferentes linguagens (linguagem escrita e linguagem visual), podendo a percepção ser uma etapa conquistada do pensamento formal e com maior expressão do pensamento pós-formal, quando entendida como uma relação na construção do conhecimento.

Esse confronto levou Rudolf Arnheim (1980) a estudar, no início da década de 1950, como se relaciona a arte com a percepção visual (sobre o que efetivamente se vê) e com o pensamento visual, propondo que o que desenhamos não é uma réplica e, sim, um equivalente do original. Isso significa que os desenhos contêm algumas propriedades do "real", sendo semelhantes até certo ponto.

Para Goodnow (1983: 40), os desenhos infantis são formados por unidades combinadas de diversas formas. As variações podem ser quanto: ao *tipo* (linhas retas, curvas,...); *número* (um ou mais ovoides, uma ou duas linhas retas,...); ou podem combinar quanto ao *modo pela qual estão unidas entre si* (por meio de contorno comum que rodeia). As unidades combinadas de Goodnow aproximam-se da ideia de Rudolf Arnheim sobre desenhos como "equivalentes do original" e não como réplicas da realidade.

Goodnow (1983) evidencia também dois grandes grupos de pesquisa: um se interessa pela *produção infantil*, sobretudo pelo processo de um estado de desenvolvimento ao seguinte; o outro focaliza a *natureza geral da arte*, a composição e o modo como certos conjuntos se estruturam.

Na atividade que desenvolvemos no Jardim Santana, em Campinas, com alunos desse bairro, procuramos trabalhar com o que Goodnow chama de *produção infantil*, enfatizando a livre expressão da representação de uma paisagem urbana, em duas escalas de aproximação diferentes e resguardando a ideia de dependência do contexto cultural. Os desenhos relatam o conhecimento adquirido por esses alunos e expressos por meio da linguagem visual, procurando uma ordem num mundo complexo.

Quando caminhamos para a estruturação do conhecimento do aluno pela formulação de um pensamento pós-formal, estamos entendendo a construção do conhecimento como algo complexo e não linear. Seria o momento da confusão e da incerteza, da autonomia e da dependência.

A idade dos alunos com quem trabalhamos (11 a 13 anos) permite identificarmos os itens abordados, anteriormente, como caracterizadores do pensamento pós-formal na construção do conhecimento.

## A CONSTRUÇÃO DOS CONCEITOS E AS IMAGENS

Inicialmente, acreditávamos que a construção dos conceitos relacionava-se apenas com as imagens visíveis. Porém, com a leitura acerca do pensamento visual de Arnheim (1980), a estrutura do pensamento pós-formal de Kincheloe (1997) e a gênese da formação dos conceitos e o desenvolvimento dos conceitos científicos na infância de Vygotsky (1983), começamos a lidar com a formulação de conceitos por meio das imagens visíveis e das não visíveis.

Procuramos, por intermédio dos desenhos, evidenciar alguns elementos do mundo natural e outros do mundo humano. Entendemos por mundo natural os elementos mais próximos da natureza, como o relevo, o solo e as rochas, entre outros. E, por mundo humano, os elementos mais próximos do homem, como casas, cercas, entre outros.

Dois dos elementos do mundo natural explorados nos desenhos analisados foram o relevo e o solo. São elementos que não estão diretamente relacionados a uma paisagem urbana, entretanto, são elementos estruturadores do uso do solo que caracterizam a paisagem urbana representada visualmente.

Vygotsky (1983) trabalha com a consonância entre o que os adultos chamam de conceito e o entendimento que as crianças têm sobre o mesmo conceito (pensamento complexo). Esse elo entre o pensamento conceitual e o complexo seria o pseudoconceito.

Segundo o mesmo autor (1983: 83), "o acesso à formação dos conceitos se opera em três fases distintas, cada uma das quais se subdivide em vários estágios".

Na primeira fase da formação dos conceitos, a criança, em sua percepção, pensamento e ação, tende a fundir os elementos mais diversos numa só imagem não articulada, sob a influência mais intensa de uma impressão ocasional. Num sincretismo ou mesmo numa coerência-incoerente, "montes" de objetos são agregados em torno de uma palavra. Muitas palavras, por sua vez, têm quase o mesmo significado, tanto para os adultos como para as crianças. Essa primeira fase tem três estágios distintos.

O primeiro estágio na formação dos conjuntos sincréticos são as aproximações sucessivas (tentativas e erros) no desenvolvimento do pensamento. O mesmo objeto pode ser mostrado duas vezes à criança e receber nomes diferentes.

No segundo estágio, a composição do grupo é determinada pela posição espacial dos objetos experimentados, ou seja, por uma organização puramente sincrética do campo visual da criança.

Durante o terceiro estágio, a imagem sincrética repousa numa base mais complexa: é composta de elementos retirados de diferentes grupos ou "montes" anteriormente formados. Esses elementos, sujeitos a uma nova combinação, não têm nenhuma relação intrínseca entre si.

A segunda fase da gênese do conceito engloba muitas variações de um tipo de pensamento, designado por Vygotsky como "pensamento por complexo". Num complexo, os objetos individuais isolados encontram-se reunidos no cérebro da criança, não só pelas suas impressões subjetivas, mas por relações realmente existentes entre esses objetos.

No pensamento por complexos, as ligações entre os seus componentes são mais concretas e factuais do que abstratas e lógicas: são os fatos que ditam a resposta. As ligações factuais são descobertas por meio da experiência. Temos cinco tipos fundamentais de complexos que se sucedem, uns aos outros, durante esse estágio de desenvolvimento.

A aquisição da linguagem dos adultos pela criança, explica, de fato, a consonância entre os complexos da primeira e os conceitos dos segundos. Temos a emergência de conceitos complexos ou pseudoconceitos nas crianças.

Segundo Vygotsky (1983),

> [...] o pseudoconceito serve como elo de ligação entre o pensamento por complexos e o pensamento por conceitos. É dual por natureza, pois um complexo traz em si a semente em germinação de um conceito. O intercâmbio verbal com os adultos torna-se um poderoso fator de desenvolvimento dos conceitos infantis.

As ideias de Vygotsky demonstram que só a análise experimental pode nos dar os vários estágios e formas do pensamento por complexos. Essa breve exposição pode mostrar a essência do processo genético da formação dos conceitos, envolvendo os complexos, pseudocomplexos e os conceitos, não numa linearidade, mas numa unidade de pensamento.

Falamos da formação dos conceitos e da estrutura de seu pensamento. Mas qual a relação entre os conceitos e o mundo das imagens? Os conceitos, quando são construídos, são feitos na mente do indivíduo. Retomemos a definição de imagens de Novaes (op. cit., 29), ligada à representação mental, manifestação tanto do visível como do não visível, da representação exata, analógica, evocativa, simbólica – podendo ser gráfica, plástica e relacionada a pessoas, objetos, eventos ou cenas. As imagens, por serem representações mentais de objetos, frutos de uma ação interiorizada, dão formas mentais a esses objetos. Os objetos são conceitos quando ganham significados. Portanto, ao mesmo tempo que construímos um conceito, estamos construindo uma imagem dele.

Outro problema que devemos expor são conceitos científicos. Para entendermos um pouco mais o conhecimento de crianças em idade escolar, é necessário considerarmos o desenvolvimento dos conhecimentos científicos no espírito da criança. Nossos alunos estão na escola e recebem constantemente os conceitos científicos. Recorremos novamente a Vygotsky (1983) para abordarmos o desenvolvimento dos conceitos científicos na infância. Ele levanta duas questões importantes: o que acontece no cérebro da criança, quanto aos conceitos científicos que aprendem na escola? Qual a relação entre a assimilação da informação e o desenvolvimento interno de um conceito científico, na consciência das crianças?

O desenvolvimento da gênese dos conceitos faz parte de um único processo, que é afetado por condições externas e internas, mas é, essencialmente, um processo unitário e não um conflito. Identificamo-nos com esse modo de entender a criação dos conceitos científicos, nas crianças, em fase escolar.

Apesar dos conceitos científicos e conceitos cotidianos terem a mesma gênese de formação, eles são diferentes. Essa diferença está no modo como a criança lida com os conceitos e nos motivos que a levam a formular os dois tipos de conceitos. São contextos e interesses diferentes.

Segundo Vygotsky (1983: 116),

> Quando transmitimos um conhecimento sistemático à criança, ensinamos-lhe muitas coisas que esta não pode ver e experimentar diretamente. Como os conceitos científicos e os conceitos espontâneos diferem pela relação que estabelecem com a experiência da criança e pela atitude da criança relativamente aos seus objetos, devemos esperar que sigam caminhos de desenvolvimento muito diferentes desde a sua gestação até a sua forma final.

O conhecimento sistemático, referido por Vygotsky, é o conhecimento escolar, distinto do conhecimento cotidiano. Utilizaremos um exemplo para tentarmos elucidar um pouco mais os conceitos científicos.

## Trabalhando com conceitos e desenhos

Será que todos os alunos seriam capazes de desenhar *o solo* colocado dentro de um recipiente, seguindo o mesmo raciocínio conceitual[1] passado pela professora? Acreditamos que alguns alunos realizariam essa tarefa sem a ajuda da professora e dos colegas; outros a realizariam com a colaboração da professora e seguiriam o raciocínio conceitual do solo explicado, etapa por etapa, numa tentativa de cópia.[2]

Quando propusemos o desenho da paisagem urbana – e nela também havia o solo exposto – nossa preocupação era se os alunos perceberiam esse solo da mesma forma que na atividade anterior (o solo no recipiente). Como os alunos desenhariam o solo? Seguiriam o raciocínio conceitual? Essas questões são pertinentes, porque são duas atividades que envolvem o mesmo conceito – solo – em diferentes situações.

Alguns alunos desenharam as mesmas partículas de solo como se estivessem em recipientes (numerosas bolinhas foram desenhadas dentro da área de solo exposto na paisagem urbana). Entretanto, a maioria dos alunos não desenhou as partículas e sim o contorno do solo exposto (o perímetro da exposição em contato com a vegetação).

De acordo com Vygotsky (1994: 118),

> [...] o processo de desenvolvimento progride de forma mais lenta e atrás do processo de aprendizado; desta sequência resultam, então, as zonas de desenvolvimento proximal.

E a zona de desenvolvimento proximal:

> [...] é a distância entre o nível de desenvolvimento real, que se costuma determinar através da solução independente de problemas, e o nível de desenvolvimento potencial, determinado através da solução de problemas sob orientação de um adulto ou em colaboração com companheiros mais capazes.

Os alunos que desenharam as partículas do solo reportando-se ao conceitual, passado pela professora, transformaram o que estava no nível de desenvolvimento potencial em nível de desenvolvimento real. Alguns apenas imitaram o desenho das partículas de solo da professora ou do colega, e podemos dizer que eles também caminharam para a mesma transformação, já citada. Outros alunos fizeram seus desenhos sem a ajuda de nenhum pressuposto conceitual científico e fizeram sugestões gráficas interessantes, também indicadores dos seus níveis de desenvolvimento real e potencial.

Os alunos passaram a desenhar numerosos elementos da paisagem, não apenas os visíveis como também os não visíveis. Novas questões foram formuladas, indo além da paisagem percebida e, entremeando suas experiências, surge "a reserva do cafezinho" como título da paisagem, abarcando um contexto maior do bairro (a reserva do cafezinho é um resquício de mata que ainda persiste no bairro).

Com respeito ao aprendizado, Vygotsky (1994: 117-118) diz que

> [...] um aspecto essencial do aprendizado é o fato de ele criar a zona de desenvolvimento proximal; ou seja, o aprendizado desperta vários processos internos de desenvolvimento que são capazes de operar somente quando a criança interage com pessoas em seu ambiente e quando em cooperação com seus companheiros.

Diante da paisagem urbana, um ambiente diferente da sala de aula, os alunos ficam mais à vontade para expor suas ideias e suas experiências. Entretanto, os alunos carregam para esse ambiente o conteúdo de dentro da sala de aula, ou seja, os conceitos científicos.

Para Vygotsky (1994: 110),

> [...] aprendizado é uma das principais fontes de conceitos da criança em idade escolar e é também uma poderosa força que direciona o seu desenvolvimento, determinando o destino de todo o seu desenvolvimento mental.

Não podemos esquecer que o aprendizado das crianças começa antes de frequentarem a escola;

> [...] qualquer situação de aprendizado com a qual a criança se defronta na

escola tem sempre uma história prévia. Por exemplo, as crianças começaram a estudar aritmética na escola, mas muito antes elas tiveram alguma experiência com quantidade.

Vejamos o que ocorre com o conceito de solo. Quando os alunos chegam à escola, certamente, já têm um conceito de solo. Nas brincadeiras de criança, cada indivíduo já mexeu com a "terra", colocou água, modelou o "barro". No raciocínio descrito anteriormente, quando o aluno desenhava ou não as partículas de solo na paisagem urbana, utilizava o conceito de solo que aprendera na escola. A utilização, ou não, desse elemento reflete que o aluno estava interpretando uma situação do cotidiano, com o auxílio de um conceito estudado na escola. O conceito de solo já não era mais o mesmo de quando entrara na escola: houve uma reformulação.

Para Vygotsky (1994: 93),

> [...] a criança adquire consciência dos seus conceitos espontâneos relativamente tarde; a capacidade de defini-los por meio de palavras, de operar com eles à vontade, aparece muito tempo depois de ter adquirido os conceitos. Ela possui o conceito (isto é, conhece o objeto ao qual o conceito se refere), mas não está consciente do seu próprio ato de pensamento.

Quando pedimos que o aluno desenhasse a paisagem urbana que estava à sua frente, essa atividade exigiu um novo posicionamento do aluno; ele passou a centrar sua atenção no próprio ato de pensamento, pois a paisagem a ser desenhada requeria inúmeros problemas a serem solucionados para serem representados no papel: surgia uma primeira característica do pensamento pós-formal de Kincheloe (1997), o problema da detecção. Detectar problemas é, sem dúvida, uma precondição necessária para sua solução. Também exige formular questões originais sobre uma situação. Questões que levem a inovações e promovam o *insight* dos alunos.

Nos desenhos, notamos uma riqueza de conteúdo proveniente da experiência pessoal e despertada graças ao contexto da atividade, que facilitou o resgate dos conceitos cotidianos, a aquisição de um novo conceito científico e, consequentemente, o relacionamento entre eles. Temos a importância do local para o desenvolvimento do contexto no qual o observador pode pressupor seu sentido e tornar-se um elemento-chave na construção do conhecimento.

Considerando as ideias do psicólogo russo sobre os conceitos científicos que a criança adquire na escola, observamos que

> [...] a relação objeto é mediada, desde o início, por algum outro conceito (...) rudimentos de sistematização entram na mente da criança, por meio de contatos com conceitos científicos e depois são transferidos para os conceitos cotidianos, mudando a sua estrutura de cima para baixo.

Ainda em relação aos conceitos cotidianos (ou espontâneos) acrescento, em concordância com o mesmo autor, que eles começam a se formar em termos de experiências e atitudes dos indivíduos diante do mundo vivido. Segundo Vygotsky (1994: 93),

> Pode-se remontar a origem de um conceito espontâneo a um confronto com uma situação concreta, ao passo que um conceito científico envolve, desde o início, uma atividade "mediada" em relação ao seu objeto.

E mais, a noção de conceito científico implica uma certa posição em relação a outros conceitos, isto é, um lugar dentro de um sistema de conceitos (Vygotsky, 1994: 80).

Quando da aquisição de um conceito científico, então, os conceitos cotidianos ganham mais abrangência ou maior generalidade, como o que ocorre com o conceito de solo, já mencionado. Ao adquirir capacidade para trabalhar com o solo dentro da paisagem, os alunos estavam mostrando a relação do conceito solo dentro de um sistema de conceitos. E é nessa relação que tal conceito vai ganhando corpo. Assim, à medida que o aluno vai se envolvendo com o conceito, em níveis diferenciados, o seu conceito cotidiano de solo vai se modificando, vai se tornando mais abrangente e fazendo-se compreensível em níveis de representação mais complexos. De fato, no nosso dia a dia, usamos nossos conceitos em níveis de generalização diferenciados para nos comunicarmos.

## Tecendo algumas considerações

O desenvolvimento do desenho, em alguns aspectos, aproxima-se do da escrita e, em outros, distancia-se muito. Em relação ao desenvolvimento da fala, os desenhos também se distanciam.

Ao desenhar, os alunos têm de se libertar do aspecto sensorial da linguagem e substituir as imagens por imagens fixas que possam ser expressas visualmente. O desenho recorre à imaginação e ao imaginário. Trata-se de uma linguagem muito imaginativa e que exige a simbolização da imagem visual, por meio de elementos visuais (um segundo grau de complexidade são as estruturas pontuais, lineares e areolares, entrelaçando-se). Uma linguagem simples e complexa e, ao mesmo tempo, passível de ser vista e entendida por todos.

A paisagem configura-se como uma unidade gráfica, com elementos diversos que se relacionam. A percepção da paisagem, por meio do desenho, vai além da visão retiniana, demonstrando a complexidade da atividade perceptiva. A percepção é um dos estágios por que o aluno passa, no ato de representar graficamente.

O desenho é a representação de uma imagem, ou de várias imagens, criando um pensamento complexo. A gênese dos conceitos, sejam eles cotidianos ou científicos, permeia o ato de pensar.

Os desenhos demonstram uma unidade, pois são frutos de processos mentais e físicos. Eles ordenam um mundo em desordem. Entretanto, esse conjunto pode conter condições específicas da visão. Temos o confronto da unidade com a parte.

O desenho interior, como ideia, estimula vários fenômenos psicológicos importantes, que caracterizam o desenvolvimento mental e gráfico dos alunos. Estes representam suas opiniões sobre o mundo e, nem sempre, apenas suas imagens retinianas.

Os estudantes, quando estão diante de uma paisagem urbana, usam a imaginação e o imaginário. Alguns elementos da paisagem são expressos por uma representação visual única, outras são semelhantes, como se todos tivessem a mesma ideia e forma de desenhar. A unidade da paisagem é desvendada e criada pelo aluno, de maneira peculiar, assemelhando-se muito às ideias de Arnheim (1980), quando comenta sobre o vocábulo visual e sua repetição para representar várias coisas.

Os elementos desenhados estão ligados à cultura de cada indivíduo, permeados pelo jogo da imaginação. O desenho, tal como o todo, é construído de partes, e estas partes dão um rosto a cada representação gráfica. Ele demonstra uma enorme riqueza do potencial representativo gráfico de crianças, como construção e representação de conceitos.

## Notas

[1] O professor ensinaria dentro da sala de aula, por meio de exposição o conceito solo, mostrando imagens do solo (fotos, desenhos,...) e em seguida, mostraria recipientes contendo amostras de solos diferentes, para serem desenhadas pelos alunos.

[2] As cópias não têm o sentido pejorativo, são entendidas como elemento do processo de conhecimento.

# Bibliografia

Arnheim, R. *Arte e percepção visual – uma psicologia da visão criadora.* 2ª ed. São Paulo: Pioneira e Edusp, 1980.

Compiani M. *As Geociências no ensino fundamental: um estudo de caso sobre a "formação" do universo.* Campinas: fe/Unicamp, 1996. (Tese de Doutorado).

Del Rio, V. & Oliveira, L. (org.) *Percepção ambiental: a experiência brasileira.* São Paulo/São Carlos: Nobel/Ed. Ufscar., 1996.

Derdyk, E. *Formas de pensar o desenho: desenvolvimento e grafismo infantil.* São Paulo: Scipione, 1989. (Série Pensamento e Ação no Magistério).

Ferreira, S. *Imaginação e linguagem no desenho da criança.* Campinas: Papirus, 1998.

Goodnow, J. *El dibujo infantil.* 3ª ed. Madrid: Morata, 1983.

Joly, M. *Introdução aos estudos da imagem.* Campinas: Papirus, 1996.

Kincheloe, J. L. *A formação do professor como compromisso político: mapeando o pós-moderno.* Tradução Nize M. C. Pellanda. Porto Alegre: Editora Artes Médicas, 1997.

Leite, M. L. M. *Livros de viagens (1803-1900).* Rio de Janeiro: Edufrj, 1997.

Margalef, J. B. *Percepcion, desarollo cognitivo y artes visuales.* Barcelona: Anthropos, 1987.

Menezes, P. *A trama das imagens.* São Paulo: Edusp, 1996.

Meredieu, F. de. *O desenho infantil.* São Paulo: Cultrix, 1974.

Morin, E. *Da complexidade de um pensamento complexo. In:* Martins, F. M. R. & Silva, J. (org.) *Para navegar no século xxi.* Porto Alegre: Sulina/Edpucrs, 1999.

Novaes, M. H. "O papel da imagem, da imaginação e do imaginário na educação criadora". *In: Tecnologia educacional,* v. 14, n. 63, março-abril – 1985. Rio de Janeiro: abt, 1985 (28-61).

Oliveira, L. "Contribuição dos estudos cognitivos à percepção geográfica". *Geografia,* 3 (2), 1977.

Sans, P. T. C. *Pedagogia do desenho infantil.* Campinas: Alínea, 1987.

Santos. C. *O Desenho da Paisagem feito por alunos do ensino fundamental.* Campinas: Dgae/Ig/Unicamp, 2000 (Dissertação de mestrado).

Tuan, Yi-Fu. *Topofilia; um estudo da percepção, atitudes e valores do meio ambiente.* São Paulo: Difel, 1983.

_____. *Espaço e lugar: a perspectiva da experiência.* São Paulo/Rio de Janeiro: Difel, 1983.

Vygotsky, L. S. *Pensamento e linguagem.* São Paulo: Martins Fontes, 1983.

_____. *A formação social da mente.* São Paulo: Martins Fontes, 1994.

# GRÁFICOS: FAZER E ENTENDER

*Elza Yasuko Passini*

Coordenação de sujeito e objeto na busca de uma metodologia para utilização de gráficos no ensino de Geografia

A proposta dessa metodologia de aprendizagem foi baseada na articulação entre a teoria de Piaget, sobre a construção da linguagem escrita pelas crianças, e a teoria da Semiologia Gráfica de Bertin, sobre o tratamento gráfico de dados.

Conforme proposta de Bertin, o gráfico não é estático, não é definitivo e é necessário que o sujeito busque a melhor imagem que possa mostrar as informações e a relação entre elas em um momento de percepção: de diferença, ordem, proporcionalidade.

A criança ressignifica os dados, pois precisa entender a relação que existe entre eles, para expressá-los por meio de uma imagem. Na busca dessa imagem, a criança precisa mudar as linhas, colunas, números, cores etc. *n* vezes até conseguir a melhor representação: a imagem que "fala". Essas operações, em que a criança age sobre o objeto, melhoram suas habilidades e abrem possibilidades para "entrar no objeto" e entender a sua estrutura. A criança observa o gráfico e distingue sua forma e conteúdo, extraindo a informação. Em estágios sucessivos de "melhoramento", mediante a elaboração e leitura dos gráficos, o aluno passa a perceber a relação entre as informações, antes isoladas, até chegar à síntese. Ao analisar os dados e fazer a síntese, a criança pode perceber a Geografia presente nos dados. Quando as estruturas cognitivas dos alunos atingirem o pensamento lógico matemático no nível formal, eles estarão conseguindo formular abstrações e operar no nível das proposições.

Consideramos que é importante que os professores ofereçam situações reais para que as crianças observem, coletem dados concretos do espaço de vivência e elaborem gráficos. Essa linguagem é importante para cidadãos do mundo, porque é universal; expõe a essência da informação; desenvolve o pensamento lógico; uma importante ferramenta para investigação e apresentação dos resultados de uma pesquisa.

Nossa experiência foi realizada com alunos de 11 a 13 anos, da 5ª série do ensino fundamental, em uma escola estadual do município de São Paulo. Durante o trabalho com o conteúdo Climas, mostramos um gráfico de temperatura e pluviosidade, para que os alunos pudessem analisar a variação pluviométrica e térmica. A resposta à

pergunta "O que vocês estão vendo?" foi um importante momento para refletir sobre a necessidade de alfabetização para essa linguagem que é simbólica, abstrata e muito específica. Eles responderam:
- "é bonito!"
- "é colorido."
- "existem alguns números, quadrados e letras."

Percebendo que aqueles alunos de 11 a 13 anos precisavam ser alfabetizados para entender a linguagem dos gráficos e, assim, poder utilizá-la com eficiência como alternativa à escrita, resolvemos realizar algumas atividades para provocar o melhoramento da coordenação entre os alunos e gráficos.

S – O
aluno – gráfico

Seguindo os fundamentos piagetianos, resolvemos trabalhar com um conteúdo cujas informações fossem conhecidas dos alunos, para que houvesse concentração na utilização da linguagem gráfica. A elaboração de gráficos de suas idades foi um caminho metodológico que auxiliou os alunos a entrarem na linguagem dos gráficos, uma vez que tinham domínio sobre o conteúdo.

Sugerimos fazer um inventário das idades que foi colocado na lousa, para que soubéssemos a idade máxima e mínima. Partindo desses dados, fizemos uma tabela colocando a quantidade de meninos e meninas para cada idade.

Para atender à proposta de elaboração de gráficos com aqueles dados, alguns alunos fizeram gráfico de barras, copiando o de climas, sem distinção de forma e conteúdo e sem diferenciação de conteúdo. Então apresentamos um esquema com as idades separadas por gênero e pedimos que eles viessem à lousa e fizessem um retângulo na linha de sua idade e na coluna de seu gênero.

| Gráfico de idades dos alunos da 5ª série A ||| 
|---|---|---|
| Meninas | Idade | Meninos |
|  | 16 | ☐ |
|  | 15 |  |
| ☐☐☐ | 14 | ☐☐ |
| ☐☐☐☐☐☐☐ | 13 | ☐☐☐☐ |

| Meninas | Idade | Meninos |
|---|---|---|
| ☐☐☐☐ | 12 | ☐☐☐☐☐☐ |
| ☐☐☐☐☐☐☐ | 11 | ☐☐☐☐ |
|  | 10 |  |
|  | 9 |  |
|  | 8 |  |
|  | 7 |  |
|  | 6 |  |
|  | 5 |  |
|  | 4 |  |
|  | 3 |  |
|  | 1 |  |

GRÁFICO DE IDADES DOS ALUNOS DA 5ª SÉRIE A

Em seguida, solicitamos a alguns alunos que fizessem a leitura do gráfico elaborado. Muitos alunos fizeram a síntese: "Somos 18 meninos e 24 meninas, a menor idade é 11 e a maior idade é 16. Há mais meninas que meninos, não há ninguém menor de dez anos e ninguém tem mais de 17 anos".

Essa atividade permitiu que os alunos entendessem que o gráfico tem conteúdo e que é possível arranjar os dados de diferentes maneiras, para buscar uma comunicação melhor. Foi muito peculiar um gráfico que não criou grupos, mas colocou os dados brutos, sem suprimir a repetição, ou seja, um não gráfico.

Ao retornarmos ao estudo de clima, tomamos o cuidado de apresentar apenas a informação sobre chuvas, para que pudéssemos observar os esquemas dos alunos nessa leitura. Ao observarem, novamente, o gráfico de chuvas de Cuiabá, eles tiveram uma melhoria na utilização da linguagem dos gráficos, pois conseguiram distinguir forma e conteúdo ao buscarem a informação. Passaram a analisar os dados sobre as chuvas, comparando o tamanho das barras.

Nesse primeiro nível, eles responderam a algumas perguntas de tipo elementar, considerando cada barra com a sua informação isolada:

- Quantos mm choveu em janeiro?
- Em qual mês choveu 230 mm?

Seguindo a orientação da Semiologia Gráfica de Bertin, avançamos para a leitura de nível intermediário:

- Em quais meses choveu mais?
- Em quais meses choveu menos?

Para auxiliar os alunos em sua leitura, propusemos que as barras dos gráficos fossem literalmente recortadas para que eles, manuseando-as, comparassem a altura das barras e as colocassem em ordem.

Com a leitura das barras ordenadas, orientamos os alunos para as agruparem para que pudéssemos perceber as diferentes estações de chuva. Com isso, eles teriam conseguido chegar à síntese.

Com as barras ordenadas, eles puderam responder melhor às questões anteriores e, depois, construir a síntese, em um nível de leitura global.

- Quando é a estação de chuvas em Cuiabá?

### COORDENAÇÕES DO SUJEITO

| Estrutura lógico-matemática | Estabelece relações | Percepção da ordem e da proporcionalidade |
|---|---|---|
| Estrutura ópero-semiótica | Relações entre significante e significado | Faz distinção entre forma e conteúdo |
| Estrutura lógico-matemática no nível de pensamento formal | Consegue fazer abstrações | Produção/leitura no nível das proposições |

Fonte: Passini/1996.

### O TRABALHO COM GRÁFICOS PARA MELHORAR AS ESTRUTURAS DO PENSAMENTO

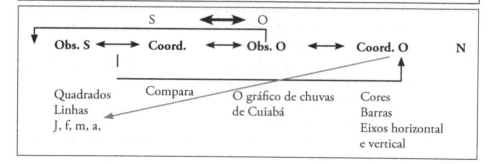

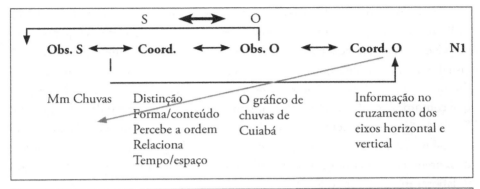

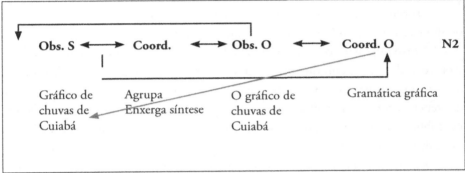

- Quantas estações temos em Cuiabá, em relação à quantidade de chuvas?

Podemos afirmar que os alunos avançaram na construção do conhecimento, tanto na habilidade em elaborar e ler gráficos como em entender melhor o conteúdo e os conceitos de climatologia?

Arriscamo-nos a fazer um paralelo entre o desenvolvimento das estruturas da inteligência do sujeito e o desenvolvimento da habilidade de elaborar e ler gráficos.

Ao pensar nessas coordenações do sujeito que desvenda o objeto em sua estrutura e passa de um conhecimento menor para um conhecimento mais elaborado, ousamos a utilizar o esquema de Macedo (s/d), adaptando-o ao desenvolvimento da habilidade em lidar com gráficos.

Não tenho uma pesquisa sistematizada com grupos de controle, que tivessem estudado climas, por meio de leituras de textos escritos e gráficos prontos. Portanto, não saberia responder se essa metodologia permitiu que os alunos tivessem uma compreensão melhorada sobre climas, elaborando gráficos e, principalmente, manuseando as barras para encontrar os agrupamentos: as estações de chuvas abundantes, chuvas médias e pouca chuva.

Foi nosso objetivo discutir essa metodologia, para que os alunos de Geografia utilizem a linguagem dos gráficos como alternativa à linguagem escrita, para entender Geografia como ciência. Nós devemos ensinar o gráfico como uma linguagem visual e tão importante quanto a linguagem escrita, para comunicar ou obter informações. Consideramos a importância de reconhecer o gráfico como linguagem que comunica as informações, com organização lógica, por meio de uma imagem. Ele é uma importante ferramenta para entender Geografia como ciência, pois, para expressar os dados investigados por uma imagem, obriga o sujeito da investigação e da representação a entrar no conteúdo para entendê-lo em sua organização lógica e elaborar uma imagem que "fale".

Os procedimentos de investigação, coleta e tratamento de dados, auxiliarão os alunos a estudarem Geografia como uma ciência.

Nosso objetivo, ao iniciar este trabalho, foi analisar e compreender as dificuldades dos alunos para produzir e ler gráficos. Mas sentimos necessidade de observar os esquemas utilizados por alunos em suas operações. Descrevê-las, compará-las, diferenciando tipos de gráficos, conteúdo e circunstâncias como aula de Geografia, biblioteca com outro professor, de forma que pudéssemos entender melhor os caminhos que os alunos percorrem para desvendar a estrutura desta linguagem.

Esperamos que, a partir dessa discussão, possamos continuar com essas observações dos alunos em suas coordenações em lidar com os gráficos. É entendendo melhor as coordenações dos sujeitos e a forma como se dá o desenvolvimento das habilidades em lidar com essa linguagem que poderemos contribuir com algum manual mais específico, com atividades de pré-aprendizagem e de aprendizagem de elaboração e leitura de gráficos.

Com essas coordenações, quando o sujeito emprega seus conhecimentos anteriores, compara o novo e passa a entender melhor o objeto, ocorre o que Piaget chamou de equilibração majorante.

As contribuições que mostrem a forma de avaliar a mudança conceitual em Geografia com a utilização da linguagem dos gráficos serão importantes, para prosseguirmos este estudo no caminho de provocar a equilibração majorante dos alunos.

## Bibliografia

ALMEIDA, Rosângela Doin de. *Espaço geográfico: ensino e representação*. 8ª ed. São Paulo: Contexto, 1989.
BERTIN, J. *La graphique et le traitement graphique de l'information*. Paris: Flammarion, 1977.

BONIN, Serge. "Representation graphique des structures de population – Dossier pédagogique", *In: Laboratoire de graphique – École des Hautes Études en Sciences Sociales*. (xerox cedido pelo autor) Paris: 1975.

_____. *Initiation à la graphique*. Paris: Epi, 1975.

CURCIO, Frances R. *Developing graph compreension – Elementary and middle school activities*. Virginia: The National Council of Teachers of Mathematics INC., 1989.

DE GRELOT, Jean Philippe. "Quelques principes de Cartographie statistique", *In: CFC – Comité Français de Cartographie*. Paris, Bulletin 133: 18-27, set. 1992.

GIMENO, Roberto. *Apprendre à l'ecole par la graphique*. Paris: RETZ, 1980.

LE SANN, Janine. *Atlas escolar de Golveia*. Belo Horizonte: UFMG, 1997.

_____. "Material pedagógico para o ensino de noções básicas de Geografia, nas primeiras e segundas séries do primeiro grau." Belo Horizonte: *Revista Geografia e Ensino*. Dez. 1992.

_____. "Os gráficos básicos no ensino de Geografia: tipos, construção, análise, interpretação e crítica". Mimeo, s/d.

MACEDO, Lino de. *Ensaios construtivistas*. São Paulo: Casa do Psicólogo, 1994.

_____. *O funcionamento do sistema cognitivo e algumas derivações ao campo da leitura e escrita*. Instituto de Psicologia, Universidade de São Paulo. Texto mimeografado.

MARTINELLI, M. *Mapas e gráficos: faça você mesmo*. São Paulo: Moderna, 1998.

PAGANELLI, Tomoko Iyda. *Estudos sociais: teoria e prática*. Rio de Janeiro: ACCESS, 1994.

PASSINI, E. Y. *Alfabetização cartográfica e o livro didático, uma análise crítica*. Belo Horizonte: Lê, 1994.

_____. *Os gráficos em livros didáticos de Geografia de 5ª série: seu significado para alunos e professores*. São Paulo: FEUSP, 1996. (Tese de dourorado).

# O ENSINO/APRENDIZAGEM DE GEOGRAFIA NOS DIFERENTES NÍVEIS DE ENSINO

*Lívia de Oliveira*

O binômio ensino/aprendizagem apresenta duas faces de uma mesma moeda. É inseparável. Uma é a causa e a outra, a consequência. E vice-versa. Isso porque o ensino/aprendizagem é um processo, implica movimento, atividade, dinamismo; é um ir e um vir continuadamente. Ensina-se aprendendo e aprende-se ensinando.

Pouco se tem procurado esclarecer da relação ensino/aprendizagem. O que se sabe é que o processo não se inicia do nada, pois todo conhecimento aprendido é o resultado de uma estruturação na qual intervém, em graus diversos, o ensinado. Pode-se situar a aprendizagem, como experiência adquirida, em razão do meio físico e social. Ou, melhor, a aprendizagem é tudo que, no processo do desenvolvimento mental, não é determinado hereditariamente, ou seja, pela maturação, considerando toda a aquisição obtida ao longo do tempo, isto é, mediata e não imediata, como a percepção ou a compreensão instantânea. A aprendizagem não será produzida pela simples acumulação passiva, mas mediante a atividade exercida sobre os conteúdos, articulando-se uns com os outros.

Convém chamar a atenção para um ponto fundamental: atividade não significa movimento físico, deslocamento em sala de aula; mas do ponto de vista didático, atividade interior, participação mental ativa do aprendiz na construção de sua própria aprendizagem. É um equívoco considerar que a atividade exterior conduz à verdadeira e essencial aprendizagem; ao contrário, é a atividade interna que é solidária e indissociável dos conteúdos aprendidos, pois estão ligados, basicamente, à necessidade e ao interesse dos estudantes.

Por outro lado, ensinar é provocar situações, desencadear processos e utilizar mecanismos intelectuais requeridos pela aprendizagem, que permitirá aos professores empregarem métodos ativos, para engendrar a ação didática em bases sólidas, evitando tentativas ou ensaios e práticas infrutíferas, demasiadamente perigosos, sobretudo quando as ações são exercidas sobre crianças e adolescentes.

Uma vez aceitas essas posições em geral, também deve-se aceitá-las para o ensino/aprendizagem da Geografia.

Geografia será aqui definida como uma disciplina científica que trabalha com o espaço, quer em termos absolutos, quer relativos e relacionais, de um ponto de vista horizontal, ambiental e social. Além de científica, deverá ser considerada uma disciplina escolar básica nos quatro níveis: pré-escola, ensino fundamental, ensino médio e ensino superior, e ser tratada de maneira coordenada e integrada entre a equipe administrativa, compreendendo diretores, coordenadores, supervisores, técnicos-administrativos, inspetores de alunos e atendentes, para juntos atingirem a ação didática, no sentido de uma educação ativa para todas as classes socioeconômicas. Essa ação educativa ganhará espírito científico à medida que a escola forneça um amplo conhecimento dos processos e técnicas usados na Geografia, não menosprezando a formação de atitudes e valores.

O ensino/aprendizagem da Geografia deveria ser planejado no todo, compreendendo os diferentes níveis de ensino, atendendo às diferenças, aos interesses e às necessidades das diversas clientelas, considerando o desenvolvimento intelectual e visando a formação de uma cidadania responsável, consciente e atuante.

Antes de entrar em considerações específicas sobre os níveis de ensino, é oportuno lembrar as ponderações de Resende (1986: 12-16), que chama a atenção para a formação deficiente do professor que não sabe ou não é capaz de relacionar a forma com o conteúdo daqueles que produziram os compêndios e suas respectivas visões de mundo. Em suas próprias palavras considera esta a falha mais grave de nossa Geografia/nosso ensino: "desprezar o ser histórico da Geografia e, consequentemente, o ser histórico do aluno". Completando, seria a redefinição da relação ensino/aprendizagem, ao construir "o caminho do conhecimento, da descoberta a partir da realidade vivenciada pelo aluno. Aí, estariam professor e aluno, descobrindo e recriando a ciência geográfica".

Isso posto, deve-se iniciar o ensino da Geografia na pré-escola. No momento, já se contam com numerosas pesquisas sobre a iniciação ao estudo do mapa, compreendendo, principalmente, o ensino/aprendizagem das primeiras noções sobre Geografia. De modo geral, esses trabalhos são fruto de teses e dissertações e apresentam muitas sugestões de atividades e propõem várias técnicas como recursos didáticos, baseados no desenvolvimento cognitivo, social e emocional. Contudo, esse nível – pré-escola – deverá ser perfeitamente acoplado ao ensino fundamental, sendo a passagem de um para o outro de maneira suave, contínua, sem atropelos e traumas.

No tratamento da relação entre interdisciplinaridade e ensino de Geografia é relevante abordar a pré-escola e o ensino fundamental como um todo. Para muitos alunos, infelizmente, talvez para a maioria, após esses oito anos chega-se ao final do período de escolarização. Daí, a Geografia integrar-se a todas as disciplinas: História, Ciências, Matemática, Português, Educação Artística, Física, Música, Ambiente, completando-se, transformando-se, adaptando-se, ocupando um lugar de destaque na grade escolar. Quem sabe, a contribuição maior seja propor tarefas operatórias, geográfica e didaticamente, para crianças e adolescentes, apresentando as noções, os conceitos e as atitudes pelo desenvolvimento de habilidades espaciais: localização (diferenças centrais e periféricas, tomadas de decisões), distribuição (padrão, dispersão, frequência), associação (semelhanças e diferenças, comparações, relações), movimento (escalas, padrões, formas, fluxos, trilhas, caminhos e estradas, rotas, cursos de água, intercâmbio de ideias, serviços e bens, redes), interação (processos, perfis de horizontes de solo, climáticos, demográficos, fluviais, econômicos) e sistemas (urbanos e rurais), energia (fontes, tipos, investimentos, organizadoras e destruidoras), mudança areal (elementos humanos e físicos, recursos naturais e construídos).

Os conceitos e as noções devem ser identificados e hierarquizados ao se planejar um tópico, procurando sempre colocar o Homem, as pessoas, os professores/alunos, administradores, legisladores e outros na situação de decisor. Como desdobramentos, surgem, quase naturalmente, as relações espaciais: localização, distribuição, superfícies e regiões, redes e nós, movimentos e fluxos. Todos esses conceitos e noções tendem ao espacial: estruturação, interação, associação, distribuição e organização.

A atitude do professor/aluno busca o significado e a compreensão de um sistema espacial, fornecendo um referencial para investigar qualquer tipo e explicações de organização humana, quer social (construída), quer natural, podendo ser analisada em termos de informação, energia e matéria.

Essas condições podem perfeitamente ser aplicadas ao ensino médio e superior, com as devidas adaptações e aprofundamento do conhecimento geográfico e pedagógico, para cada nível considerado.

À guisa de conclusão, pode-se lembrar que, em termos de ensino/aprendizagem, cada estudante constrói (independentemente dos diferentes níveis), e cada conteúdo é construído (neste caso, o geográfico) em sua própria dimensão dos significados e níveis de abstração, sua própria visão de mundo e de homem, seu próprio conhecimento social e ambiental e, por fim, atinge sua própria cidadania.

# Bibliografia

BIDDLE, Don S. *Abordagem na escola secundária conceitual no ensino de Geografia.* Texto n. 22. Rio Claro: AGETEO.

CASTRO, Amélia Domingues de. *Piaget e a pré-escola.* São Paulo: Pioneira, 1979.

___. *Piaget e a Didática.* São Paulo: Saraiva, 1974.

CECHET, Jandira Maria. *Iniciação cognitiva do mapa.* (Dissertação de mestrado). Rio Claro: IGCE/UNESP, 1982.

LE SANN, Janine G. *Material pedagógico para o ensino de noções básicas e a Geografia nas 1ª e 2ª séries do 1º grau.* (Mimeo, 1-4). Belo Horizonte: UFMG, s/d.

MONTOVANI DE ASSIS, Orly Z. *Uma nova metodologia de educação pré-escolar.* São Paulo: Pioneira. 1979.

MORO, Maria Lucia F. *Aprendizagem operatória.* Curitiba: Cortez, 1987.

OLIVEIRA. Lívia de. *Estudo metodológico e cognitivo do mapa.* Tese de livre-docência. Rio Claro: IGCE/UNESP, 1977.

___. "Que é geografia". *Sociedades & Natureza.* Uberlândia: 11, jan./dez. 1999, pp. 89-95.

PASSINI, Elza Y. e ALMEIDA, R. D. de *et al. Espaço geográfico: ensino e representações.* São Paulo: Contexto, 1989.

PONTUSCHKA, Nídia N. *et al. Ousadia no diálogo.* São Paulo: Loyola, 1993.

RESENDE, Márcia S. *A Geografia do aluno trabalhador.* São Paulo: Loyola, 1986.

TABA, Hilda. *Curriculum Development Theory and Practice.* São Francisco: Harcourt, Brace and World Inc., 1962.

# O GATO COMEU A GEOGRAFIA CRÍTICA? ALGUNS OBSTÁCULOS A SUPERAR NO ENSINO-APRENDIZAGEM DE GEOGRAFIA

*Nestor André Kaercher*

O presente texto busca refletir sobre uma certa dificuldade e/ou estagnação do avanço da denominada Geografia Crítica, nas escolas de ensino fundamental e médio. Busca, também, questionar o papel do ensino da Geografia numa sociedade caracterizada, basicamente, pelas profundas desigualdades sociais e pelo autoritarismo das instituições. Incluindo-se, aí, a escola.

Por fim, mas não menos importante, selecionarei algumas características que venho observando em meus alunos de Prática de Ensino, alunos estes que fazem seu estágio em escolas públicas de Porto Alegre. Com isso, não pretendo imputar culpas, mas sim discutir, coletivamente, as concepções de ensinar, aprender e estudar, bem como as concepções de Geografia embutidas na nossa prática docente.

Para começar, algumas perguntas...

Não me proponho a escrever aqui nenhuma novidade. Quem dera fosse capaz de fazê-lo! Aliás, não sei sequer se tenho alguma hipótese explicativa para o momento que eu considero estarmos vivendo, no ensino de Geografia, em nossas escolas de ensino fundamental e médio. Sinto um certo esgotamento, estagnação (não sei se estes termos são bons) do movimento de renovação do ensino de Geografia. Melhor dizendo, não lanço a ideia de um certo esgotamento da renovação como uma hipótese, mas sim como uma provocação! Será que está havendo realmente uma renovação – para melhor, com mais qualidade técnica, com maior densidade política e ética – do ensino da Geografia nas escolas do ensino fundamental e médio[1]? Ou será que, em geral, ainda predominam aulas meramente informativas, desvinculadas da realidade dos alunos, portanto desinteressantes?

Será que não estamos com muitas certezas (do tipo "eu dou boas aulas", "eu levo a realidade aos meus alunos", "eu dou Geografia Crítica"!!), sempre uma companhia perigosa, porque nos dá uma segurança demasiada?

Será que não estamos confundindo "Geografia Crítica" (O que é isso? Resolve algo este rótulo?) com mostrar as últimas novidades da mídia, ou seja, mera atualização informativa?

Não vou falar de certezas, embora algumas eu até as tenha e saiba que elas são temporárias, nem vou tentar provar que estou "certo". Apenas quero provocá-los com minhas dúvidas e perguntas. Não porque faça um jogo com vocês, mas porque essas dúvidas também são minhas. Espero que o que eu diga não seja visto como simples pessimismo ou derrotismo (embora eu não seja um cara dos mais otimistas), mas sim como um alerta, um pedido para que não nos conformemos com rótulos e *slogans* simpáticos que pouco dizem, tipo "eu sou da Geografia Crítica"!

## Contextualizando

Situo-me em um lugar específico: sou professor de Prática de Ensino em Geografia. Ajudo a formar professores, portanto. Gente que, antes de chegar a minha disciplina, passou por pelo menos três anos de curso superior de Geografia. Atuo também bastante em cursos de extensão, nos quais trabalho com formação de professores, não só os de Geografia, mas de várias áreas e séries. Escuro, portanto, muitos relatos, seja de futuros professores ou de gente já calejada, seja da capital ou do interior, seja de Geografia ou não. Por que estou dando toda essa explicação?

Porque é, justamente, andando por aí que me vem essa ideia de que a Geografia Crítica (seja lá o que for isso) não chegou às escolas. Ou chegou muito pouco. E sabe-se lá como chegou (Kaercher, B.G.G., nº 27, 2001). Muitas vezes só trocando rótulos ou *slogans*. Mas continuando a produzir verdades cristalizadas e, o que é pior, mantendo a Geografia como algo chato e distante do cotidiano dos alunos. Por que isso ocorre? Porque, para haver Geografia Crítica (ou uma Geografia renovada) não basta mudar os temas ou atualizar nossas aulas. Não se trata de um problema de conteúdo. É preciso haver uma mudança metodológica que altere a relação professor-aluno, relação esta que, via de regra, continua fria, distante e burocrática. É preciso haver também uma postura renovada de maior diálogo, não só entre professor e aluno, mas com o próprio conhecimento. Devemos ensinar mais nossos alunos (e a nós mesmos) a duvidarem do que se ouve e lê, inclusive nos livros e na televisão, para que o aluno perceba que não estamos, quando damos aula, ensinando doutrinas, verdades, mas sim que estamos construindo um conhecimento novo a partir do que já temos (a fala do professor, do aluno, o livro texto, os meios de comunicação etc.). Para tal, a dúvida deve ser um princípio metodológico constante. Nós, professores, precisamos aprender a conviver com a insegurança da dúvida.

É preciso também uma outra conduta epistemológica, que renove a base na qual se assenta o conhecimento geográfico. Uma postura mais investigativa. Que reproduza menos generalidades que tanto povoam a Geografia (Geografia como síntese, Geografia como cultura geral etc.).

Por que digo tudo isso? Porque o ensino de Geografia continua desacreditado. Os alunos, no geral, não têm mais paciência para nos ouvir. Devemos não apenas nos renovar, mas ir além, romper a visão cristalizada e monótona da Geografia como a ciência que descreve a natureza e/ou dá informações gerais sobre uma série de assuntos e lugares. Devemos fazer com que o aluno perceba qual a importância do espaço, na constituição de sua individualidade e da(s) sociedade(s) de que ele faz parte (escola, família, cidade, país etc.).

## Saber a Ciência não basta para ensinar Geografia

Embora não tenha nenhuma dúvida sobre a importância e as imensas potencialidades do ensino de Geografia, para contribuir com uma leitura mais completa e dinâmica do mundo, não estendo esse otimismo para o atual estágio do ensino de Geografia. Algumas interrogações já apresentei anteriormente. Outros tantos tópicos desenvolverei a seguir.

Qual é a concepção de Geografia que levamos para os alunos, quando damos nossas aulas? Eis uma questão fundamental que temos de ter clara para não nos confundirmos.

Acredito que a renovação do pensamento e do ensino da Geografia pós-redemocratização (pós-1985) e pós-renovação da AGB (Congresso de 1978) sofreu uma redução. Uma hipótese: creio que a queda do socialismo real (URSS e Europa Oriental) jogou um "balde de água fria" nos marxistas/materialistas, que era um grupo bem polêmico e vanguardista, portanto, renovador. Isso se refletiu nos professores em geral; afinal, muitos que se engajavam na Geografia Crítica tinham o marxismo (não raro de cunho bem positivista e dogmático) como base de apoio. Quando um referencial teórico importante para as ciências humanas, como o materialismo, está em crise, esta produz uma apatia, uma inércia, um desânimo. Até termos novas teorias para estimular novas práticas, leva tempo.

Uma outra hipótese: parece-me que o fato de o estudantado de Geografia pós-ditadura militar (incluo-me aí) ressaltar a importância do "político" na Geografia – para romper com a "neutralidade" anterior – empobreceu um pouco a formação mais "técnica", acadêmica, que é muito importante. Temos de superar essa limitação de formação. Não basta ser um militante competente. Aliás, não seremos competentes sem uma sólida (não confundir com cristalizada) formação geográfica. Saber Geografia é imprescindível. Mas não é suficiente.

Todo processo de mudança, por exemplo, o do ensino de Geografia, bem como a própria democratização da escola tende a levar anos. Não só no Brasil, é verdade. E ele ocorre em diferentes velocidades mas, o que percebo, é que nossos alunos de licenciatura (uma amostra privilegiada, afinal, são minoria entre os professores de Geografia os licenciados nessa disciplina) demoram para perceber que para serem bons professores não basta... saber Geografia (e muitos formandos sabem pouco). É preciso saber ensiná-la. O que não é nada simples.

Uma pergunta possível seria: *como formar um bom professor de Geografia?* Claro que não há um caminho único, mas está faltando, além do conhecimento específico, particular, técnico da ciência geográfica, um melhor entendimento do que é e para que serve ensinar Geografia. Não basta saber Geografia, mas sem sabê-la não há como cativar os alunos a nos ouvir. Sem saber o que queremos com nossa ciência, não há aluno que vá nos ouvir interessadamente.

É preciso mostrar aos nossos alunos que podemos entender melhor o mundo em que vivemos, se pensarmos o espaço como um elemento que ajuda a entender a lógica, não raro absurda, do mundo. Mostrar que sabemos Geografia não é sabermos dados ou informações atuais ou compartimentadas, mas, sim, relacionarmos as informações ao mundo cotidiano de nossos alunos.

Parece que falta, em muitos professores, a palavra e, sobretudo, o sentido do fazer e do transformar o espaço. E o quanto essa transformação e construção do espaço nos constitui, nos forma e nos transforma.[2]

## O QUE PODE A GEOGRAFIA COM O SEU ENSINO?

Uma provocação: talvez a principal tarefa de um professor de Geografia não seja a de ensinar Geografia, mas realçar um compromisso que a ultrapassa, ou seja, fortalecer os valores democráticos e éticos, a partir de nossas categorias centrais (espaço, território, Estado...) e expandirmos cada vez mais o respeito ao outro, ao diferente.

Parece que um dos maiores objetivos da escola, e também da Geografia, é formar valores: de respeito ao outro, respeito às diferenças (culturais, políticas, religiosas etc.), combate às desigualdades e às injustiças sociais. Estes ideais não são, evidentemente, "conteúdos" de Geografia! Não faz mal! Cavalcanti (1998) é clara:

> Sem querer negar a importância desses objetivos para o estudo da Geografia (conhecer o mundo em que vivem, localizarem alguns pontos nesse mundo, representá-lo linguística e graficamente), é preciso acrescentar que sua função não se resume a eles. Tais motivos são apontados porque é próprio do cotidiano pensar o imediato, fazer juízos provisórios. Mas é necessário não se contentar com o que são, na verdade, pré-requisitos para a função mais importante da Geografia, que é formar uma consciência espacial, um raciocínio geográfico. E formar uma consciência espacial é mais do que conhecer e localizar, é analisar, é sentir, é compreender a espacialidade das práticas sociais para poder intervir nelas a partir de convicções, elevando a prática cotidiana, acima das ações particulares, ao nível do humano genérico. (Cavalcanti, 1998: 128)

E cita Soja (1993: 13) em *Geografias pós-modernas*:

> Devemos estar insistentemente cientes de como é possível fazer com que o espaço esconda de nós as consequências, de como as relações de poder e disciplina se inscrevem na espacialidade aparentemente inocente da vida social, e de como as Geografias humanas se tornam repletas de política e de ideologia.

Ou seja, é preciso formar uma consciência espacial para a prática da cidadania. Consciência espacial como sinônimo de perceber o espaço como um elemento importante de nossa organização social, presente no nosso cotidiano. Cidadania entendida aqui como um pessoa que, sabendo de seu mundo, procura influenciá-lo, organizando-se coletivamente na busca, não só dos seus direitos, mas também lutando por uma organização da sociedade mais justa e democrática. Busca-se maior autonomia do cidadão: que ele não dependa tanto das informações que o poder (seja político, econômico etc.) fornece a ele. Mas, alerte-se: autonomia não como sinônimo de individualismo. Quer-se uma maior autonomia intelectual, mas que esteja alicerçada numa ética solidária e pluralista.

Compreendendo a espacialidade das práticas sociais, podemos ajudar nossos alunos (e a nós próprios) a entender melhor o local, o nacional e o global e, melhor ainda, compreender as relações entre essas escalas.

Com isso quero reafirmar que o problema do descrédito do ensino de Geografia não está nos seus conteúdos, mas sim na concepção de conhecimento e na metodologia dos seus professores. Um problema, portanto, em nossa formação.

Se ajudarmos nossos alunos a perceberem que a Geografia trabalha com as materializações das práticas sociais, estaremos colocando-a no seu cotidiano.

Retomo Cavalcanti (op. cit.: 129), pois o questionamento dela permanece absolutamente atual:

> Por que o conhecimento geográfico, que é considerado tão útil à prática social cotidiana, é tão desprezado na escola? Por que a prática espacial é tão presente no cotidiano das pessoas e na escola ela não é valorizada da mesma forma?

## CARACTERÍSTICAS-OBSTÁCULOS DE NOSSA FORMAÇÃO

Trabalhando com Prática de Ensino tenho coletado algumas características de nosso discurso e prática profissionais: características-obstáculos a uma prática educativa significativa.

Apresento-as de uma forma muito resumida e esquemática[3]. Provocativa até. Elas não estão em ordem de importância nem de frequência. Não busco "condenar" ninguém. Todos nós fizemos isso, várias vezes, durante o ano letivo.

Algumas das características são:

a) Aceitação das esdrúxulas "divisões" da Geografia, elaborando um planejamento irreal das aulas. Exemplo: em 2h/aula (tenta) trabalha-se "Projeções Cartográficas", em 2h/aula se trabalha "Escala", em 2h/a mais teremos "Fusos horários" e, em 2h/aula, teremos "Coordenadas Geográficas". Primeiro: esses assuntos viraram "conteúdos" autônomos, quando deveriam ser habilidades básicas para entendermos a linguagem geográfica. Segundo: poucos alunos conseguirão realizar uma aprendizagem significativa nesse ritmo. "Vencer" conteúdos não significa que eles foram entendidos.

b) Geografia como sinônimo de informações. A lógica é "dar um conteúdo" por meio de muitas informações. Mas, se faltarem as relações entre essas informações, a Geografia e a vida do aluno, as informações se perderão. Logo, o que se deve priorizar não são as informações, os conteúdos, mas sim a lógica do raciocínio espacial, isto é: o que tais dados têm a ver com o espaço e com a vida deles?

c) Aula como sinônimo de cópia de livro didático. Apesar das reclamações corriqueiras de que "2h/aula por semana é pouco", muitos alunos-estagiários não sabem o que fazer diante dos alunos nesse curto período. Resolvem isso dando uma cópia de texto de um livro didático (pois, costumeiramente, os alunos não possuem um livro). Lê-se o texto (não raro de forma apressada e improdutiva), fala-se algumas coisas isoladas e está dada a aula. Parece que o aluno tem medo de inovar, de usar um outro recurso didático (música, saída de campo pelo entorno da escola, fotografias, elaboração de desenhos, charges etc.).

d) Professor estático diante do quadro. Mau uso do quadro. Aqui dois aspectos importantes e, eminentemente, espaciais. O professor fica fixo na frente do quadro, não se locomove, não circula. Não chama a atenção para a sua figura. Se circulasse pela sala poderia atrair a atenção dos alunos, bem como aproximar-se deles e conhecê-los melhor, o que é fundamental.

Já o quadro caracteriza-se por conter informações soltas, quase sem nexo. Sugiro que o professor procure, pelo menos, colocar, ao lado da data, o tema da aula e algumas frases que orientem os alunos. Sugiro também que se aproveitem as falas dos alunos, copiando-as no quadro e pedindo que os colegas também as copiem. Valoriza-se, assim, a autoria da garotada e vai-se formando nelas a importante ideia de respeito à opinião dos outros. Ajuda também a construir a ideia de que o conhecimento deles, aquele que não está no livro, também é "matéria".

e) "Explosão de ideias" que implode o planejamento. Os estagiários estão cientes de que a opinião de seus alunos é importante. Para tanto, elaboram questões que visem uma inicial "explosão de ideias", isto é, uma intervenção livre que inicie, "esquente" o assunto. O problema é que, não raro, atordoado por dezenas de opiniões, o estagiário fica um tanto apalermado e confuso e esquece seu planejamento inicial. O que não é grave! Pior, não consegue organizar a intervenção dessa gurizada e tal explosão se dispersa. A expressão deles fica meio inútil, porque não é problematizada. Perde-se uma boa chance para questionar o senso comum. Aqui assumo uma postura moderna: os conhecimentos popular e científico se cruzam, se alimentam, mas não são a mesma coisa. Cabe ao professor questionar a opinião dos alunos, provocar a polêmica.

f) Dificuldade em rever estratégias malogradas. Por exemplo: apresentação de trabalhos em grupo. Sabemos que há uma tendência de os alunos ouvirem apenas (e olhe lá) os dois ou três primeiros trabalhos dos colegas. E, não raro, faltam mais quatro, ou cinco grupos. E a aula arrasta-se melancólica e bagunçadamente até o último grupo se apresentar. Sugestão: diminuir o número de apresentações por aula. Objetivo? Evitar o tédio e a inutilidade de apresentações em que ninguém presta atenção.

g) Geografia dogmática, quase religiosa. Os assuntos são apresentados de forma mecânica, burocrática. Como se fossem fatos "verdadeiros", inquestionáveis.

Dá-se pouco espaço ao contraditório, ao conflito. Transforma-se, assim, a Geografia num discurso em que as fronteiras entre a ciência e o dogmatismo são tênues. Creio que uma das tarefas do professor seja a de estimular o aluno a desconfiar do que lê, ouve e vê, seja nos livros, seja na mídia.

h) Pouco uso de mapas. Pode parecer paradoxal, mas se usa pouco o mapa nas aulas de Geografia. E, curiosamente, para a maioria das pessoas Geografia faz lembrar... mapas. Os motivos podem, inclusive, escapar ao nosso controle, as escolas nem sempre estão bem equipadas. E outra característica: trabalha-se mais "projeções cartográficas (que tende a ser chato) do que o significado, interpretação e/ou construção dos mapas. Mapa vira um "conteúdo" cristalizado, um produto "pronto".

i) Falta de regras claras. A melhor maneira de nos incomodarmos com os nossos alunos é a dificuldade que temos de estabelecer, de forma clara e democrática, as regras da relação professor-aluno, as datas dos trabalhos e provas, a forma como queremos os trabalhos, enfim, como queremos que funcione o contrato/jogo pedagógico. Jogo implica regras, ganhar, perder, ou seja, não é só prazer. E os alunos ficam confusos quando não sabem o que nós queremos, porque nós fomos confusos com eles.

Aqui caímos em contradição seguidamente. Não respeitamos o que foi combinado e eles percebem isso. E, se quiserem, bagunçam tudo. Não raro, com razão. O diálogo aberto e respeitoso com os alunos é a melhor maneira de não entrarmos em atrito, inutilmente, com eles.

E a Geografia? Tem de saber mais Geografia! Tem de ler e estudar mais. Pode parecer contraditório dizer que não devemos priorizar o conteúdo e os que estudam sabem pouco "do conteúdo", ou seja, de Geografia. Estudam e leem pouco. E não adianta se iludir, achando que dá para ser um bom professor com pouca leitura, pouca bibliografia e estudando os assuntos em cima da hora!

j) Objetivos confusos? Conteúdos que viram objetivos: se o professor de Geografia não souber claramente os objetivos dos assuntos que está trabalhando em sala, haverá uma tendência muito grande de ele dar uma aula confusa, ou desinteressante. Senão é ensinar "coordenadas geográficas" para os alunos saberem... "coordenadas geográficas"! O conteúdo passa a justificar as aulas. O conteúdo serve para chegar aos objetivos. Esclarecê-los para os alunos nos ajuda muito.

k) Habilidades precedem conteúdos. No meu ponto de vista, as matérias, os conteúdos de Geografia são importantes. Mais importante, ainda, são as habilidades que queremos atingir. Desenvolver, por exemplo, a capacidade de observação e de descrição dos lugares que vemos "ao vivo" ou em filmes; fotos são muito importantes. Saber comparar e relacionar tabelas de dados, imagens, fatos, locais e espaços é genial. E trabalhoso. Estimular, construir com eles e "cobrar" a sistematização, por escrito, do que se está falando em aula também é outra habilidade fundamental em Geografia. Ler/construir mapas também deve ser prioritário.

l) Pobreza bibliográfica. Já alertei, anteriormente, para a fragilidade das bases em que são planejadas as aulas. Usam, não raro, somente o livro didático da própria turma. Faltam não só livros de apoio, mas, sobretudo, a postura epistemológica de pesquisador. Buscar não só mais informações, mas também outros recursos que não o livro didático.

m) Culpabilização dos alunos que não "absorvem" os conteúdos "transmitidos". Aqui, na verdade, estamos falando de duas coisas. Uma é a nossa tendência em "culpar" – nem sempre usando este termo – os alunos quando algo não dá certo! Falta-nos autocrítica. A outra, pior, é a concepção que os alunos estagiários têm do ato pedagógico: eles "transmitem" conhecimentos. Cabe aos alunos, tal qual uma esponja, "absorvê-los". Argh! É de matar! O que fazer para mudar concepção tão conservadora?

n) Segurança no descalabro e pouca autocrítica. Desconfiemos de quem tem uma confiança muito grande no que faz. Estar aberto a revisões é fundamental para um professor. Só assim ele ouvirá possíveis críticas dos alunos.

o) Aluno é acessório. Talvez, eu esteja exagerando, mas, para alguns, o importante é "dar a aula", "vencer o conteúdo" não importando muito se os alunos estão gostando ou entendendo. Não basta haver ensino! Tem de haver aprendizagem! E as duas coisas não são sinônimos, embora estejam relacionadas.

p) Rupturas "revolucionárias" na lógica dos conteúdos. Por exemplo, numa aula o assunto é o conflito socialismo *versus* capitalismo e, na aula seguinte, a continuidade é... fuso horário (sic)! Quer dizer, essa quebra dá um nó na cabeça dos alunos! O revolucionário aqui vem como sátira, óbvio!

## Para não concluir, mas pensar e, oxalá, avançar

Diante de tantas características, muitas delas negativas, não quero dizer que só coisas ruins acontecem nas aulas de Geografia. Óbvio que não! Há estudantes que fazem um belo e criativo trabalho. Mas, do que está bem, no geral, não se fala. É o caso, aqui.

Estas "características" são comuns a todos nós. Não me excluo delas, de maneira alguma. Creio que, no próprio texto, aponto algumas possíveis saídas para tais entraves: basicamente estudo e leitura constantes e um diálogo permanente com a turma. Um ensino dinâmico, atual, criativo e instigante para que nossos alunos percebam a Geografia como um conhecimento útil e presente na vida de todos. Ou seja, o que é uma aprendizagem significativa que relacione os conhecimentos que o aluno traz consigo aos conhecimentos que a escola/ciência acumulou ao longo de sua história.

Insisto: os nossos maiores problemas não são de conteúdo, mas sim de falta de clareza, para nós mesmos, professores de Geografia, do papel de nossa ciência. Ou a Geografia se torna útil para os "não geógrafos" (nossos alunos em especial), ou ela tende a desaparecer! Ou vai continuar diluída como mera "ocupação" dos alunos com informações diversas. Uma espécie de "programa de variedades" que fala de todos os lugares e povos diversos e distantes. Só que sem cores e sons. Chatice, portanto.

Logo, há muito a fazer para que sejamos não apenas ouvidos, mas ouvidos com interesse! Ter menos medo do novo!

## Notas

1 Não me refiro à produção de livros (didáticos ou não, mas que falem de ensino de Geografia) em que a produção de alternativas tem crescido. Ainda bem! Refiro-me às aulas que tenho observado como professor de Prática de Ensino e/ou como ministrante de cursos sobre o ensino desta disciplina. Aqui meu otimismo é menor.

2 Na versão integral (*Boletim Gaúcho de Geografia* nº 27, 2001, 24 p.) faço uma discussão de dois pontos mais: o papel do Estado brasileiro na produção de conhecimento, sobretudo por meio das universidades públicas, e o estado de crise social e institucional (e os limites) da redemocratização na e da América do Sul.

3 Na versão completa (BGG 27, 2001, 24 p.) tais características encontram-se mais desenvolvidas, embora também de forma resumida.

## Bibliografia

Associação dos geógrafos brasileiros. *Boletim Gaúcho de Geografia*. nº 26. Porto Alegre, AGB/PA, 2000.

Callai, H. *In: Desenvolvimento regional, turismo e educação ambiental.* Anais do XIX EEG. Porto Alegre: AGB/PA, 2000.

CASTROGIOVANNI, Antonio C. *et al.* (org). *Geografia em sala de aula: práticas e reflexões.* 2ª ed. Porto Alegre: Editora da Universidade do Rio Grande do Sul, 1999.

_____. *et al.* *Ensino de Geografia: práticas e textualizações no cotidiano.* Porto Alegre: Mediação, 2000.

CAVALCANTI, Lana de S. *Geografia, escola e construção de conhecimentos.* Campinas: Papirus, 1998.

KAERCHER, Nestor André. *Desafios e utopias no ensino de geografia.* 3ª ed. Santa Cruz do Sul: Edunisc, 1999.

NEVES, Iara C. B. *et al.* (org). *Ler e escrever: compromisso de todas as áreas.* 2ª ed. Porto Alegre: Ed. da Universidade Federal do Rio Grande do Sul, 1999.

SOJA, Edward. *Geografias pós-modernas.* Rio de Janeiro: Jorge Zahar, 1993.

VESENTINI, José *et al.* *Geografia e ensino.* Caderno Prudentino de Geografia, nº 17. Presidente Prudente, AGB, 1995.

# PARTE IV

# FORMAÇÃO DO PROFESSOR DE GEOGRAFIA

# A FORMAÇÃO DO PROFESSOR DE GEOGRAFIA – ALGUMAS REFLEXÕES

*José Willian Vesentini*

Antes de mais nada, gostaria de ressaltar que estas palavras têm um caráter de depoimento, de reflexão, valendo da minha experiência, como alguém formado em Geografia e professor no ensino fundamental e médio – até por volta de 1980 – e depois na universidade. Sabemos que a preocupação com a formação do professor de Geografia, em especial com relação à escola fundamental e média, é quase inexistente nos nossos cursos de Geografia, mesmo nas melhores universidades do país. Lembro-me da época em que frequentei, como aluno, o curso de graduação em Geografia aqui na USP – isso de 1970 a 1974 –, quando havia uma sensível subvalorização, para não dizer um desprezo velado ou, às vezes, até aberto, da preparação do docente. Na prática, sempre se priorizou a formação do futuro especialista (em Geomorfologia, Cartografia, Geografia Agrária etc.) ou então – especialmente nos anos 1970 e 1980 – a formação do planejador. Mas a carreira docente, com exceção da universitária (considerada normalmente um corolário ou um apêndice da especialização), era e ainda é, em grande parte, vista como algo destinado tão somente àqueles que não têm competência para exercer outras atividades.

Esse viés, que contribuiu para engendrar ou reforçar inúmeros estereótipos na imagem da Geografia escolar, pode ser explicado, tanto pela estrutura dos nossos cursos superiores – na qual se enfatiza a especialização e a titulação encarada como hierarquia ou relação de poder – quanto pela nossa cultura autoritária, na qual a escolaridade e a qualificação das pessoas sempre foi algo relegado a segundo plano. Na nossa tradição bacharelesca, o importante é ter um diploma e não, necessariamente, uma sólida formação escolar.

Talvez as coisas tenham sido um pouco diferentes antes de 1967-1968, ocasião em que a ditadura militar reformulou o sistema escolar brasileiro e, notadamente, implementou uma enorme desvalorização da carreira docente. O professor do antigo ginásio e do colegial que, até então, dispunha de proventos mais ou menos equivalentes aos de um juiz ou de um promotor público, teve o seu rendimento drasticamente achatado e, já no final dos anos 1980, ganhava muitas vezes menos que um motorista ou até que um cobrador de ônibus[1]. Ocorreu uma massificação ou aumento quantitativo das escolas e dos professores e, ao mesmo tempo (sem que necessariamente um desses processos implicasse o outro), uma depreciação econômica e até social (isto é, na percepção das elites e inclusive do povo em geral) da atividade docente e até mesmo da educação formal. Enfim, pelo menos nas últimas três décadas – e, infelizmente, até hoje – o professor da escola fundamental e média no Brasil tem sido, reiteradamente, visto como um generalista incompetente (que só está aí porque não conseguiu um emprego melhor), algo que, lamentavelmente, até alguns professores repetem, como alguém que ganha pouco porque não trabalha ou não exerce uma atividade de fato importante. Um clichê que até as nossas universidades ajudam a reproduzir, ao supervalorizarem a especialização e desdenharem a educação básica e a formação dos professores.

O valor da escola e do professor é algo diretamente ligado à cultura e às prioridades de uma sociedade. É evidente que o Estado – mas não só ele: também a família, as organizações comunitárias, os meios de comunicação etc. – desempenha um papel fundamental nessas prioridades e, a médio e longo prazo, até mesmo na redefinição cultural[2]. E o Estado brasileiro das últimas décadas preocupou-se essencialmente em viabilizar um projeto de "Brasil, grande potência", o qual resultou da confluência dos interesses de setores que se tornaram hegemônicos a partir de 1927-1928 (o empresariado industrial, os militares e a tecnoburocracia). Nesse projeto, já esgotado desde pelo menos meados dos anos 1980, o importante era o poderio industrial e militar, a economia vista como algo meramente quantitativo e independente do bem-estar social.

A educação e o professor, nesse contexto, não tinham um papel importante, eram apenas atividades tradicionais e, em grande parte, negligenciáveis. O fundamental era uma pequena formação técnica para a população em geral (encarada não como cidadãos e sim como força de trabalho), que as próprias empresas poderiam oferecer de forma mais eficaz do que as escolas. Assim sendo, fica evidente que o ensino de Geografia (como o da História, da Sociologia, da Filosofia) não era importante. Mas, se por um lado todos os professores, em geral, perderam prestígio e rendimento, por outro lado é inegável que o professor de Geografia foi um dos mais atingidos não porque passou a ganhar menos do que os demais[3], e sim porque houve uma diminuição da carga horária da disciplina e uma depreciação no seu *status* dentro da escola. Não aprovar um aluno em Geografia, por exemplo, era nos anos 1950 ou 1960 algo tão normal ou aceitável quanto em Matemática; mas a partir dos anos 1970, pouco a pouco, foi se tornando socialmente intolerável, uma verdadeira afronta aos valores vigentes ("como alguém pode pensar em reter um aluno nessa disciplina tão sem importância?", ouvíamos, com frequência, no período em que lecionamos no ensino médio; e muitos depoimentos de professores que lecionam atualmente nesse nível deixam claro que esse tratamento desigual das disciplinas ainda é uma realidade nas escolas brasileiras). Numa concepção tecnocrática de desenvolvimento, de uma mentalidade fordista periférica (na qual só se aproveitou do fordismo a produção em massa e estandardizada, a linha de montagem e a vigilância cronometrada sobre o trabalho, deixando-se de lado o aumento do poder aquisitivo, como precondição do consumo em massa), não apenas o professor foi desprestigiado, como o foram, mais ainda, a formação para a cidadania e as humanidades. E, a bem da verdade, as universidades em geral não constituíram um baluarte contra essa avalanche tecnocrática, como alguns querem propagar *a posteriori*; em muitos casos, elas até aderiram e procuraram auxiliar esse processo. A luta contra a disciplina Estudos Sociais, levada a cabo por alguns pouquíssimos cursos superiores de Geografia e História, não foi um embate contra o autoritarismo ou contra o projeto tecnocrático e sim, no essencial, contra o esvaziamento desses cursos em decorrência da progressiva carência de alunos. Essa resistência foi importante e não deve ser minimizada. Mas tampouco idealizada e vista como barreira ao desprestígio da escola e da formação do professor. Eu, particularmente, recordo que alguns (mas não todos) dos batalhadores por essa causa nos anos 1970 e 1980 – isto é, pelo final da disciplina Estudos Sociais – eram concomitantemente docentes universitários que professavam o mais absoluto desdém pela formação de professores para o primeiro ou o segundo grau (atuais ensino fundamental e médio). Pode ser uma incoerência, mas é realidade e esta, no final das contas, é plena de contradições.

Cabe agora uma interrogação: por que, a partir do esgotamento desse projeto e da "redemocratização" do país, que ocorreram em meados dos anos 1980, essa desvalorização da escola, do professor e mais ainda do ensino da Geografia não se alterou?

Provavelmente isso não se deu em virtude da superficialidade dessa redemocratização e da não existência de um novo projeto nacional adequado aos novos tempos. Hoje não é mais possível nenhuma estratégia de desenvolvimento que desconsidere os imperativos para o século XXI (necessidade de uma cidadania ativa, de maior qualificação dos trabalhadores, de preservação dos recursos naturais etc.)

e a Terceira Revolução Industrial em vigor desde o final dos anos 1970. Em grande parte (embora não totalmente), a recente redemocratização do país implicou somente o final da ditadura militar e da repressão policial aberta sobre a classe média (sobre a população periférica ela continua tão intensa quanto em 1970). Mas de fato ocorreram escassos avanços nos direitos democráticos, em especial para a imensa maioria da população. E o poder público no Brasil, pelo menos em parte, encontra-se semiparalisado e leiloado entre alguns grupos dominantes que não conseguem se articular com vistas a um projeto conjunto para o futuro. O que prevalece é o tema "toma lá, dá cá", uma dinâmica instável de partilha de poder e recursos entre oligarquias regionais e/ou setores específicos – tais como coronéis e usineiros nordestinos, beneficiários da Sudam, banqueiros, empreiteiros, fazendeiros, industriais variados e com interesses algumas vezes divergentes etc. –, que procuram de todas as formas impedir ou retardar uma efetiva participação popular nas decisões, uma transparência na alocação dos recursos públicos e um efetivo combate à corrupção. Com isso, não existe, desde os anos 1980, uma estratégia coerente e contínua para a educação no Brasil, e muito menos uma ação concreta para revalorizar a atividade docente. Todos nós conhecemos as reviravoltas das políticas educacionais dos últimos 15 anos, tanto no âmbito federal quanto no estado. Tudo muda constantemente a cada novo governo (novos guias ou "propostas curriculares", novas diretrizes pedagógicas, novas atividades burocráticas, novas denominações etc.) e, no final das contas, tudo continua praticamente igual ao que era.

O que fazer para superar esse impasse? É lógico que essa é uma questão política no sentido amplo do termo e da qual a escola e o ensino da Geografia constituem apenas uma pequena parte e nunca o lugar estratégico ou decisivo, se é que ele existe. Mas não vamos aqui nos alongar sobre essa problemática política que, sem dúvida, influi e até condiciona os rumos do sistema escolar e da formação do professor em geral. Em vez disso, de forma bem mais modesta, vamos opinar a respeito de alguns itens que normalmente são polemizados, quando o assunto em pauta é a formação do professor de Geografia: deve-se oferecer para a licenciatura na disciplina um curso mais leve, com menos exigência que aquele para o bacharelado? Qual deveria ser a orientação ou a filosofia de um curso de Geografia que, de fato, pretenda formar bons professores? A disciplina Prática de Ensino em Geografia deve fazer parte de uma Faculdade ou Departamento de Geografia (tal como ocorre na maioria das universidades federais) ou de uma Faculdade de Educação (tal como ocorre na USP)? O melhor lugar para um Departamento de Geografia seria a Faculdade de Filosofia (tal como ocorre na USP) ou em uma de Geociências (tal como na UNESP, na Federal do Rio de Janeiro e em várias outras universidades)?

A nosso ver, o encaminhamento para todas essas dúvidas depende, no final das contas, de uma escolha prévia: que tipo de professor de Geografia queremos formar, para qual escola e para qual sociedade?

Se a nossa opção for por uma sociedade de fato democrática, na qual exista uma cidadania ativa e, além do mais, direcionada para um projeto de desenvolvimento sustentável que seja viável e adequado ao século XXI – isto é, no qual haja uma preocupação com a conservação da natureza, com uma repartição mais justa da renda e da terra, com a valorização e qualificação da força de trabalho, com a correção dos desequilíbrios regionais e com um efetivo combate à pobreza e às rudimentares condições de vida de amplas parcelas da população –, então, indiscutivelmente, a escola deverá readquirir um importantíssimo papel e todos os professores, inclusive de Geografia, deverão ter uma sólida formação integral – científica e humanista. Nesses termos, não tem o menor cabimento propor ou realizar (como fazem muitos cursos pelo Brasil afora) uma separação rígida entre o bacharel (o geógrafo) e o licenciado (o professor), como se este último não precisasse de uma boa formação científica – aprender a pesquisar, a realizar projetos, a dominar técnicas de entrevista, observação, levantamento bibliográfico, trabalho em laboratórios etc. O curso superior de Geografia não deveria enfatizar essa diferença entre bacharelado e licenciatura e muito menos subestimar a formação do professor. Formar especialistas é uma atribuição dos cursos de pós-graduação (ou de especialização) e não da graduação. E o geógrafo (professor ou não, pois essa diferença no fundo é ou deveria ser pouco importante) deve ter uma formação completa na sua área, estando apto a dar aulas no ensino elementar ou médio, e a exercer outras atividades nas quais a sua presença costuma ser requisitada: análise ambiental, turismo, planejamentos etc.[4]

Portanto, a orientação para um curso de Geografia que pretenda formar bons profissionais (docentes ou não, tanto faz) é ter um adequado curso básico: que seja pluralista e contemple as diversas áreas e tendências da ciência geográfica; que esteja voltado não para produzir especialistas e sim para desenvolver nos alunos a capacidade de "aprender a aprender", de pesquisar, de observar, ler e refletir, de desconfiar de clichês ou estereótipos, de ter iniciativa e capacidade próprias. Com isso – ou seja, com um aluno que acompanhe os debates, os novos temas e as novas ideias, que é incentivado a observar e pensar por conta própria, que adquire um domínio mínimo de técnicas de pesquisa, de levantamento em bibliotecas ou arquivos etc. –, está se formando um bom profissional que poderá lecionar ou se integrar a uma equipe que atue em outra atividade.

Esse tipo de curso não tem um lugar predeterminado para existir. Ele tanto pode funcionar adequadamente em uma Faculdade de Filosofia (onde normalmente terá ótimos vizinhos, do ponto de vista de reflexão e visão crítica dos problemas sociais) como até mesmo em uma Faculdade de Geociências (desde que não predomine o excesso de tecnicismo e uma visão equivocada – como ciência natural – da Geografia). E o mesmo ocorre com a disciplina Prática de Ensino: o importante de fato é a seriedade dos professores ou do Departamento/Faculdade e não o lugar onde ela é lecionada. Mas é imprescindível que haja uma integração, um diálogo entre o departamento de Geografia e essa disciplina básica para a formação do professor. Pois se isso não ocorrer como não ocorria na época em que fiz a licenciatura aqui na USP, em 1974, poderemos ter uma orientação no curso de Geografia (pluralista e aberta a novas correntes de pensamento, por exemplo) e uma outra completamente diferente, ou até oposta, nessa disciplina específica (tradicionalista, por exemplo), o que costuma suscitar/reforçar nos alunos uma desconsideração pela Prática de Ensino e, por tabela, pela própria atividade docente.

## Notas

1 Não se trata aqui de um recurso de retórica e sim de dados a respeito de salários, obtidos nos meios de comunicação (jornais *Folha de S.Paulo* e *O Estado de S. Paulo*). E não pretendemos com essa comparação subestimar a importância desses profissionais citados, mas apenas realçar a enorme perda de rendimento dos professores a partir do final dos anos 1960.

2 Basta lembrar a imagem do Brasil, reiterada até os dias atuais tanto aqui como no exterior, deliberadamente construída pelo Estado Novo: o país do carnaval, da mulata, do futebol, da feijoada...

3 Isso unicamente porque as leis nunca permitiram salários diferentes para trabalhos iguais, pois na verdade ocorreram numerosas tentativas, nos anos 1970 e 1980, de se pagar um pouco mais para os professores de Matemática, de Ciências e de Português.

4 Estar apto não quer dizer "saber tudo" (algo impossível) e tampouco "dominar os macetes", tal como ingenuamente pensam alguns, mas sim poder se integrar sem grandes dificuldades, ter capacidade para assimilar novas técnicas e compreender o tipo de problemas ou desafios que se vai encontrar, ter um mínimo de iniciativa para, com o tempo, propor novas soluções ou alternativas etc.

# REFLEXÕES SOBRE A INVESTIGAÇÃO EM HISTÓRIA DA FORMAÇÃO DE PROFESSORES DE GEOGRAFIA

*Manoel Fernandes*

A questão inicial a tratar é relativa à razão pela qual uma discussão sobre história da formação de professores de Geografia deveria se realizar. Qual é a importância dessa discussão para os professores que atuam hoje, qual é a necessidade desse debate entre nós?

Gostaria, então, de começar respondendo que nem sempre houve essa ocupação profissional, essa função social, esse tipo de atividade. E que, como outras profissões, por tanto tempo tão importantes, como a do linotipista responsável para que as letras compusessem livros, ou do professor de Latim que lecionava entre os poucos letrados o "inglês" do medievo, é possível que o professor de Geografia um dia também desapareça ou se reduza a uma espécie de membro de um clube de pouquíssimos sócios. Entretanto, como nem sempre houve professores de Geografia, poderia se perguntar quando surgiu essa atividade profissional, quais as circunstâncias em que tal fenômeno ocorreu, qual o contexto histórico?

Como, às vezes, gostamos muito de recuar no tempo, poderíamos até dizer que já entre os homens e mulheres primitivos houve professores de Geografia, claro, com uma didática muito pictórica, que esculpia na pele da pedra os sítios de coleta, as rotas de caça, as demarcações ocasionais dos territórios nômades. Poderíamos mesmo dizer que Homero, o poeta cego, brincando de recitar a viagem de Ulisses em seu retorno a Ítaca, já ensinava Geografia. Entretanto, não havia na época a denominação que hoje nos é usual e colocamos nos documentos que registram informações sobre nossa identidade profissional. Na verdade, nem havia documentos de identificação como a Carteira de Trabalho ou coisa similar.

Então estou abrindo mão dos nômades e de Homero, desse extenso recuo temporal, ou de uma investigação baseada na ideia de uma longa duração *braudeliana*. E penso ser importante dizer que o "recorte temporal" se apresenta como essencial em uma investigação desse tipo. Por outro lado, devemos nos perguntar qual é o recuo possível.

Em princípio, poderíamos dizer que o maior recuo temporal seria aquele que vai até o momento em que surge a primeira turma de licenciados em Geografia. O momento em que existe um currículo que os forma e um campo profissional que os acolhe. Porém, isso implica termos de esquecer quem foram os professores dos primeiros licenciados, aqueles que formaram os primeiros e não tinham o título que estavam a outorgar aos outros.

E essa questão, que é temporal, leva a outra, que é institucional. Há professores de Geografia, desde quando a profissão é exercida, ou a profissão se exerce desde quando há professores de Geografia? O fato é que havia professores de Geografia, de haver cursos que os titulassem, professores que os ensinassem, cátedras universitárias em que se praticasse uma disciplina científica universitária autônoma.

Imagino, então, como um recorte temporal plausível, uma história dos professores de Geografia, tomando como base a disciplina escolar, que só surgirá quando houver uma escola com aulas reunidas sob um mesmo teto, com pessoas que ali estão para ministrar aulas de Geografia.

Se o recorte temporal é esse, é porque o recorte fundamental não é o temporal, mas outro, o institucional. Assim, quero dizer que é muito difícil fazer uma história dos professores de Geografia, sem considerar uma questão fulcral: a existência desses professores de Geografia é uma exigência da disciplina Geografia que precisa ter pessoas que a ministrem? Dizendo de outro modo: a disciplina primeiro, depois um professor para ela? Ou a mesma pergunta feita de maneira diferente: só havendo a disciplina escolar Geografia é que será necessário que haja pessoas para lecioná-la? Entretanto, perdoem os vieses do meu raciocínio, são as pessoas que criam disciplinas escolares e científicas, porque as disciplinas não nascem do nada; elas são produto de uma história das sociedades que as criam.

Então, podemos até dizer que, ao criarem a disciplina escolar Geografia, criaram também o professor de Geografia. Pensando assim, temos de perguntar sobre outras coisas importantes: o que deveria ensinar como Geografia alguém que não tinha formação para o exercício da função? Em outras palavras, quais eram os conteúdos que o professor de Geografia devia dominar? Em seu seleto *currículo real*, quais eram os temas de que tratava?

Bom, alguém vai dizer, com revolta, que já na época se usavam livros didáticos, volumosos compêndios, alguns escritos em latim, reproduzidos pelos copistas que foram os avós dos linotipistas. Isso propõe, então, um outro problema interessante: quem eram os Adas e os Vesentini, quais eram as editoras, quem eram os livreiros?

Como era tratado esse poderoso guia dos saberes geográficos aos quais o professor deveria se curvar? Seria o currículo formal o próprio compêndio?

Uma coisa é certa, pelo menos para o caso do Brasil: muitos professores de Geografia, na ausência de livros, acabavam tornando-se autores e escrevendo seus compêndios ou, coisa muito comum, copiando os compêndios dos outros. Exemplo disso é o *Corografia Brasílica de Aires de Casal*, compilado largamente no século XIX[1]. Até aqui, entretanto, nada está resolvido, se nós pensarmos que, por mais fantasiosa que fosse a imaginação do compendiador, devia haver, entre as coisas que se consideravam Geografia, alguma coisa que não fosse apenas invenção[2].

Mas se havia uma "Geografia" que não era apenas reprodução dos relatos de Marco Polo, que estava nos compêndios, que os "lentes" – como eram conhecidos os professores – ensinavam, que chegava a ser o currículo, então de onde saiu esse saber geográfico? Qual foi a cartola? Quem era o mágico?

Desculpem a confusão, mas não consigo pensar que tudo surgiu assim, misteriosamente, sem deixar pistas. Vamos pensar em algumas pistas, em certos vestígios. Um dos vestígios é aquele que associa a Escola ao Estado Nacional moderno e este, por sua vez, às instituições nacionais[3].

Em outro momento, já cheguei a dizer que a relação entre escola, currículo, material didático, é uma relação incestuosa. Relação incestuosa que, como muitos antes de mim já disseram, nasce com esse Estado Nacional moderno, que torna obrigatória uma língua, uma história e um território nacional, a partir de uma identidade geográfica[4].

Nessa escola, reuniram-se certos saberes em vez de outros, algumas geografias no lugar de outras; os compêndios em uma língua transformada em nacional ou na língua do colonizador; alguns professores em vez de outros. Podemos dizer, estendendo um pouco a ideia de tradição seletiva concernente à história do currículo, que houve tradição seletiva em todos os aspectos relacionados à própria conformação da disciplina Geografia, como, por exemplo, a formação de professores.

O que foi abordado até agora é para tentar, de algum modo, dizer-lhes que paira um enorme silêncio com respeito à história da nossa prática profissional, que não está relacionada *stricto sensu* à formação de professores, mas inscrita em toda essa imbricada e complexa teia, tecida de conceitos e práticas, livros e currículos, preceitos e dogmas, discursos e interdições discursivas.

Penso, nesse sentido, que somos prisioneiros, em nossa própria prática, de uma certa irreflexão histórica sobre ela. Não temos investigações sobre como eram as práticas dos professores de Geografia que nos antecederam; onde se formaram; quais autores que leram em sua época; quais os currículos escolares, manifestos a que foram submetidos; quais as condições sociais do seu exercício profissional; quais os materiais didáticos que utilizaram em suas aulas; quais os conceitos e saberes que disseminaram geração após geração, entre permanências e mudanças.

O que nos interessa dizer é que, além de qualquer coisa, muito do que houve no passado está presente entre nós. Muitos dos saberes com os quais um sem-número de professores lida foram urdidos ainda durante o medievo. Deve-se, entre outras coisas, dizer que a formação de professores de Geografia se deu por meio dos Congressos Nacionais e Internacionais de Geografia, no uso das fontes das quais se dispunham e por intermédio dos compêndios que eram difundidos mundo afora – como aqueles escritos por Giraldez, Malte Brun, Adriano Balbi etc.

Uma proposta possível seria analisar a contribuição para o ensino ocorrida nos Congressos Brasileiros de Geografia: as mudanças conceituais ocorridas nos currículos escolares; as teses de concurso apresentadas para ingresso nas instituições de ensino em todos os níveis; a história dos professores que, em meio à comunidade, influenciaram sua geração ou mesmo os que foram forçados a viver na marginalidade; os diversos cursos que foram dados por instituições como as associações de geógrafos.

Enfim, é possível desenvolver uma linha de pesquisa, uma espécie de programa de trabalho que permita aos professores interferir diretamente no seu dia a dia, no presente que agora possuímos e que muitas vezes foi preparado há muitos anos antes de nós.

Há diversos exemplos para dizer que, sem o conhecimento do passado, torna-se muito difícil interferir no presente.

Entre os exemplos está a leitura, feita de forma repetida e extenuada, amplamente aceita e pouquíssimo questionada, de que só com a Universidade de São Paulo é que passamos a ter professores de Geografia e uma história dessa profissão[5]. Esqueceram-se, talvez, de relativizar as coisas. Foi na USP que tivemos os primeiros professores licenciados em uma universidade, mas antes, por exemplo, a Sociedade de Geografia do Rio de Janeiro já havia oferecido um curso de Formação de Professores, organizado por Everardo Backhauser e Delgado de Carvalho, por volta de 1920[6]. Outro exemplo são os Congressos Brasileiros de Geografia, em que já no primeiro, ocorrido em 1909, no Rio de Janeiro, em uma das doze seções de trabalho, a seção XI – *Ensino de Geographia, Regras e Nomenclatura*, foram apresentados sete trabalhos, em um total de 108 em todo o Congresso, por professores de Geografia de diversas instituições de ensino existentes na época no Brasil[7].

Outro exemplo possível está ligado ao trabalho dos professores e professoras de Geografia diante dos currículos das instituições secundárias de ensino, dos muitos Liceus existentes já nas diversas províncias do Império brasileiro, às escolas normais, às instituições militares e aos colégios confessionais. A importância dessa investigação está em averiguar como o currículo manifesto ou formal interferia na prática efetiva dos professores, o que exigiria cruzar, talvez, os trabalhos apresentados nos Congressos de Geografia sobre ensino e método, com os currículos trabalhados em sala de aula.

Depois, é possível ver quais as políticas para Educação no Brasil e que Geografia era pensada a partir delas; quais os embates que os professores foram forçados a ter para garantir a sua autonomia profissional ou disciplinar, precipuamente no âmbito mais próximo das questões epistemológicas, como ocorreu, muitas vezes, com a imbricação da Geografia com outras disciplinas, sob diversas nomeações (Estudos Sociais, Estudos Regionais, Ciências Humanas etc.) ou ainda quando da diminuição efetiva da carga horária, decorrência da ideia de que outras disciplinas são mais importantes na formação escolar[8].

Por fim, não é preciso dizer que estas são apenas algumas poucas possibilidades, posto que poderíamos elencar muitas outras, intercruzá-las e discuti-las como possibilidades relativas à metodologia, que vão da reconstrução da memória, por meio da oralidade, à busca de análises historiográficas diversas. Em todo caso, o que nos cabe afirmar é o presente, pensando que ele tem contas a prestar com o passado, que há uma história que não pode ficar sob a poeira do tempo, sob os escombros do esquecimento.

## Notas

1 Ver o clássico trabalho de Caio Prado Jr. *Evolução política do Brasil*. São Paulo: Brasiliense, 1980.

2 Ver Issler (1973) e Rocha (1996).

3 Ver Capel (1983); Vlach (1988); Palacios (1992); Escolar (1996); Lacoste (1988).

4 Sousa Neto, Manoel Fernandes. "A Ágora e o agora". *Revista Terra Livre*, n. 14. São Paulo: AGB, julho de 1999, pp. 11-20.

5 "Em primeiro lugar é preciso mencionar que essa faculdade criou um novo profissional, o licenciado em Química, em História, em Geografia, em Letras Modernas, em Física etc. O profissional novo quis ocupar o seu espaço, o seu mercado de trabalho. Acontece que o mercado de trabalho pretendido pelo licenciado era feudo de outros. Era feudo de advogados, engenheiros, médicos, autodidatas, seminaristas e assim por diante." (Petrone, 1993, 14)

6 Sobre o assunto ver Zusman, Perla e Pereira, Sergio. "Entre a Ciência e a Política: um olhar sobre a Geografia de Delgado de Carvalho". *Revista Terra Brasilis*, Ano 1. n. 1. Rio de Janeiro, jan./jun./2000, pp. 51-78.

7 Durante o I Congresso Brasileiro de Geografia, organizado pela Sociedade de Geografia do Rio de Janeiro e

ocorrido entre os dias 7 e 16 de setembro de 1909 na Capital Federal à época, os trabalhos na área de ensino de Geografia contavam 6,48% do total de trabalhos apresentados em 12 seções temáticas. Dentre eles estavam monografias como as de José Bernardino de Souza – "Ensino de Geographia" e de Aristides Lemos – "Ensino de Geographia nas Escolas Primárias".

8 Sobre o assunto ver trabalho de ROCHA, Genylton Odilon R. "Uma breve história da formação de professores de Geografia no Brasil." *Terra Livre*, n 15. São Paulo: AGB, julho de 2000, pp. 129-144.

## BIBLIOGRAFIA

ANNAES DO I CONGRESSO BRASILEIRO DE GEOGRAFIA. Vol I. Rio de Janeiro: Typographia Leuzinger, 1910.

CAPEL, Horacio. *Filosofía y ciencia en la geografía contemporánea*. 2ª ed., Barcelona: Barcanova, 1983.

ESCOLAR, Marcelo. *Crítica do discurso geográfico*. São Paulo: Hucitec, 1996.

ISLER, Bernardo. *A Geografia e os estudos sociais*. Tese de Doutoramento. (Mimeo). Presidente Prudente: USP, 1973.

LACOSTE, Yves. *A Geografia – isso serve, em primeiro lugar, para fazer a guerra*. Campinas: Papirus, 1988.

PALACIOS, Silvina L. Quintero. *Geografía y educación pública: en los orígenes del territorio y la nación Argentina, 1863-1890*. Tesis de Licenciatura en Geografía. Buenos Aires: Universidade de Buenos Aires, 1992.

PEREIRA, Sérgio N. e ZUSMAN, Perla B. "Entre a ciência e a política: um olhar sobre a Geografia de Delgado de Carvalho". *Revista Terra Brasilis*, Ano 1, n.1, Rio de Janeiro, jan-jun/2000, p. 51-78.

PETRONE, Pasquale. "O ensino de Geografia nos últimos 50 anos". *Revista Orientação*, n. 10. São Paulo: Departamento de Geografia da USP 1993, pp. 13-17.

PRADO JUNIOR, Caio. *Evolução política do Brasil*. 12ª ed., São Paulo: Brasiliense, 1980.

ROCHA, Genylton Odilon Rêgo da. *A trajetória da disciplina Geografia no currículo escolar brasileiro (1837-1942)*. Dissertação de Mestrado. São Paulo: PUC, 1996.

_____. "Uma breve história da formação de professores de Geografia no Brasil". *Revista Terra Livre*, n. 15. São Paulo: AGB, julho de 2000, pp. 129-144.

SOUSA NETO, Manoel Fernandes. "A Ágora e o agora". *Revista Terra Livre*, n. 14. São Paulo: AGB, julho de 1999, pp. 11-21.

VLACH, Vânia Rúbia Farias. *A propósito do ensino de Geografia: em questão o nacionalismo patriótico*. Dissertação de Mestrado. São Paulo: USP, 1988.

# A FORMAÇÃO DO PROFESSOR DE GEOGRAFIA E O CONTEXTO DA FORMAÇÃO NACIONAL BRASILEIRA

*Rita de Cássia Martins de Souza Anselmo*

A via aqui adotada para refletir sobre a formação do professor na história da disciplina Geografia calca-se sobre um pano de fundo mais amplo que o do campo disciplinar em si. Parte-se do pressuposto de que a Geografia moderna foi institucionalizada e amalgamada à construção do conceito de território dos Estados Nacionais. Nesse sentido, a nacionalidade envolve a construção de uma visão de mundo em que se destaca a identificação dos sujeitos com determinado território, ou seja, a nacionalidade está ligada à noção de territorialidade.

Nos países de formação colonial, o processo de independência forçou a consolidação da identidade nacional. Uma identidade a ser construída, uma vez que os elementos de coesão nacional, quando existiam, não tinham consistência suficiente para arcar com a nova proposta que se colocava com a independência política. A dimensão territorial nas formações sociais latino-americanas, desta forma, foi um elemento essencial na constituição do Estado Nacional, em que o território esteve associado ao imaginário político e à autolegitimação necessária à sua soberania (Moraes, 1991).

No Brasil, a ciência geográfica, propriamente dita, passou a ganhar importância crescente com a criação do Instituto Histórico e Geográfico Brasileiro – IHGB, em 1838, e da Sociedade de Geografia do Rio de Janeiro – SGRJ, 1883, e a sofrer uma pressão no sentido da modernização de seus métodos, desde o final do século XIX. Foi sensível essa tendência nos anos iniciais do século XX, marcados por esse movimento de modernização dos estudos geográficos, essencialmente trabalhados em caráter disciplinar por profissionais ligados a áreas diversificadas, como engenheiros – Everardo Backheuser – ou cientistas políticos – Delgado de Carvalho.

O crescimento urbano ocorrido após a abolição da escravatura, agravado pela migração de populações deslocadas para cidades como Rio de Janeiro e São Paulo, sobretudo esta – devido à crise do café, na virada do século, os movimentos migratórios internos e os investimentos industriais antes da Primeira Guerra geraram uma forte demanda habitacional e problemas nos setores de higiene e saúde. Esse contexto histórico dos maiores centros urbanos dá-nos os elementos fundamentais para a compreensão do desencadeamento da campanha educacional dos anos 1920.

A Educação deveria cumprir o papel de orientadora da população no que concernia aos hábitos urbanos, mas o fundamental era a orientação para o trabalho. Assim, o escolonovismo acabou proporcionando um ambiente de aprendizagem do que deveria ser a vida na sociedade capitalista moderna.

Para os intelectuais, em geral, e para os envolvidos na campanha educacional, em particular, as *elites* tinham a responsabilidade primordial de conduzir o processo de formação da nação e, estando estas *despreparadas*, também deveriam ser educadas, a fim de que compreendessem e executassem de maneira eficaz o seu papel. Assim, nos anos 1920, casavam-se duas grandes preocupações: a educação da população, no sentido de constituir o *povo* brasileiro, através da consolidação do ensino primário, e a educação das elites, por meio da reestruturação do ensino secundário e superior.

A Associação Brasileira de Educação – ABE – foi fundada, em 1924, na Escola Politécnica do Rio de Janeiro, por um grupo de intelectuais – médicos, professores e engenheiros – que

> [...] desiludidos com a República e convencidos de que na educação residia a solução dos problemas do país, decidiram organizar uma ampla campanha pela causa educacional, propondo políticas, constituindo objetos e estratégias de intervenção e credenciando-se a si mesmos como quadros intelectuais e técnicos de formulação e execução destas. (Carvalho, 1997: 115)

A Educação traduzia-se, nesse sentido, como a fórmula salvadora, ou seja, a redenção da nação; por essa razão, pode-se colocar a fundação da ABE como parte do *otimismo pedagógico*, conforme colocado por Nagle (1974).

A Associação mantinha grupos de orientações ideológicas variadas, articuladas todas em torno de uma causa comum, qual seja, a constituição da nacionalidade brasileira, em cujo sentido a educação primária assumia papel fundamental, acabou gerando, pelas discussões por ela promovidas, o Movimento da Educação Nova, em cujos objetivos figurava a criação de um sistema educacional de primeiro e segundo graus com abrangência social ampla e metodologias pedagógicas modernas.

Fundamentalmente, o que o movimento pró-educação dos anos 1920 propunha era a formação que Benedict Anderson define como a Nação, ou seja, uma *comunidade imaginada* (Anderson, 1989). Imaginada, porque o sentimento de "pertencimento" é construído e, mesmo que não mantenham contato umas com as outras, as pessoas são envolvidas por esse sentimento de pertencer a um grupo, a um lugar, a um território comum a todos. O ensino primário é destacadamente fundamental na construção desse sentimento de pertencimento ou dessa identidade nacional. É por meio da Educação que se transmite uma língua comum, um conjunto de tradições, imprescindíveis para se *plasmar* a Nação.

A formação nacional brasileira teve, em todo o processo histórico que lhe deu consistência, uma forte orientação autoritária. Desde o período colonial, quando os europeus se impuseram sobre a terra e, cada vez mais intensamente, à medida que foi se consolidando uma via de implantação capitalista, era nítido o caráter autoritário de formação da Nação e de seu território.

As transformações do sistema capitalista afetaram claramente o desenvolvimento interno e se conjugaram com as características sociais, políticas, econômicas e culturais locais, desembocando num processo, sem retorno, e a década de 1930 constituiu-se num marco definitivo da inserção do Brasil na era do monopólio. Portanto, o início do século XX é extremamente importante para se compreender como se consolidou o Brasil, tal como se configura hoje.

Não somente o sentido da Nação, como deveria ser consubstanciada, mas o sentido de sua espacialidade se definiu a partir de então. Por isso, julga-se tão importante proceder a releitura daqueles que se propuseram a estabelecer os rumos da formação nacional naquele momento.

Era mediante essa formação autoritária que se tornava imprescindível um pensamento geográfico que justificasse e sustentasse a ideia de nação que se ia compondo. Neste sentido, a Geografia que apareceu inicialmente entre nós fazia parte dos trabalhos de levantamentos geofísicos e históricos, realizados pelo Instituto Histórico e Geográfico Brasileiro e pela Sociedade de Geografia do Rio de Janeiro.

Nos anos iniciais do século XX se realizava uma via de institucionalização da Geografia, que tinha no primário e no ginásio a sua fundamentação. Foi nesse período também que apareceu o primeiro ensaio brasileiro de ensino superior em Geografia: o Curso Livre de Geografia Superior, fundado em 1926, por Everardo Backheuser e Carlos Delgado de Carvalho. Esses professores, do Colégio Pedro II, foram os mentores do rompimento com a Geografia mnemônica. Os dois, com formações pessoais e profissionais variadas, implementaram as primeiras grandes discussões, no país, em torno dessa *disciplina escolar* que, na opinião deles, era um dos campos científicos *mais elevados, mais nobres e mais difíceis*.

Backheuser e Delgado de Carvalho representam, em nossa opinião, as duas principais vertentes epistemológicas da Geografia, na década de 1920. Esses professores tiveram ativa participação na implementação da Geografia moderna, em termos de pesquisa e ensino. Na década de 1920 – que é considerada, com justa razão, um momento de profundas transformações para a Geografia, refletindo as transformações sofridas pela sociedade –, tanto Backheuser quanto Delgado de Carvalho trabalharam diretamente na divulgação e na oficialização de novos paradigmas geográficos, tanto no ensino secundário como no primário. O diálogo estabelecido entre esses dois professores é extremamente valioso para a compreensão do processo histórico de *construção* da Geografia no Brasil.

O Curso Livre de Geografia Superior que se constituiu num primeiro passo para a institucionalização definitiva da Geografia, no país, teve nesses intelectuais seus primeiros diretores – Backheuser dirigiu o Curso, em 1926, Carvalho, em 1927. O curso direcionava-se à formação de professores para o ensino primário e, desta forma, atrelava-se também à Associação Brasileira de Educação.

A institucionalização da Geografia no ensino superior ocorreu em 1934, em São Paulo, e em 1935, no Rio de Janeiro. Portanto, a compreensão da veiculação das ideias geográficas no meio escolar acabou assumindo uma expressiva relevância para a percepção da importância dessa ciência na compreensão do desenvolvimento da sociedade brasileira.

O movimento de renovação educacional – expressivo na década de 1920 – foi marcado pelo movimento de *renovação* do ensino da Geografia, ou seja, essa ciência acompanhou todo o processo desenrolado no campo educacional. Para fazer parte desse novo momento, ela se modernizou e se atualizou para oferecer um sentido prático à sua atuação.

Na verdade, a Geografia, como vinha sendo entendida ou trabalhada, sofreu pressões internas, mas também externas a ela, dada a importância do conhecimento geográfico moderno para aquele momento histórico específico. O rompimento com a Geografia mnemônica, descritiva, estava inserido nas necessidades emergentes, impostas pela nova sociedade que se estabelecia.

Desta forma, o que se conclui de antemão é que, antes da vinda das comissões francesas e da instalação dos cursos superiores de Geografia em São Paulo e no Rio de Janeiro, já se formava um clima favorável em relação à institucionalização desses cursos. De modo que Backheuser e Delgado de Carvalho estavam entre os maiores estimuladores da Geografia, que veio a se instalar no Brasil na década de 1930.

Machado observa que Backheuser e Delgado de Carvalho recorriam a uma série de citações de autores das mais diversas linhas de pensamento, amalgamando tendências e descontextualizando ideias, de modo que "tornava-se fácil transacionar com ideias formuladas em movimentos diferentes e com atores que se opunham entre si" (Machado, 1995:326). Isso favorecia grandemente a defesa de um projeto de institucionalização da Geografia, na medida em que um *discurso frouxo* afastava as dificuldades de um aprofundamento das ideias e constituía-se numa "estratégia mais adequada para adquirir proteção sociopolítica no meio intelectual da época", (Machado, 1995:326).

Em nossa opinião, um passo valioso para compreendermos a institucionalização efetiva, que se deu na década de 1930, é analisarmos o embate de ideias presentes, nos anos 1920, a respeito da introdução da Geografia no âmbito escolar.

Como a Reforma Luiz Alves-Rocha Vaz impunha o modelo do Colégio D. Pedro II, as ideias de Delgado de Carvalho acabaram atingindo toda a estrutura educacional (Ferraz, 1994). Seguindo um modelo *prussiano* de Estado, Delgado partia de uma amálgama de tendências funcionalistas, culturalistas mais próximas da escola francesa.

Embora realmente Delgado tenha influenciado decisivamente para que "a nova concepção de Geografia alcançasse o *status* de modelo oficial a ser seguido, no nascente sistema educacional brasileiro" (Rocha, 2000), suas ideias compunham-se, na verdade, do embate com as antigas posições da *antiga* Geografia e, também, do embate com outras concepções da própria Geografia moderna. Neste último, é que se enquadrava o seu diálogo com Backheuser.

Esses dois professores do Colégio Pedro II foram, como define Machado (1995), *sócios* no Curso Livre de Geografia Superior, não sendo poucas as menções diretas de um ao pensamento do outro, seja para concordarem, seja para discordarem entre si. Tanto Delgado como Backheuser fizeram parte da Associação Brasileira de Educação, separando-se em 1931, por ocasião da IV Conferência Nacional de Educação, quando Delgado assinou, com Fernando de Azevedo, o Manifesto dos Pioneiros da Educação e Backheuser foi, com o grupo católico, fundar a Confederação Católica Brasileira de Educação – CCBE. Os dois grupos mantiveram-se em constante atrito até por volta do golpe de 1937, quando houve um esvaziamento no debate educacional.

Na década de 1920, todo o processo de sistematização desencadeado pelo IHGB e pela SGRJ encontrou guarida no meio social, político e intelectual, gerando o substrato necessário à institucionalização da ciência geográfica. Backheuser e Delgado, nesse sentido, fizeram parte de um grupo de intelectuais diretamente envolvido com o processo de modernização da sociedade brasileira, para o qual a Geografia contribuiu decisivamente.

As primeiras disciplinas de Geografia foram introduzidas na Faculdade de Filosofia, Ciências e Letras, em 1934, com a fundação da Universidade de São Paulo. A partir daquele ano, Pierre Deffontaines e Pierre Monbeig (vindos em 1935) imprimiram, definitivamente, os rumos que a Geografia iria tomar no Brasil. A transferência de Deffontaines para a Universidade do Distrito Federal, em 1935, refletia a mesma necessidade de formação da elite dirigente, presente também naquele estado.

## Considerações finais

A Geografia regional francesa assumiu, a partir de 1934-1935, a vanguarda dos estudos geográficos no Brasil, colocando a vertente antropogeográfica *ratzeliana* em nítida desvantagem.

É nesse sentido que se pode compreender o fato de Backheuser, ao contrário de Delgado de Carvalho, não ser chamado a compor os quadros da Geografia oficial do ensino superior. Somente em 1939 o autor foi convidado a assumir as cadeiras de Geografia Humana e Geografia do Brasil em duas instituições particulares do Rio de Janeiro.

No que concerne à sistematização, Delgado de Carvalho vem sendo considerado o *pai da Geografia moderna brasileira*, o que não deixa de ter sua validade, em termos. Não só havia vários outros intelectuais atuando junto à sistematização/institucionalização da Geografia no Brasil, como também suas posições não eram consensuais, nem mesmo entre os professores do Colégio Pedro II, de onde deveria partir toda a orientação para o restante do país – desde 1925, por meio da Reforma Luís Alves-Rocha Vaz.

Consideramos que, ao tratar da contribuição de Delgado de Carvalho, seria necessário ficar mais atento a essas colocações, não deixando de conferir a ele o título de primeiro sistematizador da Geografia brasileira[1] e não deixando, por outro lado, de considerar que suas proposições compunham-se, na verdade, de um embate com as propostas tradicionalistas da Geografia de nomenclatura bem como com as proposições alicerçadas em outras vertentes.

Nesse sentido, cabe reafirmar a produção de Backheuser como o principal contraponto ao qual Delgado tinha de ficar atento. O diálogo Delgado/Backheuser é evidente, sendo a influência da escola antropogeográfica alemã muito marcante também em Delgado. Analistas de sua obra têm destacado que, em Delgado, a imagem de Ratzel é *flexível e transigente*, combinando *reconhecimento, alguma crítica, prudência e contemporização* (ZUSMAN, Pereira, 2000).

# Nota

1 Escreveu "*Geografia do Brasil*" em 1913.

# Bibliografia

Anderson, B. *Nação e consciência nacional*. São Paulo: Ática, 1989

Carvalho, M. M. Chagas de. "Educação e política nos anos 20: a desilusão com a República e o entusiasmo pela educação". *In:* Lorenzo, H. C. de; Costa, W. P. da. *et al. A década de 20 e as origens de um Brasil moderno*. São Paulo: Unesp/Prismas, 1997.

Ferraz, C. B. *O discurso geográfico na obra de Delgado de Carvalho no contexto da geografia brasileira – 1913-1942*. Dissertação de Mestrado. São Paulo: fflch-usp, 1994.

Machado, L. O. "Origens do pensamento geográfico no Brasil: meio tropical, espaços vazios e a ideia da ordem (1870-1930)". *In:* Castro, I. E. de; Gomes, P. C. da C.; Corrêa, R. L. *et al. Geografia: conceitos e temas*. Rio de Janeiro: Bertrand Brasil, 1995.

Moraes, A. C. R. "Notas sobre a identidade nacional e institucionalização da geografia no Brasil". *Estudos históricos*. Rio de Janeiro: Hucitec, v. 4, n. 8, 1991, pp. 166-76.

Nagle, J. *Educação e sociedade na Primeira República*. São Paulo: epu/Edusp, 1974.

Rocha, G. O. R. da. "Delgado de Carvalho e a orientação moderna no ensino da Geografia escolar brasileira". *Revista Terra Brasilis*. ano 1, n. 1, 2000.

Zusman, P. B. e Pereira, S. N. "Entre a ciência e a política: um olhar sobre a Geografia de Delgado de Carvalho". *Revista Terra Brasilis*. ano 1, n. 1, pp. 52-82. jan./jun. 2000.

Zusman, P. B. *Sociedades geográficas na promoção do saber a respeito do território. estratégias políticas e acadêmicas das instituições geográficas na Argentina (1879-1942) e no Brasil (1838-1945)*. Dissertação de Mestrado. São Paulo: fflch-usp, 1996.

# PROJETOS INTERDISCIPLINARES E A FORMAÇÃO DO PROFESSOR EM SERVIÇO

*Helena Copetti Callai*

Ao fazer qualquer reflexão sobre a formação dos profissionais de educação, entendo que é fundamental que se tenham claros dois aspectos: o significado do que é *professor* e do que é a *ciência* (disciplina/matéria) que ele trabalha.

Muitas das discussões que se fazem hoje estão esquecendo que se é professor de alguma coisa, e não de tudo ou de qualquer coisa. Depreende-se daí que não é exclusivamente uma questão de estratégias didáticas e posturas pedagógicas. Estes são, sem dúvida, aspectos intrínsecos na formação do professor, mas os meios, os instrumentos que lhe permitirão o fazer docente é o conteúdo da ciência com que se trabalha. E este é, no nosso caso, a Geografia.

Na formação de um professor de Geografia (como de resto, de qualquer outro) hão de ser discutidos os fundamentos teóricos, a história da formação da ciência, as formas possíveis de investigação, os instrumentos adequados e a forma de considerar e organizar as informações. Quer dizer que é de importância inequívoca que o professor conheça tanto de sua ciência, com os fundamentos que lhe deram origem, assim como do pedagógico, do que significa aprender, no sentido de construir um conhecimento próprio.

Tomando-se a Lei de Diretrizes da Educação Nacional, em seu Título VI que trata "Dos Profissionais da Educação", art. 61, está definido que

> A formação dos profissionais da educação, de modo a atender aos objetivos dos diferentes níveis e modalidades de ensino e as características de cada fase do desenvolvimento do educando, terá como fundamentos:
> I – a associação entre teorias e praticas, inclusive mediante a capacitação em serviço;
> II – aproveitamento da formação e experiências anteriores em instituições de ensino e outras atividades.

Este artigo da LDB está sendo posto em prática, e gerando muitas discussões. Ao mesmo tempo em que encaminha para uma formação mais realista, considerando a prática e obrigando a encarar o fazer pedagógico, há o perigo da simplificação, ao reduzir tudo a ela. Muito do que se tem visto atualmente é um "aligeiramento" na formação do professor. Tornar mais rápida a formação/titulação do professor não quer dizer simplificá-la nem treinar os sujeitos para que atuem todos da mesma forma, mas sim conseguir elevar o padrão cultural dos professores que estão atuando ou se habilitando para tal, fazendo com que as escolas sejam mais eficazes no processo de ensinar e formar os jovens.

Um curso de formação de professores não pode se restringir a "treinar para passar o conteúdo". Muito embora todos sejam contra essa simplificação, está acontecendo isso mesmo em certas situações, naquilo que a Lei chama de formação continuada, ou mesmo nos próprios cursos de graduação.

Há uma grande possibilidade de avançar na formação de professores, mediante a capacitação em serviço, se o curso não for feito apenas para titular os professores que já estão atuando, e assim cumprir as exigências da lei. Do mesmo modo, o aproveitamento de experiências anteriores ou paralelas à realização do curso pode representar a efetiva ligação teoria e prática. No entanto, isso só pode efetivamente acontecer se houver um plano de formação profissional e não apenas de treinamento para a titulação ou para o avanço no plano de carreira do magistério.

A ligação teoria/prática, no caso da formação do professor, deve ter a perspectiva do pedagógico, do educador e da ciência com que se está trabalhando, para não cair em conteudismo ou em uma "capa" metodológica sem conteúdo.

Além dos cursos tradicionais, muitas novas alternativas estão surgindo e a nossa atenção deve ser redobrada na discussão de propostas e na reflexão a respeito de caminhos a seguir.

Falar de projetos interdisciplinares nos leva a pensar nas variadas possibilidades e na tentativa de vários professores, em muitas escolas, de fazer trabalhos desta natureza junto aos seus alunos. Mas, na maioria dos casos, funcionam como projetos especiais, à margem da rotina curricular. Existe uma dificuldade muito grande em integrá-los no dia a dia da escola, ou melhor, de fazer com que a rotina da escola se adeque a eles. Há sempre a necessidade de "cumprir os conteúdos". E os tais projetos ficam como a excepcionalidade, embora não raro todos (professores e alunos) sejam unânimes quanto a eficácia da aprendizagem neste tipo de trabalho escolar. Isso remete à discussão do papel do professor, do conteúdo e da questão da avaliação.

Porém, para além da operacionalidade, é fundamental que se reflita sobre o perfil do professor, mais especificamente, sobre sua formação.

Discutindo-se a formação do profissional em geral, (considerando a graduação como formação inicial), o questionamento a respeito do que o professor pretende é a preocupação na qual deve se centrar a nossa discussão. Queremos formar um professor que se preocupe em "passar conteúdos", ou seja, que provoque o aluno, levando-o a querer aprender.

Sem entrar, especificamente, na discussão da formação (pelos temas definidos anteriormente), cabe-nos refletir sobre a formação em serviço. Para tanto, segue um breve relato de duas experiências e, depois, o levantamento de alguns questionamentos.

Na Unijuí (Universidade Regional do Noroeste do Estado do Rio Grande do Sul), instituição à qual estou vinculada, o curso de Geografia foi, por muito tempo, unicamente de formação de licenciados, sendo apenas recentemente ampliado com a habilitação de bacharéis. Na prática, todos os alunos optam por graduarem-se na licenciatura e apenas alguns se encaminham para o bacharelado, mas sempre após a conclusão da licenciatura.

A partir da proposição da realização das trezentas horas de práticas de ensino, tomou forma, de maneira mais ampla, a proposta de integrar o 3º grau com a escola de ensino básico. Num movimento que parte do interesse dos alunos da universidade em conhecer mais de perto a realidade desta escola, em algumas disciplinas acresceram-se à carga horária das mesmas, para realização de tarefas em escola de ensino fundamental e médio. Essas atividades envolvem os professores e alunos de determinadas séries em investigação de como acontece o ensino, como é a prática do professor, o que é discutido, como é selecionado o conteúdo, como acontece a avaliação. Da mesma forma que é discutida e planejada a ação pedagógica, é também discutido o conteúdo de Geografia que está sendo trabalhado.

Algumas experiências neste tipo de trabalho têm se centrado na temática do meio ambiente e/ou dos recursos naturais. Até por ser um tema em grande voga, atualmente os trabalhos referentes a esse assunto envolvem várias disciplinas escolares e por este motivo são temas tratados de forma interdisciplinar. Além de envolver os familiares e instituições externas à escola, assim como as pessoas da comunidade e até mesmo a imprensa.

Desde a década de 1980, o Departamento de Ciências Sociais da Unijuí se envolve com um projeto interinstitucional e interdisciplinar que reúne professores da antiga área de Estudos Sociais, hoje professores de Geografia, de História e, em alguns casos, de Sociologia que atuam na educação básica.

Este projeto, atualmente, tem a denominação de *Estudos Sociais às Quintas*, realizado em Ijuí (RS) e *Estudos Sociais às Quartas*, que ocorre em Santa Rosa (RS).

No seu início foi interinstitucional, pois envolvia delegacia regional de educação, secretarias municipais de educação, centro dos professores do estado, associação dos professores municipais e a universidade.

Atualmente é um trabalho realizado pelo departamento de Ciências Sociais, com a coordenação de um de seus professores em Ijuí e outro em Santa Rosa. As reuniões são semanais, reunindo os professores por grupo de interesse e, uma vez por mês, realiza-se um encontro geral, com todos os docentes. As questões tratadas nas três reuniões em que os professores se reúnem envolvem planejamento, discussão de problemas, organização de conteúdos e programação de atividades. Na reunião mensal são realizadas conferências, debates, painéis de temas escolhidos pelos professores, agora com a coordenação do professor do Departamento e com professores convidados.

Ao longo deste tempo, em que o projeto Estudos Sociais tem funcionado, foram realizadas pesquisas por alunos de Graduação e de Pós-Graduação, de História ou de Geografia, e de Educação, com o intuito de avaliar o desempenho dos participantes do Projeto e, por consequência, os resultados que esta prática de formação possa estar apresentando efetivamente em situações de classe.

É um projeto de um departamento que trata, de forma interdisciplinar, a questão a partir de grandes temas. Os professores participantes partem de sua formação específica e da sua atuação em sala de aula, para se colocarem nas discussões e inclusive para as proposições. Cria-se um ambiente de debate e de crítica e questionamentos ao que está sendo feito rotineiramente. Em várias situações, a problemática levantada foi motivo de discussão nos colegiados dos cursos que formam esses professores e geram, por vezes, reordenamento das atividades nos referidos cursos, em determinadas disciplinas.

A grande pergunta que nos colocamos é da efetividade de avanços na formação continuada desses professores. Eles trazem as questões de sala de aula, os problemas do dia a dia para a discussão conjunta. Estão realizando constantemente a sua formação. Mas isso tudo tem produzido um diferencial na prática docente?

Considerando a nossa prática, há ainda outra experiência de formação em serviço, que é a partir dos chamados cursos de férias. Nestes, os alunos de graduação, em sua grande maioria, são docentes leigos ou com insuficiente ou inadequada formação. A prática pedagógica desenvolvida da graduação valoriza a experiência e a possibilidade de experimentação em sala de aula por parte destes alunos-professores. Além das aulas presenciais, os alunos recebem tarefas domiciliares que os levam a refletir sobre a sua ação.

Decorrem da reflexão dessas experiências duas questões básicas. A primeira diz respeito a se considerar a pesquisa como princípio da aprendizagem. É a tentativa de superar o dar aula para passar o conteúdo e, assim, repetir o que o professor diz (quase que indefinidamente). Vale tanto para a formação do professor quanto para o seu exercício profissional. Se o professor, como aluno, conseguir desenvolver a autoria de seu pensamento, poderá criar essas condições para os seus alunos. A prática da pesquisa permite que o aluno efetivamente realize a aprendizagem e, como professor, possa pensar a sua prática, questionando as suas ações e construindo o seu pensamento.

A segunda questão diz respeito à interdisciplinaridade. Por ser considerada uma alternativa interessante, todos pretendem realizá-la. Acontece que, na maioria das vezes, é atividade que corre paralela ao "conteúdo a ser dado" e, como tal, é menos presa em cumprir as "ordens estabelecidas", abrindo a possibilidade para a pluralidade de pensamento e para a criatividade. Depreende-se, então, que se houver coragem para romper com o conteudismo e com os planejamentos exteriores à realidade da escola e dos que ali se envolvem, abre-se um caminho interessante para interligar a escola à vida. Não há dúvida de que o difícil rompimento das regras estabelecidas, de obrigatoriedade de determinados conteúdos, da estrutura curricular que favorece uma avaliação quantitativa muito mais do que qualitativa, que trata de questões externas tanto à realidade quanto aos interesses dos alunos, dificulta o processo de a escola se tornar mais viva e interessante.

Do mesmo modo, há grande dificuldade na formação dos professores. Parto do princípio de que qualquer proposta de inovação, venha de quem vier, merece ser questionada, criticada no sentido de que se possa utilizá-la, pois não há dúvida de que ainda temos muitos problemas a serem resolvidos, no que diz respeito à escola. Porém, também é certo que as soluções têm de levar em conta a realidade vivida em cada lugar. Não há possibilidade de se aplicar nacionalmente uma proposta única, a todas as escolas e a todos os professores.

E também é interessante nos apoiarmos nas discussões da Geografia que considera que cada lugar tem uma história e as pessoas que ali vivem têm interesses que envolvem um jogo de forças, onde os fluxos externos vão assumir a importância devida à capacidade de organização interna, resultando efeitos diferenciados de um lugar para o outro.

Nós, professores, que conhecemos a realidade das escolas em que atuamos, precisamos reconhecer também as capacidades e os interesses da comunidade e nos instrumentalizarmos, cada vez mais, com o conhecimento que produzirá a nossa capacidade de agir. Muitas coisas precisam ser rompidas e para tanto deve haver clareza e segurança.

# A FORMAÇÃO DO PROFESSOR DE GEOGRAFIA

*Álvaro José de Souza*

Consideremos, *a priori*, a identificação das frentes de nossa atuação profissional para que, a partir delas, delineemos nossa experiência vivenciada com este tema.

Atuamos durante largo tempo na formação de professores de Geografia em instituição de ensino superior da rede particular, na cidade de Botucatu, cabendo-nos a responsabilidade de embasar os futuros professores – por se tratar de curso voltado para a licenciatura específica – com vistas à sua posterior prática profissional.

Há 11 anos, atuamos junto à Oficina Pedagógica da então Diretoria de Ensino – Região de Botucatu, responsáveis que somos pela área de Geografia. Em ambos os casos, o grupo de profissionais com os quais trabalhamos é muito semelhante, tendo em vista que grande parte dos professores que atuam na rede estadual de ensino, nos níveis fundamental e médio, foram nossos alunos no curso superior e, portanto, trazem em suas atuações um pouco de nossa influência.

Apesar dessa complementaridade, não consideramos que os momentos de trabalho com nossos alunos no curso superior tenham sido proveitosos na formação de uma postura interdisciplinar, em face da própria estruturação curricular do curso de Geografia. Já em termos de nossa atuação junto aos professores da rede pública estadual – e, eventualmente, rede municipal –, o trabalho interdisciplinar torna-se imperioso e gradativamente mais concreto, a partir da atual política educacional da educação paulista e brasileira.

Isso não significa, entretanto, um ganho em relação à formação continuada específica que norteou políticas educacionais passadas. Num contexto mais tradicional, o interdisciplinar sempre foi mais real e concreto na atuação dos professores do ciclo inicial do ensino fundamental (1ª a 4ª série do antigo ensino de 1º grau).

No entanto, todas as experiências voltadas para a interdisciplinaridade esbarraram até hoje em conceitos tradicionais e discutíveis do que é ser indisciplinar.

A formação dos professores – e, nesse sentido, a nossa atuação no ensino superior nos mostra isso com clareza – repousa sobre chavões e procedimentos que não trazem os ideais da interdisciplinaridade. Por conta disso, nossos professores pensam a interdisciplinaridade em torno de algumas "fórmulas mágicas" rotuladas como "centro de interesses", "temas geradores" e outros que acabam culminando em algumas práticas forçadas e contextualizadas.

Por sinal, e mesmo que se teime em rotular a Geografia como uma disciplina capaz de dar conta da totalidade ao tomar como categoria de análise o *espaço*, a grande verdade é que, no âmbito de disciplina, não chegamos a resolver nossos problemas básicos e continuamos a fazer uma Geografia dicotomizada, não só considerada a clássica dicotomia homem/natureza, mas também no contexto dos conteúdos e formas de análise das questões naturais ou sociais em si mesmas. E é essa fragilidade que nos impõe sérias limitações à análise da realidade como um todo, dinâmico tanto na mutação dos elementos delas componentes quanto nas relações entre os diversos fatos constitutivos. E, assim, apesar de ter sido apresentada classicamente como uma ciência de síntese, a Geografia e os geógrafos continuam a construir Geografia(s) dicotomizada(s).

Em termos da atuação na Oficina Pedagógica, a ideia de buscar a interdisciplinaridade surgiu mais da busca de um trabalho coletivo dos assistentes técnico-pedagógicos do que propriamente de uma tentativa concreta de leitura da realidade sem os rótulos de cada disciplina. Mas, mais recentemente, essa busca tomou uma concretude maior na aplicabilidade dos chamados *Temas Transversais* expressos nos Parâmetros Curriculares Nacionais.

No ano letivo de 2000, em face do planejamento que realizamos na oficina pedagógica, sentimos a necessidade de implementar as práticas interdisciplinares, por conta de termos sentido sérios problemas de desarticulação dos Projetos Pedagógicos das Unidades Escolares, buscando assim subsidiar um trabalho mais solidário e, principalmente, um nexo em termos do trabalho coletivo. Estabelecemos, a partir desses pressupostos, um projeto de atividades interdisciplinares sob a forma de oficinas, paralelamente às atividades de capacitação para cada um dos componentes curriculares.

O projeto foi montado a partir de dois segmentos de profissionais das unidades escolares: professores coordenadores pedagógicos, ou pessoas que exercessem as suas funções para os casos de unidades escolares que não possuíssem PCPs; o segundo segmento foi constituído por professores designados pela própria escola, representantes de diversos componentes curriculares, escolhidos em função de um único parâmetro: profissionais que efetivamente desejassem se inserir num projeto interdisciplinar, independentemente do componente curricular que lecionassem.

Formaram-se assim dois grupos, com aproximadamente 40 a 50 professores cada um, chamados oficialmente aos dois polos de treinamento que designamos, sempre com o objetivo de iniciar a produção de uma prática eminentemente interdisciplinar.

O primeiro trabalho foi o de embasar teoricamente a prática interdisciplinar, conferindo-lhe um caráter de unidade e desvinculação de rótulos de disciplinas. Consideramos esta a tarefa mais complexa, na medida em que toda a formação do professor – incluindo-se aí a dos agentes formuladores do projeto – está embasada numa formação disciplinar muito rígida. Optamos, *a priori*, por uma reflexão em torno da realidade que nos cerca, buscando descobrir elementos de sua totalidade, que nem sempre dizem respeito à soma das partes.

A partir desse trabalho, ensaiamos, dentro das disponibilidades de chamamento dos professores amparados pela legislação, o desenvolvimento de oficinas de produção de conhecimentos ou, pelo menos, resgate destes, tendo em conta não só a experiência de trabalho em cada um dos componentes curriculares, mas também, e principalmente, as experiências e vivências de cada profissional.

As oficinas foram realizadas a partir do preparo de uma série de atividades discutidas e programadas entre os membros da Oficina Pedagógica, a partir de um tema eleito. Para a escolha do tema, teve-se, como cuidado essencial, a preocupação de eleger algo que não desse a conotação deste ou daquele conteúdo específico de cada disciplina, sendo necessário optar por temáticas que se relacionassem com o cotidiano das pessoas, tais como "VIDA COOPERATIVA" e "SOBREVIVÊNCIA", tendo igualmente sido considerados temas como "TRABALHO", "DESENVOLVIMENTO INDIVIDUAL E COLETIVO" etc.

Todas as atividades montadas e programadas para o desenvolvimento nas oficinas consideraram algumas questões essenciais: a necessidade de apresentar aos integrantes das oficinas um material variado, compatível com o tema escolhido, porém sem direcionamento para este ou aquele assunto, exatamente para desmobilizar a rotulação de conteúdos específicos das disciplinas. Para cada oficina, foram idealizadas de oito a dez atividades, utilizando-se, entre outros, imagens, materiais concretos, textos, debates etc. Os trabalhos foram distribuídos aos grupos, cuja constituição levou em conta o tipo de atividade que cada indivíduo preferia dentro de suas características de vivência.

A partir da análise do material entregue e de cada resultado das discussões e debates, foram construídos conhecimentos que, depois, foram apresentados em painéis.

Como os grupos eram constituídos por professores de várias áreas do conhecimento, o produto final caracterizou-se por conteúdos e outras formas de apresentação de informações e reflexões captadas e realizadas que realmente contiveram uma visão equilibrada da realidade destituída de rótulos disciplinares. Essa constatação foi registrada no próprio trabalho de avaliação realizado pelos participantes.

Com base nos resultados obtidos na primeira oficina, deu-se prosseguimento ao projeto, com a realização de outras oficinas nas quais diversificaram-se as atividades, organização dos grupos e outras formas de apresentação.

A realização de três oficinas, durante o ano 2000, trouxe-nos algumas conclusões importantes, as quais estão sendo consideradas para elaboração de um projeto em continuidade, de formação continuada para os professores coordenadores pedagógicos e demais professores representantes de escolas, com vistas ao ano em curso.

A primeira constatação importante foi que uma das barreiras para um trabalho eminentemente interdisciplinar está relacionada à rígida formação de todos os profissionais da educação, delimitada pelos conteúdos estanques. Nesse sentido, constatou-se que os professores de Geografia não se encontram entre os mais ortodoxos, porém não integram os grupos mais avançados em termos de uma visão holística: esta é um pouco mais compatível com pedagogos e professores de Educação Artística. Foram esses profissionais que mediaram melhor os grupos, direcionando de alguma forma para os objetivos que pretendíamos.

A segunda constatação diz respeito à importância da temática projetada: não se tratou de identificar um centro de interesse ou de um tema gerador, mas, principalmente, de escolher um tema que tivesse profundas relações com o cotidiano, permitindo assim o envolvimento dos profissionais, tendo como elemento de suporte a sua vivência. A escolha do tema requereu uma meticulosa análise deste, antes de sua adoção e um acompanhamento posterior, associado à escolha das atividades, para que se conseguisse, efetivamente, monitorar uma produção interdisciplinar.

Uma terceira constatação diz respeito à necessidade da continuidade do projeto, com vistas ao aprimoramento da prática e ao aprofundamento das ações. Considerando os participantes do projeto em 2000 como agentes de sua difusão, entendendo que as etapas gradativas em que fundamentamos o projeto não podem pressupor a retomada das etapas anteriores, pois seria um retrocesso em face do que temos alcançado. A questão fundamental é a necessidade de contarmos com pessoas que efetivamente promovam o trabalho de difusão e de mediação adequada.

Claro está que, para que isso se concretize, será essencial contarmos com os mesmos profissionais vinculados à unidade escolar do ano em curso.

A partir dessa última constatação, foi possível reconhecer-se que, além do natural desconhecimento dos princípios da interdisciplinaridade, existem vícios que foram construídos ao longo dos tempos, fazendo com que as pessoas cressem estar praticando interdisciplinaridade onde ela não existe efetivamente. Tem-se entendido interdisciplinaridade como a somatória de conteúdos e procedimentos de diversas disciplinas, mantendo-se uma correlação eventual e oportunista. Há ainda a ideia de que interdisciplinaridade seja um "casamento" entre disciplinas – e esta tem sido a fórmula encontrada para o trato dos temas transversais – não caracterizando, portanto, uma ação destituída de rótulos. Tais vícios constituem entraves muito sérios que necessitam ser eliminados com proposta de práticas eficazes.

Finalmente, temos uma constatação importante e que precisa ser refletida. Voltado para a vida prática do educando, o ensino deve pressupor a construção de uma postura crítica diante da realidade em que está inserido. Essa postura crítica, tão decantada nos Parâmetros Curriculares Nacionais, não está contemplada nos procedimentos de sua prática, mostrando-se muito mais como uma proposta de inserção do que de discussão das grandes questões de cidadania. Lamentavelmente, temos pouquíssimos registros de tentativas de interdisciplinaridade que fujam do mecanismo do acasalamento como prioridade, pois o que tem sido frequentemente realizado é a tentativa de "casar" conteúdos e práticas sem, no entanto, levar aos novos conteúdos construídos uma preocupação com uma postura crítica. Nesse sentido é que estaremos direcionando as próximas etapas de nosso projeto.

# IMAGENS DE UMA ESCOLA: A PRODUÇÃO DE VÍDEO NO ESTÁGIO DE PRÁTICA DE ENSINO

*Rosângela Doin de Almeida*

Que tipos de estágios são mais adequados à formação inicial de professores? Por que pensar em "formas alternativas" de estágios? Existem formas não alternativas? Existem as formas tradicionais de observação, participação e regência. O que eu, professora de Prática de Ensino de Geografia durante 15 anos, penso sobre os estágios? Eles realmente são importantes para a formação de professores?

Ano 2000. Primeira turma de Prática de Ensino III – 18 alunos. Eles já foram meus alunos no ano anterior. Junto com mais 20, formavam um grupo enorme. Nem sei como pude dar conta, foi a primeira vez, em 15 anos, que tive tantos alunos para orientar. Ensinar professores, para mim, é orientar: dizer que direções tomar, que caminhos parecem ser os melhores. Depois, cada um faz o seu caminho...

Já havíamos caminhado um pouco, poderíamos seguir várias direções, razão pela qual eu lhes perguntei na primeira aula: para onde querem ir? Resposta: para o ensino médio.

Pensar sobre o estágio de alunos da graduação em escolas da rede pública tem sido uma tarefa difícil, com muitos dilemas. As escolas têm sofrido sucessivas mudanças administrativas que, parece-me, não aliviaram o peso das atividades burocráticas. Como consequência das medidas de implantação da LDB e dos PCNs, os professores encontram-se confusos, pois não conseguem transpor as "novas propostas" para suas práticas. Minha observação empírica de algumas escolas mostra que grande parte os alunos tem uma condição de vida que elas praticamente ignoram.

Por outro lado, o curso de graduação tem ênfase no bacharelado, está voltado para estudos teóricos em disciplinas estanques, fechadas em si mesmas, tendo um currículo extremamente fragmentado. Para a maioria dos docentes do curso de Geografia, o ensino é visto como algo menos importante. Como consequência, as disciplinas pedagógicas, que devem dar conta da formação do professor, ficam restritas aos dois últimos anos e sob a responsabilidade do departamento de Educação. Essa situação reflete o que se pensa na universidade sobre o seu papel na sociedade: a ciência ocupa o lugar primordial e, por absurdo que pareça, a educação não tem esse mesmo *status* para muitos professores universitários. O resultado é o despreparo com que os alunos chegam para cursar as disciplinas "pedagógicas". Estão acostumados a cumprir tarefas, fazer leituras sem refletir sobre as ideias do autor, buscam respostas únicas, sabem conteúdos fragmentados sobre geomorfologia, climatologia, Sistema de Informações Geográficas (SIG), globalização etc., mas têm imensa dificuldade para preparar uma atividade de ensino a respeito de qualquer item do programa.

As dificuldades na formação de professores são tema de inúmeras publicações. Poderia citar algumas muito importantes, que consistem em grande contribuição na reflexão teórica sobre essas questões. Foi a partir da leitura de publicações sobre pesquisa colaborativa, formação do professor reflexivo/investigativo, construção coletiva de saberes e práticas, cotidiano escolar, histórias de vida de professores, que pude delinear caminhos melhores para a prática de ensino.

Em 1998, conheci uma professora do ensino médio, chamada Hélia. Eu buscava uma boa professora de História para integrar uma equipe de professores-pesquisadores que participavam de pesquisa colaborativa para produção de atlas escolares. Aliás, essa foi a minha experiência mais rica sobre formação de professores.

Falei com Hélia se poderia levar meus alunos para estagiarem em sua escola. Ela, entusiasmada, fez os contatos necessários.

Às sextas-feiras pela manhã íamos para a escola, onde três professoras recebiam os estagiários, dois em cada classe. Hélia era uma delas, as demais eram professoras de Geografia.

No prédio da escola funcionou o antigo Ginásio Vocacional de Rio Claro, na década de 1960. Ocupando um prédio moderno, cuja planta foi desenhada especialmente para acomodar as atividades didáticas, a escola possui, em um extremo, a quadra de esportes e as oficinas – onde são realizadas as atividades mais ruidosas. No centro da quadra ficam o anfiteatro e a biblioteca; no outro extremo fica o prédio de aulas.

Hoje, essa é uma das escolas da cidade que está em piores condições físicas: vidros quebrados, falta de portas nas salas, esquadrias retorcidas e paredes intensamente pichadas! Ontem, um passado glorioso, porém ignorado pelos professores e alunos de hoje.

O que se espera do professor atualmente? Que competências devem ser enfocadas na formação inicial, para que o aluno possa atuar convenientemente em sua profissão?

Algumas referências sobre formação de professores indicam que os alunos de graduação devem ser formados para se tornarem: competentes em sua área de

trabalho, autônomos, críticos, reflexivos, investigadores, inovadores etc. Assim, o perfil proposto para esse profissional inclui os seguintes aspectos:
1. Além de dominar o conhecimento específico, deve entender o significado social de sua profissão;
2. Deve saber atuar com flexibilidade, criatividade e cooperação em atividades de grupo;
3. Deve ser comprometido com a construção de seu conhecimento, sabendo articular teoria e prática;
4. Sua formação não se esgota na universidade, mas é imprescindível a visão de educação permanente.

Esses aspectos têm implicações na organização curricular dos cursos de licenciatura.

Retomando o estágio, este constitui-se em uma das atividades mais ricas da licenciatura, justamente por possibilitar que o aluno se depare com situações que solicitam aprofundamento teórico, comunicação com pessoas em diferentes níveis, questionamento dos planos estabelecidos, iniciativa, criatividade e, principalmente, compromisso com o outro.

Durante o primeiro semestre, os estagiários assistiram às aulas e prepararam uma atividade de ensino para a classe. As professoras da escola deram sugestões sobre os temas das aulas e forneceram algum material.

Enquanto essas atividades se desenvolviam na escola, nos reuníamos para estudar um livro: uma pesquisa sobre o fracasso escolar com base em processos de alunos reprovados que reivindicavam a revisão de seu caso. As justificativas para a reprovação dos alunos, escrita pelos professores no processo, serviram de base para uma investigação sobre o currículo, tal como é desenvolvido na escola. Como diz Maria das Mercês Ferreira Sampaio, autora da pesquisa:

> [...] aquilo que é proposto para ser atingido, o que se prioriza de fato, o que se delineia como conhecimento escolar e as condições em que se realiza a aprendizagem.

À luz desse estudo, durante as observações, os estagiários detectaram três problemas centrais nas aulas:
- Distanciamento entre o conteúdo e a realidade dos alunos;
- Desarticulação dos conteúdos;
- Desinteresse dos alunos.

Após ampla discussão, concluíram que a principal meta das aulas em que fossem apresentar as atividades de ensino seria valorizar a participação dos alunos. Indicaram três pontos para atingir essa meta:
- Trabalhar conteúdos que tenham relevância;
- Esclarecer tanto para os alunos quanto para os professores os objetivos dos conteúdos dados;
- Aproximar os conteúdos do cotidiano da classe, minimizando desta maneira a apatia dos alunos.
- Os temas indicados pelas professoras para as atividades de ensino foram:
- Projeções cartográficas;
- Formação territorial brasileira; e
- Cidadania (História).

Na discussão de avaliação, alguns alunos disseram que deveriam ajudar as professoras, porque viram coisas que elas não percebiam.

Neste ponto, é necessário repensar o papel do estágio na formação dos futuros professores. Durante as aulas na universidade, os problemas encontrados na escola devem ser foco de uma discussão ampla. As leituras iluminam alguns aspectos, outros permanecem obscuros. O estagiário precisa sentir que sua atuação na escola não consiste em cumprir horários e tarefas.

Embora sejam ainda necessárias profundas modificações nos cursos de licenciatura, é possível introduzir projetos que aglutinem vários professores e viabilizem a formação de profissionais mais criativos, envolvidos com a melhoria da qualidade de vida da população como um todo. Nesse sentido, a estruturação do estágio em minhas aulas de Prática de Ensino III foi objeto de um planejamento coletivo. O aluno traz seu plano de atividade para que todos possam analisá-lo, apontando falhas e aspectos positivos e fazendo sugestões. Todos sabem o que todos estão fazendo: o tema, o material usado, os critérios para seleção dos conteúdos, os marcos para a avaliação.

Os problemas encontrados na escola (violência, evasão, desinteresse) também precisam ser analisados no contexto em que surgem, com as especificidades de cada situação.

Terminado o primeiro semestre, surgiu a pergunta: o que vamos fazer no próximo semestre? Alguns alunos propuseram a realização de um Estudo do Meio. No entanto, houve inquietação da turma sobre tal proposta. Outros propuseram realizar minicursos ou trabalhar com diferentes linguagens. No entanto, retomaram, na discussão, o que ficou no final do estágio anterior: "nós poderíamos contribuir para melhorar a escola".

Eu e os estagiários estivemos em um "Horário de Trabalho em Permanência Coletiva", mais conhecido nas escolas do Estado de São Paulo por HTPC, com as três professoras para mostrar as falhas que foram identificadas e as propostas encontradas. As duplas que atuaram nas classes apresentaram os objetivos e, principalmente, o caminho reflexivo que seguiram para elaborar as atividades. Fizeram uma avaliação da atividade e da participação dos alunos, indicando dificuldades e avanços. Pedimos às professoras uma avaliação de nossa atuação.

Essa discussão foi muito rica, trouxe outros questionamentos. Houve, da parte delas, uma solicitação para participarmos de um projeto para recuperar a imagem da escola. Os professores estavam buscando formas de melhorar a aparência do prédio, como fazer limpeza em mutirão e uma campanha contra a depredação.

O desafio foi aceito. Mas como interferir em um processo que diz respeito aos professores e alunos da escola? Que possibilidades haveria para os estagiários atuarem?

Uma das dificuldades encontradas nas aulas foi usar vídeo. A escola conta com quatro equipamentos, nenhuma sala realmente adequada para projeção e tem uma declarada cultura "antivídeo". Durante os estágios, além das dificuldades técnicas, os alunos não prestaram atenção durante a projeção de um vídeo didático.

Após uma ampla discussão sobre como conciliar tantas propostas, o grupo chegou a um consenso: abordar a escola, sua história, seu entorno, suas necessidades através de vídeo e estudo do meio.

Durante as discussões, foram arrolados os aspectos mais importantes a serem abordados. O foco do estágio seria mostrar a escola deles para eles mesmos. Assim, foram organizados dois grupos de trabalho: um grupo enfocaria a escola e o outro o bairro.

O "grupo escola" fez um levantamento sobre a história da escola estadual "Chanceler Raul Fernandes" e descobriu uma tese sobre ela, antigo vocacional. Fizeram uma planta da escola, gravaram uma entrevista com um professor da época do vocacional.

O "grupo bairro" elaborou um estudo do meio sobre o bairro onde a escola está situada. Na década de 1970, essa área estava na periferia da cidade, próximo de áreas que foram destinadas às novas ocupações residenciais e industriais (distrito industrial). Com os empréstimos obtidos junto ao governo federal, a prefeitura da época realizou a canalização e o represamento do córrego da Servidão e construção do centro cultural Roberto Palmari, que fica em frente da escola. Para mostrar como isso aconteceu, os estagiários editaram um vídeo com montagens de fotografias antigas.

O estágio na escola foi realizado com duas turmas, uma estudou o bairro e a outra a escola. Todas as atividades foram filmadas em vídeo. O plano do estágio está resumido abaixo.

**Grupo Bairro:**
- Projeção do vídeo sobre a história do bairro;
- Projeção de entrevista com uma antiga moradora do bairro;
- Estudo do meio no centro cultural e seu entorno;
- Como atividade de síntese, os alunos fizeram um desenho do bairro, antes e depois das obras.

**Grupo Escola:**
- Leitura e discussão do histórico da escola, com o objetivo de questionar o ensino atual;
- Projeção de entrevista com um professor de Matemática do antigo vocacional;
- Identificação da localização dos prédios em uma planta para escolher o que os alunos gostariam de fotografar;
- Os alunos saíram em grupos com uma máquina fotográfica para registrar imagens e montar um cartaz com o título "Como eu vejo a minha escola".

O estágio partiu da problemarização da atual situação da escola. Depois de realizadas as atividades, os grupos apresentaram, um para o outro, o que fizeram e acharam importante.

Durante essas atividades, os estagiários registraram as aulas em vídeo e em um caderno de campo. A síntese das atividades foi apresentada em um vídeo que, depois de editado, também pôde ser projetado para os alunos. O uso de fotos e vídeo permitiu discutir também essas linguagens como forma de registro e de produção de conhecimento.

Na aula final, em um grande grupo de discussão formado pelas professoras, pelos alunos e estagiários, as imagens da escola apresentadas nos cartazes, desenhos e filmagens suscitavam ideias, planos e reflexões. Os alunos ficaram perplexos ao conhecer faces da escola que ainda não tinham percebido. Do lado das professoras, percebi certo desconforto ao ver como seus alunos "apáticos" estavam ativos, envolvidos, entusiasmados. Os estagiários foram verdadeiros protagonistas de um projeto coletivo. Quem assistir ao vídeo, verá![1]

Na verdade, o que tentei dizer neste texto é que não existem formas alternativas de estágio. Existem realidades diferentes de estágio, que exigem formas de atuação adequadas. Mas fica, como regra geral, a fundamental importância do envolvimento dos alunos e a participação coletiva. A insegurança e a confusão, inerentes ao início do trabalho, vão dando lugar à iniciativa, à autonomia, ao respeito ao outro e à confiança em si mesmo.

## Nota

1 Agradeço a participação do professor de Didática, Wenceslao Machado, que tem trazido grande contribuição no uso de novas linguagens para o curso de Geografia.

## Bibliografia

Sampaio, M. M. Ferreira. *Um gosto amargo de escola. Relações entre currículo, ensino e fracasso escolar*. São Paulo: educ, 1999.

Marques, S. M. L. *Contribuiçôes ao estudo dos ginásios vocacionais do Estado de São Paulo* (Dissertação de Mestrado). São Paulo: puc, 1985.

Piconez, I. B. (org.). *A prática de ensino e o estágio supervisionado*. Campinas: Papirus, 1991.

# A PRÁTICA DE ENSINO DE GEOGRAFIA NA UERJ: UMA PROPOSTA ALTERNATIVA DE FORMAÇÃO DE PROFESSORES?

*Cesar Alvarez Campos de Oliveira*

Quando fui convidado a participar da mesa-redonda denominada "Formas alternativas de estágios e o processo de formação docente", relatando a experiência da prática de ensino de Geografia da Universidade do Estado do Rio de Janeiro (UERJ), achei que não representaria bem o tema, na medida em que, no nosso caso, esse trabalho é realizado através de estágio em um Colégio de Aplicação da própria universidade, não se configurando esse tipo de prática como "alternativa". Analisando um pouco mais as experiências de prática de ensino existentes atualmente nos cursos de formação de professores de Geografia, percebi que, em se tratando da realidade brasileira, o "alternativo" seria justamente o diferencial da maioria dos casos, em que a realização do estágio supervisionado ocorre fora dos colégios de aplicação.

No caso do município do Rio de Janeiro, temos conhecimento de três instituições desse tipo, a UERJ, a Universidade Federal do Rio de Janeiro (UFRJ) e a PUC-Rio, com distinções relevantes entre elas, cuja análise não cabe neste trabalho. Os demais cursos realizam essa prática em escolas públicas e/ou privadas, conveniadas ou não, que não apresentam o mesmo tipo de compromisso e envolvimento das primeiras, tanto no que se refere à instituição quanto ao corpo docente.

No caso da UERJ, e também da UFRJ, além da infraestrutura oferecida por seus colégios de aplicação, os professores desses colégios têm carga horária reservada e remunerada, disponível para o atendimento aos estagiários, o que marca uma grande diferença em relação às outras. Como sabemos, no caso de instituições particulares, um investimento desse tipo se tornaria inviável, na medida em que, para a iniciativa privada de uma maneira geral, significaria perda de lucro, pois os principais interesses que movem seu funcionamento se concentram, prioritariamente, em outros objetivos que não os educacionais. Isso, no entanto, não anula a necessidade de conhecermos o funcionamento da prática de ensino nesse tipo de instituição. Pelo contrário, a partir deles poderíamos explicitar e defender interesses e sugestões de seus professores para a melhoria da qualidade do ensino.

Assim, apresentamos nossa experiência como alternativa levando-se em consideração que, segundo dados apresentados por Oliva (1999: 49), 60% dos alunos de ensino superior encontram-se na rede privada e que mais de 90% dos professores do ensino médio se formam na mesma. Na medida em que os colégios de aplicação se caracterizam, em suas intenções, por serem experimentais, inovadores e críticos, um comentário, do mesmo autor, parece confirmar nossa argumentação:

> [...] o conjunto imenso de instituições privadas de ensino superior em que predominam cursos de licenciatura em Geografia reproduzem, na maioria dos casos, uma Geografia tradicional, congelada e mumificada, praticamente alheia à renovação em andamento. (Oliva, 1999: 37)

Dessa forma, nosso objetivo é apresentar o funcionamento da prática de ensino de Geografia na UERJ, entendida aqui como a totalidade do processo vivenciado pelos alunos no que diz respeito à sua formação docente, principalmente a que se desenvolve de forma direta nas escolas de ensino fundamental e médio. Consideraremos, portanto, a disciplina Prática de Ensino de Geografia, ministrada na UERJ, e o estágio supervisionado desenvolvido no Colégio de Aplicação Fernando Rodrigues da Silveira (CAP-UERJ).

Caracterizaremos, resumidamente, as principais ideias e influências que fundamentaram a justificativa da criação dos colégios de aplicação no Brasil, para que possamos melhor entender os objetivos e as intenções de uma instituição desse tipo.

Em um segundo momento, apresentaremos o trabalho desenvolvido na prática de ensino da UERJ referente às questões específicas do trabalho da equipe de Geografia.

Finalmente, apresentaremos um balanço dessa experiência.

Acreditamos ser importante, neste momento de crise pelo qual passa a Educação no país, focalizar experiências positivas, diversas, para melhor entendê-las e utilizá-las.

O relato do funcionamento da prática de ensino na UERJ torna-se importante na medida em que se trata de uma instituição de ensino público, o que pode ser útil como contraponto aos ataques das propostas neoliberais em relação às instituições estatais, com o fim de facilitar a promoção da transferência dos serviços públicos para as mãos da iniciativa privada.

## DA IDEIA AO SURGIMENTO DOS COLÉGIOS DE APLICAÇÃO.

Os colégios de aplicação já existiam na Alemanha desde 1810, nos Estados Unidos, desde 1882 e no Chile, desde 1934. No entanto, o surgimento da ideia no Brasil, segundo Abreu (1992), foi influência dos estudos realizados, nos Estados Unidos, pelo professor Luiz Narciso Alves de Mattos que, posteriormente, seria diretor do Colégio de Aplicação da UERJ (CAP-UFRJ), desde sua fundação até meados da década de 1960. Naquele país, tais colégios "vinham se destacando como motor do desenvolvimento do ensino secundário" (Abreu, 1992: 38).

No Brasil, a ideia de criação dos colégios de aplicação aparece, com mais força, a partir da década de 1930, com o movimento da Escola Nova, visando renovar o sistema educacional brasileiro:

> Esse grupo lançou em 1932 o Manifesto dos pioneiros da educação nova, em defesa da escola pública, universal e gratuita. Seu papel inovador consistiu, sobretudo, em enfatizar a melhoria dos procedimentos psicopedagógicos da escola em benefício dos alunos. O investimento na formação do professor secundário também era visto como meio de produzir alunos mais bem preparados para enfrentar a universidade e a vida profissional. Foi dentro desse quadro de referência que surgiu a ideia dos colégios de aplicação, como espaço onde se colocaria em prática o ideário da Escola Nova (Idem, pp. 36-37).

Apesar das ideias e discussões desenvolvidas nesse período, a criação do primeiro Colégio de Aplicação no Brasil só aconteceu no ano de 1948. A primeira experiência foi a da Faculdade Nacional de Filosofia da então Universidade do Brasil, hoje Universidade Federal do Rio de Janeiro[1]. Esse colégio surge, então, com o objetivo de "aperfeiçoar a formação dos professores secundários" (idem, p. 8) e em pouco tempo de funcionamento é reconhecido como um dos melhores colégios do Rio de Janeiro. Desde sua inauguração, a instituição já se apresentava como inovadora, experimental, moderna; um colégio de vanguarda, diferente dos considerados "formais" e "tradicionais".

No que se refere ao Colégio de Aplicação da UERJ (CAP-UERJ), foco de nosso trabalho, sua criação data de 1957, como anexo à Faculdade de Filosofia, Ciências e Letras da recém-criada Universidade do Estado do Rio de Janeiro, sob as mesmas influências e procurando atender aos mesmos objetivos desta. Segundo Macedo,

Trata-se de uma instituição criada em atendimento ao Decreto-Lei nº 4053/46, com o objetivo de se constituir em uma escola experimental, com a função de laboratório dos cursos de formação de professores. A filiação do Colégio de Aplicação ao ideário do movimento escolanovista pode ser entendida como um dos fatores responsáveis por algumas das decisões curriculares tomadas pela instituição (Macedo, 1999).

O objetivo do Colégio de Aplicação, portanto, é o de ser campo de experimentação metodológica para as licenciaturas da UERJ, preparando o licenciando para o magistério por meio do debate teórico-metodológico e da troca de experiências, de forma a inseri-lo numa perspectiva pedagógica crítica ante o ensino em geral e ao da Geografia. Nesse sentido, cabe aos estagiários desenvolverem, nessa instituição de ensino, um estágio supervisionado com atividades de observação, participação e regência, aliando a teoria à prática num processo de análise, planejamento e avaliação de todas as etapas presentes na realidade do ensino fundamental e do ensino médio, que detalharemos a seguir.

## A Prática de Ensino na Uerj

De acordo com o "Pré-projeto: Prática de Ensino e Estágio Supervisionado" (UERJ, 2000), as atividades relacionadas à prática de ensino e ao estágio supervisionado constituem parte obrigatória da disciplina Prática de Ensino, constituindo, entretanto, atividades diferenciadas (UERJ, 2000: 6). Suas intenções são assim expressas pelo referido projeto:

> Defendemos a premissa de que a Prática de Ensino e o Estágio Supervisionado não devem reduzir o conhecimento à apropriação de meras técnicas e a docência ao treinamento. Pensamos nessa disciplina com atividades de Estágio Supervisionado que favoreçam a formação de professores compromissados com o papel da escola real – lugar primeiro e embrionário de mudanças sociais (UERJ, 2000: 6).

Em função desses princípios e das recentes mudanças implantadas pela Nova Lei de Diretrizes e Bases – Lei Darcy Ribeiro –, a Prática de Ensino na UERJ está assim estruturada:
- Prática de Ensino (chamada de Prática 0), com 60 horas (30 horas de aulas teóricas e 30 de estágio supervisionado), de caráter geral, em que os alunos das diferentes licenciaturas irão desenvolver estágios de observação em duas escolas conveniadas. Esta disciplina é ministrada por professores da Faculdade de Educação e tem como objetivo "trabalhar a escola em sua totalidade

e em sua relação com a comunidade, não se prendendo a nenhuma área de conhecimento em particular" (UERJ, 2000: 10).
- Práticas de Ensino Específicas, com um total de 240 horas (120 horas de aulas teóricas e 120 de estágio supervisionado), distribuídas em dois a quatro semestres, sob responsabilidade das unidades acadêmicas de origem dos licenciandos. Porém, "podendo ser ministradas por professores dos Institutos Básicos, das Faculdades Específicas envolvidas com as licenciaturas e do CAP-UERJ" (idem: 10). As 120 horas correspondentes ao estágio supervisionado devem ser realizadas no Colégio de Aplicação e/ou em outras escolas conveniadas, sendo que pelo menos 50% delas devem ser realizadas no CAP-UERJ.
- No caso específico da Geografia, tal disciplina está assim dividida:
- Prática de Ensino I, com 120 horas (60 horas de aulas teóricas e 60 de estágio supervisionado), específica para alunos da licenciatura em Geografia, em que serão realizadas atividades de observação e participação.
- Prática de Ensino II, com 120 horas (distribuídas da mesma forma), também específica para alunos da licenciatura em Geografia, em que serão realizadas as atividades de regência de turma.

Vale lembrar que, no nosso caso, nos dois últimos anos todas as atividades referentes ao estágio supervisionado foram realizadas no Colégio de Aplicação.

Pelo fato de a primeira ser ministrada pela Faculdade de Educação e as outras duas, em conjunto, pelo Departamento de Geografia e pelo Colégio de Aplicação, relataremos somente as últimas, nas quais trabalhamos diretamente.

## A Prática de Ensino de Geografia na Uerj

Acreditamos que uma prática de ensino, que seja realmente sólida, deva englobar não só o maior número possível de vivências específicas da sala de aula como, também, as tarefas externas relacionadas a ela e que se manifestam, de forma plena, durante o desenrolar de todo um período letivo. Concomitantemente às leituras e discussões realizadas nas aulas teóricas, o estagiário acompanhará a prática dos docentes do Colégio de Aplicação, o que permitirá o desenvolvimento de observações críticas e a reflexão sobre a prática pedagógica, que poderão potencializar o debate sobre o processo ensino-aprendizagem e a relação professor-aluno.

Nas aulas teóricas, além da análise de materiais didáticos diversos e de planos de curso e planos de aula, promoveremos discussões sobre textos relativos à história da disciplina, ao currículo e ao ensino da Geografia, relacionando-as às observações desenvolvidas pelos estagiários. Priorizaremos, também, a discussão de um dos fatores mais importantes do aprendizado para a profissão que é a chamada "transposição didática" ou, como prefere Lopes (1996), "mediação didática"[2], que constitui um imenso trabalho de reorganização e de reestruturação, feito pela educação escolar, para tornar os saberes e os materiais culturais disponíveis num dado momento, efetivamente transmissíveis e assimiláveis pelos alunos (Forquin, 1993: 16).

Durante o estágio supervisionado da Prática de Ensino I, para melhor atender aos objetivos acima expostos, priorizamos o fato de o aluno assistir às aulas de todos os docentes que lecionam na UERJ.

O aluno deverá cumprir a carga horária de 60 horas/aula de estágio supervisionado, divididas entre a observação das aulas (30 horas) e as atividades de participação (30 horas) que serão distribuídas de forma equilibrada entre as turmas e os professores, segundo critérios estabelecidos pelos professores de Prática de Ensino e a equipe de Geografia do colégio, respeitando-se a disponibilidade oferecida pelo estagiário.

Da carga de observação, aproximadamente 12 horas deverão ser acompanhadas em uma única turma/professor (que chamamos de "turma fixa"), previamente definida, e as aulas restantes serão distribuídas de modo que o estagiário assista a pelo menos dois tempos com cada um dos demais professores.

Nos dias de observação de aula, o estagiário deverá chegar à escola com uma antecedência mínima de dez minutos e entrar logo em contato com os professores regentes das respectivas aulas. Aqui, tendo como objetivo reforçar a questão da responsabilidade do futuro professor, não permitimos o seu ingresso após a entrada do professor regente em sala de aula.

Em relação à participação, no início do semestre, além da divulgação do horário com as disponibilidades dos professores regentes para o atendimento aos estagiários,[3] estes receberão uma lista de atividades possíveis, devendo definir as que pretendem desenvolver. Dentre essas, uma é de caráter obrigatório e deverá ser realizada na "turma fixa", como parte do planejamento escolar global.

No primeiro momento, com um planejamento elaborado em conjunto pelos professores do Colégio de Aplicação e os professores da disciplina Prática de Ensino, os estagiários devem realizar atividades como elaboração de textos didáticos, dinâmica de aulas, exercícios e avaliações diversas, correção de trabalhos e exercícios produzidos pelos alunos do colégio nas diferentes séries, acompanhamento sistemático de uma turma ao longo de um ano letivo, preparação de roteiros de trabalho de campo, dentre outras.

No segundo momento, cada estagiário deverá trabalhar diretamente com um único docente (da "turma fixa"), elaborando um planejamento global e contínuo sobre uma unidade temática do programa de uma determinada série. Ao final, sob supervisão do professor regente e dos professores de Prática de Ensino, o estagiário deverá preparar uma aula que será aplicada pelo professor regente, em uma data definida, e avaliada, por escrito, pelo estagiário. Nesse dia, é obrigatória a sua presença, assim como todas as providências relativas ao material que será utilizado.

Esse procedimento tem por objetivo permitir que o estagiário desenvolva um planejamento real, orientado pelos professores regentes e pelos professores de Prática de Ensino, constituindo um processo reflexivo importante tanto para a segunda fase do estágio como para a sua vida profissional.

As atividades de participação elaboradas pelos estagiários deverão seguir as mesmas normas vigentes para os professores regentes como, por exemplo, os prazos exigidos pela escola para reprodução e digitação. Com isso, pretendemos que o aluno vivencie o "outro lado" do trabalho do professor que, para muitos, erroneamente, se resume a dar aulas. Priorizamos, assim, trabalhar outros aspectos como compromisso, prazos, assiduidade, pontualidade, responsabilidade, entre outros inerentes à condição profissional.

Ao término do semestre, o estagiário deverá entregar um relatório final sobre as observações, conforme roteiro distribuído pelos professores de Prática de Ensino, no qual serão anexadas as fichas de observação de aulas, preenchidas durante as mesmas e entregues ao professor regente, ao final de cada uma delas.

Durante o estágio supervisionado da Prática de Ensino II, temos como objetivo permitir a experimentação concreta, por parte dos estagiários, do processo integral de trabalho, considerando desde o planejamento à etapa de avaliação. Isso inclui a pesquisa sobre o tema, a definição de objetivos, o desenvolvimento de estratégias, a elaboração de materiais, a definição da avaliação e a implementação do plano.

Caberá ao estagiário uma carga de oito horas/aula a serem ministradas no CAP, além de duas horas/aula para a sua turma na universidade, sendo 50% na "turma fixa" da Prática I e os demais 50% distribuídos entre no máximo duas turmas de séries e professores diferentes, de modo que sejam contemplados o ensino fundamental e o ensino médio.

As aulas a serem ministradas pelos estagiários deverão ser discutidas em pelo menos três momentos com o professor regente: 20 dias antes da data marcada, para definir os eixos da aula a ser preparada; 15 dias antes da data, para apresentação da proposta de aula; e sete dias antes, para a entrega do plano de aula definitivo.

No início do semestre serão divulgados os horários das turmas do colégio e as disponibilidades dos professores regentes para atendimento aos estagiários, sendo que os encontros para preparação da aula são agendados, antecipadamente, sempre dentro dos horários disponibilizados pela equipe.

As aulas serão agendadas com o professor de Prática de Ensino, no início do semestre, e qualquer alteração fica sujeita à aprovação da equipe de professores.

Coerentes com os objetivos já apresentados, os recursos disponíveis no colégio, como, por exemplo, a sala de vídeo, o retroprojetor, entre outros, devem ser agendados e confirmados pelo estagiário e, no dia da aula, todas as providências relacionadas a eles ficam sob a responsabilidade do mesmo.

A aula ministrada pelo estagiário é avaliada conforme os critérios apresentados na ficha de avaliação, elaborada em conjunto pelos professores de Prática de Ensino e do Colégio de Aplicação[4].

Depois deste detalhado e, talvez, cansativo relato das intenções e do funcionamento da Prática de Ensino de Geografia na UERJ, passaremos a um breve balanço dessa experiência.

## Considerações finais a respeito da experiência

Gostaria de iniciar essas considerações, posicionando-me em defesa dos colégios de aplicação, no que se refere à sua estrutura de funcionamento, como espaços propícios ao campo de estágio supervisionado para as licenciaturas.

Uma experiência gestada há quase dois séculos, que se mantém em funcionamento em vários países do mundo e que defende objetivos expressos, conforme vimos, de "aperfeiçoar a formação dos professores secundários" e de ser "motor do desenvolvimento do ensino secundário", não pode e não deve ser descartada sem a apresentação de uma "alternativa" que contribua satisfatoriamente à formação do futuro professor.

Os colégios de aplicação, tendo como função primordial servir de laboratório para os alunos universitários que se preparam para a profissão de professor, constituem-se em espaço privilegiado de contato entre a produção da academia e a da escola, o que, por si só, já apresenta vantagens a todos os envolvidos no processo de ensino/aprendizagem.

Para os professores do colégio, onde é frequente a presença de universitários observando e atuando diretamente em suas aulas, elas se apresentam como um grande desafio na medida em que eles estão mais expostos às avaliações, fato que, a nosso ver, contribui para seu maior empenho. Por outro lado, o próprio contato com a universidade, por meio do corpo docente e dos estagiários, também favorece, aos professores, um mínimo de leituras sobre temas atuais da educação, assim como das áreas específicas das matérias existentes no colégio, o que pode facilitar constantes estudo e atualização.

Para os alunos do colégio, a possibilidade de contato com um número grande de estagiários acaba se tornando um ganho, em vários sentidos, como, por exemplo, o contato com uma diversidade de propostas diferenciadas de trabalho, o que não encontramos na maioria das escolas.

Para os estagiários, conforme apresentamos, a própria infraestrutura do colégio e a disponibilidade de seus professores constituem um ambiente ímpar para um acompanhamento efetivamente participativo e contínuo das atividades escolares.

Por último, para os professores dos diversos institutos, através das necessidades dos licenciandos, expressas através de suas queixas[5] à universidade, há uma abertura para se pensar a utilidade dos conteúdos a serem ensinados em suas respectivas disciplinas.

Outros fatores de ordem organizacional e estrutural também contribuem, de forma positiva, para a diferenciação do trabalho em relação à maioria dos colégios. Um exemplo disso é o próprio critério de seleção de alunos e de professores[6].

No caso da UERJ, outro fator é de suma importância: o fato de os professores do Colégio de Aplicação fazerem parte do quadro da universidade, o que nos atribui funções como a de ensino, pesquisa e extensão, propiciando, desta forma, uma efetiva atualização profissional e a ampliação do leque de atividades relacionadas ao ensino.[7]

Destacaremos, a seguir, a título de conclusão, alguns fatores encontrados no CAP-UERJ, para que possamos pensar e discutir sobre sua pertinência como opções a serem utilizadas no contexto de outras escolas. Entre muitos, destacamos:
 a. Professores que não trabalham em muitas escolas, o que permite uma maior dedicação ao colégio, ao trabalho e aos alunos.
 b. As reuniões para discussões de equipe, que determinam, em certa medida, se o trabalho é realizado mais em conjunto ou mais isoladamente.
 c. A autonomia dada às equipes das diferentes disciplinas.

d. Uma estrutura funcional que permite e facilita a constante atualização e especialização de seus professores.
e. Um trabalho preocupado com a aproximação entre as discussões acadêmicas e o trabalho desenvolvido na escola.
f. A importância atribuída à realização de trabalhos de campo.
g. A valorização da profissão de professor.
h. A existência de um plano de carreira e a estabilidade no emprego.
i. O professor como pesquisador, o que implica o reconhecimento de que o trabalho do professor é muito mais do que as horas/aula.

Para que a discussão proposta sobre esses fatores se torne possível, seria necessário, antes de tudo, a realização de estudos que abordassem a presença ou ausência desses, e de outros fatores, em outras instituições escolares, assim como a viabilidade e pertinência de sua implementação. Não acreditamos que os colégios de aplicação sejam os únicos campos possíveis de realização dos estágios supervisionados, mas ressaltamos a necessidade da ampliação do debate em torno de questões relativas ao mesmo, como, por exemplo, a importância do envolvimento dos professores em escolas conveniadas, a forma de viabilização desse envolvimento, as normas dos convênios, para que esses não se resumam à simples aceitação das escolas para que os estagiários possam assistir aulas, dentre outras. Sendo assim, não é nossa intenção apresentar respostas a essas questões, mas sim, a partir de uma referência, instigar futuras discussões.

## NOTAS

1 Recentemente a UFRJ retomou o nome de Universidade do Brasil.

2 Para um maior entendimento dessa noção e sobre a opção do termo, consultar a obra de Lopes (1996), especialmente o capítulo VII "O processo de mediação (ou transposição) didática".

3 Existe no colégio uma sala destinada a esse fim.

4 A ficha de avaliação de aulas está em constante processo de mudança, fruto das intensas discussões da equipe a seu respeito e das sugestões/reclamações dos estagiários.

5 Uma das queixas mais frequentes dos licenciandos, no caso da Geografia, é a falta de preocupação, por parte do instituto, em trabalhar os conteúdos acadêmicos relacionados ao ensino nas escolas.

6 Em relação aos alunos, só existem dois momentos de entrada: por sorteio na classe de alfabetização e por concurso público na quinta série. Em relação aos professores: por concurso público para professores efetivos e por seleção de professores contratados (substitutos), realizada pelos professores efetivos.

7 No ano de 2000, a equipe de professores de Geografia do CAP-UERJ promoveu o "Ciclo de Debates e Palestras – Reformulação Curricular e Ensino de Geografia". Realizado na UERJ, além de palestras sobre o tema, o ciclo contou

com a participação de representantes de várias escolas do ensino fundamental e médio que apresentaram, para debate, suas propostas curriculares.

## Bibliografia

ABREU, A. A. *Intelectuais e guerreiros: o Colégio de Aplicação da UFRJ de 1948 a 1968*. Rio de Janeiro: Editora UFRJ, 1992.

FORQUIN, J.-C. *Escola e cultura – as bases sociais e epistemológicas – do conhecimento escolar*. Porto Alegre: Artes Médicas, 1993.

LOPES, A. R. C. *Conhecimento escolar: quando as ciências se transformam em disciplinas – um estudo sobre a epistemologia escolar*. Rio de Janeiro: Universidade Federal do Rio de Janeiro, 1996. (Tese de doutorado).

MACEDO, E. F. de. "Abra Cadabra...: O currículo de Ciências do CAP-UERJ". *In: Anais do 10o Encontro Nacional de Didática e Prática de Ensino – Ensinar e aprender: sujeitos, saberes, tempos e espaços.* UERJ, CD-ROM, 2000.

OLIVA, Jaime Tadeu. "Ensino de Geografia: um retardo desnecessário". *In:* CARLOS, Ana Fani A. (org.). *A Geografia na sala de aula*. São Paulo: Contexto, 1999.

OLIVEIRA, Cesar Alvarez C. *Uma abordagem crítica no ensino da Geografia: o caso do CAP-UERJ*. Rio de Janeiro: Universidade do Estado do Rio de Janeiro, 1997. (Dissertação de mestrado).

UERJ. Pré-projeto: *Prática de Ensino e Estágio Supervisionado*. Colegiado de Licenciaturas, 1999.

UERJ. *Manual do estagiário*. Equipe de Geografia, 2000.

# OUVINDO NARRATIVAS, CRIANDO SABERES...
# UM NOVO PROCESSO DE FORMAÇÃO

*Maria do Socorro Diniz*

## Introdução

A história tirada da lembrança de uns pouco episódios significativos da vida de 15 professores de ensino fundamental e médio da rede pública e privada do Município do Rio de Janeiro, em início de carreira[1] profissional, transformou-se numa história comum, vivida por professores de Geografia.

Ao narrarem suas histórias, emerge de suas subjetividades a impossibilidade de separar vida pessoal do percurso profissional (Ferrarotti, 1988, e Nóvoa, 1992). Uma reflete e é refletida na outra. Esse entrançado de fios

> [...] permite considerar o conjunto mais amplo de elementos formadores e, sobretudo, possibilita que cada indivíduo identifique na sua própria história de vida aquilo que foi realmente formado. (Finger, 1988: 13)

Ao mesmo tempo, ele amplia a reflexão para uma outra leitura e compreensão da formação de professores de Geografia.

Na perspectiva de que as vivências e as experiências de vida, sobretudo numa dimensão coletiva, constituem em significativos espaços de formação, este texto apresenta, de forma sucinta, uma experiência de Prática de Ensino de Geografia que aflorou do encontro desses 15 professores com as questões levantadas em um projeto de pesquisa sobre o ensino de Geografia[2], em que os licenciandos estavam inseridos.

## Encontrando seus pares: novos desafios

A iniciação profissional desses professores investigados traz, em seu bojo, aspectos semelhantes aos consagrados pela literatura sobre o tema. Ela ocorreu em condições de profunda "insegurança" e "insatisfação", em relação à formação inicial recebida. Esta, não atendendo às necessidades da sala de aula, provoca um "choque com a realidade"[3], levando-os a constatar que a "Geografia que aprendem não é a que ensinam" e a formação pedagógica é uma "formação discursiva", "literária" e "desvinculada da prática real da sala de aula".

Esteve (1995: 100), analisando a problemática da função dos docentes espanhóis, chegou à mesma conclusão externada por esses professores de Geografia do Rio de Janeiro, em suas narrativas:

> É que os professores do ensino secundário formam-se em universidades que pretendem fazer investigadores especializados e, nem por sombras, pensam em formar professores. Não é, portanto, de estranhar que sofram autênticos "choques com a realidade".

Numa outra direção, Nóvoa (1992: 25) nos adverte para o fato de a formação de professores ter ignorado, sistematicamente, "o desenvolvimento pessoal, a articulação aos projetos das escolas [...] a construção de uma identidade, que é também uma identidade profissional".

É chegado o momento de enfrentarmos essa problemática. Garcia (1992: 74), para quem a iniciação profissional dos professores é uma das fases do aprender a ensinar, aponta na direção de se evitar o que sempre ocorreu e continua a ocorrer aos iniciantes: "*aterra como puderes*".

É possível desenhar estratégias preventivas de redução dos efeitos negativos vividos pelos professores de Geografia em início de carreira? De que forma poderão os programas de formação inicial de professores contribuir?

Nesse intuito, os professores investigados[4] foram convidados a narrar, em dois ou três encontros programados, os percalços vividos em seu início de carreira docente, cujo objetivo era recolher dados para a pesquisa. A temática levantada pela investigação correspondia àquela que os aflige em seu início profissional. Ao mesmo tempo, encontravam-se com seus pares, rompendo o isolamento e a solidão vivida em seus locais de trabalho.

Nesse movimento, eles constataram que as dificuldades e as necessidades profissionais não eram individuais, embora aí contidas, mas comuns a todos. Por essa razão, valorizavam o diálogo entre eles.

Esse professor investigado sintetiza bem a ideia, ao narrar essa passagem:

> Na hora que eu cheguei lá na faculdade e vi que vários problemas eram iguais aos meus, comecei a me animar... Eu senti que, se não tivesse alguma ajuda, poderia parar, deixar de ser professor...

Do encontro de suas vozes, narrando suas experiências na sala de aula, "o professor se concede a si próprio, e aos outros, a possibilidade de melhorar sua capacidade de ver e de pensar o que faz" (Ramos *et al.*, 1996: 126). Nesse sentido, abriu um eco para a continuidade dos encontros, criando um processo de formação continuada[5] que tinha, como referência fundamental, o reconhecimento e a valorização do "saber docente"[6].

Esses professores estavam voltando à universidade não para uma "reciclagem" da formação recebida, numa perspectiva "clássica" como referida por Caudau (1997: 52), "onde o professor volta à universidade para fazer cursos de diferentes níveis, de aperfeiçoamento, especialização, pós-graduação, não só pós-graduação *lato sensu*, mas também *stricto sensu*", ou, como diz Demailly (1992: 145): "saberes teóricos numa relação pedagógica liberal", mas para narrar e trocar ideias sobre suas experiências de início de carreira e tentar encontrar soluções para os problemas enfrentados.

Nesse sentido, os professores se encontravam mensalmente na universidade, aos sábados[7], para realizar a "produção coletiva" do conhecimento geográfico a ser ensinado e a forma de trabalhá-lo, que ia se fazendo a partir das reflexões sobre as dificuldades enfrentadas nos seus locais de trabalho. Portanto, "não se tratava de mobilizar a experiência apenas numa dimensão pedagógica, mas também num quadro conceptual de produção de saberes". (Nóvoa, 1995: 26)

E foi a partir de seus próprios saberes da experiência de professor iniciante que o grupo foi, aos poucos, construindo "um espaço de reflexão partilhada" de que trata Cavaco (1995: 166), tendo a universidade como ponto de apoio, na figura de um professor com ampla experiência docente, e um grupo de graduandos bolsistas, que dividiu as dificuldades e produziu outras formas de ensinar, com vistas a um aperfeiçoamento profissional. Assim, está criada uma "rede de informação atualizada que facilitou a apropriação criticamente refletida das diversas competências profissionais" (Cavaco, 1995: 166) e uma Prática de Ensino Alternativa.

A criação de redes coletivas de trabalho, no entender de Nóvoa (1995: 26), "é fator decisivo de socialização profissional e de afirmação de valores próprios da profissão docente", o que, para esse grupo de professores, resultou em uma produção de saberes coletivos, uma formação continuada, permitindo o entendimento sobre a Geografia ensinada, a escola, o aluno, o professor, enfim, a globalidade do sujeito.

É possível desenvolver um trabalho de Prática de Ensino de Geografia em programas idênticos?

## Construindo seus saberes, a sua prática

No âmbito da universidade, ocorreu, paralela à pesquisa, uma Prática de Ensino que os próprios licenciandos denominaram de privilegiada, no qual o ato de pesquisar era uma Prática de Ensino, tendo por base o contato direto com as dúvidas e contradições enfrentadas pelo grupo de professores investigados nas escolas onde trabalhavam. Algumas narrativas significativas:

> Hoje vou para o estágio, não somente para observar técnicas de ensino ou manejo de classe do professor... Penso que não ultrapassaria os limites da simples observação dos procedimentos e conteúdos, caso não ingressasse na pesquisa.
> (Licenciando-bolsista, 92/93)

> Posso afirmar que os encontros têm ajudado tanto aos professores, na colocação de suas dificuldades e tentativas de resolvê-las, quanto aos licenciandos que, como eu, têm toda a oportunidade de, para além dos estágios e matérias teóricas, poderem entrar em contato com a realidade dos professores da rede de ensino, de forma exclusiva e inédita.
> (Licenciando-bolsista, 93/94)

Das questões trazidas pelos professores, tanto da prática escolar quanto dos seus estágios, havia categorias significativas que, discutidas e analisadas com acompanhamento, ampliavam os espaços de visibilidade desses licenciandos, sobre a problemática de que logo mais teriam de enfrentá-la. E, nesse último aspecto, alguns bolsistas incluíram-se, depois de formados, na categoria de professores integrantes do grupo e "o ensino era encarado como uma forma de investigação e experimentação", de que trata Zeichner (1992: 126). Esse autor, ao discutir diferentes propostas de trabalho para inovar o *practicum* na aprendizagem dos professores, refere-se ao *practicum* centrado na investigação, considerando o ensino como prática reflexiva que "envolve esforços no sentido de encorajar e apoiar as pesquisas dos professores a partir das suas próprias práticas." (1992: 126)

O trabalho, visto da perspectiva do professor, caracteriza-se investigando a própria ação. Segundo Amaral (1998: 116), "por uma permanente dinâmica entre teoria e prática em que o professor interfere no próprio terreno de pesquisa, analisando as consequências da sua ação e produzindo efeitos diretos sobre a prática". O trabalho é, por si mesmo, um processo educativo para o próprio professor. Ao mesmo tempo, essa metodologia rompe com o modelo em que o professor se limita a aplicar as teorias produzidas pela investigação acadêmica, das quais não participa e que, ao longo do tempo, não tem dado conta da multiplicidade de situações encontradas nas realidades das escolas.

À luz dessas concepções, pode-se afirmar que licenciandos e professores estavam realizando uma prática geradora de conhecimento a partir da *reflexão sobre a ação e reflexão na ação* e, a partir daí, criando novas ações de que fala Schön (1992: 83). Esse autor trata a *reflexão na ação e sobre a ação* como forma de desenvolvimento profissional. No primeiro caso, o docente reflete no decorrer da própria prática, e vai reformulando-a, ajustando-a, às novas situações que vão surgindo. No segundo, a ação é considerada mentalmente para ser analisada *a posteriori*. Em ambas as situações, a reflexão conduz o professor à reconstrução da ação.

À medida que trocava os saberes de que era portador, o grupo de licenciandos/professores iniciantes sentia a necessidade de amparo teórico e conceitual e, aos poucos, faziam emergir outros saberes. E nessa busca se deu a abertura para outras leituras, possibilitando a reflexão sobre os currículos escolares oficiais do Rio de Janeiro e São Paulo, permitindo uma análise da organização das diferentes escolas, dos livros didáticos adotados por elas para sua disciplina, levando os professores licenciados à busca do conhecimento do aluno com quem estavam trabalhando. As discussões articulavam teoria-realidades escolares, garantindo-lhes um transitar na sala de aula com maior desenvoltura e criatividade.

Por outro lado, à busca de informações para o corpo da pesquisa, esses licenciandos-bolsistas fazem uso do método autobiográfico[8], considerado não apenas "um método de investigação, mas também (e sobretudo) um instrumento de formação" de que fala Finger (1988: 12), ou numa ótica sociológica, como a situa Pineau (1988): "investigação-ação que procura estimular a autoformação".

Essa dupla função do método (auto)biográfico justifica sua crescente utilização e integra-se no movimento atual de educadores que procuram repensar as questões da formação, enfatizando a ideia de que "a formação é inevitavelmente um trabalho de reflexão sobre os percursos de vida" (Nóvoa, 1988: 116). E não foi à toa que os licenciandos puderam pôr em xeque a sua própria formação acadêmica, defrontando-se com visões idênticas às apontadas pelos professores investigados.

A partir das questões levantadas, o desafio constitui-se no reconhecimento da valorização de outros espaços de formação, rompendo o mito criado sobre a universidade enquanto "*locus* único" de formação profissional, modelo ao qual os cursos de formação de professores estiveram/estão atrelados. Tal desafio também consiste na valorização do saber da experiência docente, considerando que se aprende refletindo sistematicamente sobre a experiência, mas também se aprende ouvindo o relato da experiência do outro, em situações de troca de saberes para construir a sua forma pessoal de conhecer.

É possível produzir uma outra cultura de formação de professores de Geografia, a partir da investigação sobre a prática docente, numa reflexão coletiva?

Os sonhos não acabaram. Arvoro-me o direito de dizer que o papel da Prática de Ensino é fundamental a uma nova concepção de professores de Geografia, nesse início de século.

## NOTAS

1 O conceito de "carreira" é utilizado por HUBERMAN, M. (1989) para definir o ciclo de vida profissional dos professores.

2 *Vivenciando o aprendido ou aprendendo o vivenciado?* Desenvolvido de 1992 a 1995, na Faculdade de Educação, sob a orientação da Prof² Maria do Socorro Diniz, com apoio da sub-reitoria de Ensino e Graduação e Corpo Discente-SR-1, Sub-Reitoria de Pós-Graduação e Pesquisa-SR-2/UFRJ e Fundação Universitária José Bonifácio, com a participação de oito licenciandos de Geografia (04) e Ciências Sociais (04).

3 Esse conceito é utilizado por Veenamm (1984) para descrever a ruptura com a imagem idealizada do ensino em relação à realidade encontrada nas escolas.

4 Foram selecionados entre os formados pela Universidade Federal do Rio de Janeiro nos anos de 1989 e 1990, com até três anos de experiência profissional com a Geografia da rede de ensino pública e privada do ensino fundamental e médio do Município do Rio de Janeiro.

5 A literatura científica, que aborda o tema "formação continuada de professores", refere-se a uma multiplicidade de concepções, confirmada na diversidade de terminologia usada: "*in-service training of teachers; staff development; continuing teacher education; continous education; professional development; teacher development.*" (Rodrigues e Esteves, 1993: 45). Na concepção de Candau (1997: 64), "a formação contínua não pode ser concebida como meio de acumulação de cursos, palestras, seminários etc. de conhecimentos ou técnicas, mas sim através de um trabalho de reflexividade crítica e profissional".

6 Uma importante linha de reflexão e de pesquisa vem sendo empreendida, atualmente, por Schön (1992), Popkewitz (1992), Nóvoa (1992) e Perrenoud (1997), enfatizando a valorização do saber docente para a construção de uma prática reflexiva.

7 Único dia disponível para esses professores.

8 Durante o período de um ano, são realizadas em diferentes etapas, entrevistas semiestruturadas com roteiro prévio, gravadas e, em seguida, transcritas, analisadas e discutidas à procura de um conhecimento mais profundo sobre quem são esses professores, sua vivência nas escolas, as dificuldades encontradas, suas atitudes perante essa situação etc.

## BIBLIOGRAFIA

AMARAL, M. J. *et al.* "O papel do supervisor no desenvolvimento do professor reflexivo: estratégias de supervisão". *In:* Isabel Alarcão *et al., Formação reflexiva de professores: estratégias de supervisão.* Lisboa: Porto Editora LDA, 1996, pp. 89-122. (Coleção CIDENE, 1).

CANDAU, Vera Maria. "Formação continuada de professores: tendências atuais". *In:* Vera Maria Candau *et al., Magistério: construção cotidiana.* Petrópolis: Vozes, 1997, pp. 51-68.

CAVACO, Maria Helena. "Ofício do professor: o tempo e as mudanças". *In:* António Nóvoa *et al., Profissão Professor.* Lisboa: Porto Editora, LDA, 1995, pp. 155-191. (Coleção Ciências da Educação, 3)

DEMAYLLI, Lise Chantraine. "Modelos de formação contínua e estratégias de mudanças". *In:* António Nóvoa *et al.*, *Os professores e a sua formação*. Lisboa: Publicações Dom Quixote, LDA. 1992. (Coleção temas de Educação, 1).

ESTEVE, José M. "Mudanças sociais e função docente". *In:* António Nóvoa *et al.*, *Profissão professor*. Lisboa: Porto Editora, LDA, 1995. (Coleção Ciências da Educação, 3).

FERAROTTI, Franco. "Sobre a Autonomia do Método Biográfico". *In:* NÓVOA, António e FINGER, Matthias *et al.*, *O método (auto)biográfico e a formação*. Lisboa: Ministério da Saúde, 1988.

FINGER, Matthias. "As implicações socioepistemológicas do método biográfico". *In:* NÓVOA, António e FINGER, Matthias *et al.*, *O método (auto)biográfico e a formação*. Lisboa: Ministério da Saúde, 1988.

GARCIA, Carlos Marcelo. "A formação de professores: novas perspectivas baseadas na investigação sobre o pensamento do professor". *In:* António Nóvoa (org.), *Os professores e a sua formação*. Lisboa: Publicações Dom Quixote, 1992. (Temas de Educação, 1).

NÓVOA, António. "Formação de professores e profissão docente". *In:* António Nóvoa (org.), *Os professores e a sua formação*. Lisboa: Dom Quixote, 1992. (Temas de Educação, 1).

_____. "A Formação tem de passar por aqui: as histórias de vida no Projeto Prosalus". *In:* António Nóvoa e Matthias Finger (org.), *O método (auto)biográfico e a formação*. Lisboa: Ministério da Saúde, 1988.

PERRENOUD, Philippe. *Práticas pedagógicas, profissão docente e formação. Perspectivas sociológicas*. Lisboa: Publicações Dom Quixote, LDA, 1997 (Temas de Educação, 3).

PINEAU, Gascon. "A autobiografia no decurso da vida: entre a hétero e a ecoformação". *In:* António Nóvoa e Matthias Finger (org.), *O método (auto)biográfico e a formação*. Lisboa: Ministério da Saúde. 1988.

RAMOS, Maria Antónia *et al.* "As narrativas autobiográficas do professor como estratégia de desenvolvimento e a prática da supervisão". *In:* Isabel Alarcão (org.), *Formação reflexiva de professores: estratégias de supervisão*. Lisboa: Porto Editora, LDA, 1996. (Coleção CIDINE, 1).

SCHÖN, Donald A. "Formar professores como profissionais reflexivos". *In:* António Nóvoa (org.), *Os professores e a sua profissão*. Lisboa: Publicações Dom Quixote – LDA, 1992. (Temas de Educação, 1).

ZEICHNER, Ken. Novos caminhos para o *practicum*: uma perspectiva para os anos 90". *In:* António Nóvoa (org.), *Os professores e a sua profissão*. Lisboa: Publicações Dom Quixote – LDA, 1992. (Temas da Educação, 1).

# PARTE V

# METODOLOGIA DO ENSINO E APRENDIZAGEM DE GEOGRAFIA

# AS DIFERENTES PROPOSTAS CURRICULARES E O LIVRO DIDÁTICO

*Maria Encarnação Sposito*

A mesa-redonda sobre a qual trataremos é parte de um debate que se realiza no 6º Encontro Nacional de Prática de Ensino em Geografia a partir do eixo "Metodologia do Ensino e Aprendizagem da Geografia", cuja relevância de sua temática assenta-se em, pelo menos, dois aspectos.

Em primeiro lugar, é preciso considerar que é histórica a importância do livro didático no ensino brasileiro, tanto mais a partir da década de 1970.

Por outro lado, o tema é importante porque, embora a participação do Estado na definição de uma política educacional no Brasil tenha oscilado no decorrer do século XX, o interesse em produzir guias, propostas ou parâmetros curriculares esteve sempre presente no decorrer das últimas décadas.

Assim, nada mais oportuno do que o debate que se nos apresenta, na perspectiva de reflexão sobre a metodologia do ensino e aprendizagem, visto que todo o processo de ensinar/aprender está mediado pela presença desses dois instrumentos de trabalho pedagógico: o livro didático e o currículo.

Nosso interesse é, portanto, abordar a temática proposta a partir de três perspectivas de análise:

- Em primeiro lugar, apresentaremos uma breve discussão sobre o caráter da política de elaboração de currículos para o ensino brasileiro;
- Em seguida, ressaltaremos alguns elementos para avaliar o que há de novo para pensar a educação brasileira, além de apresentar um quadro dos programas de avaliação do livro didático;
- Por fim, na expectativa de estimular o debate e articular esses dois eixos, levantaremos alguns pontos para debater se é indispensável a associação entre livros didáticos e currículos oficiais.

## Guias, propostas e parâmetros – centralização e/ou descentralização?[1]

A partir da década de 1970, verifica-se uma preocupação crescente com a formulação de currículos oficiais, não que tal preocupação não existisse anteriormente, mas o crescimento populacional brasileiro, o aumento de demanda pela escola pública, a ampliação da rede oficial de ensino, enfim, o crescimento rápido do sistema educacional brasileiro sem uma proporcional qualificação de seus recursos humanos, aviltados pelo rebaixamento dos salários, tornou "imperiosa" a necessidade de um currículo mínimo que orientasse a ação docente no ensino fundamental e médio.

Os documentos oficiais, desde essa década, passaram, então, a orientar a formulação dos projetos pedagógicos escolares, os planos de ensino, as práticas educacionais e a elaboração dos materiais pedagógicos de apoio, sobretudo o livro didático.

Os Guias Curriculares, conhecidos como "Verdão", elaborados pela Secretaria de Educação do Estado de São Paulo, eram referenciais para apoiar a implantação da Lei nº 5 692/71, de âmbito nacional.

Tais livros eram organizados pela apresentação de objetivos gerais do ensino, objetivos específicos das disciplinas e rol de conteúdos a serem ministrados em cada série.

Dada a forma como foram apresentados, o interesse inabalável de implantação da filosofia que alicerçava a referida lei, aliada ao clima de pouca democracia que os governos militares haviam implantado e sustentavam no país, os Guias tornaram-se uma espécie de "bíblia" para a condução do trabalho pedagógico.

Essa filosofia e as práticas dela decorrentes prolongaram a vigência desse documento, de um lado, porque a tecnoburocracia do sistema educacional exigia a observação, quase obediência aos Guias na formulação dos planos de ensino e, de outro, porque os livros didáticos, como principal e, às vezes, único material de apoio ao trabalho docente, passaram a reproduzir os Guias, sendo que seus índices eram verdadeiras cópias das sequências de conteúdos contidos nesses documentos.[2]

A década de 1980 foi marcada por alguma democratização, oferecendo-se, assim, conjunturas favoráveis à revisão dos currículos oficiais, de um lado, pelas mudanças no quadro político nacional e, de outro, pelos debates que vinham ocorrendo no interior da universidade, a partir dos quais se questionavam as bases teórico-metodológicas da ciência que se produzia e da que se ensinava.

Essa dinâmica favorável para a discussão das práticas pedagógicas e dos recortes teórico-metodológicos que orientavam a seleção e o enfoque dos conteúdos desenvolvidos no ensino, então denominado de 1º e 2º graus, foi alimentada. Isso ocorreu especialmente no caso da Geografia, pois essa área do conhecimento vivia no Brasil, a partir de 1978, um processo de redefinição de seus paradigmas, resultado de debates que tiveram início nas reuniões da Associação dos Geógrafos Brasileiros (AGB) e se prolongavam naquelas promovidas pela União Paulista dos Estudantes de Geografia (UPEGE) e nos departamentos de diferentes universidades, nas quais havia formação superior em Geografia.

Essa conjuntura propiciou um movimento que resultou, no decorrer dos anos de 1980, em mudanças de diferentes naturezas, mas que tinham em comum o fato de procederem de um debate que refletiu uma aproximação entre o que se produzia na universidade e o que se ensinava/aprendia na escola.

No estado de São Paulo, para se abordar uma dinâmica que acompanhamos de perto, a Secretaria de Educação, através de sua Coordenadoria de Normas Pedagógicas (CENP), promoveu um amplo debate sobre a questão, realizando um processo de elaboração e discussão de uma nova proposta curricular.[3]

Em outros estados, iniciativas semelhantes, mesmo que tenham resultado em processos diferentes daquele vivido no estado de São Paulo, levaram à formulação de propostas curriculares, algumas das quais apoiadas nessa experiência.[4]

Também há de se destacar que o estímulo à municipalização do ensino levou à formulação de propostas curriculares por Secretarias Municipais de Educação, sendo que algumas dessas iniciativas foram bem qualificadas, como a realizada no município de São Paulo, durante o mandato de Luiza Erundina.[5]

Verificou-se, então, no decorrer de pouco mais de vinte anos, um claro processo de descentralização da política de formulação de currículos básicos ou mínimos para o ensino, hoje denominado de fundamental e médio.

No entanto, na segunda metade da década de 1990, verificou-se a retomada do papel federal na definição de políticas curriculares com a proposição de elaboração dos parâmetros curriculares nacionais – os PCNs.

Essa retomada enseja o desafio de compreender que, paralelamente, duas tendências atravessam a política educacional brasileira a partir do primeiro governo de Fernando Henrique Cardoso, com Paulo Renato de Souza no Ministério da Educação.

Do ponto de vista das responsabilidades financeiras e de administração do ensino fundamental, oferecem-se mais do que estímulos para a municipalização, aprofundando-se a perspectiva da descentralização.

Do ponto de vista da condução metodológica do processo, delineia-se claramente o interesse da centralização, via:
- Formulação de parâmetros curriculares nacionais (PCNs) para o ensino fundamental e médio;
- Elaboração de diretrizes curriculares nacionais para o ensino superior;
- Realização do exame nacional de ensino médio (ENEM);

- Exame nacional de cursos (o "Provão");
- Avaliação como parte do programa nacional do livro didático (PNLD);
- Avaliação dos programas de pós-graduação pela coordenadoria de capacitação do pessoal do ensino superior (CAPES)[6] etc.

Esses fatos permitem que se destaquem alguns pontos para o debate:
- Houve a assunção de que a educação brasileira precisava ser revista, para que se pudesse redefinir o perfil de nosso sistema educacional.
- Embora esse conjunto de medidas possa ser avaliado como um pacote, há diferenças que devem ser objeto de atenção, porque não há, sempre, coerência entre elas.
- A premência de realização de mudanças e o interesse de implementá-las durante um mandato, que se multiplicou em dois, tem sido o argumento mais facilmente apresentado para justificar as razões pelas quais algumas dessas políticas foram pouco discutidas.
- A falta de debate leva a dois problemas: menor consistência nas propostas e nas políticas de implantação delas, do que aquela que poderia ser alcançada se a reflexão fosse mais profunda; e menor envolvimento dos educadores com as mudanças propostas ou porque não as conhecem ou porque não há razões para assumir "o que vem de cima para baixo".
- Há um traço de autoritarismo no discurso que se impõe, inclusive pela mídia, disseminando a ideia de que esse governo é o único capaz de promover mudanças necessárias ao Brasil e, por isso, deve ser apoiado sem críticas ou, por oposição, todas as críticas expressam posições ideológicas ou atrasadas.

Assim, isso a que se assiste é um claro processo de "descentralização centralizada"[7], revelando o que o governo pensa sobre si e sobre o conjunto da sociedade, especialmente os professores. A ele cabe a formulação das políticas, e aos educadores, sua implantação; aos municípios e estados, sua administração, inclusive financeira.

Em princípio, esse "modelo" não seria de todo desinteressante, mas o que assusta é nossa incapacidade de refletir se de fato ele é ou não o melhor e, sobretudo, como queremos que ele seja colocado em prática.

Deve-se lembrar que a política de "descentralização centralizada" deve ser pensada à luz do contexto socioeconômico em que estamos mergulhados.

As disparidades no interior da sociedade estão aumentando, nos últimos anos, em pelo menos três planos:
- Acesso a uma educação de qualidade, cada vez mais definida pelas leis de mercado, sobretudo no ensino superior, no qual o aumento de vagas nas

instituições particulares dá-se num ritmo muito superior àquele observado nas escolas públicas;
- Aumento do subemprego e desemprego, em função de maior inserção do país em uma economia globalizada, o que requer competitividade em escala global;
- Ampliação das disparidades regionais e em múltiplas escalas territoriais, até mesmo na escala interna das cidades.

O aumento das disparidades coloca em questão a política de "descentralização centralizada", pois são notáveis as diferenças entre as grandes regiões, os estados e os municípios brasileiros, indicando a dificuldade de referenciais nacionais para a redefinição da política educacional, quer no que se refere às formas de condução do processo de ensino-aprendizagem e escolha dos conteúdos a serem trabalhados, quer no que diz respeito à disponibilidade de recursos humanos qualificados para tal.

Além disso, ressalte-se que, paralelamente a essa assunção da posição de definir uma política educacional, não se verifica, por parte desse mesmo governo, uma postura claramente favorável à ampliação do ensino público e gratuito, sobretudo em seu nível superior, o que tem repercussões na formação de professores. Essa nossa opinião apoia-se na avaliação de que os resultados obtidos pelas faculdades, por meio do desempenho de seus alunos, poderia resultar, para os cursos avaliados com o conceito "A", em aumento das verbas, tendo como contrapartida a ampliação do número de vagas para o ingresso de alunos novos, ampliando-se, assim, as oportunidades de acesso ao ensino qualificado.

Esses aspectos frisados colocam questões de fundo para o nosso debate, antes mesmo de se avaliarem as possibilidades e os limites propriamente ditos dos PCNs para o ensino de Geografia[8]:
- É esse o momento adequado para o estabelecimento de PCNs?
- É possível o estabelecimento de critérios gerais para a condução de uma política educacional em um país no qual se observa ampliação das disparidades?
- Qual o papel do livro didático nesse processo?

## O QUE HÁ DE NOVO PARA PENSAR NA EDUCAÇÃO BRASILEIRA?

**Contexto mundial, contexto nacional, contexto educacional.**

Um dos paradoxos mais evidentes na atualidade brasileira é aquele decorrente da grande distância entre o discurso que se elabora e as práticas que se implementam, revelando que, talvez, nem mesmo nos governos militares estivéssemos tão submetidos ideologicamente, pois essa submissão se dá de forma muito mais sutil no período atual.

Uma das principais bandeiras do governo atual, dos partidos políticos que lhe dão base e de políticos de outros partidos tem sido a de que é preciso inserir o Brasil na economia mundial. Para eles, sendo a globalização um processo inexorável, caberia a nós apenas encontrar os melhores e mais rápidos caminhos de inclusão nessa economia, modernizando e tornando mais competitivo o país.

Sabemos que um dos motores atuais do modo capitalista de produção é o interesse em diminuir custos e o tempo necessário à elaboração de projetos de produtos novos, visto que eles próprios deverão ficar menos tempo no mercado. Não se trata mais apenas de ampliar o mercado para alguns produtos, mas, também, de gerar continuamente novas demandas, cada vez mais definidas pelos nichos de mercado que pretendem ser atingidos pela produção de bens e serviços.

Esse novo perfil produtivo exige um novo tipo de trabalhador, não mais apenas operativo, mas também criativo, o que justifica a qualificação do sistema como flexível.

Nesse contexto, alguns países investiram e estão investindo pesadamente na ampliação da escolarização, em número de anos que crianças e jovens permanecem na escola para a formação, na educação continuada para os profissionais que já estão no mercado e na qualificação dessa educação em todos os níveis, na perspectiva de desenvolvimento de sujeitos capazes de pensar e, por tal, atender a demandas que se apresentam sucessivamente e cada vez em ritmo mais acelerado.

A valorização do ensino das ciências humanas tem sido uma das formas pelas quais esse novo perfil de estudante/profissional tem se desenhado. Contrariamente a essa tendência mundial, no Brasil há uma diminuição da carga horária destinada à História e à Geografia.

Além disso, cada vez mais se questiona o papel das universidades públicas, principais responsáveis pela formação continuada no país em nível de pós-graduação, pois geram uma elite. Esse discurso carece de fundamentação, pois, excetuando-se os cursos mais concorridos das melhores universidades brasileiras, a maior parte dos alunos de instituições públicas de ensino superior é oriunda de famílias em que os pais não tiveram acesso ao ensino superior.

Assim, verifica-se grande contradição entre o desenho de país moderno que se quer construir e os esforços necessários a essa modernização, sem que ela seja excludente.

No que concerne às condições que se apresentam para o ensino fundamental e médio, novamente frisamos a queda tendencial dos salários dos professores e especialistas da área de Educação.

No entanto, ainda que essa incoerência entre o discurso e o conjunto das decisões e práticas deva ser observada, é preciso que haja um esforço de reconhecer os avanços e limites de cada uma das propostas e ações levadas a termo, para que nossas posições, como intelectuais, não expressem compromisso ideológico, ou francamente favorável ou francamente contrário, às iniciativas governamentais.

## A avaliação dos livros didáticos

Já fizemos uma referência sucinta ao conjunto de políticas, ações e medidas implementadas pelo Ministério da Educação, desde o início do governo de Fernando Henrique Cardoso.

Passemos, então, a abordar a política referente ao livro didático, pois é crescente seu papel no processo de ensino/aprendizagem, sobretudo nas últimas décadas, quando se deu um aumento do número de alunos nas escolas brasileiras: pioraram as condições de formação e trabalho dos professores do ensino fundamental e médio, e cresceram os interesses econômicos nesse segmento do mercado editorial brasileiro.

Apresentaremos um pequeno histórico de uma das frentes da política governamental, que é a avaliação, como parte do Programa Nacional do Livro Didático (PNLD), sob a responsabilidade da secretaria do ensino fundamental (SEF) do Ministério da Educação.

Foram concluídos cinco processos de avaliação e seleção de livros didáticos, como parte da política do PNLD[9]:

1. PNLD 1996[10]     – 1ª a 4ª séries;
2. PNLD 1998        – 1ª a 4ª séries;
3. PNLD 1999        – 5ª a 8ª séries;
4. PNLD 2000/2001   – 1ª a 4ª séries;
5. PNLD 2002        – 5ª a 8ª séries.

Em 2001 foi divulgado o edital para a próxima etapa, o PNLD 2004, destinado à avaliação e seleção das coleções de livros didáticos de 1ª a 4ª séries.

Em todas essas etapas, os conteúdos, fundamentos teóricos e propostas metodológicas para o ensino de Geografia foram avaliados, a partir de livros e/ou coleções.[11]

Nos PNLDS concernentes às coleções de 1ª a 4ª séries, a Geografia foi avaliada nos livros de Estudos Sociais, compondo-se para tanto uma equipe formada por geógrafos e historiadores. Aqueles voltados à segunda metade do ensino fundamental (5ª a 8ª séries), analisaram livros didáticos de Geografia e História, constituindo, para tal, duas equipes de trabalho.

Após a realização de cinco etapas de avaliação e seleção de livros didáticos, consideramos que é possível fazer um balanço do processo, ressaltando-se alguns pontos:

a) Essa avaliação foi, inicialmente, malrecebida por editores e autores. Essa reação pode ser compreendida por alguns fatores:

- Os livros didáticos sempre estiveram no mercado, sem que qualquer tipo de "controle de qualidade" tivesse sido feito por seu maior comprador – o governo federal.
- O MEC, talvez, não faça uma divulgação adequada da finalidade dessa avaliação, ou ao menos diversificada, pois o edital de convocação sempre foi explícito no que se refere a isso.
- A imprensa, talvez estimulada pelos questionamentos levantados pelas editoras, grandemente penalizadas economicamente quando seus livros são excluídos pela avaliação, passaram a divulgar a informação de que o MEC procedia a uma censura do material, o que foi também afirmado por autores de livros didáticos.

Para ilustrar esse último aspecto frisado, transcrevemos Vesentini (1999: 29) que, afirmando ser favorável à avaliação de livros didáticos em geral, apresentou críticas, ressaltou a falta de transparência do processo, a composição da equipe de avaliadores e afirmou:

> Em vez de ser uma *avaliação* à disposição dos professores de 5ª a 8ª séries, no sentido de orientá-los, tratou-se de uma *censura* no estilo dos coronéis que proíbem filmes, peças de teatro ou artigos jornalísticos, deixando apenas alguns ("não subversivos") com a permissão de serem lidos ou assistidos pelo público. (Destaques do autor)

b) A avaliação, intencionalmente ou não, foi mal-interpretada pela comunidade:

- Editoras e autores não apreenderam adequadamente os critérios da avaliação, pois, muitas vezes, fizeram referência a autores respeitados, questionando a razão da exclusão dos mesmos após a avaliação, quando, de fato, o que se avaliou foram os livros e não os autores, com base em dois critérios principais de exclusão: presença de erros conceituais ou de informação; presença de

preconceito ou indução a preconceito.[12] Muitas vezes, livros com propostas ou abordagem inovadoras foram excluídos por apresentarem um dos problemas apontados, enquanto outros menos interessantes do ponto de vista metodológico foram classificados por não apresentarem esse mesmo problema.
- Muitos professores do ensino fundamental questionaram, em eventos científicos ou *workshops* realizados pelo próprio MEC, a ausência deles no processo de avaliação.[13]

c) As críticas de ambas as partes – MEC e equipe de avaliadores, de um lado, e editoras e autores, de outro – levaram a mudanças na posição dos autores envolvidos nesse processo e resultados positivos já começam a aparecer:
- Editoras e autores tiveram acesso aos pareceres que justificaram as exclusões e, até o momento, nenhuma das ações impetradas pelas editoras na Justiça, contra os resultados da avaliação na área de Geografia, foi vitoriosa.
- A quase totalidade dos problemas apontados nos pareceres foi corrigida nas versões posteriores dos livros, indicando que houve concordância com elas, por parte de seus autores.
- As críticas apresentadas pelos editores e autores à falta de clareza dos critérios eliminatórios e classificatórios levaram a um aperfeiçoamento do processo e as fichas que servem de avaliação dos livros tornaram-se, progressivamente, mais detalhadas e os pareceres mais desenvolvidos.[14]
- A exclusão seguida de alguns autores nas etapas de avaliação e seleção de livros dentro do PNLD poderá ser a causa da não reapresentação de livros de autoria deles e, por outro lado, é relativamente significativo o número de novos autores, revelando que essa ação tem como uma de suas consequências a ampliação/renovação do material que se oferece aos professores.
- Embora a avaliação tenha como objetivo principal proceder a uma análise do material didático a ser adquirido pelo MEC (por meio do FNDE), não impedindo que os livros didáticos sejam vendidos no mercado nacional, notam-se as seguintes repercussões do processo: as escolas particulares, por iniciativa delas ou dos pais de alunos, começam a se preocupar com os resultados da avaliação e evitam adotar livros excluídos pelo PNLD; para evitar uma não classificação de seus livros, as editoras passaram a cuidar mais da revisão deles e algumas tomam a iniciativa de uma avaliação externa do material que estão produzindo, antes da inscrição no PNLD; mesmo as editoras que se manifestaram contra o processo de avaliação imprimem nas capas de seus livros classificados o selo

de "aprovado pelo MEC", legitimando o processo e demonstrando que os resultados da avaliação são considerados pelos usuários dos livros.

Para sintetizar a discussão apresentada nesse item, consideramos necessário firmar nossa posição favorável ao processo de avaliação, em primeiro lugar, por considerar correto que um comprador possa avaliar o que vai adquirir e, em segundo lugar, por duas razões ainda mais importantes: 1. Todos precisam ser avaliados – editoras, autores, equipe de avaliadores, professores do ensino fundamental; 2. A divulgação do processo e o debate das bases em que se pauta a avaliação constituem o melhor caminho para o seu aperfeiçoamento.

## Currículos e livros didáticos – uma associação indispensável?

Os aspectos abordados até aqui devem nos conduzir para a recuperação do que contém, na essência, o tema a partir do qual elaboramos este texto, ou seja, o da relação entre currículo e livro didático.

A elaboração de parâmetros curriculares nacionais, como já enfocamos, revela a preocupação e o interesse do governo federal em assumir o papel de propor o que ensinar e aprender, e como realizar esse processo no ensino fundamental e médio, pois esses parâmetros não apenas contêm sugestões de conteúdos a serem desenvolvidos, mas, sobretudo, constituem-se em textos a partir dos quais são propostos enfoques disciplinares e temas transversais que devem induzir a práticas, se não transdisciplinares, ao menos interdisciplinares.

O fato de que há parâmetros curriculares oficiais não significa obrigatoriedade em segui-los, mas há de se considerar que esse instrumento pode ser um forte indutor do trabalho pedagógico, não fosse por razões de outras naturezas, pelo fato de que as condições de formação e de trabalho dos professores têm, como já ressaltamos, precarizando-se nas últimas décadas, ainda que esforços pontuais, mas não suficientes ou eficientes, tenham sido realizados para que se supere esse quadro.

Nesse contexto, os professores tendem a assumir o que lhes propõem, em vez de avaliar e formular uma proposta didática mais apropriada ao desenvolvimento de um projeto pedagógico de sua escola e/ou a um enfoque teórico-metodológico que eles próprios possam escolher.

Se essa linha de raciocínio tiver algum fundamento, a política de "descentralização centralizada" do governo federal será bem aceita, o que não significa, necessariamente, que os parâmetros sejam por isso aplicados por todos ou da melhor forma.

Diante desse quadro, a produção de livros didáticos continuará a ser feita, tendo como referência o potencial mercado nacional. Há, aí, em primeiro lugar, os interesses econômicos das editoras de produção em larga escala, que permitem diminuição dos custos e potencializam os percentuais de ganho.

Mas essa não é a única dimensão do processo, pois, do outro lado, há a necessidade do poder público de que o livro didático possa ser adotado em âmbito nacional. Não fosse o fato de que o atual governo vem definindo uma política educacional, que estamos denominando de "descentralização centralizada", há aspectos políticos e práticos que são fundamentais e reforçam a tendência.

Primeiramente, é preciso considerar a necessidade de que o poder público, por meio do governo federal, mantenha a responsabilidade de aquisição e distribuição de livros didáticos nas escolas públicas de todo o território nacional. Há, aqui, um aspecto político, que é o de se oferecer aos alunos, gratuitamente, um dos instrumentos que facilitam o processo de ensinar/aprender; e há outro que é prático, pois a compra em larga escala permite diminuição do preço de aquisição desse material.

Em segundo lugar, a avaliação, que já defendemos na segunda parte deste texto, tem um custo econômico e se constitui em um processo complexo. Assim sendo, dificilmente poderia se realizar, de forma desenvolvida como vem se dando, caso tivesse de ser feita em escalas territoriais menos abrangentes – regionais, estaduais ou municipais.[14]

Assim, tudo parece indicar que há dificuldades para se produzir livros didáticos voltados de forma precípua a atender especificidades de realidades regionais ou locais, o que reforça as possibilidades de se estabelecer uma relação biunívoca entre currículo nacional e livro didático.

Essa constatação não deve, entretanto, ser avaliada pelo leitor como uma defesa nossa de que essa relação seja inexorável ou desejável. Muito pelo contrário, ela apresenta para a reflexão um aspecto que tem sido abordado, com frequência, por aqueles que se preocupam com a educação brasileira, posição que apoiamos inteiramente e que passamos a expor de forma sucinta.

Todos os esforços de implantação, acompanhamento e avaliação de políticas voltadas à melhoria do ensino fundamental e médio continuarão a apresentar resultados menores do que poderiam apresentar se não forem acompanhados de outra política que é a de melhoria da formação inicial e continuada dos professores, paralelamente a uma valorização profissional de seu trabalho, em termos de qualificação das condições e dos níveis salariais.

O processo de ensino/aprendizagem realiza-se apoiado nas relações que se estabelecem entre professores, alunos e condições oferecidas ao processo pedagógico, constituindo um tripé que, se não for fortalecido em todas as suas bases, não oferecerá as condições necessárias à melhoria do processo.

No que se refere aos alunos, nas últimas três décadas, há um avanço importante observado, pois vem se ampliando o acesso da sociedade à escolarização, o que se verifica pelo aumento relativo do número de crianças e adolescentes que frequentam a escola.

O fato de que há mais crianças e jovens na escola, e que os mais pobres chegam a ela em menor número, deve ser considerado positivo, mas enseja um desafio a ser enfrentado, ou seja, as disparidades que se ampliam na sociedade brasileira se revelam de forma contundente no ensino fundamental e médio, pois agora há de se ensinar também os filhos de famílias nas quais as condições essenciais de vida (trabalho, alimentação e habitação, por exemplo) não estão satisfeitas.

Quanto às condições necessárias à realização do ensinar/aprender, há, também, avanços, ainda que insuficientes. Tem-se ampliado a rede de escolas e a localização dos novos equipamentos tem seguido, nas cidades, a lógica da periferização que marca o deslocamento da habitação popular para as áreas mais afastadas e pior equipadas de meios de consumo coletivo.

A preocupação com os currículos, com a avaliação do material didático colocado ao dispor dos professores são, também, aspectos positivos, mas não tem sido, no entanto, acompanhados de dotação de equipamentos e mobiliário, de ampliação do quadro de funcionários, de políticas de conservação e reforma das edificações onde funcionam as escolas, enfim, de melhoria das condições essenciais para a realização do processo de ensino/aprendizagem.

No que diz respeito à terceira base do tripé – os professores – a situação não é otimista. Pode-se fazer referência a esforços pontuais de oferecimento de cursos de qualificação, que vêm sendo chamados de educação continuada, embora o que mais se observe é a descontinuidade dessa política.

Já fizemos referência à ausência de esforços para uma ampliação de cursos e vagas em instituições de ensino superior gratuito para os cursos de formação de professores, o que significa a ampliação da participação das instituições particulares, nem todas comprometidas com um ensino de qualidade, na formação intelectual dos novos professores que ingressam na rede oficial de ensino.

Esses aspectos bastante preocupantes agravam-se pela falta de uma política salarial de valorização dos professores e, por outro lado, de um processo sério de avaliação de seu trabalho.

Assim, há um declínio franco da qualidade do ensino/aprendizagem realizada. Malformados intelectualmente e com a remuneração em declínio, os professores encontram-se reféns dos currículos e instrumentos didáticos, como os livros didáticos que lhes são apresentados; em parte, porque é pequena sua capacidade/autonomia intelectual de seleção e definição de opções para a realização de seu trabalho didático; em parte, porque a ampliação da jornada de trabalho e do número de escolas em que realizam seu trabalho tornam exíguo seu tempo livre para a formação continuada e preparação de seu material de trabalho.

Nesse contexto, os currículos e os livros didáticos aumentam de importância e desempenham um papel maior do que o desejado. Avaliá-los, assim como avaliar o trabalho docente, é tarefa que se apresenta como fundamental. Essa avaliação só pode ser positiva se for compreendida como processo no qual ela própria deve ser objeto de crítica, como caminho para sua redefinição.

No entanto, sem um investimento contínuo e qualificado na formação e remuneração dos professores como caminho para sua autonomia intelectual e profissional, são pequenas as perspectivas de mudanças significativas na Educação brasileira fundamental e média.

## Notas

1 As ideias contidas nesse item do texto já foram, em parte, apresentadas em Sposito, 1999. Contexto, 1999, pp. 14-33.

2 Sposito, 1999, p. 25.

3 São Paulo (Estado). Secretaria de Educação. CENP. *Proposta curricular para o ensino de Geografia: 1º grau.* São Paulo: SE/CENP 1988 (a primeira versão preliminar é de 1986).

4 Para a apreensão de um quadro geral nacional referente à formulação de propostas curriculares ver Poloni (1998).

5 É preciso se registrar que, em municípios menores, com menor densidade de recursos humanos qualificados, os resultados dessas iniciativas foram, algumas vezes, pouco qualificados e, em outras, tomaram, como referência, propostas curriculares estaduais.

6 Essa avaliação foi iniciada no decorrer da década de 1980, mas valorizada pelo atual governo, a partir, sobretudo, de três medidas: – atrelamento crescente entre o desempenho obtido na avaliação, pelos cursos de pós-graduação, e a distribuição de recursos e bolsas, pela CAPES, entre esses cursos; – não reconhecimento, pelo MEC, dos títulos obtidos em programas não avaliados ou avaliados com notas um ou dois; – obrigatoriedade de inclusão da nota do programa, quando aprovado com nota entre três e sete, no diploma obtido pelos mestres e doutores titulados.

7 Sposito, 1999, p. 21.

8 Essas possibilidades e limites não serão aqui avaliados porque essa tarefa foge, em parte, do objetivo central desse texto e porque já procedemos a essa análise em Sposito (1999).

9 O esforço que aqui empreendemos para essa abordagem é, para nós, grande, pois participamos da equipe de avaliadores de dois desses processos e desempenhamos a função de coordenadora da área de Geografia no PNLD 2002, cuja execução se realizou de forma descentralizada, sob a responsabilidade de quatro instituições universitárias:

UFPE (área de Matemática), UFMG (área de Língua Portuguesa), USP (área de Ciências), Unesp (áreas de Geografia e História). Ter participado do processo requer, a nosso ver, um esforço adicional de avaliação, pois, ao mesmo tempo que o envolvimento oferece a oportunidade de um conhecimento mais detalhado dessa política, por outro lado oferece condições menos favoráveis à sua crítica. Nossa postura tem sido, no entanto, a de nos apresentarmos para o diálogo, pois compreendemos que a própria avaliação e quem a realiza devem se oferecer para a avaliação da comunidade científica, dos editores e autores, desde que esse processo não se conduza em defesa dos interesses econômicos que, eventualmente, queiram ser preservados no mercado editorial.

10 Os anos que nominam cada um desses programas de avaliação referem-se àqueles em que os livros avaliados passaram ou passarão a ser utilizados nas escolas públicas brasileiras. Isso significa que a avaliação se inicia dois a três anos antes, para que haja tempo hábil à definição dos critérios que orientaram ou orientarão a avaliação, divulgação do edital de inscrição no programa, realização da avaliação propriamente dita, escolha dos livros didáticos pelos professores (dentre aqueles classificados após a avaliação), aquisição desses livros pelo FNDE e distribuição dos mesmos no território nacional.

11 Até o PNLD 2000/2001 foram feitas avaliações de volumes dos livros didáticos, segundo as séries do ensino fundamental. A partir do edital de convocação para o PNLD 2002, passou-se a realizar a avaliação de coleções, por se considerar inadequado colocar à disposição do trabalho docente parte dos livros de um autor (recomendados), sem que os de outras séries (excluídos) pudessem ser utilizados, interrompendo um trabalho sequencial que só é possível, em termos de conteúdos e teórico-metodológico, quando se utiliza uma mesma proposta e/ou autor(es).

12 Os PNLDs 1996 e 1998, parte das equipes de avaliação eram compostas por professores do ensino fundamental e os resultados não foram totalmente positivos pelas dificuldades apresentadas pelos mesmos em fundamentar seus pontos de vista, através da produção de textos suficientemente consistentes para justificar a classificação obtida e/ou para fazer frente às demandas judiciais que se seguiam à divulgação dos resultados. A partir dessa constatação não se exclui a participação desses professores, mas dentre os critérios para composição da equipe de avaliação está a exigência de que o avaliador seja portador do título de doutor, preferencialmente e, obrigatoriamente, de mestre, como indicador de sua formação continuada e de suas condições de acompanhamento do debate científico recente em suas respectivas especialidades.

13 No PNLD 2002, mais de 70 aspectos do livro didático foram avaliados, desde a coerência teórico-metodológica entre o que se apresenta no Manual do Professor e o Livro do Aluno, até mesmo se há indicação das fontes de figuras, imagens, fotos, mapas, textos. Os pareceres de livros didáticos nos quais se fundamentam as razões da exclusão, têm dez ou mais páginas, sendo que alguns chegam a ter mais de trinta, para que a fundamentação e os exemplos dos problemas possam ser adequadamente apresentados.

14 Alguns estados da federação brasileira realizavam, antes da instituição desses programas nacionais de avaliação de livros didáticos, a seleção de obras que eram consideradas melhores ou mais adequadas a suas redes estaduais de ensino. Nos últimos anos, os Estados de Minas Gerais e São Paulo têm mantido, de forma descentralizada, o processo de escolha dos livros didáticos e, para isso, desenvolvem, no âmbito de suas Secretarias de Educação, o processo de seleção das obras que podem ser objeto dessa escolha. Como a seleção não se baseia nos mesmos critérios e não é feita pelas mesmas equipes, com frequência, obras que foram excluídas na avaliação do MEC fazem parte da lista aprovada nesses estados. Independentemente desse fato, o FNDE procede à aquisição das obras escolhidas.

# Bibliografia

BRASIL, Secretaria de Ensino Fundamental. *Parâmetros curriculares nacionais*. Brasília: MEC/SEF, 1997.
CASTROGIOVANNI, Antonio Carlos et al. (org.). *Geografia em sala de aula – práticas e reflexões*. Porto Alegre: AGB, 1998.
_____. et al. (org.). *Ensino de Geografia – práticas e textualizações no cotidiano*. Porto Alegre: Mediação, 2000.

Faria, Ana Lúcia G. de. *Ideologia no livro didático*. São Paulo: Cortez, 1986.

Morin, Edgar. *Os sete saberes necessários à educação do futuro*. São Paulo: Cortez, 2000.

_____. *A cabeça bem-feita – repensar a reforma, reformar o pensamento*. Rio de Janeiro: Bertrand Brasil, 2001.

Oliva, Jaime Tadeu. "Ensino de Geografia: um retardo desnecessário". *In:* CARLOS, Ana Fani Alessandri (org.). *A Geografia na sala de aula*. São Paulo: Contexto, 1999.

Poloni, Delacir Ramos. *A política educacional no Brasil e o ensino de Geografia*. São Paulo: FFLCH/USP, 1998 (Tese de doutorado).

São Paulo (Estado). Secretaria de Educação. CENP. *Proposta curricular para o ensino de Geografia: 1º grau*. São Paulo: SE/CENP, 1988.

Sposito, Maria Encarnação Beltrão. "Parâmetros curriculares nacionais para o ensino de Geografia: pontos e contrapontos para uma análise". *In:* Carlos, Ana Fani Alessandri, Oliveira, Ariovaldo Umbelino de. *Reformas no mundo da educação – parâmetros curriculares e Geografia*. São Paulo: Contexto, 1999.

Vesentini, José William. *Para uma Geografia crítica na escola*. São Paulo: Ática, 1992.

_____. José William. "Educação e Ensino da Geografia: instrumentos de dominação e/ou libertação." *In:* Carlos, Ana Fani Alessandri (org.). *A Geografia na sala de aula*. São Paulo: Contexto, 1999.

# O QUE ESTÁ ACONTECENDO COM O ENSINO DE GEOGRAFIA? – PRIMEIRAS IMPRESSÕES

*Jorge Luiz Barcellos da Silva*

## Introdução

Nos últimos anos tem sido considerável o surgimento de proposições curriculares, assim como de materiais didáticos. Não se contesta a existência de uma produção. Contudo, uma questão salta aos olhos: quais os alcances e limitações dessas proposições curriculares e materiais didáticos para a orientação do ensino de Geografia no Brasil?

Esse tipo de desafio – refletir por onde anda o ensino de Geografia no país – permite uma abordagem que sinaliza a construção de perguntas. Afinal de contas, muito mais do que apresentar uma resposta fechada, mais interessante é problematizar sobre a questão proposta.

Dessa maneira, o ponto de partida deste artigo busca identificar o que ocorreu no processo de renovação do pensamento geográfico brasileiro nos últimos vinte anos e sua relação com o ensino de Geografia. O que hoje está consagrado no ensino de Geografia também tem profundas raízes nesse movimento. Como consequência, surge uma segunda questão: quais perspectivas de ensino essas propostas curriculares e livros didáticos carregam?

Há um elenco de materiais surgidos sob o emblema da renovação da Geografia que precisa ser evidenciado. Nosso objetivo é elaborar um balanço (sempre provisório) sobre o que há de mais significativo no ensino de Geografia.

O último ponto a ser desenvolvido sintetiza o possível estágio em que se encontra o ensino de Geografia no Brasil, indicando os alcances e as limitações do que hoje caracteriza as bases teórico-metodológicas da construção do discurso geográfico na sala de aula.

## O ponto de partida

O recorte histórico sinalizado reflete a importância atribuída aos acontecimentos ocorridos nas bases de pensamento da comunidade geográfica brasileira no final dos anos 1970. De forma geral, podemos assinalar que esse campo do conhecimento, motivado por uma série de fatores, aproximou-se de outras formulações teóricas.

Assim, inaugurou-se um processo de questionamentos sobre as suas fundamentações teórico-metodológicas para pensar e agir (n)o mundo.

Essas novas demandas na seara geográfica enriqueceram debates de ordens diferenciadas, a ponto de indicarem a existência de diversificações de abordagens epistêmicas no interior do pensamento geográfico. Os parâmetros de análises pautados na tricotomia tradicional (Natureza-Homem-Economia) começavam a ser contrapostos por outras visões.

Contudo, no calor dos debates, o alcance das discussões envolvendo a comunidade geográfica centrou-se mais nas questões ideológicas do que nas novas racionalidades que serviriam para equacionar os impasses que caracteriza(va)m esse saber, como por exemplo a separação entre Geografia Humana e Física ou ainda entre Geografia Geral e Regional.

Esse forte movimento de renovação vivenciado pela Geografia brasileira foi identificado genericamente como "Geografia Crítica", dando, a partir daí, uma nova "cara" à Geografia brasileira.

De conteúdo impreciso no que range os fundamentos teórico-metodológicos, mas com um posicionamento ideológico contundente sobre a tradição de certos discursos como o da Geografia Física, sabia-se da existência de "um movimento de renovação" em curso.

Essa generalização a respeito dos desdobramentos em torno da teoria e metodologia foi visto como uma homogeneidade, empobrecendo as constatações sobre as diversas interpretações de geografias que estavam em curso. Aos poucos, foi sedimentando-se a ideia de que o movimento de renovação constituía-se de uma só perspectiva, não mostrando as diferenças existentes entre interlocutores e suas propostas que surgiam na busca de sistematização das leituras geográficas.

Além disso, tal movimento que gerou uma forte crítica ideológica, sinalizando as relações desse saber com o Estado, não teve uma repercussão instantânea em todos os setores envolvidos com as discussões em torno da ciência geográfica. O distanciamento entre o que se discutia na academia e o que orientava o cotidiano do professor – a tradição da Geografia – ainda permaneceu muito forte.

*Grosso modo*, poderíamos assinalar que essa problemática teve maior repercussão inicialmente no plano acadêmico, chegando posteriormente de forma descompassada ao ensino de Geografia. Fato considerado revelador de uma tradição da Geografia formulada em sala de aula: um saber desprovido de questionamentos sobre o seu significado, tanto de parte de quem ensina, como de quem aprende.

O processo acima assinalado continua sendo debatido e equacionado[1] de várias maneiras. Não é nosso interesse aprofundá-lo nesse momento, mas sim sinalizar que é exatamente nesse ponto que encontramos elementos iniciais para problematizar as propostas curriculares e os livros didáticos.

## O MOVIMENTO

Já no início dos anos 1980, em meio a uma série de debates, mesas-redondas, palestras e publicações, aos poucos ficaram claras as dificuldades da transposição das discussões acadêmicas do processo de renovação do pensamento geográfico brasileiro para a aplicação no plano do ensino de Geografia.

A grande marca desse saber em sala de aula era a triste manutenção de um ensino desvinculado da realidade. Reproduzia-se, em larga medida, entre os profissionais da área, a consagração de um discurso geográfico cristalizado e distante de qualquer tentativa de discussão sobre o sentido, alcances e limitações de suas ponderações.

A alternativa a essa situação – como repercutir as propostas de renovação no ensino de Geografia – começaram a surgir, aos poucos e de forma rarefeita, buscando possibilidades que permitissem o ensaio de reflexões e operacionalizações.

Exatamente respondendo a um tipo de demanda dessa natureza surge no início dos anos 1980, o Projeto Ensino. Essa iniciativa, envolvendo a AGB, no fundo buscava ampliar a discussão coletiva, aliando a prática à experiência de diferentes geógrafos. Como está registrado nos Anais do 4º Encontro Nacional de Geógrafos, realizado no Rio de Janeiro (1980: 357),

> [...] uma tentativa coletiva de rompimento com a Geografia Tradicional. Um rompimento que já se manifestava ao nível da produção teórica nos escritos da "Geografia Nova". Um rompimento, porém, que não chegou às salas de aula. E é essa a nossa tentativa: trazer para as salas de aula todos os questionamentos e as novas visões da Geografia.

Essa movimentação em busca do necessário cruzamento entre o ambiente acadêmico e o cotidiano da sala de aula não teve continuidade e foi arrefecendo. Uma série de motivos pode explicar essa situação, como, por exemplo, a própria conjuntura política do país, o distanciamento entre o que se produzia na academia e o que se reproduzia no âmbito escolar, até a dificuldade de ruptura de práticas acomodadas no trato de um saber que pouco era discutido entre os seus pares.

No pouco que articulou, o Projeto Ensino sistematizou algumas discussões[2] e implementou um ambiente de debates, envolvendo um conjunto significativo de professores. Esse projeto, no fundo, efetivou um maior compromisso da AGB com o plano de ensino de Geografia, fato até então inexistente.

O envolvimento do professorado foi significativo, o que se verifica com o aumento paulatino de discussões relacionadas ao ensino de Geografia nos encontros nacionais seguintes da entidade. Essas necessidades levaram a um amadurecimento, no sentido da realização de um encontro destinado a discutir questões específicas ao ensino de Geografia, fato materializado pelo primeiro encontro nacional de ensino, o "Fala Professor", realizado em Brasília, em 1987.

O balanço que se faz dessa iniciativa, de pertinência indiscutível, é que o grupo envolvido com o Projeto Ensino, assim como outros professores que também percebiam as carências e os impasses, sinalizaram a necessidade da inovação dos temas tratados pelo ensino de Geografia. Novos temas foram inseridos.

No entanto, quando tentamos avaliar, fica nítido que a discussão pedagógica ficou pautada no plano dos conteúdos, revelando um grau determinado das absorções dos debates teórico-metodológicos até então efetivados. Inicialmente estes, refletindo em grande parte o que se sucedia no âmbito universitário, materializaram-se centrados na perspectiva ideológica. Denúncias do grau de oficialidade dessa ciência, assim como as relacionadas a uma visão neutra da ciência, aos poucos foram revelando para os professores o verdadeiro papel a que se destinavam as aulas de Geografia.

A reação aos temas ditos consagrados, como os da Geografia Física, foi objeto de muitas polêmicas. A introdução de novos temas mais ligados à vida trouxeram a efervescência necessária para o delineamento de uma "Geografia Crítica". Tais temas, alguns fortemente marcados pela economia política, surgiram através da análise do papel do Estado, das multinacionais, dos blocos econômicos, da burguesia, da imprensa, das relações internacionais, da Guerra Fria, da luta de classe, do desarmamento, das minorias, enfim, praticamente tudo ficou cabendo dentro das aulas de Geografia.

Havia uma inovação na apresentação de temas nada tradicionais de uma ciência que sempre marcou pela imobilidade nas suas leituras de mundo. O impacto da utilização de novas referências de conteúdos supria, em princípio, uma lacuna. Esta situação de um verdadeiro vendaval no campo do ensino de Geografia, pautado principalmente pela discussão conteudística, sem dúvida foi importante.

Apesar de não termos claro o significado do conjunto de inovações no plano das fundamentações e operacionalidades, não se pode negar que a recusa de continuar a desenvolver um saber politicamente comprometido com o Estado, aliada à introdução de novos conteúdos, marcaram a cara da nova Geografia. Numa certa euforia, o rótulo Geografia Crítica dispensava a reflexão sobre os procedimentos relacionados ao ensino e à aprendizagem.

Esse tipo de perspectiva para o ensino de Geografia marcou profundamente os documentos de orientação curriculares,[3] assim como uma nova geração de autores de livros didáticos.

É o caso de citarmos a já bastante conhecida Proposta Curricular para o Ensino de Geografia do antigo 1º grau, elaborada pela Secretaria de Estado da Educação de São Paulo junto com coordenadoria de Estudos e Normas Pedagógicas, e publicada em 1988, assim como os livros didáticos que surgiram nesse período. Todos apontando para além da Geografia positivista-funcionalista conhecida com o termo impreciso de Tradicional.

No caso da proposta curricular da CENP o que temos como resultado, são: a expressão de um certo grau de necessidades acopladas e as dificuldades dos professores naquele momento. Por esse motivo o que há ali é uma proposta que introduz um temário diferenciado. Novos temas ampliando horizontalmente as análises das aulas de Geografia.

Contudo, esses novos temas articulados pela lógica de encadeamentos de conteúdos revelaram o entendimento das propostas de renovação do ensino de Geografia. A preocupação não passou do conteúdo: a operacionalização desses conteúdos na sala de aula, a fim de que as aulas de Geografia tivessem uma cara de aulas de Geografia, praticamente ficou de lado.

Como praticamente tudo ficou cabendo nas aulas de Geografia, a perspectiva histórica por exemplo ganhou corpo, estilhaçando mais ainda as fundamentações que subsidiavam os professores dessa ciência. Por exemplo, para falarmos sobre a Geografia do fenômeno da Guerra Fria, praticamente ficamos na História desse processo se esquecendo de suas arrumações territoriais.

Outro exemplo significativo dessa formulação de conteúdo apriorística, que se distanciou da mediação pedagógica, pode ser constatada até no descuido da utilização da linguagem cartográfica, que marca profundamente o documento da CENP.

No que toca aos livros didáticos lançados a partir do movimento de renovação da Geografia brasileira, os problemas não são menores. Sem deixar de lado o contexto em que cada livro foi elaborado e compreendendo essas obras como resultado de um processo em marcha, a grande questão é que em muitas obras a lógica de encadeamentos de conteúdos também deu o tom para inúmeras propostas consideradas novas[4].

Além disso, no caso das obras didáticas, a abordagem desses conteúdos foi a de manutenção do fenômeno da roupagem nova. A estruturação dos temas é apresentada de forma inversa, reproduzindo a visão clássica da Geografia La Blachiana. Em muitos casos não houve, por exemplo, a ruptura da separação Homem-Natureza-Economia[5], o que configura na prática a inversão dos assuntos, mas vendo-os ainda separados.

Mas a questão central não é a de unicamente sinalizar as limitações dos materiais que de certa maneira consolidam as visões de Geografia no Brasil. Afinal de contas, como já ressaltamos, elas fizeram e fazem parte de um processo. O que se busca é exatamente ao identificar alguns problemas e acertos tecer ponderações que apontem para outros critérios que possam enriquecer a discussão em torno do ensino de Geografia.

Por esses motivos, o que sinalizamos como uma característica do ensino de Geografia no Brasil – a forte marca conteudística – não pode ser vista como simplesmente um retrocesso, o que seria uma leitura míope de um processo extremamente complexo. É importante deixar claro que, tendo em vista a precariedade que envolvia o setor, essas ponderações no mínimo tensionaram as verdades absolutas da época e se constituíram em grande bandeira de luta dos professores.

No entanto, passados alguns anos desses desdobramentos, o que tem marcado o ensino de Geografia ainda é a forte presença conteudística por vários recortes. A análise de uma série de materiais, que constituem uma fonte importantíssima para averiguarmos por onde anda o ensino de Geografia no Brasil, tem revelado essas diversas maneiras de como o conteúdo tem sido apresentado para os professores, como fim do processo educativo.

De maneira pontual podemos sinalizar algumas formas de abordagens que têm recorrentemente se apoiado na perspectiva conteudística. A primeira delas referendando a visão que consagrou esse saber em sala de aula, que cinde a perspectiva do mundo em Geografia Humana e Geografia Física. Entendendo-o de forma estanque, apresentando uma linguagem científica incontestável, encontrada em vários textos em tempos atuais.[6]

O outro exemplo, ainda referente ao conteúdo, é o recorte que parte de um conjunto de procedimentos mais parecidos com a prática jornalística, grávida de informações, cuja finalidade das aulas de Geografia passa a ser o acesso à informação, distanciando-se da abordagem geográfica sob o ponto de vista pedagógico dessas mesmas informações. Sob o argumento de que esses procedimentos factuais possibilitam de forma mais compreensível o entendimento e a construção do conhecimento.[7]

Ainda nessa perspectiva de recorte conteudístico, tem surgido uma abordagem no ensino médio que analisa os fenômenos geográficos sem abrir mão de maior consistência teórica,[8] a partir do uso da linguagem científica, visando a formulação de um jogo conceitual vigoroso que possa explicitar e compreender os problemas que se propõem a examinar. Essa postura também alerta "para as dificuldades que podem ocorrer com a linguagem jornalística e pedagógica que subordina o conceito" (Oliva, 1999: 42).

No entanto, juntamente com essas ponderações de ensino de Geografia, é possível constatar que, ao longo dos anos 1990, outra abordagem que tem subsidiado essa ciência em sala de aula vem se apresentando para o debate.

Tal abordagem vem, paulatinamente, aparecendo em algumas coleções de livros didáticos[9] e propostas curriculares,[10] que buscam trazer para dentro da discussão os aspectos relacionados ao papel dos conteúdos no processo de ensino-aprendizagem. Indicando que a questão pedagógica não se limita a perspectivas de instrumentação do ensino por meios de técnicas particulares, busca trazer as questões relativas ao conteúdo para dentro da discussão pedagógica, o que pode transformar os conteúdos específicos em meio e não em ponto de chegada.

Essas posturas, relacionadas à mediação da discussão conteudística pela pedagógica buscam no seu âmago construir uma alfabetização em Geografia. Isto é, participar do processo de letramento do educando, oportunizando desenvolver sem atropelos pelos conteúdos significativos, das aulas de Geografia, uma série de habilidades como observar, descrever, relacionar, interpretar, analisar e criticar. Ao mesmo tempo em que a construção de conceitos geográficos vai se desenrolando, criando condições para o esclarecimento do significado, utilidade e dinâmica que os diferentes lugares e paisagens têm entre si e com nossas vidas.

## O PONTO DE CHEGADA (SEMPRE PROVISÓRIO)

Essa tentativa de mapeamento de abordagens que hoje caracterizam o ensino de Geografia do ensino fundamental e médio de certa maneira revela o estágio em que nos encontramos. Sem dúvida ainda há um longo caminho a ser percorrido que necessita, no mínimo, de diálogos, pois na explicitação das diferenças é que podemos fecundar o ensino e a aprendizagem de Geografia que tenha algum significado na vida dos alunos.

Talvez isso se diferencie da tradicional e crítica perspectiva que afirmam a necessidade de construirmos um método que faça o aluno pensar. Todas essas correntes, da Geografia Tradicional até a Geografia Crítica, se preocupam com o pensar do aluno; no entanto, a maneira como um conteúdo é exposto em cada uma delas já nos permite sinalizar uma postura epistemológica, uma postura diante do mundo: da Geografia Tradicional estimuladora quase exclusivamente da memória, sinalizando a existência de um mundo harmonioso; da Geografia Crítica instigando a crítica, mostrando um mundo prenhe de contradições, sem no entanto identificar sujeitos desse processo e principalmente com uma indefinição sobre as categorias, conceitos e linguagens na operacionalização das aulas de Geografia.

A questão da alfabetização não é um procedimento exclusivo da Geografia, como se fosse uma descoberta única. Diversos discursos escolares começam a convergir para a necessidade de reorientarmos aquilo que é considerado mais basilar, os métodos de ensino.

E para tal essas reflexões sinalizam a necessidade da seguinte discussão: a importância de o professor ter claro seus objetivos pedagógicos e principalmente como efetivar a construção do jogo conceitual da Geografia (ESPAÇO, TERRITÓRIO, REGIÃO, NATUREZA etc.) a fim de que essa ciência também possa ser mais uma possibilidade de entendimento do mundo.

Deve ficar claro que essa tendência que aos poucos se articula ao buscar a alfabetização e a linguagem geográfica não desvaloriza os conteúdos. Pelo contrário, ao buscar um tratamento pedagógico destes está organizando um ensino/aprendizagem no qual os conteúdos não se transformem em fins do processo, mas sejam elementos centrais da construção de um ensino no qual é preciso levarmos em conta o papel do aluno como participante do meio em que vive.

Para pensar as coisas do mundo é importante que nós, professores, possibilitemos aos educandos que eles desenvolvam habilidades gerais e específicas, se apropriem de um discurso, via aquisição de linguagens, e principalmente sistematizem o conhecimento. O que significa redimensionarmos a relação professor/aluno/escola e principalmente o papel do ensino de Geografia.

## NOTAS

1 Certamente as visões sobre esse movimento não devem ser iguais, no entanto diversos trabalhos apresentam interpretações que são importantes para compreendermos os caminhos percorridos pela comunidade de geógrafos e suas respectivas formulações. Para maiores aprofundamentos sobre esse momento da Geografia Brasileira ver Silva (1984), Corrêa (1982), Santos (1982).

2 Ver o texto "Para repensar a Geografia da População" de Rui Moreira, curso ministrado para a APEOSP.

3 Sobre o caso PCNs é preciso sinalizar que por si só merece uma análise mais aprofundada, não cabendo neste momento. No entanto, um documento importante que sinaliza essa temática é o "Dossiê: Os PCNs em discussão" *Terra Livre* n. 13, 1997. No qual o editorial aponta para algumas perguntas que ficam no ar a título de reflexão: cabe ao Estado optar uma ou outra linha pedagógica? A perspectiva geográfica apresentada pelo Estado irá promover o amadurecimento no ensino de Geografia? Quanto as incoerências e inconsistências da visão de Geografia nos PCNs, como efetivar a discussão entre os professores? Ainda poderíamos acrescentar a questão sobre a avaliação de compêndios escolares que a cada rodada vai se transmutando sem deixar claros os princípios entre elas e, principalmente, a relação dos avaliadores com o ensino fundamental e médio.

4 É importante salientar que nessa nova geração de propostas algumas tentaram um caminho diferenciado rompendo com a tradição dos livros didáticos no país. A coleção *Geografia Ciência do Espaço – Espaço Mundial e Brasileiro* de D. Pereira, D. Santos e M. B. Carvalho, Atual, 1986 tornou-se polêmica pela fundamentação de sua abordagem. Fato presente na estruturação da obra, trocando a tricotomia H-N-E pela nova abordagem que procura efetivar a leitura geográfica a partir do espaço da produção, circulação e das ideias.

5 Mesmo introduzindo um preocupação muito grande com a questão política, um fato novo no âmbito escolar os livros didáticos de J. W. Vesentini. *Sociedade e Espaço*, Ática, 1983; *Brasil – Sociedade e Espaço*, Ática, 1986 e *Sociedade e Espaço*, Ática, 1987, no fundo mostraram como o amadurecimento da discussão envolvendo a tricotomia homem-natureza-economia, na prática, era equacionada.

6 Ver *Geografia do Brasil – Dinâmica e Contrastes* de H. C. Garcia e T. M. Garavello. Scipione, 1995. 3. ed. *Geografia do Brasil* de M. A. Coelho. Moderna, 1999. 4. ed.

7 Ver *A Nova Geografia – Estudos da América* de D. Magnoli e R. Araújo. Moderna, 1994 e *Geografia – O Homem no Espaço Global* de E. Alabi Lucci. Saraiva, 1997.

8 Ver *Temas da Geografia do Brasil* de J. Oliva e R. Giansanti. Atual, 1999.

9 Ver *Geografia – Ciência do Espaço ensino fundamental*. v. 1, 2, 3 e 4 de D. Pereira, D. Santos e M. B. Carvalho. São Paulo: Atual, 1993.

10 Ver *Proposta Curricular para o ensino fundamental e médio do Estado do Amapá* – Secretaria do Estado do Amapá. 2000.

## BIBLIOGRAFIA

AGB. *Anais do 4º Encontro Nacional dos Geógrafos*. Rio de Janeiro. 1980.

ALFAGEO. *Revista do Curso de Especialização em Ensino de Geografia*. Departamento de Geografia-PUC-SP, vol. 1, n. 1, jun. 1999.

CARLOS. A. F. A. (org.) *Geografia na sala de aula*. São Paulo: Contexto, 1999.

COELHO. M. A. *Geografia do Brasil*. 4. ed. São Paulo: Moderna, 1999.

CORRÊA, Roberto L. "Geografia brasileira: crise e renovação". In: *Geografia: Teoria e Crítica*. Petrópolis: Vozes, 1982.

Garcia, H. C. e Garavello, T. M. *Geografia do Brasil – dinâmica e contrastes.* 3. ed. São Paulo: Scipione, 1995.

Lucci, E. Alabi. *Geografia – O homem no espaço global.* 1. ed. São Paulo: Saraiva, 1997. 1. ed.

Magnoli, D. e Araújo, R. *A Nova Geografia – Estudos da América.* 1. ed. São Paulo: Moderna, 1994.

Moreira, Ruy. *Para repensar a Geografia da População.* upege/agb-sp/apeosp, 1981.

Pereira, D.; Santos, D. e Carvalho, M. B. *Geografia Ciência do Espaço – Espaço mundial e brasileiro.* São Paulo: Atual, 1988.

_____. *Geografia – Ciência do Espaço (ensino fundamental).* v. 1, 2, 3 e 4. São Paulo: Atual, 1993.

Oliva, J. e Giansanti, R. *Temas da Geografia do Brasil.* São Paulo: Atual, 1999.

Santos, Milton. *Novos rumos para a Geografia brasileira.* São Paulo: Hucitec, 1982.

Secretaria do Estado do Amapá. *Proposta Curricular para o ensino fundamental e médio do Estado do Amapá.* 2000.

Secretaria do Estado de São Paulo. *Proposta Curricular para o ensino de Geografia – 1º grau.* Coordenadoria de Estudos e Normas Pedagógicas, 1988.

Silva, Armando C. "A Renovação Geográfica no Brasil – 1976/1983". In: *Boletim Paulista de Geografia,* n. 60, 1984.

Silva, Jorge L. B. *Notas introdutórias de um itinerário do pensamento geográfico brasileiro.* São Paulo: fflch- usp, 1996. (Dissertação de Mestrado).

Terra Livre. Revista semestral da agb, n. 13, 1997.

Vesentini, J. W. *Sociedade e espaço.* São Paulo: Ática, 1983.

_____. *Brasil – Sociedade e espaço.* São Paulo: Ática, 1986.

_____. *Sociedade e espaço.* São Paulo: Ática, 1987.

# O CONCEITO DE ESPAÇO GEOGRÁFICO NAS OBRAS DIDÁTICAS: O ESPAÇO VIÚVO DO HOMEM[1]

*Marcos Antônio Campos Couto*

## Introdução

O presente texto é resultado das reflexões oriundas de um projeto de pesquisa, ainda em andamento, sobre a concepção de espaço geográfico presente na escola básica, bem como dos conceitos a ele relacionados, isto é, os conceitos geográficos que estruturam (ou deveriam estruturar) a Geografia escolar.

Entrevistamos e acompanhamos a prática pedagógica de professores de escolas públicas, analisamos seus programas, consultamos dicionários geográficos, cartográficos e geológicos, estudamos obras teóricas e analisamos livros didáticos.

Apresentamos nossa análise das obras didáticas dedicadas à 5ª série do ensino fundamental constantes do Guia de Livros Didáticos – 5ª a 8ª série, editado pelo Programa Nacional do Livro Didático (PNLD-1999) do Ministério da Educação e do Desporto (MEC) do Brasil[2]. A possível abrangência de utilização destas obras didáticas em todo o país e o fato de elas já terem passado por um processo de avaliação justificam nossa escolha.

O texto se divide em duas partes, além dessa Introdução e da Conclusão. Na primeira apresentamos algumas questões preliminares de nossa investigação sobre o caráter dos conceitos geográficos. Em seguida apresentamos os conceitos de espaço geográfico presentes nas obras didáticas.

## A procura do caráter dos conceitos geográficos: a (in)definição de espaço geográfico

Por intermédio das respostas dos questionários aplicados aos professores e da leitura de Moreira (1987), Corrêa (1995) e Cavalcanti (1998), organizamos uma listagem de conceitos por eles considerados geográficos, que distribuímos na tabela a seguir.

| Professor A[3] | Professor B | Professor C | Moreira[4] | Corrêa[5] | Cavalcanti[6] |
|---|---|---|---|---|---|
| **Organização espacial** Estado Sociedade Trabalho | Homem/ Espaço Espaço Tempo | **Espaço** Territorialidade País Nação Sociedade Classes Fronteira Território Espaço Relevo Geografia | **Espaço** Localização Posição Disposição Distância Extensão Território Ambiente Densidade Natureza Paisagem Conexão Delimitação | Paisagem Região Espaço Lugar Território | Lugar Paisagem Região Território Natureza Sociedade |

Embora Cavalcanti não inclua o conceito de espaço, ela considera que a "função mais importante da Geografia (...) é formar uma consciência espacial, um raciocínio geográfico". (Cavalcanti, 1998, p. 128)

Como podemos observar, o conceito de espaço ou organização espacial aparece em todos o professores e autores, o que demonstra a incorporação da concepção de Geografia relacionada à ideia de espacialidade. A relação Sociedade e Espaço Geográfico também está presente em seus conceitos de Geografia. Mas apesar dessa coerência, a listagem mais nos confundiu do que esclareceu. A nossa intenção era a de, em seguida ao levantamento de conceitos, buscar os seus significados em dicionários, obras teóricas, dissertações, artigos. Entretanto, esse universo de conceitos nos pareceu muito abrangente. Por exemplo, nos perguntamos se os conceitos de sociedade, classes, natureza, trabalho, Estado, tempo e ambiente, que fazem parte do repertório linguístico de outras áreas do conhecimento, como a história, a economia, a biologia, podem ser considerados geográficos. Ou, de outra forma, se o nosso papel é fazer uma leitura geográfica do Estado, do trabalho, da natureza, das classes etc.

Em função desses questionamentos, chegamos à seguinte preocupação: qual é o caráter dos conceitos geográficos? O que define esse caráter? O que há ou deve haver em comum entre os conceitos para que possam ser caracterizados como geográficos?

Corrêa afirma que os conceitos-chave da Geografia se "referem à ação humana modelando a superfície terrestre" (Corrêa, 1995, p. 16). Moreira considera que as categorias do espaço têm em comum o caráter topológico[7], isto é, uma lógica de disposição/distribuição/localização da coisas (Moreira, 1987, p. 178). Lacoste (1988) afirma que o aspecto geográfico da realidade diz respeito à localização dos fenômenos.

Por outro lado, consideramos que a natureza dos conceitos geográficos é tributária da própria natureza da Geografia e do espaço geográfico. Portanto, concluímos que o pressuposto para a definição do seu caráter e, consequentemente, para a seleção e compreensão dos conceitos geográficos seria responder às seguintes (que parecem eternas) questões: o que é o espaço geográfico? O que é a Geografia?

Acatamos a sugestão de Milton Santos (1986) de colocar em primeiro plano a primeira pergunta, isto é, de buscar explicitar a concepção de espaço geográfico, objeto de estudo da Geografia. É claro, desta forma, que assumimos a perspectiva segundo a qual o espaço geográfico é socialmente produzido.

## A CONCEPÇÃO DE ESPAÇO GEOGRÁFICO DAS OBRAS DIDÁTICAS: PADRÃO N-H-E *VERSUS* ESPAÇO SOCIALMENTE PRODUZIDO

### GEOGRAFIA CRÍTICA: O ESPAÇO NATURAL E A AÇÃO HUMANA[7]

| Conceito de Geografia/Espaço | Título das unidades/capítulos |
|---|---|
| A Geografia Crítica se preocupa com a compreensão das relações sociedade-espaço. | A descoberta do tempo e do espaço |
| Aspectos do espaço: embaixo e em cima, à direita e à esquerda, dentro e fora, perto e longe, na frente, atrás, ao lado (...) cada coisa ocupa um lugar, ou seja, uma porção específica do espaço. (p. 8) | A sociedade moderna e o espaço |
| | A Terra, um astro do universo |
| O espaço, portanto, refere-se ao lugar que as coisas ocupam e onde os fatos ocorrem. (p. 8) | Orientando-se na Terra |
| Outros termos que servem para medi-lo ou descrevê-lo: região, área, localidade, território, distância etc. (p. 8) | As várias maneiras de representar o espaço |
| Existem diferentes tipos de espaço, como, por exemplo, o espaço matemático (onde se encontram pontos, linhas e figuras geométricas), o espaço astronômico (onde se encontram os planetas, as estrelas, os cometas etc.) e o espaço geográfico. (p. 10) | Cartografia: a arte de fazer mapas |
| | A superfície terrestre |
| Espaço geográfico é o espaço da sociedade humana. O espaço que o homem ocupa, utiliza e transforma. É o espaço que pode ser dividido em urbano (cidade) e rural (campo). Que pode ser ocupado por florestas ou campos de cultivo. Que é dividido em áreas muito ou pouco povoadas, em países, regiões etc. O espaço geográfico é, portanto, o espaço onde vivemos. (p. 11) | Litosfera |
| | Atmosfera |
| | Hidrosfera |
| No espaço geográfico existem elementos naturais (rios, montanhas, árvores) e elementos elaborados pelo homem (edifícios, estradas, cultivos). A Geografia estuda tanto os elementos da natureza quanto os elementos humanos. Mas ela não é ciência natural, pois seu estudo da natureza tem o homem como centro de interesse. (p. 13) | Biosfera |
| | A Terra, planeta vivo |

Apresentamos um quadro-resumo com os seus conceitos de Geografia e/ou espaço geográfico e as principais unidades da obra. Os conceitos de Geografia e/ou espaço foram retirados da apresentação da obra, de sua Introdução ou do Capítulo 1. Confrontamos os conceitos de Geografia e/ou espaço com a organização geral dos conteúdos (as unidades principais da obra), com o objetivo de explicitar a concepção de Geografia da obra.

### GEOGRAFIA – CIÊNCIA DO ESPAÇO: GEOGRAFIA DOS LUGARES[8]

| Conceito de Geografia/Espaço | Título das unidades/capítulos |
|---|---|
| A própria necessidade de sobrevivência nos obriga a uma identificação constante dos lugares, de suas paisagens e, principalmente, dos comportamentos que cada um deles exige de nós. Geografia é identificar o lugar onde estamos, indo além de sua localização ou aparência, para entender o seu significado e funcionamento, para compreender melhor a nossa vida e a de outras sociedades. (p. 3) Falar de lugares é também falar de regras, de funções e de comportamentos. As características dos lugares são determinadas pelas regras básicas de comportamento social. (p.6) | Onde você está? Geografia – Ciência dos lugares Na Geografia dos lugares: relações, pessoas e histórias A Geografia dos lugares na linguagem dos mapas As diversas geografias que o planeta já teve As geografias depois do aparecimento da vida As geografias depois do aparecimento dos seres humanos Relevo: novos e amigos ritmos Atmosfera: novos e antigos ritmos Água: novos e antigos ritmos Biosfera: novos e amigos ritmos |

### GEOGRAFIA – O ESPAÇO E OS HOMENS: O ESPAÇO BRASILEIRO[9]

| Conceito de Geografia/Espaço | Título das unidades/capítulos |
|---|---|
| Procura explicar as relações entre sociedades e os meios nos quais eles desenvolvem suas ações. É uma ciência viva, um instrumento de compreensão do mundo em que vivemos e dos acontecimentos que ocorrem nas mais distintas partes do planeta. | O planeta Terra. A representação da Terra A Terra em que vivemos A atmosfera e os climas A hidrosfera A biosfera A população e o espaço geográfico O espaço e a atuação do homem |

## Noções Básicas de Geografia Geral e do Brasil[10]

| Conceito de Geografia/Espaço | Título das unidades/capítulos |
|---|---|
| Espaço: espaço físico<br>Espaço geográfico: modificação da natureza por meio do trabalho. Inclui a natureza e o homem. | Aprendendo a orientar-se e a localizar no espaço terrestre<br>Aprendendo a medir o tempo<br>O espaço e as relações dos homens entre si<br>O aproveitamento econômico do espaço e as condições naturais |

Identificamos duas concepções básicas de Geografia (até mesmo no interior de uma mesma obra). A primeira refere-se à clássica definição do estudo da relação sociedade e natureza (ou homem-meio) presente na obra *Geografia – O espaço e os homens: o espaço brasileiro*. A segunda concepção define a Geografia como o estudo do espaço geográfico (relações sociedade-espaço, funcionamento dos lugares para compreender melhor a nossa vida, espaço geográfico: modificação da natureza por meio do trabalho).

A definição clássica reproduz a concepção de ciência de síntese dos elementos naturais e humanos estudados pelas ciências afins. Mesmo que se defina como ciência de síntese, o que essa concepção de Geografia produziu foi a justaposição de "elementos de conhecimento enumerados sem ligação entre si (o relevo – o clima – a vegetação – a população...)", como bem identificou Lacoste (1988, p. 32). Constitui uma concepção de Geografia dicotomizada – Geografia física *versus* Geografia humana –, aos moldes da velha tradição empirista de ciência de síntese dos vários aspectos (parcelares – das ciências parcelares) naturais, humanos e econômicos da realidade. É o persistente padrão N-H-E (Natureza, Homem-demográfico e Economia), apontado por Moreira (1987), produto de uma concepção fragmentada da realidade e da totalidade, entendidas como soma das partes.

Identificamos, ainda, a presença da ideia de espaço como construção humana, mas também a reprodução da concepção de espaço-neutro, receptáculo, anterior e independente da existência humana, no interior da mesma obra.

A obra *Geografia Crítica: o espaço natural e a ação humana* refere-se ao que denomina de espaço natural e, ainda, o espaço matemático e astronômico. Como os autores consideram que o espaço se refere ao lugar que as coisas ocupam e onde os fatos ocorrem, avaliamos, assim, que este espaço não é produto das coisas ou dos fatos, mas apenas o lugar, previamente existente, onde eles ocorrem. Acrescente-se que, à exceção dos capítulos 1 e 2, em todos os demais títulos de capítulo não há menção à ação humana. Portanto, consideramos que há uma ambiguidade ou uma contradição: embora esta obra defina a Geografia como o estudo do espaço geográfico produzido pela sociedade humana, ela também reproduz a ideia de espaço-receptáculo.

O confronto entre o conceito de Geografia (relação sociedade-meio) e as unidades ou capítulos que compõem a obra *Geografia – o espaço e os homens: o espaço brasileiro*, nos faz chegar à mesma conclusão: trata-se de um espaço-palco, previamente existente à condição humana. Percebam que o conceito espaço aparece apenas nas duas últimas unidades ou capítulos da obra.

Embora a obra *Noções básicas de Geografia Geral e do Brasil* apresente a ideia de Geografia relacionada ao estudo do espaço geográfico, fruto do trabalho humano, esta concepção de espaço como construção humana aparece somente em sua terceira unidade. Como podemos verificar, a obra parte do estudo da orientação e localização no espaço terrestre, através dos pontos cardeais, das linhas imaginárias, das coordenadas geográficas e dos mapas. Logo após (segunda unidade), a obra apresenta as formas de medir o tempo através dos movimentos da Terra e da Lua. Ou seja, a obra parte daquela concepção de espaço matemático (explicitada na primeira obra analisada), onde se encontram pontos, linhas e figuras geométricas, e não do espaço como produto da ação humana.

Embora o título da obra *Geografia – ciência do espaço: Geografia dos Lugares* apresente o conceito de espaço, em sua apresentação e em seu primeiro capítulo, os autores partem do conceito de lugar. Assim, deduzimos que, para eles, espaço é lugar, ou o conjunto dos lugares. A forma como apresentam o conceito de lugar – e, consequentemente, de espaço – nos permite concluir que se trata de uma construção humana: os lugares, sua aparência e localização são expressões de regras e comportamentos sociais. O conceito de lugar como construção e significado da vida humana é o eixo dos três primeiros capítulos da obra.

Entretanto, como podemos verificar no quadro, os três capítulos seguintes tratam daquilo que os autores denominam de "as diversas geografias que o planeta já teve", sendo que em dois capítulos eles abordam as geografias do planeta anteriormente ao aparecimento dos seres humanos. Em nosso entendimento, aqui cabe uma indagação: qual é o caráter geográfico dos fenômenos? Se eles dizem respeito ao espaço e à sociedade, haveria Geografia anteriormente à existência humana?

Mais uma vez retornamos ao debate sobre a concepção de Geografia e espaço geográfico que temos reproduzido.

## Conclusão

Quais conclusões podemos tirar de tudo que investigamos até este momento? Em primeiro lugar, apesar da constatação da dificuldade em conceituar Geografia, avaliamos que a concepção de Geografia relacionada à ideia de sociedade-espaço geográfico está presente na escola básica. Entretanto, em função das dificuldades de conceituação da Geografia, a seleção dos conceitos geográficos e dos seus critérios não está claramente definida.

Na confrontação entre os conceitos geográficos indicados pelos professores e os conceitos e conteúdos desenvolvidos em sala de aula, avaliamos que há uma contradição fundamental: apesar da concepção de Geografia como sociedade-espaço afirmada pelos professores, os conteúdos do primeiro bimestre evidenciam a reprodução de um espaço-palco, receptáculo anterior e independente da ação humana, pois se referem à localização geográfica através das coordenadas geográficas, fusos horários e estudos de astronomia. Verificamos, também, que esse problema está presente nas obras didáticas de Geografia.

Por fim, consideramos que os problemas levantados da Geografia escolar são problemas da teoria da Geografia e, consequentemente, da formação dos seus profissionais. Portanto, é necessário aprofundar a investigação sobre a natureza da Geografia e do espaço geográfico, para que possamos construir uma Geografia comprometida com a análise crítica da realidade e da condição humana.

## Notas

1 Com algumas modificações, o presente texto é parte integrante do artigo "O conceito de espaço geográfico na escola básica: a negação do espaço como construção humana", de minha autoria juntamente com os ex-bolsistas Bianca Rocha Brito, Fernando Carlos Rosa Fernandes, Cristiane Gonçalves da Silva e Flávia da Conceição Cruz; publicado na *Revista Tamoios* do DGEO da Faculdade de Formação de Professores da UERJ, ano 1, 2001.

2 Este Guia foi elaborado para subsidiar a escolha do livro didático pelos professores, para serem comprados pelo PNLD/MEC e distribuídos aos alunos do ensino fundamental das escolas públicas de todo o Brasil. Os livros constantes do Guia passaram por um processo de avaliação por uma equipe de 13 especialistas em Geografia, sob a coordenação do professor Manoel Correia de Oliveira Andrade, geógrafo brasileiro bastante reconhecido.

3 Professora(e)s, respectivamente, da 1ª série do ensino médio – curso pedagógico – do Instituto de Educação Clélia Nancy, da 5ª série do ensino fundamental da Escola Municipal Castelo Branco e da 5ª série do ensino fundamental da Escola Estadual Profª. Adélia Martins, todos do município de São Gonçalo/RJ.

4 Segundo o autor, a "configuração do mundo que nos cerca em espaço vai implicar a inclusão na estrutura categorial de uma série de outras categorias, agora de espaço, que podemos chamar de categorias secundárias, porque são categorias de uma categoria mais geral. São categorias da categoria espaço porque têm em comum o seu caráter topológico, tais como: localização, posição, disposição, distância, extensão, território, ambiente, densidade.", pág. 178. Moreira considera que é necessário a construção de um discurso, através de um resgate crítico e reinterpretação dialética, das categorias e princípios que historicamente têm feito o universo lógico do raciocínio geográfico. Categorias como natureza, espaço, território, ambiente e paisagem, e princípios como localização, disposição, extensão, distância, conexão, delimitação e densidade. (...), pág. 181. MOREIRA, Ruy. *O discurso do Avesso (para a crítica da Geografia que se ensina)*. Rio de Janeiro: Dois Pontos, 1987.

5 Segundo o autor "como ciência social a Geografia tem como objeto de estudo a sociedade que, no entanto, é objetivada via cinco conceitos-chave que guardam entre si forte grau de parentesco, pois todos se referem à ação humana modelada na superfície terrestre: paisagem, região, espaço, lugar e território". CORRÊA, R. L. "Espaço: um conceito-chave da Geografia". *In:* CASTRO, I. E., GOMES, P. C. C. e CORRÊA, R. L. (org.). *Geografia: conceitos e temas*. Rio de Janeiro: Bertrand Brasil, 1995, pp. 15-47.

6 A autora analisou os conceitos geográficos utilizados na 5ª e 6ª séries. Para Cavalcanti a "amplitude dos conceitos geográficos trabalhados nas séries escolhidas evidenciou a necessidade de selecionar aqueles mais significativos e abrangentes para o raciocínio geográfico. Com base na indicação de alguns geógrafos e na estruturação dos conteúdos dessas duas séries nos livros didáticos e programas curriculares, os conceitos selecionados foram: lugar, paisagem, região, território, natureza e sociedade". CAVALCANTI, L. S. *Geografia, escola e construção de conhecimentos*. Campinas: Papirus, 1998, p. 13.

7 Segundo a Enciclopédia Encarta: Topológico-Topologia: colocação ou disposição de certas espécies de palavras. Topografia: 1. Descrição minuciosa de uma localidade, topologia. 2. Arte de representar no papel a configuração duma porção do terreno com todos os acidentes e objetos que se achem à sua superfície.

8 VESENTINI, José William e VLACH, Vânia. *Geografia Crítica: o espaço natural e a ação humana*. São Paulo: Ática, 1996.

9 PEREIRA, Diamantino; SANTOS, Douglas e CARVALHO, Marcos. *Geografia – Ciência do Espaço. Geografia dos Lugares*. São Paulo: Atual, 1999.

10 AZEVEDO, Guiomar Goulart de. *Geografia: O Espaço e os Homem. O Espaço Brasileiro*. São Paulo: Moderna, 1996.

11 ADAS, Melhem. *Noções básicas de Geografia Geral e do Brasil*. São Paulo: Moderna, 1988.

# BIBLIOGRAFIA

CAVALCANTI, Lana de Souza. *Geografia, escola e construção de conhecimentos*. Campinas: Papirus, 1998.

CORRÊA, Roberto Lobato. "Espaço: um conceito-chave da Geografia". *In:* CASTRO, I. E., GOMES, P. C. C. e CORRÊA, R. L. (org.). *Geografia: conceitos e temas*. Rio de Janeiro: Bertrand Brasil, 1995.

COUTO, Marcos A. C. *et al. O conceito de espaço geográfico na escola básica:* a negação do espaço como construção humana. São Gonçalo: *Revista Tamoios* do DGEO da Faculdade de Formação de Professores da UERJ, ano 1, 2001.

LACOSTE, Yves. *A Geografia – Isso serve, em primeiro lugar, para fazer a guerra*. Campinas: Papirus, 1988.

MOREIRA, Ruy. *O discurso do avesso (para a crítica da Geografia que se ensina)*. Rio de Janeiro: Dois Pontos, 1987.

# REINVENTANDO O ENSINO DA GEOGRAFIA

*Maria Lúcia de Amorim Soares*

> Eu sei de muito pouco. Mas tenho a meu favor tudo o que não sei e – por ser um campo virgem – está livre de preconceitos. Tudo o que não sei é a minha parte e melhor: é minha largueza. É com ela que eu compreenderia tudo. Tudo o que não sei é que constitui a minha verdade.
> *Clarice Lispector*

Um turbilhão de mudanças redemoinham à nossa volta, enquanto escolas e professores operam, ainda hoje, com os pressupostos e as condições da chamada modernidade:

> De um lado, está um mundo cada vez mais pós-industrial e pós-moderno, caracterizado pela mudança acelerada, a compreensão intensa do tempo e do espaço, a diversidade cultural, a complexidade tecnológica, a insegurança nacional e a incerteza científica. De outro lado, está um sistema escolar moderno e monolítico que continua a perseguir propósitos profundamente anacrônicos por intermédio de estruturas opacas e inflexíveis. Por vezes, os sistemas escolares tentam resistir ativamente às pressões e mudanças sociais de pós-modernidade. Mais frequentemente procuram responder-lhes com seriedade e sinceridade, mas fazem-no através de um aparelho administrativo desajeitado e pesado. (Hargreaves, 1998: 4).

No discurso da modernidade, a escola ficava situada no centro das ideias de justiça, igualdade e distribuição de saberes, para a criação de um sujeito racional, autônomo e livre – a escola é a construtora da cidadania. No entanto, a modernidade não realizou essa ideia de cidadania livre e individualidade autônoma, pois a alienação, anomia, burocratização, exploração e exclusão, entre outros fenômenos sociais, estão singularizando este nosso tempo.

Na essência, a modernidade tem assento em crenças iluministas: a natureza pode ser transformada; o progresso social pode ser realizado através do desenvolvimento científico e tecnológico. Para Harvey,

> [...] o projeto social e histórico da modernidade foi perseguido em nome da emancipação social, enquanto forma de arrancar a Humanidade ao particularismo, ao paternalismo e à superstição dos tempos pré-modernos. O projeto da modernidade representa um esforço intelectual extraordinário por parte dos pensadores iluministas, para desenvolver

a ciência objetiva, a moralidade e a lei universais e a arte autônoma, segundo sua lógica intrínseca. A ideia era usar a acumulação do conhecimento gerado por muitos indivíduos, trabalhando livre e criativamente no sentido da perseguição da emancipação humana e do enriquecimento da emancipação da vida cotidiana. O domínio científico da Natureza prometia a libertação em relação à penúria, à necessidade e à arbitrariedade das calamidades naturais. O desenvolvimento das formas racionais de organização social e dos modos racionais de pensamento prometiam a libertação em relação às irracionalidades do mito, da religião e da superstição, à utilização arbitrária do poder e o lado negativo da natureza humana. Só através de tal projeto é que as qualidades universais, eternas e imutáveis de toda a Humanidade poderiam ser reveladas. (Harvey, 1992: 9)

No discurso da pós-modernidade, a cena histórica é mutante, fragmentada, híbrida de identidades e sujeita a múltiplas globalizações, lugar onde a imagem mediática alcança uma potência inusitada. Esse novo discurso constitui um contradiscurso à modernidade. Argumenta Rigal que este novo discurso:

> Expressa que os resultados estão nas antípodas do profetizado pelo discurso da modernidade:
> - Sujeitos sem consciência autônoma (consumidores passivos, em vez de cidadãos ativos).
> - Sociedade crescente injusta.
> - Progresso técnico-industrial que acentua as diferenças materiais e as diferenças no acesso aos bens produzidos por esse progresso.
> - Fragmentação extrema da consciência e da experiência do homem pelas lógicas técnica-urbana-maciço-consumistas.
> - Cinismo e ética da instrumentalidade e da aparência; algo como ciência e estética sem ética (2000: 177).

Rigal afirma, ainda, que o contradiscurso "instala-se como uma 'destruição' (*unmaking*) da totalidade. Daí sua preocupação epistemológica com os fragmentos e as diferenças" (2000: 177).

## Paradoxos pós-modernos

O contexto da mudança engloba sete dimensões-chave da pós-modernidade. Heargreaves, ao estudá-las, afirma que não são os únicos aspectos existentes, nem que a sua discussão esgote tudo o que sabemos sobre este assunto. Mas englobam

> [...] elementos importantes da condição social pós-modernidade e figuram entre as mais influentes, em termos da educação e do ensino. As sete dimensões são:

Economias Flexíveis, o Paradoxo da Globalização, Certezas Mortas, o Mosaico Fluido, o Eu sem limites, a Simulação segura, a Compressão do Tempo e do Espaço. (2000: 53)

De Harvey (1992) vem a constatação de uma característica determinante da ordem pós-moderna: a acumulação flexível, um novo e distinto padrão de produção, de consumo e de vida econômica que se assenta na flexibilidade dos processos de trabalho, dos mercados de trabalho e dos produtos; que se caracteriza pela emergência de novos setores de produção, de novas formas de provisão de setores financeiros, de novos mercados, de taxas de inovação comercial, tecnológica e organizacional fortemente intensificadas. Assim, um novo inventário de competência é colocado para as escolas: cooperação, iniciativa, flexibilidade, comunicação, criatividade, condições de empregabilidade e competitividade.

Heargreaves chama de Paradoxo da Globalização os novos padrões de regulação e de controle que comprimem e conquistam as fronteiras do espaço geográfico. "As economias pós-industriais caracterizam-se, não por economias de escala, mas antes por economias de extensão" (2000: 60), originando a crise fiscal do estado moderno; a dispersão dos interesses das empresas para além das fronteiras nacionais; a utilização de redes de operações que demandam tecnologias modernas de comunicação; a informatização que, a par com a comunicação via satélite e as telecomunicações por cabo de fibras óticas, torna o comércio internacional, em nível dos mercados monetários, um processo incessante. O Paradoxo da Globalização instala, como consequência, a dúvida e a insegurança nacionais.

Ao lado das incertezas nacionais e culturais, criadas pela globalização, surgem as incertezas científicas e o colapso de algumas das formas de conhecimento e de crença, bem como na crença no conhecimento especializado que nele assenta.

> A luz do Sol ora é boa para o organismo humano, ora não é. Assume-se que o álcool é prejudicial à saúde, até que alguém anuncia que consumos modestos de vinho tinto reduzem efetivamente os níveis de colesterol;... A ciência já não parece ser capaz de nos mostrar como viver, pelo menos com alguma certeza ou estabilidade. Nas sociedades pós-modernas, a dúvida é permanente, a tradição está em retirada e as certezas morais e científicas perderam a sua credibilidade (Heargreaves, 2000: 64).

Ao lado das Certezas Mortas está o Mosaico Fluido, metáfora retirada de Toffler para a compreensão da proposta "organização que aprende", em que pessoas expandem suas capacidades de compreensão da complexidade e clarificam as suas visões;

em que as pessoas devem se envolver em tarefas diferentes: experimentar diversas formas de liderança, confrontar-se com verdades organizacionais desconfortáveis e procurar soluções compartilhadas.

Assim, a ansiedade pessoal e a busca da autenticidade transformam-se em uma procura psicológica contínua, pois o mundo está desprovido de pontos de apoio seguros. O frágil sentido de individualidade transforma-se num projeto reflexivo sem fim, tendo de ser constante e conscientemente refeito e reafirmado. É o Eu Sem Limites, como diz Heargreaves, que "pode constituir uma fonte de criatividade, de autocapacitação e de mudança (em princípio, podemos ser aquilo que quisermos), mas também de incerteza, de vulnerabilidade e de demissão social" (2000: 80).

A complexidade e a sofisticação tecnológica criam um mundo de imagens instantâneas e de aparências artificiais. Existem Simulações Seguras da realidade que conseguem ser mais perfeitas e plausíveis do que a própria realidade, que é mais desordenada e incontrolável. As imagens contemporâneas dissimulam e desviam a atenção em relação a realidades mais inconvenientes. Com as imagens geradas tecnologicamente, a relação entre a imagem e a realidade torna-se mais complexa. Heargreaves caminha com Baudrillard para "captar as fases sucessivas da imagem", nas quais estão: 1) a reflexão de uma realidade básica; 2) o mascaramento e a perversão de uma realidade básica; 3) mascaramento da ausência de uma realidade básica; 4) a não relação com qualquer realidade; 5) o seu próprio simulacro puro. Nesta última fase, defende Baudrillard, "a imagem já não é da ordem da aparência, mas sim da simulação". Segundo Baudrillard, "dissimular é fingir não se ter aquilo que tem. Simular é fingir aquilo que não se tem. Mais do que isso [diz ele] a simulação ameaça a diferença entre o verdadeiro e o falso, entre o real e o imaginário. As simulações podem ter efeitos poderosos entre os nossos sentidos e construções da realidade" (2000: 87).

A parte mais inovadora do livro *Condição pós-moderna* para Harvey, seu autor, é a conclusão, a seção em que eu investigo o que a experiência pós-moderna significa para o povo, em termos de vida e, mesmo, tempo e espaço. É o tema da compressão do espaço-tempo que observo de diferentes maneiras (2001: 177). Heargreaves considera a Compressão do Tempo e do Espaço a dimensão mais difundida das dimensões da pós-modernidade. Essa compressão acarreta grandes vantagens: transportes e comunicação são mais imediatos, a tomada de decisões é mais rápida, os serviços têm uma maior capacidade de resposta, o tempo de espera é reduzido.

Em contraponto, Heargreaves coloca o reverso da questão:

> [...] a compressão intensa do tempo e do espaço não acarreta só benefícios, implicando também custos para a operação das nossas organizações, para a qualidade da nossa vida pessoal e profissional e para a substância moral e a orientação subjacente àquilo que fazemos... A Compressão do Tempo e do Espaço é simultaneamente uma causa e uma consequência de muitos outros aspectos da condição pós-moderna – a mudança acelerada, a flexibilidade e a capacidade de resposta das organizações, a obsessão com as aparências, a falta de tempo para dedicar a si mesmo, e assim por diante (2000: 92).

## O MAL-ESTAR NA ESCOLA

O mundo pós-moderno é rápido, comprimido, complexo e incerto. A compressão do tempo e do espaço cria uma mudança acelerada, uma sobrecarga de inovações e uma intensificação do trabalho docente. Em muitos sentidos, as escolas continuam a ser instituições modernas que se veem obrigadas a operar num mundo pós-moderno. É esta disparidade que define grande parte da crise contemporânea da escolarização e do ensino.

Com Rigal:

- Crise por sua falência na constituição de sujeitos políticos.
- Crise pela liquefação do seu monopólio cultural... O mundo da cultura atual eclipsou os tradicionais fatores de socialização: família e escola. Ambas se encontram desafiadas pela multimídia. Desafio não só de um novo ator, mas também de um novo veículo de transmissão cultural: a imagem... A multimídia desloca e interpela a escola; além disso, a imagem põe em questão o sentido e o próprio valor da escrita e seu monopólio na transmissão de universos culturais. A palavra escrita foi historicamente o brasão distintivo da escola moderna. E a escola atual parece não ter encontrado ainda a via institucional para articular palavra e imagem nas propostas pedagógicas.
- Crise por dificuldades de reconversão diante da dinâmica da produção científica e tecnológica... Os sistemas educativos surgem atrasados. Parece não haver possibilidade objetiva de adequar-se ao vertiginoso ritmo do desenvolvimento científico e tecnológico e ao desafio que este impõe às construções curriculares e à formação docente. Por fim, a velocidade da mudança científica e tecnológica e a enorme quantidade de informação gerada por ela que é preciso processar, questionam a ênfase que a escola da modernidade atribuía aos processos de instrução e transmissão (2000: 177/178).

Essas dimensões estão determinadas pela implantação de modelos de ajuste econômico com o encolhimento e a precarização do sistema estatal de bem-estar e a transferência de numerosas funções à sociedade civil. Essa situação culmina no desbaratamento do Estado educador e na transformação de todas as linguagens na linguagem do modelo dominante – o mercado. "Surge, então, uma nova dimensão da crise: a crise da precariedade e da deterioração da escola", na afirmação de Rigal (2000: 179).

## Enfim, a Geografia: na sala de aula virando poesia

Desafia Milton Santos:

> Para ter eficácia, o processo de aprendizagem deve, em primeiro lugar, partir da consciência da época em que vivemos. Isto significa saber o que o mundo é e como ele se define e funciona, de modo a reconhecer o lugar de cada país no conjunto do planeta e o de cada pessoa no conjunto da sociedade humana. É desse modo que se podem formar cidadãos conscientes, capazes de atuar no presente e de ajudar a construir o futuro (1994: 121).

Neste contexto é que devem ser pensadas as linguagens não convencionais no ensino da Geografia. As considerações anteriores denunciaram o velho e anunciaram o novo, conforme Santos propõe. Como, então, formar cidadãos conscientes, capazes de atuar no presente e construir o futuro? Minando as bases estruturais do complexo ideológico escolar dominante, uma arma de rebeldia, mas assertiva criadora, é o uso da POESIA.

Na aula de Geografia, o espaço urbano – "visto enquanto objetivação do estudo da cidade" (Corrêa, 1980: 7), pode medrar pela poesia, com montagem tradutória do seu palimpsesto: fragmentado/articulado; reflexo da sociedade/condicionante social; campo simbólico/campo de lutas.

À maneira de *bricoleur*, seguem-se alguns exemplos que utilizados como fórceps científicos incorporam a força plutônica da cidade:

1. Em "De Rua em Rua", Maiakovski fala da cidade de Moscou usando a própria forma urbana, visão fantasmagórica, movimento sincopado. Maior poeta russo (1893-1930), expressou, nas décadas da Revolução de Outubro, os novos e contraditórios conteúdos do tempo e as novas formas que estes demandaram. Disse em *Eu mesmo*: "Sou poeta. É justamente por isso que sou interessante".

De Rua em Rua

    Ru-
 as.
As
ru
gas dos
dogues...
Cisnes de pescoços – campanários
Torcei-vos nos fios do telégrafo! (...)
O mágico
puxa
da goela do bonde os trilhos, (...)
Elevador.
A dor leva o corpete da alma (...)

2. Nicolás Guillén, poeta cubano (1902-1989), deglute e vomita a dominação inglesa/francesa/americana em Cuba. Usa a forma jornalística como elemento crítico, utilizando-o na contradição para revelá-la:

> *Luego de tan tremenda batahola*
> *se fueram los ingleses:*
> *Siervese desde hoy cocido a la espanõla*
> *con alinôs franceses.*
>
> *Visite a Venus sin temer a Mercúrio.*
> *El preventivo oficial del ejército*
> *Norteamericano. En todas las farmácias.*

Com a série *Esclavos europeus*, Nicolás Guillén estilhaça a escravidão. Faz de um gesto poético um gesto político. Obriga o leitor a um contágio com os segmentos ideológicos de Cuba, reescrevendo outra sociedade, outra capacidade de futuro:

> *Una pareja de blanquitos, hermanos, de 8 y 10 años, macho y hembra, proprios para distrair niños de su edad. También una blanquita (virgen) de 16. En la calle del Cuervo, al 430, darán razón y precio.*

3. Numa identidade de oposição, Paulo Nassar estilhaça o corpo urbano da cidade de São Paulo para Oeste e para Leste. Daí, na mescla telegráfica do poema, a pobreza urbana surge no conteúdo avesso – o oceano perdido, azul-celeste, mastigado pelos edifícios escandalosamente gigantescos:

> *São Paulo*
> *Esta cidade*
> *é uma bolívia*
> *sonhando com o oceano perdido.*

A lapidação da poesia, em sala de aula/na aula de Geografia, é algo que, certamente, terá variações de acordo com a leitura que cada professor faz da própria poesia, do seu tempo e da sua sociedade, da própria Geografia. Mas ninguém pode negar que a capacidade de nos emocionarmos é o que temos de tipicamente humano. O componente afetivo – e isso o discurso poético constrói – é parte constitutiva de todas as manifestações da convivência interpessoal, do pensamento, da cognição. Na pós-modernidade, reconhecer sua importância, teórica e prática, é indispensável ao processo educativo, à abertura da singularidade, às lógicas do concreto, aos componentes passionais do conhecimento, como pré-requisito para a construção de um sujeito crítico. Diz Restrepo:

> *Los ciudadanos occidentales sufrimos una terrible deformación, un pavoroso empobrecimiento histórico que nos ha llevado a un nivel nunca conocido de analfabetismo afectivo. Sabem de la A, de la B y de la C; sabemos del 1, del 2 y del 8; sabemos sumar, multiplicar y dividir; pero nada sabemos de nuestra vida afectiva, por lo que seguimos exhibiendo gran torpeza en nuestras relaciones con los otros.* (1994: 27)

Toda pedagogia efetiva-se, promovendo o nascimento do educando em outro mundo: carne/vísceras/secreções/entranhas/carcaças/cheiros, habitando o que é estranho. A prática transformadora exige, conforme Oliveira, que

> [...] educador e educando devem estar relacionados e nesse sentido, buscar uma compreensão de si e da realidade como algo concreto, que é criado e recriado no cotidiano. É, pois, necessário compreender que educar é um processo que engloba objetivação e subjetivação, como faces de uma mesma moeda. Só assim é possível uma prática transformadora em busca do novo; não de um abstrato que se coloca acima do sujeito, mas de um novo enquanto possibilidade de vir a ser (1993: 3).

## Caminhos

Em suma, as linguagens não convencionais no ensino de Geografia (ou outro ensino) devem permitir a possibilidade de o educando poder se apoderar do ser único que ele é, das suas aptidões, sonhos, angústias e indagações. Regina Machado pergunta:

> [...] que possibilidades o nosso sistema educacional oferece aos adolescentes para uma consciência interrogante? Penso que ele pode conseguir, se puder expressar ou

construir de forma significativa, a reflexão sobre seu "assombrar-se de ser" (apud Barbosa, 1991: 28).

Em adendo ao dizer de Regina: assombrar-se de ser, neste mundo assombrado por a sucessão alucinante de eventos, para poder ser.

Pode, então, a poesia levar os alunos e o professor a irem mais longe por meio da Geografia, no sistema escolar? Pode a poesia subverter aluno/professor/sala de aula/aula de Geografia/instituição escolar? Se isso for possível, é o que se quer.

## Em tempo

Este é um texto "pós-moderno", daí apresentar-se quebrado, com rupturas e colagens, fragmentado. Entretanto, minha posição intelectual não é pós-moderna. Estou interessada na condição social da pós-modernidade e em suas implicações para a mudança da escola. Esta posição pode parecer perversa e paradoxal aos críticos, especialmente aos pós-modernos. Mas a pós-modernidade não é um discurso da "nova" sociedade pós-industrial ou outro qualquer tipo de "nova" sociedade. Como diz Jameson:

> [...] corresponde a uma modificação sistêmica da própria sociedade capitalista, uma realidade superdeterminada pelas modificações das relações técnicas e relações sociais de produção e do próprio capitalismo que expressa a contraditória lógica cultural do capitalismo tardio (1996: 11).

Estamos numa nova arena social onde podem ser concretizados valores morais e políticos no campo educacional e, em especial, na Geografia, pois a pós-modernidade é uma complexa questão geográfica. Ela não existe independentemente das ações das pessoas que a integram e constroem, bem como as ações das pessoas não existem independentemente do contexto no qual estão inseridas. Assim, enquadra possibilidades e probabilidades de potência e de precariedade.

Mészáros defende a tese de que as concepções que propagam o fim das ideologias – como o fazem alguns dos pensadores "pós-modernos" – são profundamente ideológicas e que não é possível analisar o conteúdo da produção teórica e cultural contemporânea fora do âmbito de seu caráter ideológico:

> Fica claro que o poder da ideologia não está sendo superestimado. Ele afeta tanto os que desejam negar sua existência, quanto aqueles que reconhecem abertamente os interesses e os valores intrínsecos das várias ideologias. É

absolutamente inútil pretender outra situação... a ideologia não é uma ilusão nem superstição religiosa de indivíduos mal-orientados, mas uma forma específica de consciência social, materialmente ancorada e sustentada. Como tal é insuperável nas sociedades de classe. (1996: 22)

Legitimando o proposto, um poema de Augusto de Campos:

QUIS
MUDAR TUDO
MUDEI TUDO
AGORAPÓS TUDO
EXTUDO
MUDO

# BIBLIOGRAFIA

BARBOSA, Ana Mae. *A imagem do ensino na arte*. São Paulo: Perspectiva, 1991.

BOURDIEU, Pierre e HAACHE, H. *Livre troca: diálogos entre Ciência e Arte*. Rio de Janeiro: Bertrand Brasil, 1995.

CORRÊA, Roberto Lobato. "Da nova Geografia a Geografia nova". *Revista Vozes, Geografia e Sociedade*. Petrópolis (74): 5, 12, 1980.

GUILLÉN, Nicolás. *El diario que a diario*. Havana: Editoral Letras Cubanas, 1985.

HARGREAVES, Andy. *Os professores em tempo de mudança*. Lisboa: McGraw Hill, 1998.

HARVEY, David. *Condição pós-moderna – uma pesquisa sobre as origens da mudança cultural*. São Paulo: Loyola, 1992.

HARVEY, David. "Reinventando a Geografia". *In:* SADER, Emir. *Contracorrente*. São Paulo: Record, 2001.

IMBERNÓN, F. (org.). *A Educação no Século XXI*. Porto Alegre: Artmed, 2000.

JAMESON, Frederic. *Pós-modernismo – A lógica cultural do capitalismo tardio*. São Paulo: Ática, 1996.

KAPLAN, E. Ann (org). *O mal-estar no pós-modernismo – teorias, práticas*. Rio de Janeiro: Zahar, 1993.

MAIACOVSKI. *Antologia Poética*. São Paulo: Max Limonad, 1983.

MÉSZÁROS, Istaván. *O Poder da Ideologia*. São Paulo: Ensaio, 1996.

OLIVEIRA, Ariovaldo Umbelino. *A Ciência Geográfica Moderna e o seu Ensino*. São Paulo: FDE, 1993.

PONTUSCHKA, Nidia Nacib. *A formação pedagógica do professor de Geografia e as práticas interdisciplinares*. São Paulo: Faculdade de Educação, USP, 1994. (Tese de doutorado).

RESTREPO, Luis Carlos. *El derecho a la ternura*. Bogotá: Arango Editores, 1994.

Rigal, L. "A escola crítica-democrática: uma matéria pendente no limiar do século XXI". In: *A Educação no século XXI*. Porto Alegre: Artmed, 2000.

Santos, Milton. *Técnica, Espaço, Tempo: Globalização e meio técnico-científico*. São Paulo: HUCITEC, 1994.

Saber, Emir. *Contracorrente*. São Paulo: Record, 2001.

Silva Tomaz Tadeu da. *Teoria Educacional Crítica em tempos pós-modernos*. Porto Alegre: Artes Médicas, 1994.

Soares, Maria Lucia de Amorim. *Girassóis ou Heliantos: maneiras criadoras para o conhecer geográfico*. São Paulo: FFLCH-USP, Departamento de Geografia, 1996. (Tese de doutorado).

# ESCOLA E TELEVISÃO

*Maria Adailza Martins de Albuquerque*

Este artigo é baseado na dissertação de mestrado defendida na FFLCH-USP no Departamento de Geografia, intitulada *Cotidiano: sala de aula e televisão*. No trabalho, analisamos o cotidiano de adolescentes receptores dos MCM (Meios de Comunicação de Massa) – em especial a televisão –, residentes em diferentes bairros da cidade de São Paulo, que apresentam organização urbana distintas, numa perspectiva de estudar a importância dessas relações para o processo de ensino/aprendizagem.

A pesquisa foi desenvolvida com alunos de três Escolas Públicas Estaduais, do Ensino Fundamental: E.E. Caetano de Campos, localizada na Região Central da Cidade; E.E. Luiz Gonzaga Pinto e Silva, Periferia Média, Zona Sul; e E.E. Regina Miranda, Periferia Distante, extremo Sul da Zona Sul de São Paulo.

A televisão vem sendo analisada por teóricos de diferentes áreas, ao longo de muitos anos, como bode expiatório de algumas mazelas da modernidade. Então, é lugar-comum falar mal da televisão, sem que conheçamos, inclusive, sua programação (Machado, 2000). Diante do conflito colocado por Umberto Eco (1993), "Apocalípticos e Integrados", acreditamos que é possível encontrar alternativas que não sejam necessariamente determinadas por essa dicotomia. É nessa perspectiva que nos apoiamos nas teorias que analisam a televisão, do ponto de vista do receptor. Acreditamos que tal abordagem possa trazer, para a escola, outro olhar para a televisão, a partir de um ângulo diverso do que encontramos hoje, em que ela é vista como concorrente do trabalho pedagógico.

A relação televisão/sala de aula vem ao longo dos anos sendo arrastada para o futuro. Cremos que é chegado o futuro. É esse o momento para aproveitarmos o que se imagina ser concorrência e torná-la cumplicidade. Heloísa Dupas Penteado dá alguns passos nesse sentido, quando propõe para a escola o uso da televisão como material de uma prática pedagógica paulofreiriana.

> Como a TV é feita para atingir diferentes camadas da população, diferentes aspectos da realidade social são por ela retratados. Se a escola quiser seguir outra lição que o método Paulo Freire ensina – a importância da representação icônica da realidade existencial –, não precisa sequer cuidar da elaboração de material visual. Ele já existe, independente dela, e a ela praticamente toda a população se expõe de forma regular e prazerosa (Penteado, 1991, 111).

Assim como Pereira, Santos e Carvalho (1991), Heloísa afirma ser necessário partir da realidade do aluno, insistindo em que essa realidade é permeada pela cultura oral e televisiva (Rocco, 1989). A autora destaca, ainda, em sua proposta, a democracia no processo de ensino/aprendizagem e na relação discente/docente.

A proposta de levar para a escola uma pedagogia da comunicação é importante à medida que trará a televisão para o bojo das discussões dentro da escola. Mas pensamos que esse debate perpassa a *teoria da recepção*, em que o telespectador é visto como um ser social, portador de uma cultura que é considerada quando da recepção dos MCM.

O processo em que se valoriza o cotidiano do aluno, para reconhecê-lo como receptor dos MCM, estudante, ser social que é, trará para a escola o desenvolvimento de cidadãos críticos. Esse trabalho trouxe-nos evidências de que o aluno se situa na escola e frente à televisão levado pelo que traz da sua história pessoal. Ecléa Bosi, ao descrever a leitura do romance popular como um dos primeiros exemplos de comunicação de massa, afirma que "a mensagem é construída em função de códigos predeterminados" (Bosi, 1972, 73).

Se a realidade social em que está inserido o adolescente não for levada em consideração, no processo de ensino-aprendizagem ele não encontra identidade entre si próprio e o conteúdo oferecido pela escola. Nessas condições, o conteúdo se torna distante do aluno e, por isso, pouco interessante.

Neste processo, a avaliação da recepção torna-se imprescindível porque, quando não a analisamos, o estudante/telespectador será nivelado e visto como aquele que só recebe informações, sem necessariamente questioná-las. Para não cair nessa posição, procuramos entender a televisão e seu poder de persuasão e manipulação, mas não deixamos de dar o peso devido à recepção, que é função dos elementos culturais presentes nos grupos.

Teremos que ter o cuidado de não nos encantar com a televisão – que não deixa de ser um MCM encantador – quando de sua análise, tornando-nos, assim, "integrados". Da mesma forma, não podemos ressaltar somente o poder de sedução/persuasão desse veículo de comunicação, "apocalípticos", para usar a linguagem de Eco (Eco, 1993). Conhecidos os limites da recepção, teremos que a todo momento buscar identificá-los nos grupos em que trabalhamos.

Sabemos dos efeitos que esse meio produz nas pessoas, principalmente a passividade, porque na relação entre o meio e o receptor somente se expressa um desses elementos. O receptor recebe as informações, enxergando-as a partir dos elementos culturais que estão presentes em sua vida; portanto, não podemos negar essa cultura quando na análise da relação televisão e adolescentes receptores. Também não podemos negá-la diante da outra relação que faz parte da nossa análise, escola e adolescentes estudantes. Daí que tal cultura deve ser considerada na relação escola, adolescentes e televisão.

Note-se que, nessa interseção de relações (escola/adolescente/televisão), o adolescente é o ator principal. Para entender sua posição diante dos dois emissores, buscamos outros elementos que fazem parte do seu cotidiano – e, portanto, da sua História de vida – e o fizemos para saber se esses elementos realmente são diferenciais quando esse ator é colocado diante da televisão e na escola.

O trabalho mostrou-nos que a cultura dos grupos e a apreensão que estes fazem do cotidiano são, de fato, elementos diferenciais na relação do adolescente com a escola e com a televisão. Com esses resultados, nossa hipótese fica esclarecida, não apenas nas falas dos alunos, mas no decorrer do trabalho como um todo: bairros diferentes requerem escolas que busquem as diferenças sociais da comunidade a que servem.

Os adolescentes da área central mostram-se completamente inseridos na cultura urbana. Seu vocabulário, seu lazer e suas relações sociais são frutos de uma vivência em um espaço extremamente urbanizado, no qual muitas horas são dedicadas à televisão. São mais críticos em relação ao "espetáculo que é a televisão" (cf. Marcondes Filho, 1993).

Dos debates entre os alunos entrevistados, destacamos parte de um deles, realizado com a 8ª série da Escola Caetano de Campos, sobre o Jornal Nacional da TV Globo e outros telejornais. Apresentamo-lo no intuito de mostrar que o aluno não somente recebe informações; ele as interpreta com base em sua vivência social.

> Eu assisto raramente ao Jornal Nacional. Eu gosto um pouco das notícias sobre o que rola no mundo. É muito calma a forma como eles dizem as notícias, se tá acontecendo uma revolta, não adianta aumentar o volume da TV, você tem que pensar. A forma como eles explicam as coisas parece que é para você se conformar com o que está acontecendo. (Thiago)

> As coisas, mesmo que sejam graves, nem parecem... (Elaine)

> Em geral, o jornalista mostra raiva, [fica] nervoso. No TJ do Boris Casoy, quando acontece uma revolta assim, eles sempre dão uma conclusão, uma opinião sobre o que aconteceu, e a gente pode concordar ou não. (Thiago)

> Eles (Jornal Nacional) mostram uma visão que lá fora tá igual aqui, para tentar conformar... (Júlio)

Temos, aqui, um exemplo de como o receptor mostra interpretações diferentes quando assiste à televisão. São as respostas de adolescentes com idades entre 14 e 15 anos, mostrando como o que pensam não é necessariamente o que diz a televisão.

Além deste exemplo, podemos encontrar outros em toda a pesquisa. A ideia de que as pessoas não conseguem pensar por si mesmas pode nos levar a análises distorcidas. O tema foi debatido nos três grupos analisados, mas só neste a crítica ao conteúdo do jornal foi explicitada. O que nos leva a afirmar que essa análise é característica desse grupo, porque lhe diz respeito, diz respeito à sua realidade social e ao que daí resulta.

Outras discussões surgiram nos debates e, nestes, a opinião de cada grupo sobre a televisão, as telenovelas, os programas infantis e de auditórios, a realidade e a ficção, que muitas polêmicas já provocaram, também se mostraram como parte das arguições dos adolescentes.

Perguntados se nas novelas veem as diferenças sociais que caracterizam os vários espaços dessa cidade (no caso de novelas que têm como cenário a cidade de São Paulo), veja-se o que disseram:

> Nem toda a cidade aparece na novela. Nas novelas só tem prédios bonitos, mas na cidade nem todos os prédios são bonitos. Os bairros parecem muito perto, quando na verdade não são. (Sérgio, 5ª série, Caetano de Campos)

> Eu assisto "A Próxima Vítima". Ela retrata a cidade, sim, mas melhora algumas coisas, não mostra o jeito que ela é. (Alex, 5ª série, Caetano de Campos)

> Na novela não é tão igual, porque, assim... Eles matam bastante gente e só depois de muito tempo é que vão saber; e aqui não, se você mata, já ficam desconfiados, porque você fica nervoso, aí já dá para saber. (Sandra, 5ª série, Luiz Gonzaga)

> A vida deles [os personagens de "Malhação"] não é como a nossa. A vida deles e a nossa não tem nada a ver, até o nosso ambiente é diferente. (John Ives, 5ª série, Regina Miranda)

> A novela "A Próxima Vítima" se passa em São Paulo, mas só mostra os prédios em que moram pessoas de alto nível e não a outra parte da cidade... A novela "Cara e Coroa" tem escola, mas veja, somente o objetivo deles é como o nosso, essa coisa de

vir à escola para encontrar as pessoas, mas a escola mesmo, é diferente. (Mariana, 6ª série, Caetano de Campos)

Notemos como se armam de dados que conhecem, para fazer a relação entre o real e a ficção. É baseado na convivência social que o adolescente se porta como receptor da televisão. Os desejos que a televisão cria e o consumo decorrente não são por nós negados, mas não podemos deixar de afirmar que o questionar está presente nos vários grupos sociais, quando assistem à televisão.

Observemos, também, que esses alunos de 5ª e 6ª séries analisam elementos urbanos diferenciados nas novelas, buscam na comparação com a cidade "real" destacar o que lhes é mais comum. Os alunos dos bairros mais urbanizados falam dos prédios da novela, diferenciando-os daqueles em que moram, e notam como a cidade é representada de modo diverso da que conhecem e fazem uso. Os alunos da Escola Luiz Gonzaga destacam a questão de crimes e sua repercussão (esse grupo destacou a violência quando descreveu o seu bairro). E, por fim, os alunos da Escola Regina Miranda diferenciam o ambiente em que vivem daquele vivido pelos personagens, não deixando de enfatizar que também existem identidades.

Quando, esperançosamente, propomos que se traga para a escola a televisão, não pensamos em programas realizados exclusivamente para serem transmitidos às escolas, como o "Vídeo Escola" ou como alguns programas de escolas americanas (Apple, 1998). Queremos trazer a televisão a que a família assiste, para que não nos distanciemos do ambiente em que está inserido o aluno. Por isso, pensamos na televisão comercial que ele assiste todos os dias. É essa que pode ser discutida em sala de aula. Quando a escola assume esse papel, está aprofundando as críticas já realizadas pelas famílias e por outros grupos com quem os alunos convivem. Dessa maneira, não deixamos de reconhecer o papel da televisão no sistema capitalista, mas estaremos descobrindo o modo como nossos alunos lidam com as informações fornecidas por esse meio, para, a partir do que eles conhecem, incentivá-los a descobrir muito mais.

Conhecemos as análises que abordam o papel de reprodutor do sistema, que é atribuído aos MCM, e pensamos que este também pode e deve ser discutido na escola. Porque à medida que ela se exime dessa responsabilidade, distanciando-se desse papel, que é seu, e faz a crítica pela crítica a esse meio, sem as devidas ressalvas, cria um concorrente para si que não necessariamente existe como tal.

Se hoje temos uma escola inibida diante da televisão, é porque, entre outras coisas, não se descobriu até agora como usar esse meio. Costumamos dizer que, hoje, os adolescentes pouco leem, colocando a culpa toda deste fato na televisão.

Mas, como pergunta Martin-Barbero (1995), será que a escola estimula a leitura ou a utiliza de forma a distanciar ainda mais o adolescente dessa linguagem, pelo modo (como, e o quê) que o obriga a ler?

Quando o aluno chega à escola, tem de desprezar o que sabe em nome de uma cultura letrada. Será que a escola não vem, com tal atitude, ao longo dos anos, contribuindo para a homogeneização cultural da nossa população? Dessa maneira, em vez de aprender a criticá-la, tem contribuído com a televisão, quando da tentativa dessa homogeneização da cultura brasileira.

O resgate das culturas locais (dos grupos, dos bairros, das cidades ou do campo) é um papel que a escola terá de assumir para melhor fazer a crítica a esse MCM tão difundido em nosso país. Mesmo que essa cultura local já seja mediada pelos meios de comunicação, não há nenhuma contradição nesse sentido e não podemos negá-la. Quando uma criança brasileira chega à escola para ser alfabetizada, vinda ela de qualquer classe social, traz consigo tantas informações resultantes da comunicação (além de outros meios, também com a televisão), que essas informações não podem ser deixadas de lado. Ao contrário, estaremos desprezando um conhecimento real que é dela, da criança.

O que vemos são crianças tratadas como se tudo que tivessem para aprender fosse resultado da sua convivência na escola – o que, de certo modo, sobrecarrega a escola e despreza o saber trazido pelas crianças ao ingressar nessa instituição.

Quando o aluno chega à escola, traz saberes que obtêve com os grupos sociais com os quais convive, como também uma cultura ("de massa"?) resultante da mediação entre as informações difundidas pelos meios e transformada de acordo com os seus códigos (Martin-Barbero, 1997), como também da resistência de seu grupo social a esses códigos (Freire, 2000). Portanto, a escola nem pode negar a cultura dos grupos sociais de que esse aluno faz parte, nem tampouco a cultura de massa.

Como trabalhar com o aluno que chega à escola com esse perfil? Para nós, professores, é um novo desafio, é realmente um outro tipo de aluno que nós temos hoje, adaptado, até, a novos padrões culturais difundidos pelos MCM, dentre os quais a televisão. Se o que tínhamos em um passado, quase remoto, era aquele aluno que trazia em sua bagagem somente os frutos das relações familiares e dos grupos de que participava na rua, no bairro ou até mesmo na cidade toda (porque pequena), tratávamos, então, com um número menor de elementos sociais envolvidos nessas relações.

O que encontramos hoje é o quadro inverso, em que as relações familiares são escassas e as relações com os grupos de amigos dão-se, muitas vezes, somente na escola, porque antes desse contato escolar essas relações restringem-se aos moradores mais próximos, quando isso ocorre. E a televisão ocupa grande parte do tempo livre que era destinado às relações sociais, até mesmo oferecendo informações antes nunca difundidas entre crianças e adolescentes.

Temos, portanto, um desafio duplo. De um lado, tratar com crianças que não encontram em casa relações familiares nos padrões a que estávamos acostumados (a presença dos pais, desenvolvendo nos filhos os padrões de comportamento do seu grupo). De outro, tratar com crianças que trazem informações e padrões culturais resultantes da sua relação com os MCM.

Para resolver a questão, ainda serão necessário muitos anos de estudos e aprofundamento desse tema, com apoio de linhas de pensamento em que a Psicologia, a Sociologia, a Pedagogia, a Antropologia e outras tenham contribuições garantidas. Mas se queremos introduzir essa temática na vida escolar, para mais tarde definir o caminho a percorrer como educadores, é preciso criar, na escola, espaços para que essas questões sejam discutidas e incorporadas à nossa prática cotidiana.

Deste trabalho, algumas contribuições podem ser utilizadas como referência. Apresentamo-las com esse intuito. Os resultados mostram que, dos 68 adolescentes entrevistados, aqueles que mais tempo dedicam à televisão são também seus mais ferozes críticos, duvidam da veracidade das informações divulgadas e questionam a maneira como a televisão os pode levar a agir passivamente.

Os adolescentes conseguem diferenciar a vida dos personagens ficcionais da sua própria existência. Não podemos fazer a mesma afirmação quanto aos padrões de comportamentos difundidos por esse meio, pois este é, para grande parte deles, a referência de padrões comportamentais. Porque as relações afetivas, familiares e de amizades passam por transformações profundas, até com a redefinição de espaços onde possam se dar – a escola, para grande parte dos alunos, é o local de encontro, de "lazer" – além do poder de persuasão desse meio de comunicação. Maria Thereza Fraga Rocco (1989) salienta muito bem a importância de se medir a persuasão, inerente à televisão; em sua obra analisa a linguagem televisiva, mas propõe estudos nesse sentido para os outros recursos desse meio.

Os alunos da escola Caetano de Campos relataram sobre o receio que têm em enfrentar as situações reais, principalmente com pessoas que representam qualquer tipo de autoridade. Temem a figura do professor, além de seu próprio grupo, pois não querem perdê-lo. Não costumam fazer críticas à escola, como fazem à televisão. Diante do professor, mesmo que se sintam em situação privilegiada por conhecer bem o conteúdo em questão, não costumam exprimir suas opiniões. Chegam a pedir para que os colegas falem por eles, mesmo sabendo que os colegas passam pela mesma dificuldade de enfrentamento. Necessitam que a escola tenha um olhar diferenciado para o tipo de comportamento que apresentam porque é característico do seu grupo e resultante das suas relações sociais.

Os alunos da Escola Luiz Gonzaga mostraram comportamentos diferenciados. Vivem um misto entre a vida na cidade grande com algumas realidades de pequenas cidades, vivem mesmo em uma posição intermediária entre os alunos da Escola Caetano de Campos e da escola Regina Miranda. Assistem a poucas horas de televisão e não fazem grandes debates sobre esta. Quanto à escola, são mais críticos, defrontam-se mais frequentemente com o professor em sala de aula. Além disso, não temem perder o grupo de amigos da sala de aula porque têm a oportunidade de reconquistá-lo nas ruas onde convivem.

Vejamos, finalmente, os alunos da Escola Regina Miranda. Eles exibem um comportamento oposto ao do primeiro grupo, mas com características parecidas com as dos alunos da Escola Luiz Gonzaga. Quase não fazem críticas à televisão, apesar de também não acreditarem em tudo a que assistem. Como os outros dois grupos, acreditam que a televisão tanto ensina como diverte, que não tem só uma dessas funções. Mostram-se mais críticos em relação à escola do que os outros dois grupos. Não temem a figura do professor e, quando se veem diante de dados a questionar, fazem-no com frequência. Costumam ter opiniões formadas de maneira mais clara sobre a escola e menos clara quanto à televisão.

Todos os grupos entrevistados estudam em escolas estaduais e recebem praticamente os mesmos estímulos educacionais. O que os leva a demonstrar comportamentos diferenciados são as outras relações sociais, extraescolares. Por que não considerá-las no processo de ensino-aprendizagem?

## Bibliografia

APPLE, Michael W. "Construindo a audiência cativa: neoliberalismo e reforma educacional". *In: II Seminário Internacional – Novas políticas educacionais: críticas e perspectivas*. São Paulo: PUC, 1998.

BOSI, Ecléa. *Cultura de massa e Cultura popular*. Petrópolis: Vozes, 1972.

ECO, Umberto. *Apocalípticos e Integrados*. 5. ed. São Paulo: Perspectiva, 1993.

FREIRE, Paulo. *A importância do ato de ler*. São Paulo: Cortez, 2000.

MACHADO, Arlindo. *A televisão levada a sério*. São Paulo: SENAC, 2000.

MARCONDES FILHO, Ciro. *Televisão: a vida pelo vídeo*. 9. ed. São Paulo: Moderna, 1993.

_____. *Sociedade Tecnológica*. São Paulo: Scipione, 1994a.

_____. *Televisão*. São Paulo: Scipione, 1994.

MARCONDES FILHO, Ciro (org.). *A linguagem da sedução*. 2. ed. São Paulo: Perspectiva, 1988.

MARTIN-BARBERO, Jesus. *Dos meios às mediações: comunicação, cultura e hegemonia*. Rio de Janeiro: UFRJ, 1997.

_____. "América Latina e os anos recentes: estudo da recepção em comunicação". *In:* SOUSA, Mauro Wilton de (org.). *Sujeito, o lado oculto do receptor*. São Paulo: ECA/USP/Brasiliense, 1995.

_____. "Desafios Culturais da Comunicação à Educação". *In: Comunicação e Educação*, ano IV, n. 18, maio-set., 2000.

PENTEADO, Heloísa Dupas. *Televisão e escola, conflito ou cooperação*. São Paulo: Cortez, 1991.

_____. *Pedagogia da Comunicação: teorias e práticas*. São Paulo: Cortez, 1998.

PEREIRA, Diamantino, SANTOS, Douglas e CARVALHO, Marcos de. "A Geografia no 1º grau: algumas reflexões". *Terra Livre*. São Paulo: AGB/Marco Zero, n. 8, 1991.

ROCCO, Maria Thereza Fraga. *Linguagem autoritária*. São Paulo: Brasiliense, 1989.

SOUSA, Mauro Wilton de. "Jovens e telenovela: seduções da vida cotidiana". *In:* PACHECO, Elza Dias (org.). *Comunicação, Educação e Arte na cultura infanto juvenil*. São Paulo: Loyola, 1991.

SOUSA, Mauro Wilton de (org.). *Sujeito, o Lado oculto do receptor*. São Paulo: ECA/USP/Brasiliense, 1995.

# PERGUNTAS À TELEVISÃO E ÀS AULAS DE GEOGRAFIA: CRÍTICA E CREDIBILIDADE NAS NARRATIVAS DA REALIDADE ATUAL[1]

*Wenceslao Machado de Oliveira Jr.*

> A verdade é a verdade, diga-a Agamenon ou seu porqueiro.
> Agamenon: De acordo.
> O porqueiro: Não me convence.
> *Antonio Machado/Juan de Mairena*

Um dos ensaios do livro *Pedagogia profana*, de Jorge Larrosa, inicia-se com a epígrafe acima. O título do ensaio é "Agamenon e seu porqueiro" e seu autor salienta que o segundo não é dono de nada, nem mesmo dos porcos que cria, enquanto o primeiro é proprietário de tudo, inclusive dos porcos e do próprio porqueiro.

Larrosa não irá dedicar-se a nenhum desses dois personagens, aquele que tem todo o poder, inclusive o de dizer a verdade, e aquele que não tem poder algum, mas duvida de a verdade ser uma só. O personagem que interessará a este autor e também a mim, neste ensaio que ora inicio, é aquele pronunciador da primeira frase: "A verdade é a verdade, diga-a Agamenon ou seu porqueiro". Larrosa escreve que

> [...] minha suspeita é que essa primeira sentença foi cunhada por outro servidor de Agamenon, ao qual poderíamos chamar seu "filósofo". Sem dúvida, Agamenon tem uns quantos servidores que garantem sua força física, seu poder sobre os porcos e a vida de seus súditos. Mas, certamente, conta também com alguns servidores que garantem sua força "simbólica", isto é, seu poder sobre as mentes e as consciências. Alguns reforçam o poder de seu braço, outros asseguram o poder de sua verdade. E para assegurar o poder de sua verdade é conveniente que essa verdade seja reconhecida como a verdade, isto é, que apareça como independente da força. Por isso o que faz o filósofo de Agamenon é fixar as regras do jogo da verdade ou, se quiserem, as condições da luta pela verdade (pp. 151-152).

Mais à frente no ensaio, este autor irá misturar a palavra "verdade" com outras como "objetividade", "realidade", "certeza", justificando que "na época moderna é a mesma coisa dizer 'é verdade' e 'é certo' ou 'é seguro' ou 'é objetivo' ou, até mesmo, 'é real'" (p. 152).

Interessam a mim duas ideias constantes nas citações acima. A primeira: a Verdade (e a Realidade), para que seja tida como a única, precisa parecer desprovida da Força, ou seja, *ela seria a Verdade simplesmente por ser a Verdade*, diga-a quem quer que for. A segunda: pensar a Verdade (e a Realidade) como coisas já existentes, das quais estamos mais ou menos próximos, tem perdido espaço para o pensamento da Verdade e da Realidade como coisas que *nós mesmos construímos e damos existência em nossos discursos e práticas sociais*.

Peço ao leitor que guarde essas ideias na memória e pense nos momentos e formas com que elas se manifestam em seu cotidiano escolar.

Voltemos aos três personagens da epígrafe inicial. Em qual dos três, nós professores, nos reconhecemos? Reconheci-me no "filósofo", naquele que serve, de maneira anônima, ao Imperador. Também o autor do ensaio diz serem os professores bons exemplos atuais do "filósofo" de Agamenon, aquele que legitima a Verdade (e a Realidade) do Imperador como sendo a de todos.

Ao assumir o papel do falante anônimo, ao exercer a realidade do poder, temos ao nosso lado Agamenons de nosso tempo: a Ciência (com seus aparatos teóricos e práticos de produção da Realidade ou de realidades) e o currículo oficial (com seus PCNs pretendendo universalidade para suas Verdades).

Temos assumido, com frequência, a versão científica (e/ou) oficial da realidade e ensinando-a como se ela fosse a única possível, a verdadeira. Nós a ensinamos sem indicar as origens (tanto no tempo, quanto de grupo social) desta versão, como se ela nos tivesse sido dada por obra divina... pela universidade (e seus especialistas), como se esta última não fosse composta por pessoas e interesses tantas vezes divergentes... mas tantas mais vezes por interesses convergentes, configurando-se como um agente social poderoso na determinação do que é crível, confiável, real, verdadeiro.

Pensando-nos como sendo o "filósofo" servidor de Agamenon, faço uma proposta para pensarmos se a convivência com a televisão (e o cinema) não estaria permitindo aos nossos alunos uma crítica daquilo que ensinamos a eles. Uma vez que temos assumido, em grande parte de nossas aulas, a versão científica e/ou oficial da atualidade – sem, no entanto, indicar para eles serem essas versões passíveis de dúvida, ou seja, nós as "damos" aos alunos como se elas fossem a Verdade acerca daquele assunto ou território –, e se essa versão do mundo os oprime, por ser refratária aos conhecimentos de que eles já dispõem, as narrativas televisivas poderiam estar sendo entendidas por eles como algo mais crível, confiável, verdadeiro e real?

São dois modos de apreensão do mundo: as generalizações propostas pelo modelo hegemônico na escola (tomado emprestado das ciências) e a "pontualização" realizada nos meios audiovisuais. O mapa indica que a língua falada em Nova York é o inglês. Vemos um filme em que os personagens conversam em espanhol em plena tabacaria nova-iorquina, um lugar público. O filme problematizou o mapa, indicou os limites do modelo de conhecimento que generaliza os fatos, que prioriza a maioria em detrimento do detalhe. O filme não seria até mais justo e "democrático", ao tornar visível aquilo que vinha sendo invisível pelo contato somente com o mapa? Dizemos em nossas aulas que é preciso seguir a lei, para que não sejamos punidos pelos poderes públicos que garantem a ordem. O telejornal mostra o juiz apelidado de Lalau (em referência menos ao seu nome que a ser ele considerado um ladrão) lendo jornal tranquilamente em um jardim. Que punição é esta que a lei dá?

O pontual, o único, o singular, questiona as generalizações, normalmente fáceis e desproblematizadas, que estamos acostumados a assumir em grande parte de nossas aulas.

O que estou chamando de "pontualização" é ao mesmo tempo uma universalização, pois há a identificação de todos com aquele único ser (objeto, pessoa etc.) mostrado. Mostra-se um único "exemplar" e ele é estendido para todos de sua "espécie". Este é um processo que tem concretização em quem está recebendo a imagem, pois esta é entendida como um ser singular (um gato preto, uma mesa-redonda) e, ao mesmo tempo, como um signo de algo mais geral (todos os gatos, todas as mesas).

Da mesma maneira, outra característica dos audiovisuais está embasada em nossa tradição de generalizar as poucas imagens/informações que temos de um lugar para todo o território e sociedade de que este lugar faz parte. Desta forma, se somente tenho imagens de casas pobres e amareladas na Faixa de Gaza, imagino todos os fatos que lá ocorrem neste ambiente seco e arenoso e teria dificuldades em imaginar (e de acreditar) a existência de condomínios fechados com casas no estilo ocidental nesse território.

Enquanto nossas narrativas escolares seguem normalmente o modelo generalizante do discurso científico, as narrativas audiovisuais seguem uma proposta típica da literatura que é a de uma visão mais pontual e aproximada. Se temos uma certa dificuldade de nos encontrarmos enquanto pessoas nas estatísticas e mapas, temos uma grande facilidade de nos colocarmos no corpo de algum dos personagens dos produtos audiovisuais e sentirmos que eles falam mais da vida e do mundo real que nossas aulas que se pautam por utilizar o método da generalização.

Creio que nós, professores de Geografia, estamos construindo em nossas narrativas acerca do espaço geográfico atual, uma realidade desprovida de força para se fixar na memória, justamente por não incluir nessas narrativas as experiências e imagens pessoais acerca do espaço geográfico.

Estou generalizando, sabedor de que, em muitos momentos e em muitas escolas, temos conseguido construir em nossos alunos a versão científico-escolarizada do espaço geográfico com mais solidez e persistência. Como temos alcançado essas exceções? Em que medida temos nos aproximado das "metodologias" de sedução e manutenção do espectador, utilizadas nos produtos em linguagem audiovisual veiculada nas redes de televisão? Quais as estratégias de entretenimento do aluno que temos lançado mão que foram moldadas, segundo o exemplo dado nos programas de televisão? Criação de expectativas, "chamadas" fortes, redução dos processos a momentos mais chamativos ou que dispomos de imagens mais vibrantes...

Ao assumir dois modos de construção da realidade, um problematizando o outro, dificultaríamos um deles assumir a fala do ditador na vida das crianças e adolescentes que frequentam a escola. Inseriríamos a possibilidade da crítica de fato, pois, do modo como temos feito, dando a versão da ciência, sem dizer quem a produziu e como esta versão foi produzida, estamos dizendo: "a verdade é a verdade, diga-a Agamenon ou seu porqueiro".

Estamos sendo, nós, professores, os enviados do poder para convencer a população de que o que é dito pelos "especialistas em teorias" é a única verdade a ser considerada, visto ser ela, a Verdade, a única existente. Estamos tirando a palavra das pessoas, consequentemente estamos retirando delas a possibilidade de participação no espaço público de discussão e elaboração das prioridades do presente, das construções de futuros e das escavações de passados.

No entanto, nós não somos defensores da ordem vigente. Queremos alterá-la, transformá-la, torná-la mais justa. Mas lutamos para que todos os alunos tenham o mesmo tipo de formação, aquela indicada pelos próprios poderes estabelecidos!!? Falo aqui da aprovação no vestibular e do ingresso na universidade (e no modelo de conhecimento e visão de mundo que ela prega e produz). Esse é nosso desejo e nossa luta?!!

Não creio que sejamos homogêneos em nossos sonhos e métodos de maior justiça, igualdade, felicidade. Há críticas à *versão* científica de mundo no interior mesmo das universidades. Outras formas de conhecimento têm sido valorizadas e consideradas como amparos muitas vezes mais significativos, para o alcance das liberdades, das verdades, da justiça.

Talvez não sejamos tão homogêneos, também, em nossa aceitação da formação proposta pelo Estado (referendada em especialistas acadêmicos), mas certamente somos mais coesos quando lutamos contra esse outro tipo de formação tributária da convivência de nossos alunos com os meios audiovisuais de comunicação. Por que isso acontece? Será porque encontramos nessa formação televisiva a cara dos poderosos, daqueles que se beneficiam da ordem social vigente? Lá estaria impresso o rosto dos maiores e mais fortes Agamenons de nossos dias? Ou seriam outros os motivos principais que em nós gerariam tamanha desconfiança e uma certa belicosidade com o conhecimento produzido e veiculado nos meios audiovisuais de comunicação, notadamente, na televisão?

Penso ser, por uma intuição ou crença, ou ainda clareza, enfim, seja lá o que for, penso ser devido a termos já reconhecidos que a realidade e a verdade acerca do espaço geográfico atual têm sido construídas, diariamente, por este meio de comunicação de massa. E mais, que essa construção se dá, muitas vezes, apoiando-se nos conhecimentos que ensinamos em nossas aulas acerca deste espaço geográfico, muitas vezes desconstruindo-os. Para completar, esses conhecimentos escolarizados que, esparsos e dispersos, têm sido apropriados pela televisão em sua *narrativa da atualidade*, não têm se configurado fortes o suficiente para serem uma alternativa de pensamento acerca da realidade e da verdade do espaço geográfico apresentadas pelas redes de televisão.

Esses conhecimentos têm sido, na verdade, sugados para dentro da "lógica espetacularizadora" do real que predomina nas emissoras brasileiras de televisão aberta. Exemplificando: em vez dos nossos alunos e ex-alunos pensarem o espaço geográfico a partir de processos (tanto físicos quanto sociais) que se desenrolam no tempo, eles o pensam como um amontoado de acontecimentos memoráveis. Melhor dizendo, em vez de pensarem o espaço atual como sendo fruto, em grande medida, de processos longos e constantes que estão ocorrendo ou ocorreram, pensam este espaço como um conjunto de fatos e eventos (imagens e sons) fantásticos e únicos, geralmente não os articulando com os processos que subjazem a eles. Metaforicamente, eles se lembrariam do dia e do jeito como ocorreu o catastrófico soerguimento dos Andes, mas não fariam ideia dos milhares de anos de deposição de material erodido que deram origem e materialidade a essas montanhas, pois essa deposição é um processo lento, constante e silencioso (dificilmente captado por imaginárias câmeras e microfones que por lá estivessem), enquanto o momento do soerguimento é rápido, singular e ruidoso, facilmente captado por essas câmeras e microfones imaginários.

Nunca é demais lembrar que a imagem é contundente.

O contexto de minhas reflexões seria este acima, exposto em poucas palavras no resumo de Mauro Wilton de Souza para seu texto "Juventude e os novos espaços sociais de construção e negociação de sentidos": "Escola e mídia vivem hoje relação de conflito, quando não, de fragilidade de parcerias" (1997, p. 47).

Neste momento, minhas preocupações com a formação do licenciado em Geografia são orientadas por algumas das perguntas já colocadas anteriormente e por outras tantas que ainda aparecerão neste texto.

Esta busca, no entanto, tem-se dado em alguns flancos e gostaria de apresentar, neste texto, aquele que aproxima, por meio da ideia de *narrativa*, dos produtos elaborados em linguagem audiovisual e das nossas aulas. Seriam eles dois modos diferentes de *narrar* aos nossos alunos as realidades ou a Realidade, como querem muitos. Tanto nós, professores, em nossas aulas, quanto os produtores e divulgadores dos diversos programas audiovisuais, notadamente os telejornais e os documentários, mas também, e de maneira especialmente intensa, as obras ficcionais[2] e os comerciais, estamos a *contar*, a *apresentar* aos nossos alunos alguma *versão* acerca do mundo atual.

Nossas aulas são discursos e práticas sociais nos quais elaboramos uma dada realidade espacial com nossos alunos; portanto, posso pensar que nossas aulas de Geografia são *narrativas* acerca do espaço geográfico, seu aspecto e seus processos.

Seja por meio de tabelas, textos escritos, palavras e frases encadeadas numa aula expositiva sobre os belts dos Estados Unidos, seja numa série de televisão que se passa em Nova York, num comercial do Malboro com o Grand Canyon ao fundo, ou numa notícia veiculada em um telejornal acerca da ação da polícia americana durante um sequestro, estamos a produzir e receber *narrativas* acerca dos Estados Unidos, "ajuntando-as" em nossa pessoa concreta que terá inúmeras *narrativas* (em palavras, imagens, sons, gráficos, desenhos etc.), penetrando nossa *versão pessoal* acerca dos Estados Unidos; esta *versão*, sendo ela própria uma *construção narrativa* acerca deste território ou espaço geográfico específico.

Neste caminho de aproximação entre aulas e programas há uma pergunta central que ando perseguindo: como e por que se interpenetram esses dois discursos (essas duas narrativas) acerca da realidade atual?

Esta pergunta vai subdividindo-se em outras tantas, à medida que nos debruçamos sobre os produtos concretos que visamos entender e aproximar: o quanto nossas aulas têm vínculos com os produtos audiovisuais e quanto estes produtos têm a ver com nossas aulas? Não só em termos de conteúdos e apropriações mútuas, mas, principalmente, em termos de estruturas narrativas. Ou melhor, de que maneira os produtos audiovisuais têm se apropriado de nossas narrativas didáticas e generalizantes e o quanto temos assumido, em nossas aulas e unidades de programa, certas características presentes nos produtos audiovisuais?

Outras perguntas que esmiuçam estas mais gerais: Em que medida temos nos aproximado das "metodologias" de sedução e manutenção do espectador, utilizadas nos produtos, em linguagem audiovisual, veiculados nas redes de televisão? Quais as estratégias de entretenimento do aluno de que temos lançado mão, que foram moldadas segundo o exemplo dado nos programas de TV? O quanto ou quantas das nossas aulas têm-se tornado miméticas ao modelo Globo Repórter, por exemplo? O que seria esse modelo?

Mais perguntas, não menos importantes, acompanham-me, no sentido de entender a relação que professores concretos têm com os produtos em linguagem audiovisual: por que as relações entre professores e produtos audiovisuais, principalmente os ficcionais, são de alguma maneira tensas, como se estes últimos, ao mesmo tempo que vêm em nosso auxílio, anunciassem nossa derrota?

Por que há tanta desconfiança nos professores acerca dos conteúdos em imagens e sons dos produtos audiovisuais e, ao mesmo tempo, uma atitude frequentemente acrítica diante dos gêneros do documentário e do telejornal nestes mesmos professores?

Busco, com tantas perguntas, entender melhor como essas narrativas são construídas e tento estabelecer paralelos entre elas. Neste primeiro momento, dedico-me ao entendimento de como a *realidade atual* é construída e apresentada nos e pelos meios audiovisuais de produção e veiculação. Essa *realidade atual*, que é algo muito caro ao professor de maneira geral, é extremamente cara ao professor de Geografia, por este último se considerar como sendo aquele, entre os professores, que revelará aos alunos a realidade do mundo existente hoje.

Tenho "perguntado" aos produtos audiovisuais quais as maneiras que eles utilizam para nos convencer a acreditar em suas narrativas. Afinal, nós já aprendemos a desconfiar deles. Assistimos aos veículos em linguagem audiovisual, num clima de extrema desconfiança ou, no mínimo, de desconfiança muito maior que dos veículos impressos.

Neste caminho, tenho partido das palavras de Milton José de Almeida:

> Uma mensagem que se faz aparecer em formas plásticas, na televisão ou no cinema, não é simplesmente uma mensagem retórica, que explicamos com palavras destacadas da imagem que a configurou. Costumeiramente, as pessoas explicam a "mensagem" de um filme ou programa de televisão, como se a forma em que apareceu tivesse um sentido separado das palavras que a explicam. A interpretação deve ser verbal e visual ao mesmo tempo (1999, p. 13).

As informações das quais nos utilizamos para construir e sustentar nossos pensamentos e aulas (enfim, nossas *narrativas*) não podem ser despregadas dos "materiais" com os quais elas foram "confeccionadas" (organizadas, montadas, editadas, produzidas), uma vez que a própria credibilidade delas está vinculada a essa "origem", tanto "material" (tipo e qualidade das imagens, sons, palavras, gráficos, mapas, livros, fórmulas etc.), quanto da "fonte veiculadora" (o professor, o livro do autor tal, a emissora sicrana, o jornal fulano etc.). Assim, a informação não é constituída apenas dela mesma, ou melhor, ela mesma é o conjunto de coisas que deu origem a ela, seja a desconfiança da emissora à qual assistimos, seja a não nitidez dos sons e das imagens veiculadas. Essas últimas, tendo sido captadas pela câmera de algum amador, são exatamente aquilo que fazem essas imagens e sons (captados sem prévio acordo) mais confiáveis de serem o reflexo do fato ocorrido.

Nós recebemos essas imagens e sons e, caso creiamos em sua veracidade, incorporamos estas informações ao nosso *repertório de realidade atual*. Esse *repertório de realidade* é constituído não apenas pelas informações que recebemos, pois elas (as informações) estão prenhes dos "materiais" (das linguagens) que lhes deram origem, que as sustentam como verdadeiras em nós e em nossa avaliação de sua credibilidade. A credibilidade da informação está no interior mesmo da informação memorizada e tornada integrante de nosso *repertório de realidade*.

Se nos últimos anos caminhamos muito, no que se refere a desenvolver um senso crítico mais sutil e aguçado acerca das fontes de onde nos chegam as informações, creio estarmos desprovidos de sutilezas e conhecimentos que nos permitam "colocar à prova" as origens "materiais" dessas informações. E isso é agudamente significativo no que se refere às informações recebidas via televisão.

Assistimos à televisão num universo de muita desconfiança. Mas essa desconfiança concentra-se nas "fontes veiculadoras", levando as emissoras a construir a credibilidade de si própria e das informações por elas veiculadas no interior mesmo da notícia, com as imagens e sons que dão existência a esta última. Talvez, justamente por isso, os amparos de credibilidade e as garantias de confiabilidade são constantemente criados e destituídos de sua força de convencimento e tranquilização.

É importante lembrarmos das palavras de Milton José de Almeida, ao dizer que as informações recebidas da televisão não podem ser desvinculadas das imagens e sons que as configuraram. As características "estéticas" das imagens (embaçamento, tonalidade das cores, nitidez ou desfocamento, enquadramentos estranhos, bolas pretas cobrindo o rosto etc.) conjugadas com as dos sons ouvidos (entonação, interrupções, gaguejamentos, hiatos de fala, oscilação de volume, intromissão de sons fora da cena etc.) contêm grande parcela dos sentidos e significados que colocamos naquela informação, bem como amparam ou desamparam a informação em maior ou menor credibilidade junto aos diversos públicos.

Todos temos conhecimento dessa linguagem e de muitas de suas "estruturas" e gêneros, mas temos pouca reflexão acerca dela mesma, apesar de muita reflexão acerca das emissoras que se utilizam dela para construir seus produtos e discursos. Quanto maior o conhecimento de que dispomos de uma determinada linguagem (neste caso, a audiovisual), mais nos sentimos à vontade para a utilizarmos em nossas aulas, pois nos sentimos menos desarmados diante dos produtos construídos com ela.

Tenho desenvolvido, junto aos meus alunos, certas *metodologias de aproximação e contato* com essas *narrativas em imagens e sons*, de modo a facilitar um contato mais pormenorizado e crítico com esses produtos, notadamente com os "materiais" que lhes dão origem, fazendo com que nossas avaliações acerca da *quantidade de verdade e realidade* que cada produto audiovisual tem possam apresentar mais sutilezas e novas "portas de entrada", permitindo-nos o desenvolvimento de interpretações mais acuradas e tranquilas das narrativas audiovisuais, assim como temos das narrativas escritas e faladas.

O objetivo é desenvolver formas para uma aproximação preliminar destas narrativas audiovisuais, tranquilizando nosso contato com elas e franqueando aos alunos maneiras de se aproximar destas imagens e sons com mais criticidade e inteireza.[3]

Neste primeiro momento, temos realizado duas estratégias, bastante simples apesar de trabalhosas, de aproximação desses produtos em linguagem audiovisual.

A primeira delas é a realização de uma espécie de decupagem de algum produto audiovisual, seguindo o modelo genérico da tabela abaixo.

| Tempo  | Imagem | Som | Palavras |
|--------|--------|-----|----------|
| 0-2seg |        |     |          |
| 2-3seg |        |     |          |
| 3-5seg |        |     |          |
| ...    |        |     |          |

O objetivo principal é visualizar melhor a velocidade (em tempo) com que as trocas de imagens e sons ocorrem, bem como as íntimas relações existentes entre três eixos de elaboração do discurso audiovisual (imagem, som, palavra) e sua "distribuição" temporal.

Esse exercício tem gerado um aumento da sutileza (reconhecimento de detalhes e variações mínimas) na observação das imagens e sons, bem como levou ao estabelecimento de relações entre essas imagens e sons com outros universos culturais de nossa sociedade, promovendo cruzamentos bastante profícuos para um entendimento mais aprofundado das produções audiovisuais, principalmente no que se refere às suas relações com a utilização e elaboração de nossa memória visual contemporânea.

A segunda "metodologia" de aproximação seria voltada para as "estruturas narrativas" dos produtos audiovisuais, buscando identificar as características dos seus muitos e variados gêneros, bem como relacioná-los à "cultura do entretenimento". Neste momento, o olhar estará voltado para a obra inteira e não mais para os seus detalhes, como no exercício anterior. Para isso, proponho as duas perguntas abaixo a cada produto audiovisual a que assistimos:

Quais os
amparos de credibilidade
ou confiabilidade de que
esta reportagem ou filme
lança mão
para convencer o espectador?

Quais os
recursos de sedução
ou manutenção
do espectador
presentes nesta
reportagem ou filme?

Elas são feitas num mesmo momento, para que sejam "respondidas" conjuntamente. O principal objetivo é cruzar os vínculos desses produtos com o universo do entretenimento, com seus vínculos e compromissos com o universo da produção da notícia e da atualidade. Estes últimos tendem a ser mais fortes nos telejornais e documentários e mais fracos nos filmes de ficção e novelas, mas nem sempre isso se confirma.

A ideia é entender a construção da credibilidade de cada história ou notícia vinculada com a intenção de manter o espectador diante da tela. Os dois objetivos concretizam-se de uma única forma (em imagens e sons) cumprindo, no comum das vezes, os dois papéis. A busca de maior credibilidade não está desvinculada à própria construção de inteligibilidade e sedução da notícia/informação ou filme ficcional.

Como resultado das observações feitas a partir dessas duas perguntas, temos identificado uma penetração relativamente intensa, nos dias atuais, das estruturas tipicamente ficcionais nos programas documentais ou de notícias, bem como a, cada vez maior preocupação com a verossimilhança dos cenários e figurinos nas produções ficcionais, principalmente aquelas que estão baseadas em fatos acontecidos, nas novelas e filmes "de época", seja essa época o passado seja a atualidade.

Os recursos de construção e ampliação de credibilidade de alguma notícia/informação são normalmente desconhecidos da maior parte das pessoas e mesmo os chamados especialistas convivem com preocupações frequentes, pois este é um campo muito dinâmico que vem se tornando ainda mais complexo e tenso, à medida que a ideia de Verdade e Realidade preexistentes vai dando lugar ao pensamento de que verdades e realidades são produtos humanos, ligados às práticas sociais e aos discursos elaborados pelas pessoas, instituições e grupos sociais.

Numa análise mais acurada e pormenorizada de qualquer notícia/informação veiculada em telejornais, descobriremos inúmeros *amparos de credibilidade* presentes nos poucos momentos em que ela está sendo veiculada. Num estudo recente[4] encontrei uma gama muito variada desses amparos, desde a gritante diferença de nitidez visual entre as imagens captadas pela própria emissora (quando o repórter estava na tela) e aquelas que diziam respeito ao fato relatado (entrada ilegal de estrangeiros na Inglaterra), até a edição/montagem da fala do repórter como legendação das imagens, passando pelas sutis diferenças de volume na voz do repórter ou os ainda mais sutis desfocamentos e embaçamentos de certas partes das imagens.

Uma vez que algumas "características estéticas" são legitimadas pelo público, ou parcela dele, como sendo muito confiáveis, elas passam a ser utilizadas, deliberadamente, para construir a credibilidade dos fatos apresentados. Mas neste meio em que impera a desconfiança, os amparos de credibilidade e confiabilidade são construídos e desconstruídos com uma certa rapidez. Muitas vezes é da produção ficcional que nos chega o alerta de que talvez estejamos acreditando demais em um cerro tipo de "estética audiovisual". Este foi o caso do recente filme *A Bruxa de Blair*. Feito com imagens e sons que estavam próximos à "estética" das filmagens amadoras – enquadramentos insólitos, "balanço" das imagens devido ao balanço da câmera, desfocamentos constantes, sons inaudíveis ou pouco nítidos – o filme ganhou fama e público porque nos colocava diante de uma sequência de imagens e sons que pareciam *mais reais e verídicos* que os demais filmes de ficção. No entanto, todas as filmagens estavam previamente roteirizadas. Este filme estaria a nos dizer: é possível produzir imagens de qualidade ruim para que possam ser usadas como amparos de credibilidade em algum programa ou emissora; desconfie da veracidade de imagens e sons com esse tipo de "estética amadora".

Da mesma forma, mas de maneira algo invertida, o filme *Nós que aqui estamos por vós esperamos* nos apresenta uma montagem feita, basicamente, com imagens de arquivo, captadas em sua maioria sem roteirização prévia, e nos conta inúmeras histórias fictícias, a partir delas. As imagens seriam, então, mais críveis que as pequenas histórias nele contadas? Mas como, se são justamente essas histórias que dão vida e sentido a estas imagens? E mais, seria possível descolar a música que ouvimos do sentido que vamos dando àquelas imagens e histórias? Mas a música não estava lá quando as imagens foram captadas, então... Como diria Roy, o replicante loiro de *Blade Runner*, a um de seus criadores: "Perguntas". Tantas ainda a fazer.

## Notas

1 Este ensaio teve origem em uma fala e por isto preservou muito de sua oralidade original, como certas redundâncias, hiatos e linhas de fuga... Agradeço a Carlos Santos Machado Filho, Maria Isabel Nogueira Tuppy e Valéria Cazetta as sugestões dadas ao texto original.

2 Há pouco mais de um ano, durante um curso para professores de Geografia em Minas Gerais, a fala de uma participante do curso foi reveladora de como os produtos audiovisuais ficcionais podem se tornar referência de interprertação e análise. Apresento o relato aproximado da conversa entre a referida professora e eu:

– Eu adoro os Flinstones. O cassino deles é igual a um cassino real, só que as fichas são de pedra.
– Onde você viu um cassino real?
– Bem, eu só vi na TV.
– E você se lembra em que programa? Algum documentário ou filme?
– Ah, foi em filmes que vi. Nunca vi um documentário sobre cassinos.

3 Assistimos à TV com uma "atenção desatenta". Aproximar das imagens e sons da TV é "botar reparo" naquilo que aparece diante de nós.

4 Trabalho apresentado na 23ª Reunião Anual da ANPED e publicado nos Anais em CD-ROM, GT Educação e Comunicação.

## Bibliografia

ALMEIDA, Milton José de. "A educação visual da memória: imagens agentes do cinema e da televisão". *In: Revista Pró-Posições*. v. 10, n. 2 (29) jul. 1999, Campinas: Faculdade de Educação/Unicamp.

LARROSA, Jorge. "Agamenon e seu porqueiro". *In: Pedagogia profana – danças, piruetas e mascaradas*. Belo Horizonte: Autêntica, 1999.

OLIVEIRA JR., Wenceslao Machado de. "Realidades ficcionadas – palavras e imagens de um telejornal brasileiro". *In: Anais da 23ª Reunião da ANPED*. (CD-ROM). Caxambu: GT Educação e Comunicação, 2000.

SOUZA, Mauro Wilton de. "Juventude e os novos espaços sociais de construção e negociação dos sentidos". *In: Revista Educação & Realidade*. v. 22, n. 2 jul./dez. 1997, Faculdade de Educação/UFRGS.

## Filmografia citada:

*A Bruxa de Blair*. Estados Unidos, 1999.
*Blade Runner*. Estados Unidos, 1982.
*Nós que aqui estamos por vós esperamos*. Brasil, 1999.

# AVALIAÇÃO ESCOLAR EM UMA PERSPECTIVA PARTICIPATIVA

*Sandra Maria Zákia Lian Sousa*

O desafio de vivenciar a avaliação, como meio de aprimoramento do trabalho escolar, coloca-se para a escola em sua totalidade. Portanto, seu enfrentamento extrapola iniciativas que se realizem no âmbito de cada área do conhecimento, supondo um movimento de análise da cultura excludente que permeia o trabalho escolar, bem como o desejo de sua transformação, com envolvimento dos profissionais, alunos e pais.

Com tal entendimento, optei por direcionar minhas considerações sobre avaliação para uma apreciação de seu significado, no contexto escolar, não focalizando especificamente sua vivência no processo de ensino e aprendizagem em Geografia, abordando quatro pontos:

- Necessidade de construção de uma sistemática de avaliação da escola como um todo;
- Articulação entre avaliação e projeto da escola, ou seja, o projeto de escola, como referência para se pensar a avaliação;
- Avaliação e melhoria do trabalho escolar;
- Características de um processo avaliativo.

## Avaliação escolar: para além da avaliação do aluno

A avaliação é parte integrante da vida cotidiana, uma vez que, constantemente, estamos avaliando. Emitimos, espontaneamente, julgamento em relação aos acontecimentos, pessoas, ideias que se apresentam em nosso dia a dia. Expressamos nossa aprovação ou não, por meio de verbalizações, expressões faciais ou corporais, baseando-nos em padrões de julgamento muitas vezes intuitivos ou subjetivos. Expressamos o quanto gostamos ou não "disso"; o quanto é bom ou não "aquilo".

Assim, quando pensamos em avaliação na ou da escola, temos de ter presente que, independentemente de procedimentos formais de avaliação, cada integrante da instituição atua como avaliador, na medida em que está sempre avaliando as ações que vêm sendo desenvolvidas, as mudanças que vêm ocorrendo em decorrência do trabalho que está sendo realizado, na medida em que emite julgamentos sobre os resultados que vêm sendo obtidos.

Em realidade, avaliações dos vários integrantes da escola, bem como das diversas dimensões do trabalho escolar, sempre ocorrem, no entanto, de modo informal. Por exemplo: os professores são avaliados pelos alunos, por seus pares, pelos técnicos e dirigentes da escola; o diretor e outros profissionais são avaliados pelos alunos e professores; a infraestrutura disponível é sempre analisada como fator facilitador ou dificultador do trabalho; o currículo é objeto de apreciação, particularmente pelo corpo docente; as relações de trabalho e de poder são analisadas quanto ao seu potencial de promoverem ou não um clima favorável para o desenvolvimento do trabalho.

Tradicionalmente, a avaliação que se realiza de modo sistemático na escola é a direcionada para o aluno, sem que os resultados dessa avaliação sejam referenciados ao contexto em que são produzidos. O fracasso ou sucesso escolar são considerados em uma dimensão individual, não sendo tratados como expressão do próprio sucesso ou fracasso da escola.

A partir do entendimento de que o desempenho do aluno deve, necessariamente, ser analisado de modo contextualizado, decorrem iniciativas direcionadas à construção de propostas de avaliação institucional, visando contemplar processos e procedimentos sistematizados de avaliação da escola.

Tal posição reflete o entendimento de que a escola deve ser avaliada em sua totalidade em que se integra a avaliação do desempenho do aluno, não sendo possível pensar-se em modificar a sistemática vigente de avaliação dos alunos, sem encarar uma transformação global da instituição. Impõe-se, nesta perspectiva, que seja vivenciada a avaliação da escola, de forma sistemática, para além da avaliação do aluno.

No entanto, da ampliação do conceito de avaliação escolar não decorre, necessariamente, a incorporação de uma perspectiva democrática ou participativa no modo de vivenciá-la. Assim, para analisarmos em quais pressupostos se assenta uma dada proposta avaliativa é preciso que busquemos respostas a questões como:

- Com que finalidades é realizada a avaliação?
- O que é avaliado?
- Como é feita a avaliação?
- Quem faz a avaliação?
- Quando é realizada?

- Que informações são coletadas?
- Que critérios são utilizados para julgar as informações?
- Quem decide que ações desencadear a partir dos resultados da avaliação?

A resposta a essas questões possibilita que se expresse qual a concepção de avaliação que está sendo vivenciada e que princípios e compromissos estão norteando o trabalho. O caminho escolhido para vivenciar a avaliação é expressão do projeto educacional assumido pelos que integram a instituição.

## PROJETO DE ESCOLA: PONTO DE PARTIDA E DE CHEGADA DA AVALIAÇÃO

O ponto de partida para se discutir que perspectiva de avaliação institucional será assumida por uma dada escola, respondendo assim às seguintes questões:

Qual é o nosso projeto educacional? Quais os princípios que devem orientar a organização do trabalho escolar? Qual é o nosso compromisso com os alunos desta escola e, para além deles, com a construção de uma escola pública de qualidade? O que entendemos por qualidade?

Responder a essas questões resulta na explicitação das intencionalidades, expectativas e compromissos dos participantes da ação educativa, cabendo à avaliação, como dimensão intrínseca do processo educacional, contribuir para a construção dos resultados esperados.

Portanto, não é possível pensarmos em um modelo único de avaliação que atenda a todas as escolas, pois para que este ganhe significado institucional precisa responder ao projeto educacional e social em curso. É importante termos em conta a multiplicidade de valores presentes entre as diversas unidades escolares e em cada uma delas, bem como a clareza de que é preciso trabalhar a partir dessa diversidade, na construção do Projeto de Escola, que é a referência para a proposição da sistemática de avaliação.

Vale lembrar que, muitas vezes, não se tem clareza quanto ao projeto realmente vivido pela instituição e, neste caso, a avaliação pode se constituir em um caminho para explicitação do projeto em curso.

## NESSA PERSPECTIVA... O QUE SE ENTENDE POR AVALIAÇÃO?

A avaliação se constitui em um processo de busca de compreensão da realidade escolar, com o fim de subsidiar a tomada de decisões quanto ao direcionamento das intervenções, visando ao aprimoramento do trabalho escolar. Como tal, a avaliação compreende a descrição, interpretação e o julgamento das ações desenvolvidas, resultando na definição de prioridades a serem implementadas e rumos a serem seguidos, tendo como referência princípios e finalidades estabelecidas no Projeto da Escola, ao tempo em que subsidia a sua própria redefinição. (Sousa, 1995, p. 63)

Para que o processo de avaliação escolar tenha o potencial de contribuir com o aperfeiçoamento das ações em desenvolvimento deve revestir-se de características (Sousa, 1995, p. 64), tais como:

- Ser democrático, no sentido de considerar que os integrantes da ação educativa são capazes de assumir o processo de transformação da educação escolar;
- Ser abrangente, significando que todos os integrantes e os diversos componentes da organização escolar sejam avaliados;
- Ser participativo, prevendo a cooperação de todos, desde a definição de como a avaliação deve ser conduzida até a análise dos resultados e escolha dos rumos de ação a serem seguidos;
- Ser contínuo, constituindo-se efetivamente em uma prática dinâmica de investigação que integra o planejamento escolar em uma dimensão educativa.

Ao discorrer sobre avaliação da eficácia das escolas, Thurler (1998, p. 176) observa que esta

> [...] resulta de um processo de construção, pelos autores envolvidos, de uma representação dos objetivos e dos efeitos de sua ação comum. Assim, a eficácia não é mais definida de fora para dentro: são os membros da escola que, em etapas sucessivas, definem e ajustam seu contrato, suas finalidades, suas exigências, seus critérios de eficácia e, enfim, organizam seu próprio controle contínuo dos progressos feitos, negociam e realizam os ajustes necessários.

Sem dúvida, a perspectiva de avaliação, aqui explorada, não é algo que se viabiliza nem a curto prazo nem sem embates e impasses, pois implica mudança da lógica que orienta, de modo dominante, a organização e dinâmica da escola e do sistema como um todo. Tradicionalmente, em nossos sistemas escolares, a avaliação está vinculada à ideia de seleção, classificação, premiação ou punição, representando uma ameaça aos indivíduos ou grupos.

O desafio, aqui colocado, é o de construir um processo de avaliação capaz de contribuir para tornar realidade a democratização da Educação por meio de processos e relações de trabalho que se pautem pela abertura, cooperação e confiança.

# Bibliografia

Sousa, S. M. Z. Avaliação escolar: constatações e perspectivas. *Revista de Educação AEC.*, Brasília, ano 24, n° 94, pp. 59-66, jan./mar., 1995.

Sousa, S. M. Z. Avaliação escolar e democratização: o direito de errar. *In:* Aquino, J. G. (coord.) *Erro e fracasso na escola: alternativas teóricas e práticas.* São Paulo: Summus, 1997, pp. 125-140.

Thurler, M. G. "A eficácia nas escolas não se mede: constrói-se, negocia-se, pratica-se e se vive." *In: Sistemas de avaliação educacional.* São Paulo: FDE, 1998, pp. 175-190.

# AVALIAÇÃO E GEOGRAFIA:
# O SISTEMA NACIONAL DE AVALIAÇÃO
# DA EDUCAÇÃO BÁSICA, SOB UM PRISMA

*Ivaldo Gonçalves Lima*

## Apresentação

O presente texto se delineia em torno de uma questão básica, a partir de uma experiência docente específica. A questão refere-se à capacidade de esclarecimentos alcançada pelo Sistema Nacional de Avaliação da Educação Básica (SAEB). Em outras palavras, interessa investigar, no âmbito do Ministério da Educação e Cultura (MEC), o que está sendo, ou não, revelado pelas atividades de monitoramento da qualidade do ensino básico ministrado no país. Está claro que se trata de uma questão derivada da efetivação de uma proposta circunscrita a um momento histórico determinado, ao qual já se impõem alguns pontos de tensão. O contexto imediato é aquele dos instrumentos e referências apresentados pelo MEC, exigindo de nossa interpretação a identificação e o cruzamento deste com outros contextos.

Tendo em vista o que fora indicado acima, parece lícito afirmar que o objetivo central deste trabalho é sinalizar alguns rumos e desafios interpostos ao SAEB. O caráter deste texto é francamente exploratório, posto que a experiência docente específica, aludida no parágrafo precedente, é aquela da participação na elaboração de itens de Geografia para os testes do SAEB, bem como da participação na elaboração de escalas de avaliação dos itens aplicados efetivamente pelo MEC, em todo o país, no ano de 1999. Depreende-se, com facilidade, o tom de apreciação e de depoimento que assume este texto, estruturado a partir dos contextos histórico, epistemológico, acadêmico e pedagógico relativos ao SAEB.

## Um sistema de contextos

O SAEB foi criado em 1988, já tendo realizado cinco levantamentos (1990, 1993, 1995, 1997 e 1999), apresentando como proposta geral realizar um diagnóstico sobre a educação básica, produzindo indicadores e parâmetros que possam identificar o nível de qualidade do ensino básico. Para tanto, o objetivo desse sistema é recolher informações sobre um conjunto de variáveis que permitam medir o grau de aprendizagem dos alunos da 4ª e 8ª séries do ensino fundamental e da 3ª série do ensino médio, aplicando-se provas e questionários. Sua cobertura, a partir de 1995, expandiu-se à rede particular de ensino, envolvendo as 27 unidades da Federação, efetivando-se por meio de amostras aleatórias.

Redizendo que o objetivo do SAEB é coletar informações sobre a qualidade dos resultados educacionais, sobre como, quando e quem tem acesso ao ensino de qualidade, cabe-nos caracterizar alguns contextos em que se enredam e densificam os aspectos do SAEB. Devido à dinâmica e à complementaridade entre os contextos que serão apresentados, sublinhamos que se trata de um sistema de contextos. Urge declarar que, para além do significado histórico mais explícito do termo contexto, tomado como uma unidade de concepção, uma escala, compartilhamos as ideias de Morin (2000, 36) quando assinala que "é preciso situar as informações e os dados em seu contexto para que adquiram sentido". E, por isso, acrescentamos que é necessário situá-los em um sistema de contextos.

## O contexto histórico-político

Do final da década de 1980 e ao longo da subsequente, ocorreram mudanças significativas que não foram apenas conjunturais. Basta lembrar, no que diz respeito ao universo educacional e escolar, o elenco de guias, propostas curriculares, parâmetros curriculares nacionais, avaliações institucionais, além do acirramento do embate público-privado quanto às estruturas escolares. Também é oportuno iluminar que houve uma expansão acelerada no número de alunos da Educação básica. Um incremento de 5,4% no número de matrículas no ensino fundamental, e de 21,3% no ensino médio, entre 1997 e 1999. Uma incorporação efetiva de 3,2 milhões de novos alunos. Nos últimos anos, verificou-se uma relativa queda na matrícula da rede privada, uma forte municipalização do ensino fundamental (principalmente nas quatro séries iniciais) e uma correspondente estadualização do ensino médio. Tudo isso acontecendo num período da história política brasileira, reconhecido por vários autores como uma fase de (re)democratização.

Resta saber como essas mudanças vêm ocorrendo nas distintas parcelas do território nacional e sob que condições elas se vão operando. Dos cerca de 360 mil alunos que participaram do SAEB, 1999, quantos pertenciam à rede pública e privada, ou, mesmo, como se procedeu a seleção dos 2.145 municípios onde ocorrera a prova? É preciso rigor no que chamamos "democratização", pois acesso e transparência quanto às informações básicas de um processo de avaliação fazem parte de uma perspectiva democrática. E, para não provocar o uso abusivo do termo democracia, lembramos que uma perspectiva democrática sobre a educação implica, no mínimo, rompimento com uma concepção formal da mesma e, *a fortiori*, a assunção de: 1) um acesso amplo aos sistemas escolares, 2) que garantam as condições de êxito dos alunos, como 3) expressão do ensino de qualidade estimulante à permanência discente nos quadros escolares.

A trajetória do SAEB é, por vezes, incompatível com propostas de detecção da qualidade de ensino no país. É o caso, por exemplo, de um aluno que tenha sido avaliado pelo SAEB e pelo sistema de avaliação do seu estado ou município (como ocorre em São Paulo e no Rio de Janeiro – Projeto Escola Viva, 2000). É preciso, então, observar melhor a "política da igualdade" tão preconizada nas DCNs. Como ficam os alunos das escolas técnicas em face de esses sistemas de avaliação tão padronizados? Urge maior atenção ao que as DCNs falam sobre "estética da sensibilidade".

## O contexto epistemológico

No que diz respeito ao esforço de reflexão sobre os fundamentos teórico-metodológicos que orientam a elaboração dos instrumentos de avaliação do SAEB, tratamos de localizar tal esforço num contexto epistemológico. Isso porque interessa-nos o reconhecimento das bases que sustentam e definem o conhecimento que estão sendo produzidos. Sem dúvida, os parâmetros que norteiam a construção das provas e questionários do SAEB ressaem como nosso foco de análise. E, neste sentido, o debate sobre o papel das competências e habilidades valorizadas pelo MEC vem assumindo um lugar de destaque, nos últimos anos. Mais especificamente, compete-nos o questionamento acerca de que Geografia, afinal, está sendo cobrada dos estudantes que participam do SAEB.

O discurso oficial nos informa que, em determinadas séries terminais, os alunos devem ter seus desempenhos avaliados, objetivando aferir o desenvolvimento das competências fundamentais ao exercício da cidadania. Deste objetivo geral emerge uma inquietação, pelo menos. Trata-se da dupla preocupação com respeito: a) ao que se deve entender por competências e habilidades; e b) à tensão que pode ser criada entre os conteúdos disciplinares e as competências e habilidades.

Então, no tocante à preocupação mencionada, o que nos revela a experiência com o SAEB parece ser algo relevante. A ênfase atribuída às competências e habilidades, enquanto operações mentais em si, fez ressurgir a questão dos conteúdos disciplinares e sua primordialidade, na atual reforma do ensino no país. Longe do medo dos espectros do conteudismo, oriundos da educação escolar tradicional, de corte cumulativo e transmissivo, a questão que se apresenta é outra. O ponto de vista que elucida o problema não é aquele que (re)coloca os conteúdos no ápice de uma pirâmide de valores pedagógicos. Busca-se, diferentemente, um ponto médio que permita lidar com a interação entre conteúdos e habilidades, de forma profícua. Não há dois polos antagônicos (um das competências e habilidades e um outro dos conteúdos), mas termos solidários de uma mesma formulação. Isso posto, não há por que se pensar em hierarquia entre tais termos, mas sim em uma dialógica. A premência de se articularem, coerentemente, os termos dessa questão é explícita. Destarte, no que tange à prática do SAEB, uma crítica recai sobre a ênfase que se está revelando com relação às habilidades e competências em detrimento dos conteúdos disciplinares. Poder-se-ia argumentar que certas atitudes e comportamentos traduzem habilidades e que estas, como querem alguns teóricos, são conteúdos também (Coll, C; Pozo, J; Sarabia, B; Valls, E, 1998, e. g). Contudo, essa consideração, por ora, não soluciona o problema. Senão, vejamos um aspecto do SAEB, mais de perto.

As matrizes curriculares de referência do SAEB apresentam um elenco de descritores para cada disciplina específica, de acordo com as séries finais de ciclos. Os descritores são encarados como elementos que associam conteúdos disciplinares e competências/habilidades específicas. Ocorre, porém, que tais descritores podem estar mascarando uma tendência indesejável de sobrevalorização das habilidades e competências, como havíamos sinalizado há pouco. De fato, parece ocorrer a promoção de um retrocesso quanto aos conteúdos elencados e construídos pela Geografia, forjando-se, com a matriz curricular de referência, uma espécie de camisa de força malcosturada que imobiliza, incomoda e pode arrebentar a qualquer momento. A matriz curricular de referência, na área de Geografia, proposta pelo SAEB, precisa ser revista com urgência, a fim de ser melhorada. Os conteúdos devem ser valorizados, na justa medida, inclusive no que diz respeito à sua atualidade epistemológica, correspondente aos avanços da Geografia como disciplina científica. A perspectiva do ensino e da avaliação em Geografia tem de ser emancipatória e autonomista, como sugeriu oportunamente Vesentini (1999).

## O contexto acadêmico

Uma decorrência das questões levantadas no item anterior concerne ao questionamento do papel do professor de Geografia e dos percalços de sua formação acadêmica. Balizado por princípios éticos de busca de autonomia e de responsabilidade, o docente de Geografia defronta-se com alguns estrangulamentos profissionais, face a sistemas como o SAEB. Isso em virtude de o profissional docente, que lida com os ensinos fundamental e médio, não se restringir à figura de um agente o qual reproduza, de forma simplificada, o saber universitário para um público-alvo de crianças e adolescentes. Como ressalta Jean Marechal (apud Pontuschka, 1999, 132/3), o saber objeto de ensino na escola "é um saber transformado, recomposto" e que a "transposição leva em conta a essência da estrutura da disciplina, de suas noções e conceitos estruturantes". Então, aqui desponta um problema quanto ao SAEB, pois já mencionamos que há distorções nas bases teórico-metodológicas sobre as quais assenta-se aquele sistema. Resta saber o que isso nos revela de significativo, como apontaremos adiante.

A relação entre o saber produzido nas universidades e aquele que é trabalhado nos ensinos fundamental e médio nem sempre foi unívoca, apresentando, isto sim, fortes desvios e ausências, para não falarmos em defasagens de conteúdo que distanciam ainda mais o conhecimento universitário daquele presente em níveis de ensino de escolaridades precedentes. E tal situação, de perda de elos temáticos entre a academia e as escolas do fundamental e do médio, de um cerco da divisão do trabalho acadêmico, chama a atenção de geógrafos, tais como Moraes (1989, 123) e Oliveira (1989, 141). Avaliações como as promovidas pelo SAEB findam por desnudar um impasse e o seu duplo. Primeiro, devido ao fato de que as matrizes curriculares de referência levam o docente, que lida com os ensinos fundamental e médio, a uma situação de insegurança, e mesmo impotência, diante do afrontamento entre o que se ensina nas escolas e aquilo que é efetivamente cobrado nas provas do SAEB. Em segundo lugar, o impasse acaba por se reproduzir junto às instituições de ensino que formam os licenciados nas disciplinas específicas, como a Geografia, posto que a concepção de avaliação, intrínseca ao SAEB, não parece ter um caráter orientador e cooperativo, como poderia ser.

Uma conclusão parcial, que se depreende do exposto acima, reporta-se, então, ao horizonte repleto de obstáculos que o próprio SAEB oferece aos professores de Geografia (e àqueles outros que os formam) no que diz respeito, em especial, à interpretação dos propósitos desse tipo de avaliação do desempenho escolar. Por outro lado, a clivagem público/privado acaba por incorporar-se a essa situação, agravando-a, uma vez que as exigências que recaem sobre o professor das redes de ensino oficial e particular tendem a ser mais e mais diferenciadas.

### Contexto político-pedagógico

Cabe-nos considerar, ainda, o(s) significado(s) que pode ter a proposta do SAEB, em meio à concepção de avaliação que lhe é inerente e aos seus possíveis desdobramentos. Entendendo a avaliação como um processo de investigação interpretativo, que permite julgar ou fazer uma apreciação, com base em padrões ou critérios definidos, indicamos um ponto de partida para a análise em pauta. Desnecessário, talvez, seria acrescentar que não se trata, a avaliação, de um fim em si, tampouco de um processo meramente técnico. Refletir é avaliar, como várias vezes já foi reiterado por tantos. Desta forma, como admite o próprio MEC, a avaliação gera a construção de significados e expectativas sociais (Pestana, 1999), temos aqui uma pista a ser perseguida.

Afinal, quais os significados e/ou representações e que expectativas sociais teríamos em foco?

Não se trata, em nosso caso, de interrogar a formação de um paradigma avaliatório como uma única alternativa de avaliação constituída por um sistema de exames e questionários (como nos sugere Perenoud, 1999, 78), mas sobretudo de se verificar com maior proximidade o contexto político no qual se criam e se mantêm propostas, como a do SAEB, tendo em mira seu caráter pedagógico.

Nosso ponto de vista que, para além de procedimentos de avaliação (o que é e como é avaliado), o SAEB se inscreve num contexto neoliberal, no qual certo tipo de paradigma administrativo nos é imposto, ancorado nas ideias de eficiência e competitividade. Assim, a avaliação se fundamentaria na busca de competências e eficiência balizadas por um arcabouço tecnocrático específico, como nos acena Carlos (1999, 142). Ocorre, por conseguinte, a transfiguração de um instrumento pedagógico (provas) em autêntico recurso político, capaz de (des)orientar a prática escolar, numa espécie de dirigismo ideológico, atestando-se acirrada competição entre meninas e meninos, unidades escolares, unidades da federação, governos estaduais e municipais, *inter alia*.

O objetivo de produzir conhecimentos sobre a realidade, registrado pelo SAEB, precisa, então, ser reconsiderado em sua amplitude. A culminância de um processo avaliativo deve ser uma tomada de consciência, justamente a partir dos instrumentos empregados.

Para tanto, torna-se imperioso que haja transparência e plena troca de informações ao longo de tal processo. Um dos significados gerados pela prática do SAEB é o reconhecimento de sua força, importância e alcance; e uma das expectativas sociais por ele gerada remete-se à urgência de diálogo entre os atores da comunidade educacional. A partir disto, acreditamos que o SAEB possa contribuir, com efeito, para desvelar mais do que obscurecer as facetas do ensino básico do país.

## Rumos e desafios

Os rumos definidos ou pré-configurados, com relação à avaliação proposta pelo SAEB, não podem ser interpretados sem que se vislumbrem os contextos os quais lhes atribuem sentido – este é, sem dúvida alguma, o eixo que norteia as considerações apresentadas até agora. Logo, viabiliza-se um certo elenco de perspectivas.

A avaliação do processo ensino-aprendizagem em Geografia carece de uma perspectiva mais ampla, no que versa a uma contextualização sistêmica e integrada dos conteúdos, habilidades e competências que perpassam os ensinos fundamental e médio. Quanto ao SAEB, parece oportuno registrar que uma redefinição de alguns parâmetros que o configuram impõe-se de forma candente, como, por exemplo, a revisão dos descritores dos desempenhos desejados.

Outrossim, as escalas de interpretação do desempenho, as quais referem-se aos itens efetivamente aplicados pelo SAEB, merecem uma atenção à parte. Em face dos resultados apurados nas áreas de Língua Portuguesa e Matemática – em que os níveis de desempenho se mantêm praticamente os mesmos nas últimas aplicações do SAEB – pode-se especular se na área de Geografia ocorrerá o mesmo. O painel de interpretação das escalas para o SAEB, promovido pelo MEC, em julho de 2000, reuniu especialistas de Geografia e permitiu que se entrevissem resultados parciais que atestam um desempenho ainda insatisfatório quanto aos itens aplicados em 1999.

Os desafios que surgem, a partir dos apontamentos esboçados neste texto, circunscrevem-se, sob um ângulo mais crítico, à possibilidade real de discussão ampliada em torno do SAEB, na qual os diferentes especialistas possam argumentar e contra-argumentar sobre a natureza, o papel e o sentido das provas aplicadas pelo MEC para avaliar o ensino básico. Isso equivale a dizer que há um contexto entrecruzando-se com todos os demais, anteriormente comentados, qual seja, aqueles de um processo de (re)democratização do país, onde o circuito do poder se efetive não apenas com intervenções, planejamentos e documentos oficiais a serem cumpridos, mas com a participação substantiva da sociedade civil. Para que sejam bem identificados os canais que conduzem à participação desejada, é inescapável o recurso do prisma como metáfora acolhedora e multiplicadora do nosso campo de visão.

## Bibliografia

CARLOS, A. F. "A avaliação como imposição de um 'modelo hegemônico' para a pesquisa em Geografia". *In*: CARLOS, A. e OLIVEIRA, A. (orgs.). *Reformas no mundo da educação. Parâmetros curriculares e Geografia*. GEOUSP nº 2. São Paulo: Contexto, 1999.

COLL, C.; POZO, J.; SARABIA, B.; VALLS, E. *Os conteúdos na reforma. Ensino e aprendizado de conceitos, procedimentos e atitudes*. Porto Alegre: Artmed, 1998.

MORAES, A. C. "Renovação da Geografia e filosofia da educação". *In*: OLIVEIRA, A. (org.). *Para onde vai o ensino da Geografia?* São Paulo: Contexto, 1989.

MORIN, E. *Os sete saberes necessários à educação do futuro*. São Paulo: Cortez e UNESCO, 2000.

OLIVEIRA, A. U. "Educação e Ensino de Geografia na Realidade Brasileira". *In:* OLIVEIRA, A. (org.). Op. cit. 1989.

PERRENOUD, P. *Construir as competências desde a escola*. Porto Alegre: Artmed, 1999.

PESTANA, M. I. *et al. Matrizes curriculares de referência para o SAEB*. Brasília: MEC/INEP, 1999.

PONTUSCHKA, N. N. "A Geografia: pesquisa e ensino". *In*: CARLOS, A (org.). *Novos caminhos da Geografia*. São Paulo: Contexto, 1999.

VESENTINI, W. "Educação e Ensino da Geografia: instrumentos de dominação e/ou de libertação." *In*: CARLOS, A (org.). *A Geografia na sala de aula*. São Paulo: Contexto, 1999.

VESENTINI, J. W. Sociedade e Espaço. São Paulo: Ática, 1983.

___. *Brasil – Sociedade e Espaço*. São Paulo: Ática, 1986.

___. *Sociedade e Espaço*. São Paulo: Ática, 1987.

## OS AUTORES

Álvaro José de Souza
Membro da Assistência Pedagógica da Diretoria de Ensino – Região de Botucatu – Geografia.

Amélia Luisa Damiani
Professora Doutora do Departamento de Geografia da FFLCH, USP.

Amélia Regina Batista Nogueira
Professora do Departamento de Geografia da Universidade Federal do Amazonas e doutoranda na USP.

André Roberto Martin
Professor do Departamento de Geografia da FFLCH, USP.

Ângela Massumi Katuta
Professora de Prática de Ensino e Estágio Supervisionado da Universidade Estadual de Londrina e doutoranda em Geografia pela USP.

Arlete Moysés Rodrigues
Professora Livre-Docente do IFCH, UNICAMP.

Cesar Alvarez Campos3 de Oliveira
Professor assistente do Colégio de Aplicação e de Prática de Ensino da Universidade do Estado do Rio de Janeiro.

Clézio Santos
Professor de Geografia do Centro Universitário Barão de Mauá e pós-graduando em Geografia pela USP.

Dirce Maria Antunes Suertegaray
Professora Doutora do Departamento de Geografia da Universidade Federal do Rio Grande do Sul.

Elza Yasuko Passini
Professora do Departamento de Geografia da Universidade Estadual de Maringá.

Helena Copetti Callai
Professora Doutora da UNIJUÍ, Ijuí, Rio Grande do Sul.

Herbe Xavier
Professor doutor do Departamento de Geografia e da Escola Superior de Turismo da PUC de Minas Gerais.

Ivaldo Gonçalves Lima
Professor da Universidade Federal Fluminense.

Ivan da Silva Queiroz
Professor da Universidade Regional do Cariri – urca.

Jailson de Souza e Silva
Professor da Faculdade de Educação e do curso de mestrado em Geografia da Universidade Federal Fluminense. Diretor do ceasm – Centro de Estudos e Ações Solidárias da Maré.

Jorge Luiz Barcellos da Silva
Professor de Geografia e de Especialização "Ensino de Geografia" da puc São Paulo. Professor do ensino médio.

José Willian Vesentini
Professor Doutor do Departamento de Geografia da fflch, usp.

Lívia de Oliveira
Professora do Departamento de Geografia da unesp – Campus Rio Claro.

Luciano Castro Lima
Professor de Matemática da equipe multidisciplinar do Laboratório de Pesquisa e Ensino em Ciências Humanas da Faculdade de Educação da usp.

Lylian Coltrinari
Professora Doutora do Departamento de Geografia da fflch, usp.

Manoel Fernandes
Professor da Universidade Federal do Ceará.

Marcos Antônio Campos Couto
Professor Assistente do Departamento de Geografia da Faculdade de Formação de Professores da Universidade do Estado do Rio de Janeiro e doutorando em Geografia pela usp.

Maria Adailza Martins de Albuquerque
Professora do Ensino Médio e Fundamental da Rede Pública e Privada. Mestre em Geografia e doutoranda em Educação pela Faculdade de Educação, ambos pela usp.

Maria das Graças de Lima
Professora do Departamento de Geografia da Universidade Estadual de Maringá.

Maria do Socorro Diniz
Professora Doutora do Departamento de Geografia da Universidade Estadual do Rio de Janeiro.

Maria Encarnação Sposito
Professora do Departamento de Geografia da UNESP – Campus Presidente Prudente.

Maria Lúcia de Amorim Soares
Professora de Geografia da Universidade de Sorocaba – UNISO.

Maurício Compiani
Professor do DGAE-IG, UNICAMP.

Nestor André Kaercher
Professor na Faculdade de Educação da Universidade Federal do Rio Grande do Sul e doutorando em Geografia pela USP.

Nídia Nacib Pontuschka
Professora Doutora da Faculdade de Educação da USP.

Rachel Soihet
Professora do Programa de Pós-Graduação em História da Universidade Federal Fluminense.

Regina Festa
Professora Doutora do Departamento de Cinema, Rádio e Televisão da ECA, USP.

Rita de Cássia Martins de Souza Anselmo
Doutora em Geografia pela UNESP – Campus de Rio Claro.

Rosângela Doin de Almeida
Professora Doutora do Departamento de Educação da UNESP – Campus Rio Claro.

Sandra Maria Zákia Lian Sousa
Professora Doutora da Faculdade de Educação da USP.

Sonia Morandi
Professora do Centro Estadual de Educação Tecnológica Paula Souza.

Sueli de Castro Gomes
Ex-professora da Escola de Aplicação e mestranda em Geografia pela USP.

Tomoko Iyda Paganelli
Professora Doutora da Faculdade de Educação da Universidade Federal Fluminense.

Wenceslao Machado de Oliveira Jr
Professor do Departamento de Educação da UNESP – Campus Rio Claro.